W0191480

E-Book inside.

Mit folgendem persönlichen Code
erhalten Sie die E-Book-Ausgabe
dieses Buches zum kostenlosen
Download.

```
55018-r65p6-
wpbwv-100c3
```

Registrieren Sie sich unter
www.hanser-fachbuch.de/ebookinside
und nutzen Sie das E-Book
auf Ihrem Rechner*, Tablet-PC
und E-Book-Reader.

* Systemvoraussetzungen:
Internet-Verbindung und Adobe® Reader®

Erlach/Orians/Reisach

Wissenstransfer bei Fach- und Führungskräftewechsel

Christine Erlach / Wolfgang Orians / Ulrike Reisach

WISSENSTRANSFER BEI FACH- UND FÜHRUNGS-KRÄFTEWECHSEL

Erfahrungswissen erfassen und weitergeben

HANSER

Bibliografische Information der Deutschen Nationalbibliothek

Die Deutsche Nationalbibliothek verzeichnet diese Publikation in der Deutschen Nationalbibliografie; detaillierte bibliografische Daten sind im Internet über <http://dnb.d-nb.de> abrufbar.

© 2013 Carl Hanser Verlag München
http://www.hanser-fachbuch.de

Lektorat: Lisa Hoffmann-Bäuml
Herstellung: Thomas Gerhardy
Satz: Kösel, Krugzell
Umschlaggestaltung: Stephan Rönigk
Druck & Bindung: Friedrich Pustet, Regensburg
Printed in Germany

ISBN 978-3-446-43458-5
E-Book-ISBN 978-3-446-43599-5

Vorwort

"Where is the wisdom we have lost in knowledge?
Where is the knowledge we have lost in information?"
Choruses from The Rock, *1934, T. S. Eliot*

Haben wir tatsächlich an Weisheit verloren und an Wissen, ersetzt durch bloße Information? Die Frage von T. S. Eliot ist angesichts der Fülle verfügbarer Informationen innerhalb und außerhalb von Unternehmen mehr als berechtigt. Unternehmerisch tätig zu sein bedeutet nicht mehr vordringlich, Produkte herzustellen, sondern Lebenswelten zu den Produkten zu erschaffen und Dienstleistungen sowie kreative Ideen zu vermarkten, die auf dem Wissen und Können der Mitarbeiter basieren. Daher hat das betriebliche Wissensmanagement in den vergangenen Jahren einen Wandel weg vom expliziten, das heißt in Schrift, Sprache oder Bildern codiert verfügbaren Wissen, hin zum impliziten, „versteckten", an die Person gebundenen Wissen vollzogen. Statt IT-gebundener Archivierungs- und Suchsysteme rückt die Person als Wissensträger, namentlich der Experte, wieder in den Vordergrund.

Experten zeichnen sich insbesondere durch Erfahrungswissen aus. Sie haben im Laufe ihrer Berufsjahre diverse komplexe Probleme gelöst und so stilles Wissen jenseits des Bewussten und Expliziten angesammelt, das als solches nicht in den traditionellen Wissensmanagementsystemen abgebildet werden kann. Dieses Wissen ist in höchstem Maße unternehmensrelevant, aber mit herkömmlichen Methoden des Wissensmanagements nur schwer zu erfassen. Daher bedarf es eines interdisziplinären Ansatzes, der Betriebswirtschaft, soziale Interaktion und Kommunikation sowie Psychologie verknüpft – auch über Fach-, Generationen- und Kulturgrenzen hinaus.

Diesen Anspruch lösen wir als Autoren mit unseren unterschiedlichen Erfahrungen und Perspektiven sowie aus langjähriger eigener Führungs- und Beratungspraxis ein. Spannend war es für uns als Autoren, trotz durchaus unterschiedlichen fachlichen und beruflichen Hintergrunds und individueller Erfahrungen der Herangehensweisen, sehr rasch eine tragfähige gemeinsame Basis zu finden. Sie erlaubte es, die aus unterschiedlichen Perspektiven gewonnenen Erkenntnisse zum Wissenstransfer auf anschauliche Weise und mit vielen Beispielen zusammenzuführen und Schlussfolgerungen und Empfehlungen für die betriebliche Praxis zu formulieren.

So wollen wir dem Leser ein Grundverständnis über den Wert und die Besonderheit von Expertenwissen vermitteln und ihn in die Lage versetzen, verschiedene methodische

Ansätze zum Wissenstransfer bei ausscheidenden Fach- und Führungskräften kritisch zu beurteilen und die für seine Aufgabenstellung zielführenden auszuwählen. Dabei stellen wir flankierende personalpolitische Maßnahmen ebenso vor wie ein prozessorientiertes Gesamtvorgehen, das in der Praxis hilft, die Erfassung und Weitergabe von Expertenwissen zu meistern. Wir freuen uns auf eine rege Rezeption in den Unternehmen ebenso wie in Fachkreisen der Wissensmanagement-Community.

Wir freuen uns auf eine rege Rezeption in den Unternehmen ebenso wie in Fachkreisen der Wissensmanagement-Community. Sie erreichen uns über die Webseiten www.leaving-experts.de, www.leaving-experts.com und www.leaving-experts.at.

Burscheid, Weinheim und Neu-Ulm, Frühjahr 2013

Christine Erlach, Wolfgang Orians und Ulrike Reisach

Dank

Als Autoren stützen wir uns nicht nur auf unsere eigene berufliche Erfahrung, sondern ziehen auch Fallbeispiele und Experteninterviews aus verschiedenen Branchen und Unternehmensgrößen hinzu. Viele Kollegen aus Hochschulen, Beratungspraxis, Unternehmen und öffentlichen Institutionen haben mit ihren Anregungen und freimütigen Einblicken in die praktischen Herausforderungen des Wissenstransfers wertvolle Anstöße geliefert.

Unser besonderer Dank für Textbeiträge und die Bereitschaft zu Interviews gilt folgenden Kollegen:

- Andrea Bröcher, ThyssenKrupp Steel Europe AG, Personalpolitik, Talent Management, Interne Kommunikation, Team Seminarzentrum, PE-Tarif, Wissenstransfer

- Prof. Dr. Markus Caspers, Fakultät Informationsmanagement, Schwerpunkt Gestaltung, Hochschule Neu-Ulm

- Prof. Dr. Patrick Da-Cruz, Fakultät Gesundheitsmanagement, Hochschule Neu-Ulm

- Dorian Dave Dowdy, DDD Interim Management

- Heinz Erretkamps, Johnson Controls, Engineering Operations – Knowledge Management

- Michael Mager, Grohe AG

- Markus Mogk, ThyssenKrupp Steel Europe AG, Personalpolitik, Talent Management, Interne Kommunikation, Team Seminarzentrum, PE-Tarif, Wissenstransfer

- Dr. Benjamin Nakhosteen, ThyssenKrupp Steel Europe AG, Expert Wissensmanagement, Recruiting, PE, ihm gilt ganz besonderer Dank für seinen Gastbeitrag zur Kodifizierung von Wissen

- Guangya Su, Chief Diversity Office der Siemens AG

Für Tipps und Hinweise zu ergänzenden Forschungsergebnissen und Quellen danken wir auch

- Prof. Dr. Gabi Reinmann von der Universität München der Bundeswehr, Fakultät für Pädagogik, Lehren und Lernen mit Medien

- Prof. Dr. Louis Fourie vom Department of Information Systems der University of the Western Cape, Kapstadt

Inhalt

1	**Einführung**	**1**
1.1	Literatur	11
2	**Herausforderungen der Wissensweitergabe**	**13**
2.1	Warum gewinnt der Wissenstransfer immer mehr an Bedeutung?	14
2.2	Kann Wissen bei häufigen Arbeitsplatzwechseln überhaupt noch weitergegeben werden?	17
2.3	Was bewirkt der demografische Wandel?	19
2.4	Welche Rolle spielt der Wissenstransfer in einer globalisierten Wirtschaft?	22
2.5	Welche Auswirkungen haben interkulturelle Unterschiede?	25
2.6	Brauchen wir im Zeitalter des Smartphones überhaupt noch Wissenstransfer?	28
2.7	Zusammenfassung	35
2.8	Literatur	36
3	**Leaving Expert, Expertenwissen, Erfahrungen, Werte**	**39**
3.1	Wer ist ein Experte?	41
3.2	Was verbirgt sich hinter dem Begriff Expertenwissen?	45
	3.2.1 Implizites und explizites Wissen	46
	3.2.2 Handlungswissen und Erfahrungswissen	49
	3.2.3 Beteiligung aller Sinne	53
	3.2.4 Intuition	54
	3.2.5 Kompetenzen	56
	3.2.6 Netzwerkwissen	57
3.3	Wie lassen sich die Wissensarten strukturieren?	58
	3.3.1 Öffentliches Wissen	62
	3.3.2 Personales Wissen	63
3.4	Wie wird Expertenwissen transferierbar?	65
	3.4.1 Versprachlichtes Wissen ist nicht gleich transferiertes Wissen	66

3.4.2   Wissenstransfer durch Gestaltung von Dialogräumen 71
3.4.3   Inwieweit sind Intuition und Werte transferierbar? 73
3.4.4   Lernen aus Erfahrung – Erfahrungen machen 75
3.5   Kann man Expertenwissen dokumentieren? 77
3.6   Wie lässt sich Wissen kodifizieren? 80
3.6.1   Der richtige Code 80
3.6.2   Struktur und Inhalt 82
3.6.3   Kombination und Integration statt Konkurrenz 85
3.6.4   Dokumentation des Nichtdokumentierbaren 86
3.7   Zusammenfassung 87
3.8   Literatur 90

4   **Personalmanagement und Wissenstransfer** **95**
4.1   Wie können Experten im Unternehmen gehalten werden? 96
4.2   Wie kann das Ausscheiden von Experten sinnvoll
      begleitet werden? 100
4.3   Wie können geeignete Wissens-Nachfolger gewonnen werden? 113
4.4   Wie müssen Anreiz- und Entgeltsysteme gestaltet werden? 116
4.5   Wie kann die Personalentwicklung den Wissenstransfer
      erleichtern? 120
4.6   Zusammenfassung 129
4.7   Literatur 130

5   **Lösungswege in der heutigen Praxis** **133**
5.1   Personalpolitische Instrumente 136
5.1.1   Tandems 137
5.1.2   Workplace Shadowing 139
5.1.3   Lernpartnerschaften 139
5.1.4   Mentoring 142
5.1.5   Übergabegespräche 144
5.2   Spezielle Wissenstransfermethoden 146
      Expertengespräch mit ThyssenKrupp 148
5.2.1   Expert Debriefing 154
5.2.2   Fach- und Führungskräftewechsel 156
5.2.3   Die Interviewmethode 158
5.2.4   Leaving Expert Debriefing 159
5.2.5   Nova.PE 161
5.2.6   Transfer Stories 164
5.2.7   Triadengespräche 168
5.2.8   Videoannotationen 169
        SCRUM-Praxisbeispiel bei Johnson Controls 169
5.2.9   Wissen durch Erfahrungsgeschichten 173

            5.2.10 Wissensstafette 175
            5.2.11 Gemeinsamkeiten, Unterschiede und Grenzen der vorgestellten
                    Ansätze 177
    5.3 Toolbox für Praktiker 180
            5.3.1   Strukturierung durch Visualisierung 181
            5.3.2   Textbasierte und narrative Tools......................... 184
            5.3.3   Inszenierung 188
            5.3.4   Web 2.0 188
            5.3.5   Animation und Simulation 190
    5.4 Zusammenfassung 191
    5.5 Literatur 191

6   **Prozessorientierter Wissenstransfer bei ausscheidenden
    Experten** **195**
    6.1 Phase 1: Die Strategie 197
            6.1.1   Organisationsmodell des Wissenstransfers von Experten 199
            6.1.2   Identifikation des erfolgskritischen Wissens im Unternehmen .. 200
            6.1.3   Klärung der Vision und der strategischen Ziele des
                    Unternehmens 201
            6.1.4   Identifikation von Geschäftsprozessen 201
            6.1.5   Definition des erfolgskritischen Wissens 202
            6.1.6   Wissensbewertung 202
            6.1.7   Operative Zuordnung des Wissens und Benennung
                    der Wissensträger 203
    6.2 Phase 2: Der Prozess 211
            6.2.1   Eingrenzung des Wissens des Leaving Expert 211
            6.2.2   Feststellung des Wissensbedarfs des Nachfolgers 216
            6.2.3   Identifizierung von Störungen und Methodenwahl 218
            6.2.4   Wissenstransfer 225
            6.2.5   Evaluation 228
    6.3 Return on Investment von Leaving-Expert-Projekten 229
            6.3.1   Probleme mit der Messbarkeit von Wissen 232
            6.3.2   Humankapitalrechnung 233
            6.3.3   Wissensbewertung mit nicht monetären Methoden 236
    6.4 Zusammenfassung 239
    6.5 Literatur 240

7   **Wissenstransfer als Teil der Unternehmenskultur** **241**
    7.1 Wissenstransfer und organisationales Lernen 242
    7.2 Der Zusammenhang von Unternehmenskultur und Wissenstransfer ... 246
    7.3 Auswirkungen der Virtualisierung auf die Unternehmenskultur 251
    7.4 Vertrauen als Basis des Wissenstransfers 255

7.5   Blick in die Zukunft 256

7.6   Literatur 257

8   Kommentiertes Literaturverzeichnis **259**

9   Glossar **267**

10   Die Autoren **277**

Index **279**

Einführung

Im Sterben liegend ruft der Apotheker seinen ältesten Sohn ans Bett und verrät ihm das Rezept für den Hustensaft, der die Familie reich gemacht hat – so oder so ähnlich findet sich das Motiv „Wissenstransfer" immer wieder in der Literatur. Ohne die Weitergabe von Wissen über Generationen ist die Entwicklung der menschlichen Zivilisation nicht denkbar. Der Mensch fand Möglichkeiten, sein Wissen beziehungsweise die zugrunde liegenden Informationen in Worte, Bilder oder Töne zu fassen, die er weitergeben kann.[1] Urformen der Wissensweitergabe waren immer schon das Erzählen von Geschichten, die zeichnerische Darstellung in Bildern und die persönliche Anleitung, wie Beispiele der Ureinwohner Nordamerikas, der afrikanischen Stammestraditionen und der Aborigines in Australien zeigen: *„Ich erzähle meinen Kindern Geschichten, jedes Mal wenn wir zusammen auf die Jagd gehen. Ich zeige ihnen, wie man fischt und im Busch Nahrungsmittel findet. Und ich lerne immer noch von den Alten, die unsere Kultur und Tradition weitertragen."*[2]

Aus den in Form von Geschichten und Bildern festgehaltenen Informationen können Individuen (neues) Wissen konstruieren, indem sie diese mit Gedächtnisinhalten und ihren Kenntnissen und Fähigkeiten zur Lösung von Problemen verknüpfen.[3]

In der vorindustriellen Zeit fand der Wissenstransfer zumeist innerhalb der Familie statt. So war es über Jahrhunderte üblich, dass der Sohn eines Metzgers Metzger, der Sohn eines Schreiners Schreiner und so weiter wurde. Für den Transfer von akademischem Wissen waren in erster Linie die Klöster zuständig, die große Bibliotheken hatten und Personal, das lesen und schreiben konnte.

Mit der weiteren Herausbildung von arbeitsteiligen Strukturen, insbesondere in den Städten des Mittelalters, entwickelten sich die Zünfte, die vor allem die Aufgabe hatten, den Markt zu regulieren – ein Handwerk konnte nur von dem Mitglied der jeweiligen Zunft ausgeübt werden –, aber auch für Ausbildung, sprich Wissenstransfer, zuständig waren. Dabei wurde die Form der innerfamiliären Weitergabe von Wissen auf Familienfremde übertragen. Der Lehrling wohnte während der Zeit der Ausbildung bei seinem Meister.

Mit der Industrialisierung differenzierten sich die Berufe weiter aus, die Breite beruflichen Wissens nahm dabei tendenziell ab, die Tiefe enorm zu. Es wurde immer mehr Wissen notwendig, um einen Beruf ausüben zu können. Die Einführung der allgemeinen Schulpflicht trug dieser Entwicklung Rechnung, die enge Bindung zwischen Meister und Lehrling löste sich auf. Der Wissenserwerb wurde institutionalisiert, was einerseits einen hohen Effizienzgewinn mit sich brachte, die Ausbildungsinstitutionen generierten selbst neues Wissen, mit dem ihre Abgänger die Arbeitswelt befruchteten. Andererseits ging damit eine starke Fokussierung auf den Transfer von Wissen, das sich leicht in Worte fassen lässt, sogenanntes „explizites Wissen", einher. Durch die enge Bindung von Meister und Lehrling in den Zünften hingegen wurde weniger akademisches Wissen, sondern durch Beobachten und Nachahmen weit mehr implizites Wissen übertragen. Unter implizitem Wissen versteht man Handlungs- und Erfahrungswissen, über das man „wie selbstverständlich" verfügt, ohne erklären zu können, warum man eine Handlung genau so und nicht anders durchführt. Die Schwerpunktverschiebung bei der Wissensweitergabe von impliziten zu expliziten Anteilen führte unter anderem zu den häufigen Klagen über den Verlust handwerklichen Könnens auf der einen Seite und zum Lamento über die praxisferne Ausbildung an Universitäten auf der anderen Seite.

Ende der 70er-Jahre des vorigen Jahrhunderts begann die Transformation der klassischen Industriegesellschaft hin zur Informationsgesellschaft, und ab den 90er-Jahren sprach man von der Wissensgesellschaft.

Der Begriff „Wissensmanagement" kam bereits Anfang der 80er-Jahre auf. Unternehmen und Organisationen erkannten Wissen immer mehr als erfolgskritische Ressource, die gemanagt werden muss. In der Anfangszeit wurde darunter das Management von Expertenwissen verstanden. In den Folgejahren erweiterte sich der Wissensmanagementbegriff und erlebte insbesondere durch die großen Entwicklungsfortschritte der Computertechnologie einen gewaltigen Aufschwung. Immer bessere Datenbanksysteme erlaubten es, Informationen in ungeahnten Mengen zu sammeln, zu speichern und wieder zugänglich zu machen.

Da zeitgleich große Fortschritte in der Datenübertragungstechnologie gemacht wurden, war der Begriff „Wissensgesellschaft" auch ein Synonym für den Ausbau dieser Infrastruktur. Zunächst in den USA und dann auch in Europa und Asien wurden große staatliche Programme zum Ausbau von Information Highways initiiert, um die Übertragung großer Datenmengen über weite Strecken zu ermöglichen. Der internationale Wettbewerb wurde zu einem Wettlauf um die Bereitstellung der besten Infrastruktur.

Mit dem Internet und der Verbesserung der Suchalgorithmen der Suchmaschinen wurde die weltweite Informationsbasis seit den 90er-Jahren weiter verbreitert und für all diejenigen zugänglich gemacht, die über die entsprechende Ausstattung und einen schnellen Netzzugang verfügten. Um der Fülle verfügbarer Informationen Herr zu werden, wurde unter der Überschrift Wissensmanagement zunehmend bloßes Informationsmanagement betrieben. Die Technisierung führte dazu, dass die Trennschärfe des Begriffs „Wissensmanagement" verloren ging. Die Dokumentation von Informationen führt jedoch zu der Frage, wie viel Information sinnvollerweise von einem Menschen, einer Gruppe oder einer Belegschaft aufgenommen werden kann. Vor diesem Hintergrund ist derzeit eine Entwicklung in der Diskussion um Wissensmanagement wieder hin zum Management von Expertenwissen zu beobachten. Ausscheidenden Experten kommt dabei eine besondere Bedeutung zu, weil einerseits durch die demografische Entwicklung und zum anderen durch die Veränderungen in der Arbeitswelt in den kommenden Jahren viele Experten aus ihren jeweiligen Unternehmen ausscheiden werden.

Fallbeispiel: Klon für den Vertriebsleiter gesucht

„Können Sie mir meinen Vertriebsleiter klonen?" – so lautet ganz unverhohlen die Frage eines schwäbischen Mittelständlers aus dem Industrieanlagen-Systemgeschäft. Sie zeigt, dass der Vertriebsleiter eigentlich gar nicht in Rente gehen darf. Er ist unersetzbar. Warum? Gibt es nicht genügend andere, die diesen Posten gerne übernehmen würden? Selbstverständlich, nur zu gerne würden junge Leute der Firma in die Leitungsfunktion aufsteigen. Auch außerhalb des Unternehmens gibt es Menschen, die die Branche kennen. Und es gibt mehr als genug, die sich in Sachen Sozial- und Führungskompetenz einen solchen Posten zutrauen.

Doch was den Vertriebsleiter Martin Jöchle auszeichnet, ist mehr: Er arbeitet seit 35 Jahren für den Betrieb. Er kennt nicht nur die Kunden, sondern auch die Produkte, die Prozesse und alle Akteure im Unternehmen. Er weiß, welche kundenspezifischen Anpassungen, welche Gestaltungsspielräume bei den Konditionen möglich sind – und noch wichtiger: Er kennt auch seine Kunden aus jahrelanger Zusammenarbeit. Er sieht sofort, wie deren Geschäft läuft, wie die Zusammenarbeit und Zahlungsmoral in der Vergangenheit war, kurz: Er weiß, welcher Kunde schwierig und welcher angenehm ist und was man wem unter welchen Bedingungen zugestehen kann. Er weiß auch, wie die bei den kleineren und mittleren Familienunternehmen so wichtigen Personen zu nehmen sind, wann und wie man sie ansprechen muss, mit welchen Argumenten man sie überzeugen kann. Aus der Zusammenarbeit ist längst ein enges Vertrauensverhältnis geworden. Einige sagen ganz offen, dass sie nur seinetwegen noch nicht zur günstigeren Konkurrenz aus Fernost gewechselt sind. Denn sie wissen: „Der Jöchle" verkauft ihnen nicht irgendetwas, um Umsatz zu machen, sondern gibt ehrlichen Rat, welche Systemkonfiguration passt.

Experte Jöchle weiß auch über seine eigene Firma eine ganze Menge, zum Beispiel an wen man sich wenden muss, wenn man kurzfristig ein Ersatzteil braucht, und wann und wo man selbst zupacken muss, wenn es irgendwo klemmt. Er kennt die Entstehungsgeschichte der Produkte, den Prozess ihrer Weiterentwicklung, in den viele Anregungen aus Kundengesprächen eingeflossen sind. Er weiß, wann, wie und wo er innerhalb seines Unternehmens Bescheid geben muss, wenn eine Systemkomponente beim Kunden nicht so gut ankommt oder läuft wie gedacht. Mit einer ganzen Reihe wichtiger Kunden ist die Beziehung über die Jahre eng und persönlich geworden: Man kennt sich gegenseitig, weiß um die jeweiligen Höhen und Tiefen des Geschäfts, die Stärken und Schwächen von Produkt und Person. Hat nicht „der Jöchle" auch schon mal dem Sohn seines Kunden aus der Klimatechnikbranche einen Ausbildungsplatz beim Automobilzulieferer verschafft? So etwas verbindet.

Jöchles Expertenstatus ergibt sich nicht nur aus seinem Fachwissen und seinen allgemein guten sozialen Kompetenzen. In 35 Jahren Berufserfahrung hat er sich auch eine Form von Wissen angeeignet, die nicht so leicht zu beschreiben und noch viel schwerer an einen Nachfolger weiterzugeben ist. Jöchle weiß zwar, wie es geht, aber er kann nicht ohne Weiteres sagen, wie er es macht. Und nun soll der Jöchle in Pension gehen? Irgendein Junger soll ihn ersetzen, der von nichts Ahnung hat? Ein schwerer Schlag für das Unternehmen. Wissensmanagement kann dabei helfen, das Schlimmste zu verhindern. Allerdings nur, wenn es sich nicht nur darauf beschränkt, die Adressdatenbank abzubilden und Datenfriedhöfe zu erzeugen. Was also ist zu tun? Das einfache Dokumentieren von Jöchles Tätigkeit reicht jedenfalls nicht.

Im Idealfall wird der Übergang auf den Nachfolger lange geplant; es werden die unterschiedlichen Facetten des Wissens und der Wissensträger identifiziert und die passenden Methoden zum Wissenstransfer eingesetzt. Das ist wie gesagt der Idealfall. In der Realität wird in vielen Unternehmen das Problem ausscheidender Experten unterschätzt. Wenn dann der Personalchef ein halbes Jahr vor Ausscheiden des Experten die Stellenausschreibung für den Nachfolger formuliert, wird Wissenstransfer oft zum Feuerwehreinsatz.

Den Experten zu klonen ist nicht möglich und auch nicht sinnvoll. Schließlich sind Experte und Nachfolger Individuen, die jeweils ihren eigenen Weg zur Problemlösung finden werden – vorausgesetzt, der Wissenstransfer gelingt.

Häufig können jedoch persönliche Faktoren oder implizites Wissen nicht in Worte gefasst oder gar in Datenbanken gespeichert werden. Viele Ansätze des Wissensmanagements fokussieren häufig zu stark auf explizites Wissen, also das, was (leicht) erklärbar, in einen Code (Sprache, Schrift, Bilder) zu fassen und damit auch zu dokumentieren ist. Das reduziert zwar die Komplexität, aber auch den Nutzen solcher Aktivitäten. Oft entstehen Datenberge, mit denen kein Nachfolger etwas anfangen kann. Das geschieht besonders dann, wenn Wissensträger genötigt werden, ihr Wissen festzuhalten, ohne dass sie einen Sinn darin erkennen können. Unabhängig von Prozessabläufen und Methoden hat Wissenstransfer immer auch mit Unternehmenskultur zu tun. Wenn die Weitergabe eigenen Wissens eine hochpriorisierte, wertgeschätzte und gegebenenfalls auch honorierte Tätigkeit, mithin also Teil der Unternehmenskultur ist, sind die Erfolgsaussichten um ein Vielfaches höher. Aber auch wenn diese Voraussetzung gegeben ist, benötigen Experten häufig die Hilfe von Beratern, die die richtigen Fragen stellen und bei der Priorisierung helfen. So wird verhindert, dass die Experten viel Material liefern, Aktenschränke füllen und MB-starke Festplatten bis an den Rand der Kapazität beschreiben – um sich nicht nachsagen lassen zu müssen, sie hätten etwas vergessen. Zugleich wissen sie aber genau, dass jeder andere sich dort nicht zurechtfinden und in dieser Flut ertrinken wird. Die bisher gängigen Wissensmanagementsysteme sind also kaum dazu geeignet, Expertenwissen in seiner ganzen Breite zu erfassen, geschweige denn zu transferieren.

Grover und Davenport, Pioniere des Wissensmanagements als wissenschaftlicher Disziplin, beschreiben dieses über bloße Information hinausgehende Wissen als die Fähigkeit, konkrete Fragestellungen zu lösen und praktische Herausforderungen zu bewältigen. Dazu benötigt man mehr als bloße Information – man benötigt Expertise, Erfahrung, Einsichten und Urteilsvermögen.[4] Wie kommt solches Expertenwissen zustande, was zeichnet es aus, wie kann es innerhalb von Unternehmen eingebettet und an künftige Generationen von Fach- und Führungskräften weitergegeben werden? Dies ist das Kernthema des Buches. Der Schwerpunkt liegt dabei auf personalisierten Ansätzen des Wissenstransfers, also auf Interaktionen zwischen den beteiligten Personen, da dies der Königsweg für den Transfer impliziten Wissens ist.

 Erfahrungswissen entsteht im Laufe der Zeit durch wiederholtes Erleben von und Handeln in Situationen, die ansprechend und herausfordernd sind, und durch kontinuierlichen Kontakt zu anderen erfahrenen Personen. So entsteht die Fähigkeit, Vergangenheit und Zukunft zu verbinden, Situationen richtig zu bewerten und zu neuen Lösungen für bisher nicht da gewesene Fälle zu gelangen.

Wissen ist mehr als eine gute Ausbildung. Wissen beinhaltet durch lange Übung gewachsenes Urteilsvermögen und praktische Problemlösungskompetenz. Wissen ist, bildlich formuliert, die Fähigkeit, einem Notenblatt (= Information) die richtigen Töne zu entlocken und diese zusammen mit einem ganzen Orchester (= Betrieb) zu einem harmonischen Ganzen (= betriebliche Leistung) zu vereinen. Es beinhaltet auch die Fähigkeit, wenn es nötig ist, zu improvisieren und über das Bestehende hinaus Neues zu komponieren (= Innovationen anzustoßen). Dieses Beispiel macht deutlich, dass die in Datenbanken abgelegten Informationen alleine allenfalls die Notenblätter repräsentieren. Die Fähigkeit, ein Instrument bravourös zu spielen, der Musik im Orchester mit allen Kollegen Ausdruck und Charakter zu verleihen und darüber hinaus sogar neue Stücke zu komponieren, geht weit über diese Information hinaus. Erfahrungswissen kann daher als Handlungskompetenz verstanden werden, die den Transfer des Gelernten auf die Praxis beinhaltet (Bild 1.1).

Bild 1.1 Information – Wissen – Handeln (Alle Bilder stammen aus der kostenlosen Bilddatenbank ww.piqs.de)

Was ist Expertenwissen?

Expertenwissen zeichnet sich aus als die souveräne Anwendung des Wissens und seine beständige Perfektionierung und Weiterentwicklung entsprechend den immer neuen Herausforderungen des betrieblichen Alltags.

Handlungskompetenz kann nicht allein durch Aktenberge oder Datenbanken vermittelt werden. Hierzu gehört immer auch praktische Übung, das „Learning by Doing", am besten in realen Betriebssituationen durch eigene Anschauung, Übung und Kreativität unter wohlwollender Begleitung einer erfahrenen Fach- und Führungskraft („Leaving Expert"). Zum Expertentum gehört noch der im Beispiel „Komponieren" genannte ultimative Schritt: nicht nur anzuwenden, sondern neue Situationen und Herausforderungen als solche zu erkennen und auf der Basis des erworbenen Wissens kreative eigene Lösungen zu finden. Hier überschreitet der Lernende das, was ihm an Wissen mit auf den Weg gegeben wurde, und schafft selbst Neues. Er ist dann nicht mehr der „Lernende", sondern selbst Meister geworden. Hier gilt, was Konfuzius sagt: *„Erbärmlich der Schüler, der seinen Meister nicht übertrifft."*

Der Wert von Erfahrungswissen zeigt sich am Beispiel der Bewältigung von Krisensituationen: Keiner möchte gerne von einem jungen Arzt operiert werden, der zwar viel an der Universität gelernt, aber noch nie als Verantwortlicher eine Operation geleitet hat. Keiner möchte auch gerne die Operation einer Maschine überlassen, selbst wenn sie an Präzision den Menschen übertrifft. Aus dem gleichen Grund fühlen sich die Menschen instinktiv nicht wohl beim Gedanken, ein Autopilot könnte das Flugzeug ganz alleine steuern. Der Autopilot mag zwar die Routine beherrschen. Aber würde eine Maschine im Ernstfall tatsächlich richtig, könnte sie bei noch so guter Programmierung verantwortungsbewusst entscheiden? Dies macht den Kern der Führungs- und Entscheidungskompetenz aus: Als der zum Zeitpunkt des Unglücks 58-jährige Pilot Chesley Burnett Sullenberger am 15. Januar 2009 auf dem New Yorker Hudson River eine Maschine vom Typ Airbus A320 mit einer Notwasserung landet und damit 150 Menschen das Leben rettet, ist sich die Welt einig: Um in dieser Krisensituation schnell und richtig zu entscheiden, brauchte es die richtigen Menschen und eine gehörige Portion Erfahrung.

In der Literatur findet sich eine Vielfalt an Begriffen, die Wissensmanagement beschreiben. Welche Definition man auch wählt, immer gibt es verschiedene Kernaufgaben in Organisationen zu bewältigen, damit Wissen fließen kann: Die Identifikation relevanten Wissens, die Definition von Wissenszielen, die Erfassung und die Weitergabe dieses Wissens, die Neuschaffung und die Bewertung von Wissen sowie die Dokumentation von Wissen sind einige dieser Kernaufgaben.[5] Dieses Buch befasst sich mit der Erfassung und der Verteilung bestehenden Wissens, insbesondere der Weitergabe von Expertenwissen. Es folgt dabei einem strategie- und prozessorientierten Ansatz, schildert also die Methoden des betrieblichen Wissenstransfers. Die einzelnen Kapitel des Buches zeigen, wie der Wissenstransfer im betrieblichen Alltag realisiert und mit welchen Methoden das Problem des Wissenstransfers von schwer fassbarem Expertenwissen gelöst werden kann. Zugleich werden auch die Rahmenbedingungen des innerbetrieblichen Wissens-marktes, also Aspekte der Unternehmenskultur, der Führung und Zusammenarbeit innerhalb des Betriebes beleuchtet. Das Buch folgt also dem in Bild 1.2 dargestellten Aufbau.

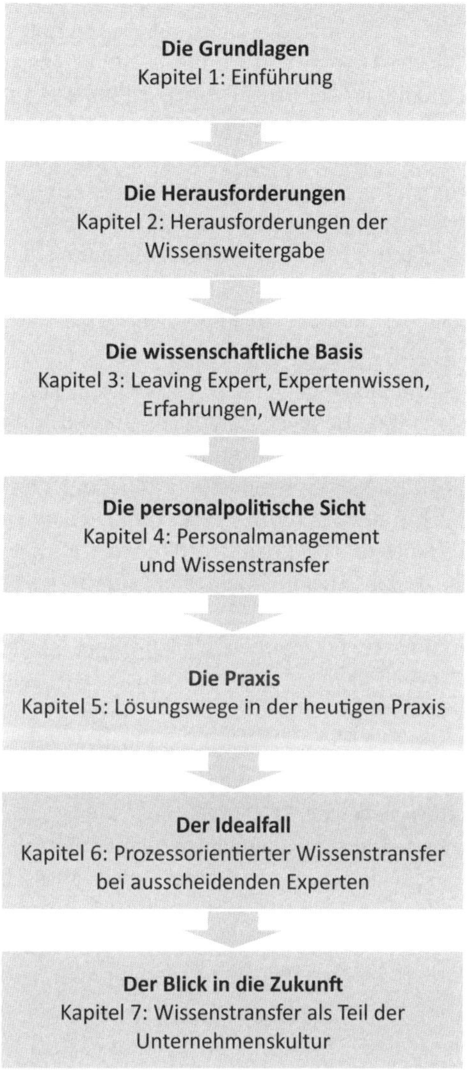

Die Grundlagen
Kapitel 1: Einführung

Die Herausforderungen
Kapitel 2: Herausforderungen der
Wissensweitergabe

Die wissenschaftliche Basis
Kapitel 3: Leaving Expert, Expertenwissen,
Erfahrungen, Werte

Die personalpolitische Sicht
Kapitel 4: Personalmanagement
und Wissenstransfer

Die Praxis
Kapitel 5: Lösungswege in der heutigen Praxis

Der Idealfall
Kapitel 6: Prozessorientierter Wissenstransfer
bei ausscheidenden Experten

Der Blick in die Zukunft
Kapitel 7: Wissenstransfer als Teil der
Unternehmenskultur

Bild 1.2 Grundstruktur des Buches

Kapitel 1, also diese „**Einführung**", legt die Grundlagen und zeigt die Kernfragen auf, deren Beantwortung im Buch erfolgt. Es erläutert den Gesamtaufbau des Buches.

Das **Kapitel 2 „Herausforderungen der Wissensweitergabe"** schildert, warum der Weggang von Experten für Unternehmen zu einem immer größeren Problem wird. Es behandelt Herausforderungen wie die wachsende Menge und Komplexität des Wissens, die zunehmende Fluktuation, den demografischen Wandel und die interkulturellen Differenzen im Zuge der Globalisierung. Es wird dargestellt, warum das Expertenwissen etwas Besonderes ist und dass es besonderer Herangehensweisen bedarf, um es zu handhaben.

So ist Wissen zu einer entscheidenden Ressource für Unternehmen geworden. Die Menge und Komplexität von Wissen hat enorm zugenommen (und tut dies in hoher Geschwindigkeit weiter). Veränderungen in der Arbeitswelt (wie neue Konkurrenzen durch die Globalisierung) führen zur Aufkündigung der alten Formel *„Leistung gegen Geld, Loyalität gegen Sicherheit"*. Die Dauer der Betriebszugehörigkeit nimmt sowohl von den Arbeitgebern wie Arbeitnehmern getrieben radikal ab. Im Ergebnis geht durch Fluktuation Expertenwissen nicht nur verloren, sondern wird zur Konkurrenz transferiert. Zugleich gehen die geburtenstarken Jahrgänge in Pension. Im Jahr 2020 werden die Erwerbspersonen unter 30 Jahren nur noch 19 Prozent an der Gesamtheit der Erwerbspersonen ausmachen, die über 50-jährigen aber 35 Prozent. Wenn diese dann schließlich in Pension gehen, werden sie nicht nur ihr Wissen mitnehmen, es gibt auch immer weniger junge Kollegen, denen sie es weitergeben könnten.

Verlässt ein Experte seine Position im Unternehmen, gehen sein Fachwissen, Beziehungswissen und organisationales Wissen mit ihm. Dennoch ist es nicht sinnvoll, alles verfügbare Wissen zu speichern. Vielmehr muss entschieden werden, was überhaupt unter Wissen zu verstehen ist, welche Wissensarten es gibt und welches Wissen „transferwürdig" ist. Dieser Frage widmet sich das **Kapitel 3 „Leaving Expert, Expertenwissen, Erfahrungen, Werte"** des Buches. Es klärt zunächst den Begriff „Experte". Eine Definition ist, dass derjenige ein Experte ist, der in seinem Bezugssystem eine Tätigkeit routiniert und von hoher Qualität ausführen kann. Dazu bedarf es neben Fachwissen eines breiten Erfahrungsschatzes: Erst der Kontext, die gemachten Erfahrungen in vielen verschiedenen Problemlösesituationen, macht das Fachwissen aus Büchern „lebendig", erst ein breites Erfahrungswissen führt zum Titel „Experte".

Um das Spezifische am Expertenwissen begreifen zu können, muss es in einen größeren Rahmen verschiedener Wissensarten gesetzt werden. Zur Eingrenzung des schwer fassbaren Konstrukts „Wissen" spannt dieses Buch neben der bekannten Dichotomie *implizites versus explizites Wissen* eine tiefer gehende Dimension auf, die zwischen verschiedenen Bewusstseinsgraden von Wissen unterscheidet. Das Besondere am Expertenwissen ist der hohe Anteil an Erfahrungswissen und ebenso der hohe Anteil nicht expliziten (= impliziten) Wissens, das besondere methodische Herangehensweisen für seine Kodifizierung (also die Umsetzung in transferierbare Zeichen) benötigt.

Schließlich geht es um die Frage, wie Expertenwissen übertragbar (transferierbar) wird. Meist glaubt man in der unternehmerischen Praxis, aber auch in Teilen der Literatur zum Wissensmanagement, dass Wissen, sobald es expliziert, also in einen Code gefasst vorliegt, auch an andere Personen übertragen werden kann. Das ist eines von mehreren Missverständnissen bezüglich des Wissensbegriffs und Wissenstransfers. Das Kapitel erläutert, wie implizites Erfahrungswissen transferiert werden kann, obwohl es oft vor- oder unbewusst und nicht mit den gängigen Methoden festzuhalten ist. Für den Erfolg des Transfers spielen das Verhältnis und das Verständnis zwischen dem Experten und seinem Nachfolger eine besondere Rolle. Erst eine gemeinsame Verständnisbasis, ein gemeinsam ausgehandeltes Bedeutungsfeld, der sogenannte „Common Ground", erlaubt es, dass alle Beteiligten davon ausgehen können, dass die anderen das Gleiche unter bestimmten Begriffen/Konzepten verstehen wie sie selbst: Je größer der Common Ground ist, desto mehr steigt die Wahrscheinlichkeit für einen gelungenen Wissenstransfer.

Dieser Common Ground umfasst mehr als das sprachlich-fachliche Verständnis. Er beinhaltet auch eine relativ große Übereinstimmung in den Zielen und im Wertgefüge der beteiligten Personen. Das betriebliche Umfeld, die Unternehmenskultur, spielt dabei ebenso eine Rolle wie die individuellen kurz- und langfristigen Zielsetzungen, Perspektiven und Herangehensweisen. Der Wissenstransfer wird damit zu einem Baustein nicht nur der zukünftigen betrieblichen Wissensbasis, sondern auch der Kultur des Umgangs miteinander und mit Geschäftspartnern und Kunden, die das Unternehmen auszeichnet und entscheidend für seine Wettbewerbsfähigkeit ist.

Kapitel 4 „Personalmanagement und Wissenstransfer" führt in die personalpolitischen Herausforderungen der Weitergabe von Expertenwissen ein. Es zeigt, wie Experten an das Unternehmen gebunden werden können und wie die Personalpolitik, wenn Experten dennoch ausscheiden, den Prozess des Wissenstransfers sinnvoll begleiten kann. Es zeigt Möglichkeiten auf, wie Nachfolger gewonnen und ausgewählt werden können, sodass der Wissenstransfer gelingt. Es gibt zugleich Hinweise auf die Gestaltung von Anreiz- und Entgeltsystemen und erläutert Personalentwicklungsansätze, die geeignet sind, den Wissenstransfer zu erleichtern.

Schließlich legt das **Kapitel 5 „Lösungswege in der heutigen Praxis"** den Fokus explizit auf die Praxis und die Frage, mit welchen Methoden das Expertenwissen erfasst und weitergegeben werden kann. Dazu werden zunächst einige klassische Personalentwicklungsansätze für den Wissenstransfer erläutert. Diese sind für alle Wissensarten mehr oder weniger geeignet und nicht auf die Erfassung und Weitergabe von Expertenwissen im engeren Sinne (also mit Fokus auf Erfahrungen) spezialisiert. Dann werden die auf Leaving Experts spezialisierten Ansätze mithilfe einer Kurzbeschreibung vorgestellt, die auf den ersten Blick zeigt, welche Schwerpunkte in dem entsprechenden Ansatz gesetzt werden und wie hoch der dafür notwendige Aufwand einzuschätzen ist. Gemeinsamkeiten, Unterschiede und Grenzen der verschiedenen Ansätze werden herausgearbeitet. Die Toolbox für Praktiker führt eine große Anzahl von Tools auf, die den Wissenstransferprozess unterstützen.

Dem **prozessorientierten Wissenstransfer bei ausscheidenden Experten** ist **Kapitel 6** gewidmet. Hier wird ein Idealfall entwickelt und an einem imaginären Unternehmen durchgespielt. Auch wenn es ein solches Unternehmen, in dem so gut wie keine Grundlagen, aber eine absolute Offenheit vorhanden ist, in der Praxis nicht geben wird, werden dadurch die Vorgehensweise und der mögliche Handlungsbedarf im eigenen Unternehmen deutlich. Im Idealfall ist Wissenstransfer bei ausscheidenden Experten keine Feuerwehraktion, sondern eine im Unternehmen fest verankerte Strategie. In der Strategiephase wird ein dauerhaftes Organisationsmodell für den Wissenstransfer entwickelt. Danach beschäftigt sich das Unternehmen mit der Bedeutung von Wissen für den Erfolg des Unternehmens und definiert das Wissen für die entscheidenden Geschäftsprozesse sowie die jeweiligen Wissensträger. Jetzt folgt der eigentliche Prozess, in dem es bereits um konkrete Personen geht. Welches „transferwürdige" Wissen hat der Experte, welche Störungen könnten beim Transfer auftreten und mit welcher Methode kann man ihnen begegnen? Schließlich geht es darum, den Transfer zu organisieren und durchzuführen. Am Ende eines Zyklus stehen die Evaluation und die Frage nach möglichen Verbesserungen für den nächsten Transferprozess. Schließlich wird in diesem Kapitel die Frage erörtert, ob sich der Aufwand lohnt, also welchen *Return on Investment* der Wissenstransfer bringt. Dass Wissen der wichtigste Rohstoff für ein ressourcenarmes Land wie Deutschland ist, klingt nach einer Binsenweisheit. In der betriebswirtschaftlichen Leistungsrechnung schlägt sich dies allerdings kaum nieder. Wissen ist ein immaterieller Vermögensgegenstand, also geistiges Eigentum, dessen Wert sich eventuell im „Goodwill" bei einer Unternehmensübernahme ausdrückt. Unter normalen Umständen bleibt der Wert des Wissens der Mitarbeiter eines Unternehmens in der Bilanz unberücksichtigt. In diesem Kapitel werden Methoden erörtert, den Wert von Wissen zu messen, und Probleme bei der Messung von Wissen und der Wert des Wissensverlusts bei ausscheidenden Experten diskutiert.

Das abschließende **Kapitel 7 „Wissenstransfer als Teil der Unternehmenskultur"** stellt als Fazit und Ausblick die Frage, wie Wissen und Unternehmens- oder Organisationskultur miteinander verknüpft sind und sich gegenseitig unterstützen.

In den jeweiligen Kapiteln des Buches finden sich Interviews mit Praktikerinnen und Praktikern des Wissenstransfers aus verschiedenen Bereichen, die die Methoden in einen praxisorientierten Kontext stellen.

Ein kommentiertes Literaturverzeichnis, ein Glossar und ein Stichwortverzeichnis geben dem Leser die Möglichkeit, Fachbegriffe sowie einzelne Stichworte nachzuschlagen und Einzelaspekte in der weiterführenden Literatur zu vertiefen.

 Aus Gründen der besseren Lesbarkeit formuliert dieses Buch in der maskulinen Form. Die Autoren weisen aber explizit drauf hin, dass die weiblichen Fach- und Führungskräfte ebenso gemeint sind. Frauen sind in Bezug auf die Ansammlung von Expertenwissen sogar von ganz besonderem Interesse, weil sie in aller Regel eine höhere Betriebstreue und damit eine längere Verweilzeit in Unternehmen haben als ihre männlichen Kollegen.

■ 1.1 Literatur

1   Vgl. Hasler Roumois, Ursula: *Studienbuch Wissensmanagement*, Orell Füssli Verlag, Zürich 2007, S. 3

2   Vgl. Lawson, Violet auf: Schautafel des Warradjan Aboriginal Cultural Centre, Kakadu National Park, Northern Territories, Australia (URL zum Cultural Centre: http://www.gagudju-dreaming. com/Indigenous-Experience/Warradjan-Cultural-Centre.aspx, Zugriff vom 13.12.2012)

3   Spelsiek, Jan: *Motivationsorientierte Steuerung des Wissenstransferverhaltens*, Deutscher Universitäts-Verlag, Wiesbaden 2005, S. 11

4   Vgl. Grover, Varun; Davenport, Thomas H.: „General Perspectives on Knowledge Management: Fostering a Research Agenda", in: *Journal of Management Information Systems*, Vol. 18, No 1, Summer 2001, S. 14

5   Eine populäre Auflistung der Kernaufgaben (Bausteine) des Wissensmanagements findet sich bei Probst, Gilbert; Raub, Steffen; Romhardt, Kai: *Wissen managen. Wie Unternehmen ihre wertvollste Ressource nutzen*, Gabler Verlag, Wiesbaden 2006, S. 25 ff. Ebenso Reinmann-Rothmeier, Gabi: *Wissen managen: Das Münchener Modell* (Forschungsbericht Nr. 131), Ludwig-Maximilians-Universität, Lehrstuhl für Empirische Pädagogik und Pädagogische Psychologie, München 2001

2

Herausforderungen der Wissensweitergabe

| Die Grundlagen |
| Kapitel 1: Einführung |

↓

| Die Herausforderungen |
| Kapitel 2: Herausforderungen der Wissensweitergabe |

↓

| Die wissenschaftliche Basis |
| Kapitel 3: Leaving Expert, Expertenwissen, Erfahrungen, Werte |

↓

| Die personalpolitische Sicht |
| Kapitel 4: Personalmanagement und Wissenstransfer |

↓

| Die Praxis |
| Kapitel 5: Lösungswege in der heutigen Praxis |

↓

| Der Idealfall |
| Kapitel 6: Prozessorientierter Wissenstransfer bei ausscheidenden Experten |

↓

| Der Blick in die Zukunft |
| Kapitel 7: Wissenstransfer als Teil der Unternehmenskultur |

Die Herausforderungen
Kapitel 2: Herausforderungen der Wissensweitergabe

▸ Warum gewinnt der Wissenstransfer immer mehr an Bedeutung?
▸ Kann Wissen bei häufigen Arbeitsplatzwechseln überhaupt noch weitergegeben werden?
▸ Was bewirkt der demografische Wandel?
▸ Welche Rolle spielt der Wissenstransfer in einer globalisierten Wirtschaft?
▸ Welche Auswirkungen haben interkulturelle Unterschiede?
▸ Brauchen wir im Zeitalter des Smartphones überhaupt noch Wissenstransfer?

„Investitionen in Wissen zahlen die besten Zinsen", erkannte bereits der ehemalige US-Präsident und Erfinder Benjamin Franklin.[1] Auch wenn es derzeit noch kein anerkanntes Verfahren gibt, um den Wert von Wissen für ein Unternehmen zu messen, steht außer Frage, dass er enorm hoch ist. Bei Wissen handelt es sich um einen kritischen Erfolgsfaktor. Wenn ein Unternehmen nicht ernsthaft daran arbeitet, seine Wissensbasis zu erhalten und auszubauen, wird es in der Wissensgesellschaft nicht konkurrenzfähig sein.[2] Deshalb lohnt sich die Investition in den Erhalt des Wissens ausscheidender Experten.

Wenn Fach- und Führungskräfte das Unternehmen oder eine Organisation verlassen, wird dies aus folgenden Gründen immer mehr zu einer Herausforderung:

- Die Menge und Komplexität von Wissen wachsen.
- Die Fluktuation der Mitarbeiter steigt.
- Immer mehr Mitarbeiter gehen als Folge des gesellschaftlichen Alterungsprozesses in Rente, und der demografische Wandel sorgt dafür, dass Belegschaften nicht nur älter, sondern auch weiblicher und internationaler werden.
- Die Internationalisierung und mit ihr die Bedeutung interkultureller Differenzen wachsen.
- Die Zusammenarbeit und damit auch der Wissenstransfer wird immer mehr virtualisiert, das heißt, sie finden immer mehr auf Distanz und internetbasierter Weise statt.

■ 2.1 Warum gewinnt der Wissenstransfer immer mehr an Bedeutung?

In den Sonntagsreden von Politikern und Managern ist die Aussage vom „Wissen als wichtigste Ressource in einem rohstoffarmen Land" eine feste Größe. Um deutlich zu machen, dass es dabei um mehr geht als um Bits und Bytes, wird häufig der Begriff „Wissensgesellschaft" verwandt. Er macht deutlich, dass Wissen in vielen hoch entwickelten Ländern zur Grundlage des wirtschaftlichen und sozialen Zusammenlebens geworden ist. So sieht beispielsweise die UNESCO in ihrem World Report 2005 mit dem Titel *Towards Knowledge Societies* die Wissensgesellschaft als Nachfolgerin der Informationsgesellschaft, die wiederum der Dienstleistungsgesellschaft und diese der Industriegesellschaft folgte.[3] Die Bedeutung des Zugangs zu diesem Wissen wird im Anschlussbericht *Towards Inclusive Knowledge Societies* von 2010 deutlich.[4]

Doch was hat man sich unter einer Wissensgesellschaft vorzustellen? In Anlehnung und Erweiterung der Charakterisierung in Ursula Hasler Roumois' *Studienbuch Wissensmanagement* machen folgende Punkte eine Wissensgesellschaft aus:

- eine Gesellschaft, die mit Informationstechnologie funktioniert, die gigantische Datenmengen mit Informationsqualität und damit potenzielles Wissen erzeugt, Speichermöglichkeiten bietet und einen breiten und schnellen Zugang ermöglicht (zum Beispiel Internet, Hochleistungsrechner, Glasfaserkabel, Cloud Computing);
- eine Gesellschaft, in der die Menschen den größten Teil ihrer Zeit beruflich und privat mit Informationsverarbeitung beschäftigt sind, wobei die Grenzen zwischen beruflich und privat zunehmend verschwimmen;
- eine Gesellschaft, in der Wissen als Produktionsfaktor die Bedeutung der herkömmlichen Ressourcen Rohstoffe, Arbeit und Kapital übertrifft und zur Hauptressource wird;

- eine Gesellschaft, in der ein stark steigender Teil der Wirtschaftsleistung mit wissensbasierten Innovationen geschaffen wird, mit sogenannten intelligenten Produkten und Dienstleistungen mit eingebettetem Wissen (embedded knowledge/embedded intelligence);
- eine Gesellschaft, in der bei der erwerbstätigen Bevölkerung die Zahl der Wissensarbeitenden stark steigt, deren Haupttätigkeit in der Verarbeitung von Daten und Informationen zu nutzbringendem Wissen und in der Entwicklung neuen Wissens besteht.[5]

Der Hauptvorteil des Rohstoffs Wissen ist, dass er im Gegensatz zu anderen Rohstoffarten nicht verbraucht wird, sondern sich immer weiter vermehrt. Bereits im Jahr 2000 prognostizierte Nick Bontis, ein kanadischer Experte für intellektuelles Kapital, eine Verdopplung des Wissens alle elf Stunden.[6] Bei dieser schieren Menge an Wissen (oder Informationen, der Begriff wird häufig nicht trennscharf verwandt) und seiner Bedeutung als wichtigste Ressource steht außer Frage, dass Wissensmanagement eine vordringliche Aufgabe für Unternehmen ist.

Mit der Verbreitung von Wissensarbeit im gesamten Unternehmen nimmt auch die Komplexität zu. Zu dem personalen Wissen, das an eine Person gebunden ist, kommt das organisationale Wissen, das sich aus der Zusammenarbeit verschiedener Wissensträger entwickelt.

Das Wissen der Organisation entsteht durch Handlungsmuster in ihrer alltäglichen Praxis und ist in den intern ablaufenden Prozessen implizit, also nicht einfach beschreibbar.[7] Die Systemtheorie geht davon aus, dass Systeme selbstreferenziell sind, das heißt, sie sind in der Lage, aus sich selbst heraus Lernprozesse zu initiieren und Wissen zu generieren. Dieses ist dann der Organisation eigen und nicht an ihre Mitglieder gebunden. In der Interaktion zwischen dem Wissen der Organisation und dem Wissen ihrer Mitglieder beeinflussen sich diese beiden Wissensarten aber untereinander.

Bei ausscheidenden Experten haben wir es zumeist nicht nur mit Spitzenkönnern in ihrem Fach, sondern auch mit Interakteuren in Bezug auf das organisationale Wissen zu tun. Der Soziologe Niklas Luhmann drückt diesen Sachverhalt so aus: *„Zum Wissen der Organisation gehört natürlich auch Wissen darüber, was Personen, die man fragen könnte, wissen könnten. Eben deshalb kann organisationales Wissen nicht auf personale Quellen zurückgeführt werden. Es ist als Ergebnis von Lernprozessen in der Organisation selbst gespeichert und kann bei der Aktivierung von Kommunikationen vorausgesetzt werden.“*[8]

Scheidet ein Experte aus dem Unternehmen aus, ist es also nicht nur notwendig, einen möglichst großen Teil seines Expertenwissens zu transferieren, sondern auch sein Interaktionswissen in Bezug auf das Organisationswissen. Hierbei handelt es sich um Netzwerke und Verbindungen. Um diese für einen Nachfolger nutzbar zu machen, reicht jedoch die Darstellung und Dokumentation zumeist nicht aus, da sich die Qualität der Interaktion vor allem aus Punkten wie Sympathie und Antipathie, einen gemeinsamen Bezugsrahmen (Common Ground) und Wertekongruenz ergibt. Dieser Wissensbereich des Mitarbeiters ist Teil des impliziten Wissens, dessen Transfer zusätzliche Anforderungen stellt. Wird es jedoch unterlassen, dieses Wissen zu transferieren, hinterlässt der Experte eine Wissenslücke, deren negative Auswirkungen weit höher sein können als die offensichtliche Bedeutung des Mitarbeiters in der Organisation.

Die ständig wachsende Menge und Komplexität von Wissen führt auch zu einem anderen Problem: *„Wo immer Wissen entsteht, entsteht auch Nichtwissen"*, schreibt der Systemtheoretiker Fritz B. Simon dazu.[9] Beim ersten Lesen erscheint das widersinnig. Nach unserer Definition wird Wissen von Individuen durch die Verknüpfung von Informationen mit Gedächtnisinhalten sowie unter Berücksichtigung von Kenntnissen und Fähigkeiten zur Lösung von Problemen gebildet. Man kann sich dabei die einzelnen Bestandteile des Prozesses als amorphe Massen vorstellen, die erst durch die Wissensgeneration Gestalt annimmt. Durch diese „Gestaltung" wird aber gleichzeitig eine unendliche Menge anderer möglicher „Wissensgestalten" ausgeschlossen.

Das Wissen wird im Verhältnis zum Nichtwissen immer ein Tropfen auf den heißen Stein sein. Trotzdem stellt die Menge des geschaffenen Wissens und der vorhandenen Informationen bereits heute ein wachsendes Problem dar. Die Kapazität des Menschen zur Verarbeitung von Information ist beschränkt. Es ist also keinesfalls ein Wert an sich, alles an verfügbarer Information (oder Wissen) zu speichern, weil dadurch nutzlose Informationsfriedhöfe entstehen und die Schaffung neuer Praxiskontexte verhindert wird. Somit haben Wissensmanagement und Wissenstransfer in gleicher Intensität auch mit dem Management von Nichtwissen zu tun.[10]

 Wissenstransfer bei ausscheidenden Experten setzt voraus, dass deren Wissen als „transferwürdig" definiert wurde.

Der Weggang eines Experten ist nicht per se negativ, da bei bestimmten Problemstellungen eine tradierte Herangehensweise an die Lösung dauerhaft negativ sein kann. So ist beispielsweise die Halbwertszeit von Wissen in der IT extrem kurz. In diesem Umfeld verfügen langjährige Mitarbeiter über Erfahrung und Wissen zur Organisation und ihren Kunden, während Hochschulabgänger frisches akademisches Wissen, Dynamik und Flexibilität mitbringen. So beurteilen mittelständische Unternehmen der IT-Branche in einer aktuellen Umfrage den Wert des Wissens als sehr hoch.[11] Insbesondere werden Erfahrungen mit der Software, dem Programmieren, dem Kunden, dem Netzwerk und dem Umgang in Problemsituationen als bedeutsam genannt. Für ein Drittel der befragten Dienstleistungsunternehmen sind Erfahrungen im Umgang mit den Kunden entscheidend.

Mehr noch spielt Handlungs- und Erfahrungswissen in Branchen, die mit langlebigen Anlagen und Maschinen arbeiten, eine große Rolle. Dieses Wissen wurde in langjähriger Praxis erworben, sodass in diesen Branchen ausscheidende Experten besonders schwer zu ersetzen sind.

Gelegentlich ändert sich auch das politische beziehungsweise wirtschaftliche Umfeld und mit ihm die strategische Ausrichtung des Unternehmens und die Einschätzung, welches Wissen bewahrenswert (gewesen) wäre. Ein legendäres Beispiel dafür ist die NASA. Zwischen 1969 und 1972 betraten zwölf Menschen den Mond, das Programm verschlang insgesamt 24 Milliarden Dollar, teilweise waren 400 000 Menschen daran beteiligt. Nach 1972 gab es allerdings keine Mondlandungen mehr. Die Aufzeichnungen auf Magnetspulen wurden schlicht gelöscht oder mit anderen Daten überspielt,[12] die beteiligten Wissenschaftler und Experten sind längst in Pension oder verstorben. Diese Situation brachte einen anonym bleiben wollenden NASA-Offiziellen zu der Aussage: *„Wenn wir heute wieder einen Menschen auf den Mond bringen wollten, müssten wir bei null anfangen, denn wir haben unser gesamtes Wissen in diesem Bereich verloren. Eine neue Mondmission würde mindestens eine so lange Entwicklungszeit benötigen wie in den 60er-Jahren, und sie würde mindestens so teuer werden.“*[13]

Ähnlich verhielt es sich, als die Daimler-Benz Aerospace AG (DASA), München, in den Jahren 1995 bis 1998 mit ihrem Kostensenkungsprogramm Dolores die Zahl der in Deutschland Beschäftigten um rund 8800 reduzierte.[14] Als dann der Airbus A320 zum Erfolg wurde, mussten zahlreiche der damals entlassenen Spezialisten als Mitarbeiter wieder eingestellt oder als Berater beschäftigt werden.

■ 2.2 Kann Wissen bei häufigen Arbeitsplatzwechseln überhaupt noch weitergegeben werden?

In den vergangenen zwei Jahrzehnten hat sich die Arbeitswelt radikal verändert. Auslöser waren die alle Lebensbereiche umfassende Verbreitung elektronischer Datenverarbeitung, die Veränderung gesellschaftlicher Rahmenbedingungen, das Internet und die Globalisierung. Die Veränderungen in der Arbeitswelt können folgendermaßen zusammengefasst werden:

- Verlagerung von der Hand- zur Kopfarbeit: Im Dienstleistungsgewerbe nimmt die Anzahl der Beschäftigten weiter zu und übertrifft die in der Industrieproduktion Beschäftigten.
- Erhöhung des Wissensanteils an Tätigkeiten: Insbesondere wissensbasierte Dienstleistungen im Bereich neuer Technologien verzeichnen eine hohe Zuwachsrate der Beschäftigten.
- Steigende Frauenerwerbstätigkeit und zunehmende Zahl von Teilzeit- und Telearbeitsplätzen: Der Anteil der weiblichen Beschäftigten wächst, und hier vor allem der Anteil, der in Teilzeitarbeit beschäftigt ist. Doch auch bei den Männern wächst die Zahl derer, die teils in der Firma, teils unterwegs oder im „Homeoffice" arbeiten.
- Flexibilisierung der Arbeitsverhältnisse: Das Modell der Normalarbeit, die durch kontinuierliche Tätigkeit in einem lebenslang ausgeübten Beruf charakterisiert ist, weicht mehr und mehr diskontinuierlichen Beschäftigungsverhältnissen.[15]

Hinzu kommt eine verstärkte, weltweite Konkurrenz um Arbeit, die sich nicht mehr nur auf einfache Tätigkeiten beschränkt. So sind Callcenter von IT- und Telekommunikationsdienstleistern häufig nach Asien ausgelagert, die Buchhaltung großer Konzerne nach Osteuropa, und einzelne US-amerikanische Zeitungen lassen gar Artikel über mit Webcams aufgezeichnete Veranstaltungen in Indien schreiben.

Die Folge davon ist, dass die früher gültige Übereinkunft zwischen Arbeitnehmern und Arbeitgebern *Leistung gegen Geld – Loyalität gegen Sicherheit* nicht mehr gilt.

Die Fluktuationsraten steigen und führen zu einem unkontrollierten Abfluss von Wissen. Fluktuation lässt sich in natürliche Fluktuation (ihre Ursache liegt außerhalb des Beschäftigungsverhältnisses) und organisatorische Fluktuation (von einem der beiden Vertragspartner initiiert) unterteilen:

▪ *Natürliche Fluktuation:* Gründe für natürliche Fluktuation sind Pensionierung, Mutterschutz, Erziehungszeit, (längere) Krankheit, Tod.

▪ *Organisatorische Fluktuation:* Gründe für organisatorische Fluktuation sind Kündigung durch den Arbeitgeber, Kündigung durch den Arbeitnehmer, Entsendung, Personalentwicklungsmaßnahmen.

Die Zunahme von Fluktuation in den kommenden Jahren lässt sich aus den genannten Rahmenbedingungen ableiten:

▪ Wenn der prozentuale Anteil der Arbeitnehmer über 50 steigt, wird in den kommenden zehn bis 15 Jahren die Fluktuation aufgrund von Pensionierung zunehmen. Dies gilt insbesondere dann, wenn aufgrund konjunktureller oder branchenspezifischer Probleme über Jahre hinweg nur wenige Nachwuchskräfte eingestellt wurden.

▪ Wenn der Anteil von Frauen an der Arbeitnehmerschaft zunimmt, ist davon auszugehen, dass prozentual mehr Arbeitnehmer(innen) in Elternzeit gehen.

▪ Wenn die Belegschaft insgesamt älter wird, wird eine wachsende Zahl von Arbeitnehmern wegen Krankheit oder Tod vor Erreichung der Pensionsgrenze ausscheiden.

▪ Wenn die Konkurrenz höher wird, werden Kündigungen durch die Arbeitgeber häufiger auftreten.

▪ Wenn die Komplexität des Wissens steigt und immer mehr Zeit benötigt wird, dieses in Form von Erfahrung zu akkumulieren, werden ausgewiesene Experten in zunehmender Zahl von Wettbewerbern abgeworben werden oder sich selbständig machen.

▪ Wenn die Aufstiegschancen geringer und die Arbeitsbedingungen schlechter werden und gleichzeitig eine Knappheit an jüngeren Arbeitskräften herrscht, wird die Fluktuationsrate bei den Jüngeren steigen.

▪ Wenn die Globalisierung weiter zunimmt, werden mehr Experten ins Ausland entsandt werden; zugleich wird sich im Inland die Zahl ausländischer (Nachwuchs-) Experten erhöhen.

▪ Wenn sich ein Unternehmen auf diese Rahmenbedingungen einstellen will, wird es verstärkt auf Personalentwicklung setzen. Dabei kann die Situation auftreten, dass einem Mitarbeiter mit ausgewiesener Expertise auf einem Gebiet eine Entwicklungsperspektive aufgezeigt werden muss. Das heißt, er muss versetzt werden, um keine Unzufriedenheit aufkommen zu lassen, beziehungsweise weil es im Gesamtinteresse des Unternehmens sinnvoll ist, dies zu tun – obwohl er der beste Mann auf dem alten Posten wäre.

Mit Blick auf das Thema Wissenstransfer von ausscheidenden Experten sind die Gründe für die Fluktuation von entscheidender Bedeutung. Wer das Unternehmen unfreiwillig verlässt, wird keine Motivation dazu haben, sein Wissen auf einen Nachfolger zu transferieren. Aber auch wenn der Mitarbeiter freiwillig geht und sogar seine Bereitschaft bekundet, sein Wissen preiszugeben, ist der Transfer seines Wissens, unabhängig von methodischen Problemen, kein Selbstläufer. Die Organisationstheorie spricht in diesem Fall von einem Leistungs- und Anerkennungsvorbehalt. Die Organisation plant nicht mehr mit ihm,[16] es tritt eine Form von Desozialisierung ein.[17] Von dem Moment an, in dem die Kündigung publik wird, wird der ausscheidende Mitarbeiter von seinen Kollegen nicht mehr als Teil des Systems gesehen. Das heißt, ihm wird bewusst oder unbewusst unterstellt, dass er mit dem Kopf bereits bei seinem neuen Arbeitgeber sei. Seine Beiträge in Diskussionen werden nicht mehr besonders hoch gewichtet, da er in Zukunft keine Relevanz mehr haben wird. Für die bleibenden Mitarbeiter „lohnt" es sich nicht mehr, in diesen Kollegen zu „investieren", da sie keine „Rückzahlung" mehr erwarten können. Somit wird er aus Informationskreisläufen ausgeschlossen, und seine bisherigen Netzwerke verlieren ihr Gewicht.

Durch das Ausscheiden von Experten wird nicht nur das Unternehmen durch den Abfluss von Wissen geschwächt, sondern die Konkurrenz durch den Zuwachs an (betriebsinternem) Wissen gestärkt. Eines der prominentesten Beispiele hierfür ist der Wechsel des Einkaufschefs von General Motors, José Ignacio López, zu Volkswagen Anfang der 90er-Jahre des vergangenen Jahrhunderts. López nahm eine ganze Gruppe von hoch qualifizierten Mitarbeitern mit zu VW. Volkswagen und General Motors haben sich über Jahre hinweg in den Medien und vor Gerichten um Schadensersatzzahlungen für angeblich entwendete Daten gestritten, während das Hauptproblem das in den Köpfen der Mitarbeiter gespeicherte Wissen war.[18] Über Steve Balmer, den Chef von Microsoft, wird berichtet, dass er einen Stuhl quer durch den Raum schleuderte und Google die Vernichtung androhte, als ihm sein Chefentwickler mitteilte, dass er zu der Suchmaschinenfirma wechseln wird.[19]

 Die Zunahme der Fluktuation in Unternehmen und der damit verbundene Abfluss von Wissen stellen ein in seiner ganzen Dimension noch nicht erfasstes Problem dar. Die Erkenntnis, dass selbst bei Gutwilligkeit des Ausscheidenden organisatorische und psychologische Barrieren den Wissenstransfer erschweren, zeigt die Notwendigkeit eines kontinuierlichen Transferprozesses.

2.3 Was bewirkt der demografische Wandel?

Bei der Diskussion um den Verlust von Expertenwissen wird als Ursache der demografische Wandel häufig an erster Stelle genannt. Ohne die Bedeutung der Demografie schmälern zu wollen, steht sie hier bewusst an dritter Stelle. Im Gegensatz zu den vorgenannten Punkten ist der demografische Faktor leicht und mit großem Vorlauf zu erkennen – was nicht bedeutet, dass die Entscheidungsträger in Politik und Wirtschaft langfristig und weitsichtig auf die zu erwartenden Probleme reagieren. Außerdem findet ein Generationenwechsel immer statt, und die derzeitige Situation in der Bevölkerungsentwicklung verstärkt das Problem nur. Trotz dieser Offensichtlichkeit steht außer Frage, dass bei einer nicht rechtzeitigen Reaktion ernsthafte Probleme für ein Unternehmen entstehen können. Inge Lippert, Michael Astor und Jan Wessels beschreiben diese Probleme in ihrer Studie „Demographischer Wandel und Wissenstransfer im Innovationsprozess" folgendermaßen:

- „*Kompetenzverlust durch bevorstehenden Ausstieg wichtiger Erfahrungsträger,*

- *Schwierigkeiten bei der Integration jüngerer Nachwuchskräfte in die jahrelang gewachsenen traditionellen Netzwerke der Stammbelegschaft,*

- *abnehmende Attraktivität am Arbeitsmarkt, vor allem in Bezug auf jüngere Nachwuchskräfte.* "[20]

Was die reinen Zahlen angeht, sind die Daten des Statistischen Bundesamtes unmissverständlich. Ausgehend vom Jahr 2005 wird die Einwohnerzahl der Bundesrepublik Deutschland kontinuierlich sinken und im Jahr 2030 mit 77,2 Millionen um gut fünf Millionen unter dem Ausgangswert liegen (Tabelle 2.1).

Tabelle 2.1 Bevölkerung Deutschlands von 2005 bis 2030[21] (in Millionen)

2005	2010	2015	2020	2030
82,4	81,9	81,1	80,1	77,2

Diese Entwicklung beinhaltet den Geburtenrückgang beziehungsweise die niedrige Geburtenrate pro Frau von 1,4 Kindern und das steigende Lebensalter. Bis zum Jahr 2030 rechnet das Statistische Bundesamt mit einem Rückgang der Altersgruppe der 20- bis unter 65-Jährigen um 7,7 Millionen Menschen.[22]

Bei der Auswirkung des Bevölkerungsrückganges auf die Zahl der Erwerbspersonen ist eine Zukunftsprognose schwieriger, denn es muss unterstellt werden, dass Politik und Wirtschaft auf den Rückgang der Bevölkerung reagieren. So kann beispielsweise die Zahl der erwerbstätigen Frauen, die in Deutschland relativ niedrig liegt, gezielt erhöht werden, der Einstieg ins Berufsleben kann früher stattfinden und die Lebensarbeitszeit verlängert werden. Mit diesen Maßnahmen kann die Zahl der Erwerbstätigen von der allgemeinen demografischen Entwicklung abgekoppelt werden. Das Statistische Bundesamt hat verschiedene Szenarien durchgerechnet:[23]

- Die *Status-quo-Variante* geht davon aus, dass die Erwerbsquote in den einzelnen Bevölkerungsgruppen gleich bleibt.

- Die *Primärvariante* unterstellt, dass die Erwerbsbeteiligung von Männern und Frauen durch einen früheren Einstieg ins Berufsleben und einen späteren Übergang vom Erwerbsleben in die Rente in den entsprechenden Altersgruppen ansteigt.

- Die *Maximalvariante* geht zusätzlich davon aus, dass sich bis 2030 die Erwerbsbeteiligung von Frauen und Männern vollständig angleicht.

Am wahrscheinlichsten ist die sogenannte Primärvariante, bei der unterstellt wird, dass die Erwerbsbeteiligung von Frauen und Männern ansteigt, deshalb werden diese Zahlen für Tabelle 2.2 genutzt.

Tabelle 2.2 Voraussichtliche Entwicklung der Erwerbspersonenzahl in Deutschland bis 2030[24]

Basisjahr 2005	2020	2030
42,6 Millionen	41,2 Millionen	37,7 Millionen
100 %	96,7 %	88,4 %

Demnach wird die Zahl der Erwerbspersonen bis zum Jahr 2030 (gegenüber 2005) um 11,6 Prozent abnehmen. Die Zahl der Erwerbstätigen über 50 Jahren wird im gleichen Zeitraum um 27,1 Prozent zunehmen. Betrachtet man das Jahr 2020, so steigt der Anteil der über 50-jährigen Erwerbstätigen um 36,8 Prozent an. Diese Zahlen ergeben sich auch daraus, dass die sogenannten „Babyboomer" (Jahrgang 1955 bis 1965) zwischen 2011 und 2029 in Rente gehen werden und in den folgenden Alterskohorten deutlich weniger Menschen sind. Zu ähnlichen Ergebnissen kommt das Institut für Arbeitsmarkt- und Berufsforschung (IAB) in Nürnberg. Demnach steigt die Zahl der Älteren zeitweise kräftig. Ausgehend von 11,4 Millionen (25,5 %) im Jahr 2008 erreicht das Potenzial der 50- bis 64-Jährigen 2020 mit fast 14,8 Millionen (34,3 %) seinen höchsten Wert (Bild 2.1).

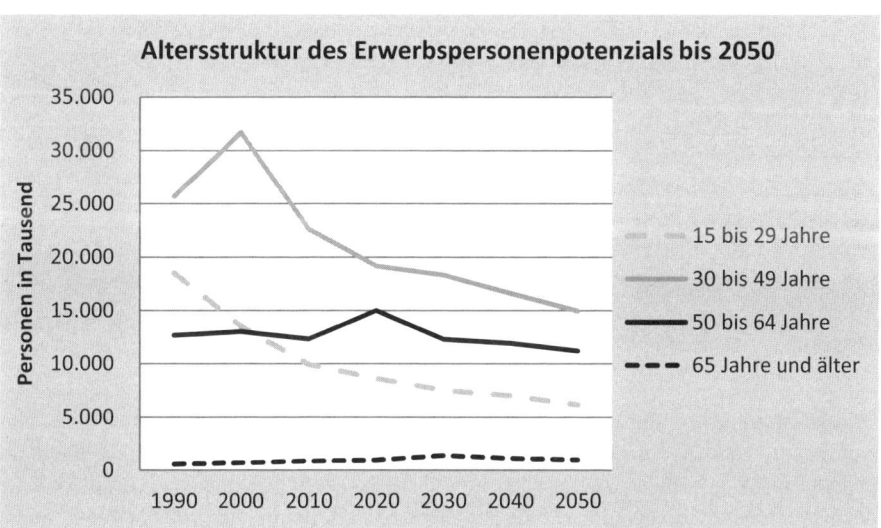

Bild 2.1 Sinkendes Angebot an Arbeitskräften in Deutschland[25]

Der demografische Wandel könnte sich in einer Beispielabteilung oder in einem Werk wie in Bild 2.2 gezeigt darstellen.

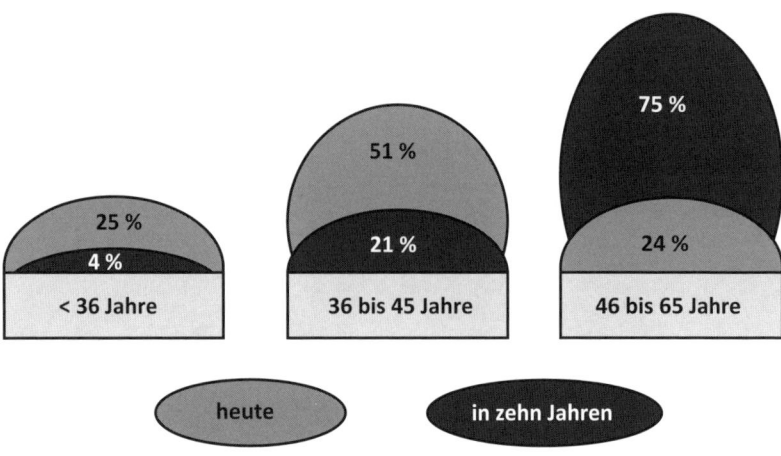

Bild 2.2 Demografischer Wandel im Unternehmen – Beispieldarstellung Mitarbeiterstruktur einer Abteilung

 Durch die alternde Belegschaften ist der Wissenstransfer selbst zum Problem geworden; treffend ausgedrückt durch Sylvia Kade: *„(Wenn) die Mehrheit der Erwerbstätigen der Altersgruppe der ‚älteren Arbeitnehmer‘ zwischen 45 und 65 Jahren angehören … (werden) nicht die ‚Älteren‘, sondern der Generationenwechsel zwischen den Altersgruppen ins Zentrum von Erneuerungsprozessen der lernenden Organisation rücken.“*[26]

■ 2.4 Welche Rolle spielt der Wissenstransfer in einer globalisierten Wirtschaft?

„Wissen ist ein Schatz, der seinen Besitzer überallhin begleitet.“ Diese Aussage wird Konfuzius zugeschrieben. Im Zeitalter der Globalisierung gewinnt sie mehr und mehr an Bedeutung. Während Deutschland in den 1980er-Jahren beim Stichwort Globalisierung noch vorwiegend an ausländische Märkte dachte, sind die meisten Unternehmen heute längst mit Produktionsstätten im Ausland vertreten. Viele der im Deutschen Aktienindex (DAX 30) gelisteten Firmen sind multinationale Unternehmen und managen Wissensflüsse zwischen Kontinenten, Kulturen und Zeitzonen. Sie verfügen über Tochtergesellschaften im Ausland und arbeiten mit Lieferanten und Kunden grenzüberschreitend zusammen. Auch hier spielt ein demografischer Aspekt hinein: Während in den meisten Ländern West- und Osteuropas die Bevölkerung im erwerbsfähigen Alter sinkt, ist in vielen Regionen Südamerikas und Nordafrikas sowie in einigen Ländern Südasiens noch

ein starkes Wachstum zu verzeichnen (Tabelle 2.3). Dies bedeutet zum einen, dass die wachstumsstärksten Märkte heute nicht mehr in Europa, USA oder Japan liegen, sondern in den BRIC-Staaten: Brasilien, Russland, Indien und China. Damit werden diese Länder nicht nur attraktive Zielregionen, sondern aufgrund des großen Reservoirs an Arbeitskräften, die auf vergleichsweise günstigem Lohnkostenniveau arbeiten, auch als Produktionsstandorte für deutsche Unternehmen interessant. Das gilt umso mehr, als so die Wege zum Kunden kürzer sind, lokale Adaptionen eingebaut und Risiken (bezüglich Wechselkursen, politischer oder wirtschaftlicher Entwicklungen) über den Globus verteilt werden können. Außerdem machen oft unsichtbare Handelsschranken jenseits von Zöllen und Kontingenten, sogenannte nicht tarifäre Handelshemmnisse, eine Lokalisierung der Fertigung, also die Vor-Ort-Produktion, zur Voraussetzung für einen uneingeschränkten Marktzugang. Doch nicht nur im Bereich Produktion, auch in Handel und Forschung zeigt sich ein klarer Trend von den Industrieländern hin zu den aufstrebenden Volkswirtschaften.[27] Der Wert von einer Billiarde Euro an deutschen Direktinvestitionen im Ausland (Bestand Ende 2010[28]) zeigt, dass die deutsche Wirtschaft längst in starkem Maße internationalisiert ist. Umgekehrt steigen auch die ausländischen Direktinvestitionen in Deutschland (Bestand Ende 2010: 500 Milliarden Euro), sodass der Wissensaustausch in beiden Richtungen stattfindet.

Damit hat das Thema Wissenstransfer auch hierzulande eine globale Dimension erreicht. Es geht nicht mehr nur darum, das Wissen an inländischen Standorten auf die nächste Generation zu transferieren, sondern auch darum, nach erfolgtem Aufbau von Auslandsstützpunkten die Weitergabe des Wissens an die dortigen Mitarbeiter sicherzustellen. Damit wird der Wissenstransfer zu einem internationalen und interkulturellen Thema. Mitarbeiter, die zum Beispiel eine Fabrik im Ausland aufgebaut haben, sollen ihr Wissen an die nächste Generation junger Fach- und Führungskräfte im Zielland weitergeben.

Tabelle 2.3 Demografischer Wandel in den Weltregionen (absolut und in Prozent der Weltbevölkerung) zwischen 1980 und 2050[29]

	1980	2011	2050
Afrika	0,483 Mrd.	1,046 Mrd.	2,192 Mrd.
	10,8 %	15,0 %	23,6 %
Asien	2,638 Mrd.	4,207 Mrd.	5,142 Mrd.
	55,4 %	59,2 %	55,3 %
Europa	0,693 Mrd.	0,739 Mrd.	0,719 Mrd.
	15,6 %	10,6 %	7,7 %
Lateinamerika	0,362 Mrd.	0,597 Mrd.	0,751 Mrd.
	8,1 %	8,6 %	8,1 %
Nordamerika	0,254 Mrd.	0,348 Mrd.	0,447 Mrd.
	5,7 %	5,0 %	4,8 %
Ozeanien	0,023 Mrd.	0,037 Mrd.	0,055 Mrd.
	0,5 %	0,5 %	0,6 %

Doch die Internationalität steigt nicht nur infolge ausländischer Standorte. In Deutschland haben 10,6 Millionen Menschen einen Migrationshintergrund, das heißt, rund 13 Prozent der Bevölkerung haben ausländische Wurzeln – auch wenn rund die Hälfte von ihnen die deutsche Staatsbürgerschaft besitzt. Dabei war die Türkei mit 1,5 Millionen Zuwanderern das wichtigste Herkunftsland, gefolgt von Polen (1,1 Millionen Personen) und der Russischen Föderation (1,0 Millionen Personen).[30] Hinzu kommt die mit dem Schengener Abkommen geschaffene Freizügigkeit innerhalb der Europäischen Union. So wird die sinkende Zahl jüngerer Arbeitnehmer in Deutschland seit der Öffnung des deutschen Arbeitsmarkts für Arbeitskräfte aus den neuen EU-Mitgliedsstaaten zum 1. Mai 2011 in zunehmendem Maße durch junge Menschen aus Mittel- und Osteuropa gedeckt. Firmen in der östlichen Grenzregion Deutschlands schwärmten im Jahr 2011 mit Unterstützung der Arbeitsämter nach Tschechien aus, um vakante Lehrstellen durch junge Menschen von dort zu besetzen. Gleiches geschah 2012 zum Beispiel in einem Modellprojekt im Emsland, wo Jobsuchende aus Spanien angeworben wurden. Die wirtschaftlichen Probleme insbesondere der südeuropäischen Länder führen zu einem wachsenden Zuzug junger Arbeitssuchender, die sich auf dem deutschen Arbeitsmarkt eine berufliche Perspektive erhoffen, die ihnen das Heimatland nicht mehr bieten kann. Aber auch höchst qualifizierte Wissenschaftler und Experten aus vielen Ländern der ganzen Welt zieht es nach Deutschland. Die Bundesrepublik kann inzwischen statt des oft beklagten „Braindrains", des Abflusses von Wissen, je nach Branche teilweise sogar einen Zuwachs verzeichnen. Dies ist vor allem auf die wirtschaftlichen Probleme beliebter Zielregionen wie der USA und Großbritanniens infolge der Finanzmarktkrise 2008 zurückzuführen.

Damit ergibt sich für das Wissensmanagement eine neue Herausforderung: Dem scheidenden Experten folgt möglicherweise ein Kollege oder eine Kollegin aus einem anderen Land nach. Er (oder sie) hat ein anderes Bildungssystem durchlaufen, eine andere berufliche und gesellschaftliche Sozialisation erlebt und somit andere Erfahrungen gemacht, die nicht immer kompatibel zu denen eines deutschen Unternehmens (insbesondere im Mittelstand) sind. Selbst wenn also beide Maschinenbau studiert haben, ist nicht gewährleistet, dass sie mit den gleichen Geräten arbeiten, die gleichen Anwendungsfelder oder Kundenzielgruppen kennen oder auf die gleiche Art und Weise kommunizieren. In betrieblichen Gruppen und Teams zeigen sich ebenso wie in Forschungs- und Wissensgemeinschaften kulturspezifische Unterschiede im Stellenwert von Partnerschaft, Freundschaft, Vertrauen und Kollegialität. Diese Unterschiede im Denken, Fühlen und Wollen bleiben selbst dann bestehen, wenn Menschen die gleiche Sprache sprechen und am gleichen Ort oder im gleichen Unternehmen arbeiten. Dies muss jedoch kein Nachteil sein.

 Eine besondere Herausforderung für das Wissensmanagement stellen unterschiedliche kulturelle Hintergründe dar, die in einer globalisierten Wirtschaft immer wahrscheinlicher werden.

■ 2.5 Welche Auswirkungen haben interkulturelle Unterschiede?

Offenheit und interkulturelle Sensibilität sind erforderlich, um die Wissensweitergabe zwischen Menschen aus verschiedenen Kulturtraditionen erfolgreich zu meistern. Beide, der scheidende Experte wie sein Nachfolger müssen definieren, was für sie Arbeit, Erfolg, Lernen und Wissen bedeutet. Denn Arbeitsethos und Leistungsorientierung unterscheiden sich ebenso wie die jeweilige Führungskultur. Dies betrifft sowohl das Rollenverständnis von Experten und Lernenden als auch deren Interaktion. Unterscheiden sich beide zum Beispiel im Umgang mit Autorität, so sind der Führungs- und der Kommunikationsstil des Experten eventuell nur begrenzt übertragbar.

Auch die Form der Gewinnung, Speicherung und Weitergabe von Wissen kann sich unterscheiden (Tabelle 2.4).

Tabelle 2.4 Kulturelle Unterschiede in der Wissensgewinnung und Wissensvermittlung

	Deutschland	USA	China
Fokus	• Sache	• Idee	• Person, Beziehung
Erkenntnisgewinn	• Analyse	• Empirie	• Versuch und Irrtum
Methodik	• Verstehen, Analysieren, Vergleichen, Beurteilen	• Vergleichen, Messen, „deep dive" in Einzelfragen	• Recherche (Internet, Autoritäten, Beziehungen)
Denkweise	• Ableitung aus Theorien (deduktive Herleitung)	• Argumentation anhand von Beispielen	• Argumentation anhand von Beispielen mit Personenbezug
Art und Aufbau	• Begründungskette, klar gegliedert, kurzer Ausblick	• Humorvoll, anekdotenreich, Kernaussagen wichtig: „Keep it simple and stupid."	• Netzwerkartiges Geflecht von Zusammenhängen
Darstellung	• Seriös, formell	• Dynamisch, mitreißend	• Rituell, indirekt, assoziativ, zurückhaltend
Weitergabe	• Expertennetzwerk	• Geschäftspartner	• Freunde, Guanxi
Bewertungskriterium	• Qualität, Stringenz, Solidität	• „It's useful, it sells."	• Vertrauen, Praktikabilität
Wichtigste Quellen	• Internet, Archiv	• Meetings	• Kollegen, E-Mail

Die Unterschiede beginnen in der Sprache und Denkstruktur. Die Entzifferung westlicher Sprachen bedeutet vor allem eine formale und analytische Denkleistung. Für das Aufnehmen von Zeichen und ihrer Bedeutung ist dagegen ein Denken in Zusammenhängen und Bildern erforderlich. Schriften, die sich aus Zeichnungen entwickelten, sogenannte Emblemschriften, wie das Chinesische oder die Kanji-Teile des Japanischen, sind nicht primär zur Aufzeichnung von Begriffen, zur Analyse von Gedanken oder zur logischen Darlegung angelegt. Sie dienen vielmehr der Übermittlung von Meinungen und Gefühlen, sie wollen überzeugen und eine bestimmte Denk- oder Handlungsweise suggerieren.[31] Da es im Chinesischen keine Grammatik in unserem Sinne gibt, bleibt Spielraum für unterschiedliche Auslegungen. Dies gilt auch für die gesprochene Sprache, bei der infolge vieler gleich klingender Silben und Wörter viel Kontextwissen erforderlich ist, um das Gesagte richtig zu interpretieren. In China müssen die Menschen daher tendenziell eher kombinieren oder aus dem Zusammenhang erschließen, was gemeint sein könnte, als dass sie dieses logisch eindeutig ableiten könnten. So wurden auch Lehr- und Lernstile geprägt: Die Deutschen neigen zur Abstraktion, während Chinesen Meister des Verknüpfens sind.[32] Daher ist eine bloße Übersetzung eines Textes ohne Kenntnis des jeweiligen kulturellen Hintergrunds bei ganz anderen Sprach- und Denkstrukturen nicht ausreichend, um das Thema vollständig zu erschließen. Der Philosoph Jürgen Habermas beschreibt dies treffend: *„Die Bedeutung einer kommunikativen Äußerung erschließt sich aus ihren Kontexten.“*[33]

Diese Denkstrukturen beeinflussen auch die Art und Weise des Wissenserwerbs und Wissenstransfers.[34] Während westliche Kulturen stark auf kodifiziertes Wissen setzen, also auf Wissen, das schriftlich auf Papier oder in Datenbanken vorliegt, ist es für die meisten Asiaten völlig klar, dass das eigentliche Wissen „zwischen den Zeilen" herauszulesen ist und nur von Person zu Person, auf Vertrauensbasis weitergegeben werden kann. Westliche Firmen erleben dies oft, wenn sie datenbankbasierte Wissensmanagementsysteme in Asien einführen wollen: Die Bedenken und Widerstände, eigenes Wissen, insbesondere persönliche Quellen oder Netzwerke in solche einzupflegen, sind beträchtlich – und das liegt nicht nur am mangelnden Datenschutz oder einer staatlichen Internetzensur. *Indirekte Kommunikation* lautet das Zauberwort, man muss den Experten und den gesamten Kontext der Kommunikation gut kennen, um leise Andeutungen oder Auslassungen hören beziehungsweise erfühlen zu können. Nur so wird man erfahren, was eigentlich gemeint ist. Daher suchen asiatische Kollegen das persönliche Gespräch oder versuchen zumindest zu telefonieren, statt nur Dokumente auszutauschen. Wenn die Themen durch Fotos oder Filme dargestellt werden können, so geben sie diesen den Vorzug. Denn oft ist der visuelle oder praktische Wissenserwerb stark ausgeprägt. Durch das jahrelange Studium von bildgebenden Zeichen können sich viele Chinesen und Japaner Zeichnungen und Bilder wesentlich besser einprägen als in Buchstaben gefasste Worte. Machtdistanz und Höflichkeit spielen ebenfalls eine Rolle: Junge Kollegen wagen es oft nicht, nachzufassen, wenn sie etwas nicht genau verstanden haben. Daher sollte man die Dinge zeigen, vormachen oder einen Lehrfilm drehen sowie Hilfe anbieten, statt nur zu dozieren.

Auch in den USA finden sich – trotz westlicher Sprach- und Denkstruktur – Unterschiede zur deutschen Tradition der Wissensweitergabe. So ist das Sammeln umfangreicher empirischer Daten als Merkmal des intellektuellen Stils der Amerikaner[35] in den USA im betrieblichen Kontext genauso verbreitet wie in der Wissenschaft. Im Umgang mit einer Fülle empirischer Daten besitzen Amerikaner häufig die Fähigkeit, zu improvisieren und die Effizienz in den Vordergrund zu stellen. Sie streben nicht die „100-pro-zentige" Genauigkeit und Vollständigkeit an, die Deutsche mit einem gewissen Hang zum Perfektionismus gerne erreichen möchten,[36] sondern sind stärker als Deutsche bereit, Uneindeutigkeit und Chaos zu tolerieren und auf den „gesunden Menschen-verstand" zu bauen.[37] Sie sind optimistisch, das Richtige zu tun, und bereit, Fehler zu korrigieren, falls sie doch aufgetreten sind.[38] Gleichzeitig helfen Optimismus und ein starkes Selbstbewusstsein, anderen die getroffene Entscheidung als richtig zu „verkau-fen".

Die USA zeichnen sich durch eine pragmatische, induktive Herangehensweise aus. Ziel ist die effiziente Lösung des aktuellen Falles oder Projektes.[39] Im Unternehmensalltag führt dieser Ansatz zu schnellen Ergebnissen, wie sie insbesondere in der Konsumgü-terbranche und in Sektoren mit sich rasch ändernden Kundenwünschen und Modellen erforderlich sind. Eklatante Unterschiede werden mit Blick auf die Mitarbeiter im Unter-nehmen deutlich: Während in Deutschland Wissens- und Erfahrungsträger häufig sehr lange auf ihren Posten bleiben oder innerhalb des Unternehmens wechseln, haben US-amerikanische Unternehmen einen sehr viel rascheren Personalwechsel zu verzeich-nen.[40] Daher ist die Bewahrung des Wissens für sie ein sehr wichtiges Moment, um Wettbewerbsvorteile für die Zukunft zu sichern. Sie ermöglichen neu hinzukommenden Mitarbeitern einen raschen Zugriff und eine schnelle Antwort bei für sie neuen Frage-stellungen.

Betrachtet man die geschilderten Unterschiede im Umgang mit Wissen in Asien und den USA, so überrascht es nicht, dass das ursprünglich aus der Philosophie[41] stammende Konzept des impliziten Wissens von dem Japaner Ikujiro Nonaka[42] in ein Wissens-managementmodell überführt wurde. Er hat damit eine ganz neue, viel stärker persona-lisierte Sichtweise in das zuvor vom expliziten Wissen, also von Datenbanken, großen Speicherkapazitäten und ausgeklügelten Suchalgorithmen geprägte Gebiet des Wis-sensmanagements eingebracht.

Beide Sicht- und Herangehensweisen haben ihre Stärken. Vom Zusammenspiel vielfäl-tiger Perspektiven und ihrem sach-, personen- und situationsgerechten Einsatz kann das betriebliche Wissensmanagement nur profitieren. So kann beispielsweise eine Sym-biose beider Modelle oder eine Adaption an die lokalen Bedingungen für den Wissens-transfer Erfolg versprechend sein.

 Vereinbarungen zwischen den Beteiligten, was unter Wissen zu verstehen und wie die Rollen beider Seiten auszugestalten sind, helfen, eine nach-haltige Nutzung des Wissens zu ermöglichen.

■ 2.6 Brauchen wir im Zeitalter des Smartphones überhaupt noch Wissenstransfer?

Nichts hat das Wissensmanagement so sehr verändert wie der Zugang zum Internet – jederzeit, an jedem Ort, nach Belieben – zumindest für die moderne Wissensgesellschaft, die über die entsprechenden technischen und finanziellen Mittel verfügt. Schon Schüler glauben, damit sei Lernen oder persönliche Erfahrungen zu machen überflüssig geworden: Ein Referat zu beinahe jedem Thema lässt sich über Wikipedia mit wenigen Mausklicks zusammenkopieren, jeder Winkel der Welt mit Google Street View ausleuchten. Lexika und fachbezogene Plattformen, Fremdsprachen-Wörterbücher und Online-Übersetzungsdienste, Landkarten und Formeln, stehen auf dem Smartphone zur Verfügung. Wozu also noch Wissenstransfer oder Lernen? Wissen, so die Annahme, ließe sich vom Hirn auf die Festplatte auslagern, wozu sich unnötig belasten. *„Mein persönlicher Experte namens Smartphone ist doch jederzeit bei mir"*, so das Credo der jungen Generation.

Der freie Zugang zu diesen Möglichkeiten wird beinahe als lebenswichtig gesehen: Keine Gesetzesinitiative der EU, nicht einmal die mehrere Hundert Milliarden schwere Rettung von Banken und Staatshaushalten, hat annähernd so viele Menschen auf die Straße gebracht wie der Kampf gegen ACTA (Anti-Counterfeiting Trade Agreement), das von den Regierungen der Industriestaaten vorbereitete Abkommen gegen Produktpiraterie und für den Schutz geistigen Eigentums.[43] Die Vehemenz, mit der um die Internetfreiheit gekämpft wurde und wird, zeigt zweierlei:[44]

Der Zugang zum weltweiten Wissen wird als extrem wichtig wahrgenommen.

Es ist kaum mehr möglich, diesen Zugang für bestimmte Ziel- oder Nutzergruppen einzuschränken. Was für eine größere Nutzergruppe zugänglich ist, ist quasi öffentlich.

Erfahrung und mit ihr der Kern des Expertenwissens lassen sich nicht virtualisieren.

Der Philosoph Peter Sloterdijk beschreibt die Veränderungen, denen wir im Zuge der Nutzung des Internets als Hauptwissensquelle entgegensehen, wie folgt: *„Der User ist der Agent, der es nicht mehr nötig hat, ein bildungsmäßig geformtes Subjekt zu werden, weil er sich von der Last, Erfahrungen zu sammeln, freikaufen kann. ... Zwar hört er nicht auf zu sammeln ..., aber was er sammelt, sind nicht Erfahrungen, das heißt personhaft integrierte, erzählerisch und begrifflich geordnete Komplexe des Wissens; es sind Adressen, unter denen mehr oder weniger geformte Wissensaggregate erreichbar wären, sollte man ... auf sie* *zugreifen wollen. Die aktuelle Geste, die das Zeitalter nach der Erfahrung am vollkommensten ausdrückt, ist das Downloading. Sie veranschaulicht die Befreiung von der Zumutung, Erfahrungen zu machen.* "[45] Dabei wird jedoch ein wesentlicher Punkt vernachlässigt:

Vielmehr verführt der ubiquitäre Internetzugang zur Fehlannahme, man verfüge über alles notwendige Wissen. Der Glaube, Sachverhalte jederzeit im Netz finden zu können, verhindert zudem häufig eine erfolgreiche Speicherung des einmal Gehörten/Gelesenen/Gefundenen im Gehirn, so der Gehirnforscher Manfred Spitzer.[46] Versuche von Universitäten, die ihren Studierenden erlauben, während der Prüfungen auf das Internet zuzugreifen, bestätigen diese Thesen. Denn die Ergebnisse der Prüflinge werden trotz des Internetzugangs kaum besser – eher schlechter. Warum? Spitzer liefert zusätzliche Begründungen: „*Jungen Menschen fällt es schwer, die Bedeutung unterschiedlicher Quellen zu bewerten; sie können zwischen der Autorität guter Quellen (beispielsweise wissenschaftliche Studien) und schlechter Quellen (Meinungsäußerungen) oft nicht unterscheiden.*"[47] Auch die Informationssuche wird, so die Forschungsergebnisse, durch die im World Wide Web zur Verfügung stehenden Möglichkeiten nicht unbedingt verbessert, im Gegenteil: Oft fehlen das Wissen um die Organisation der Informationen und das Vorwissen, das erst eine sinnvolle Filterung erlaubt.[48]

Kurz gesagt: Es fehlt an Expertise und Erfahrung, die man sich immer noch durch intensive Auseinandersetzung mit der Materie und vielfältige Übung erwerben muss und nicht einfach schon deshalb besitzt, weil eine Fülle von Informationen virtuell bereitsteht.

Denn die Praxis fragt nicht nur Faktenwissen ab, sondern verlangt den Transfer und die kreative Lösung neuer Fragestellungen und/oder praktischer Herausforderungen. Sie lässt keine Zeit für ausgiebiges Surfen und schrittweises Herantasten. An dieser schnellen und selbst organisierten Problemlösung scheitern viele Studierende trotz Zugangs zum weltweiten Netz. Ebenso scheitert so mancher allein gelassene Nachfolger an der Bewältigung beruflicher Herausforderungen, selbst dann, wenn viele Aktenschränke und Datenbanken bereitstehen. Er hat jedoch eine Chance: Er könnte persönlich, telefonisch oder via E-Mail und soziale Medien wie Facebook, Twitter oder Expertenplattformen (Blogs) einen echten Experten fragen.

Es gibt sie also noch, die Expertise, und jeder Blog zu Spezialthemen beweist dies deutlich. Hier treffen sich die Softwaredesigner genauso wie die Fremdsprachenexperten, die Heimwerkerexperten genauso wie die Hobbyköche. Jogger sind Experten zu Lauftechniken und Sportschuhen, Zahnspangenträger Experten in Sachen Auswahl, Gebrauch und Pflege einer Zahnspange. Sie alle geben Tipps jenseits dessen, was Fachbücher und Hersteller in ihre Hinweise schreiben. Die Tatsache, dass diese Tipps von erfahrenen Nutzern extrem gefragt sind, zeigt uns ein Viertes:

 Es gibt trotz oder gerade wegen der Fülle verfügbarer Informationen eine starke Nachfrage nach Expertenwissen, im privaten wie im beruflichen Bereich.

Diese Experten sind quasi Coachs, die den Nutzern helfen, sich in der Vielfalt der Angebote und Meinungen zurechtzufinden. Denn für die richtige Auswahl und Interpretation und damit für die Transformation von Information zu angewandtem Wissen und Handeln sind Kontextwissen sowie eine geeignete Such-, Auswahl- und Bewertungsstrategie notwendig. Diese sind nur durch langjährige Erfahrung zu erwerben, was das Erfahrungswissen so wertvoll und den Experten glaubwürdig macht.

Sonst nutzt die Fülle des Weltwissens dem Einzelnen so wenig wie Computer und Formelsammlung dem schwachen Mathematikschüler: Er schafft es trotz dieser Hilfsmittel nicht, das in der Aufgabenstellung vorliegende mathematische Problem zu lösen – der Transfer der Formeln auf das Anwendungsbeispiel gelingt nicht, weil das tiefere Verständnis fehlt.

Sloterdijk irrt also, wenn er das „Zeitalter nach der Erfahrung" ausruft – im Gegenteil. Wir erleben vielmehr eine Verbreitung von Erfahrungswissen auf neuen, internetbasierten Wegen: Physikalische, chemische und technische Versuche sind als Videos online, jedes Instrument und jede Sportart lässt sich per Video-Tutorial gar nicht einmal so schlecht erlernen. Das bloße Anschauen reicht nicht, Nachmachen, Ausprobieren und Training – also Üben, Üben, Üben – sind gefragt. Dies entspricht genau dem Aufbau von Erfahrung, der so elementar für Expertenwissen ist. Auf den dazugehörigen Blogs tauschen sich die Nutzer über ihre Erfahrungen aus, geben „Tricks" weiter und coachen andere. Im Prinzip findet so ein selbst gesteuertes Lernen, ein Training in einer virtuellen Gruppe statt. Was macht diese Plattformen und kleinen Filmszenen so attraktiv für die Nutzer? Sie sind in einer einfachen Sprache formuliert, nicht aufwendig inszeniert, sondern so dargestellt, dass es jeder nachmachen kann. Man mag dies „postakademisch" nennen – oder aber anschaulich und zielgruppengerecht. Schließlich muss nicht alles kompliziert sein, was gut ist: „Keep it simple and stupid" ist eine der ersten Lektionen, die man für die Kommunikation in den USA und nicht nur dort lernt. Wenn es also gelingt, Techniken und Abläufe mit einfachen Mitteln zu erläutern, sodass Betrachter beziehungsweise „follower" dies verstehen und schätzen und in der Lage sind, die Technik selbst auszuführen, dann war diese Form der Wissensweitergabe offensichtlich erfolgreich.

Einige Unternehmen haben die Methoden des Internets bereits innerbetrieblich verankert. Sie bieten auf dem Intranet einen fachlichen Mikrokosmos mit Tutorials, Expertendatenbanken und Expertenblogs, Suchmaschinen und Inhouse-Wikis. Besonders Software- und Beratungsfirmen, aber auch Technologiekonzerne zählen hier zu den Pionieren.[49] Solange die Experten innerhalb der Firma sind und entsprechende Anreizsysteme (credits) für gute Inputs sorgen, funktionieren diese Systeme. Wenn Experten jedoch das Unternehmen verlassen, dann verlassen sie normalerweise auch den geschützten Raum des Intranets und sind somit nicht mehr Teil des firmeninternen Netzwerks. Doch dies muss nicht so sein, denn es gilt:

 Die Grenzen zwischen der inner- und außerbetrieblichen Sphäre werden fließend. Virtuelle Kooperationen bestimmen das Bild der Wissensgesellschaft.[50]

Im zunehmend dynamischen Wettbewerb lösen sich feste Unternehmensstrukturen auf. Zeitlich befristete Wertschöpfungsgemeinschaften im Stile von Projektteams treten an die Stelle vormaliger Abteilungen, sogar die Unternehmen selbst beginnen sich zu virtualisieren.

Dabei können Routinetätigkeiten durch intelligente Programme bewältigt werden, komplexe Sachverhalte stellen jedoch neue Anforderungen an individuelle, kreative und Ressortgrenzen überschreitende Lösungen. So wird die Abgrenzung zwischen einzelnen Abteilungen, aber auch die zwischen internen und externen Partnern schwieriger. Fest angestellte, befristet angestellte, feste freie und völlig freie Mitarbeiter arbeiten zusammen. Die äußeren Grenzen des Unternehmens werden fließend, man agiert projektgebunden mit Experten – egal wie sich der Partner selbst formal organisiert oder wo er betrieblich und räumlich angesiedelt ist. Konzerne wie IBM sind Vorreiter und planen flexiblere Organisationen.[51] Deren Mitarbeiter sitzen nicht mehr in den Zentralen und Niederlassungen der Firma, sondern sind in einer globalen „talent cloud" über den Globus verstreut und arbeiten für begrenzte Zeit an gemeinsamen Projekten, die Dienstleistungen für Kunden erbringen. Sie werden nicht mehr von herkömmlichen Personalabteilungen, sondern über Internetplattformen gefunden und vermittelt.

Der Wechsel von Projektarbeiten innerhalb und außerhalb des Unternehmens macht „Patchwork-Biografien" gerade bei Experten zum Normalfall. Spezialisten nehmen so ihre Rolle als „Unternehmer der eigenen Arbeitskraft" wahr und gewinnen zusätzliche Erfahrungen, die allen Auftraggebern zugutekommen. Sie steigern ihre Beschäftigungsfähigkeit („employability") und minimieren gleichzeitig ihr persönliches Risiko. Selbstständigkeit und eigene Unternehmensgründung werden gerade für Experten attraktiv, die über gute Geschäftskontakte verfügen und diese zur Einkommenserzielung auf selbstständiger Basis nutzen. Bild 2.3 erläutert den flexiblen Beschäftigungslebenszyklus der Zukunft.

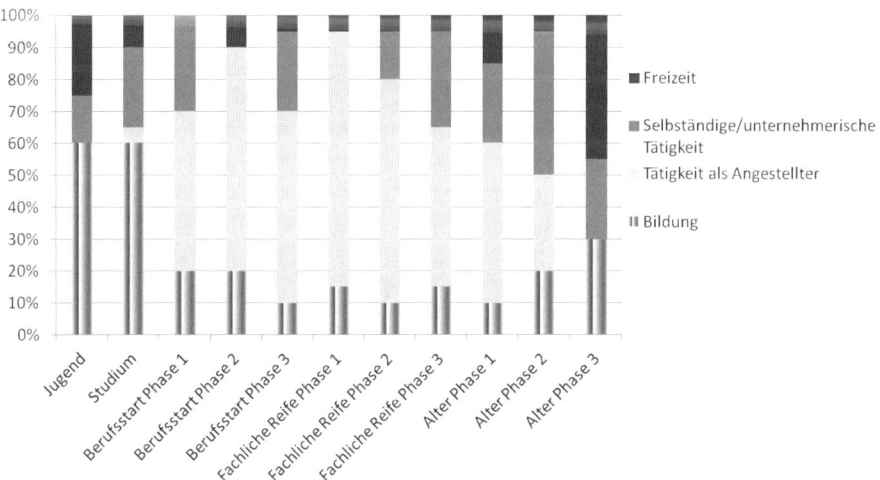

Bild 2.3 Der berufliche Lebenszyklus des Experten (Beispiel)[52]

Das Unternehmen selbst wird zum Knotenpunkt in einem Netzwerk immer stärker ver-
flochtener Wirtschaftsakteure, das sich durch eine Vielzahl von zumeist immateriellen
Transaktionen zwischen den Partnern definiert. Es entsteht ein netzwerkartiger, welt-
weiter Wertschöpfungsverbund, der in seiner konkreten Ausgestaltung und Zusammensetzung einem permanenten Wandel unterworfen ist. Dies lässt sich vor allem in kleineren Organisationen des Dienstleistungssektors beobachten, deren Vorteile Schnelligkeit
und Flexibilität sind.

Doch wie Ronald H. Coase, Wirtschaftsnobelpreisträger des Jahres 1991 feststellte,[53]
sind die Kenntnis der Abläufe, der bewussten und unbewussten Spielregeln im Betrieb,
sowie ein festes System von Anreizen, Sanktionen und Kontrollen das entscheidende
Moment für die Existenz von Unternehmen.[54] Würden sich die einzelnen Akteure auf
dem Markt jedes Mal neu zusammenfinden und neu ihre Erfahrungen miteinander
machen müssen, so wären die Transaktionskosten vergleichsweise hoch.

Transaktionskosten sind Kosten zur Reduzierung von Unsicherheit und Komplexität,
bestehend aus 1. Anbahnungskosten (Kosten der Informationsbeschaffung), 2. Vereinbarungskosten (Kosten der Vertragsgestaltung) und 3. Anpassungs- und Kontrollkosten
(zur Regelung von im Vorfeld nicht absehbaren Kosten).

Im Unterschied dazu erlaubt es die Organisation in Form eines Unternehmens, durch
wiederholte, in ähnlicher Form stattfindende Transaktionen, Expertenwissen zu akkumulieren und dadurch Unsicherheit zu reduzieren und Prozesse effizient zu gestalten.
Basis dafür sind auch die Erfahrung, die die handelnden Personen miteinander gemacht
haben, und das so entstandene Vertrauen. Jeder kennt dies aus dem eigenen Kaufverhal-
ten: Kunden bevorzugen einen bekannten Lieferanten auch deshalb, weil er sich bewährt
hat und weil man nicht sicher sein kann, dass die billigere Konkurrenz genauso zuverlässig ist.

Dieses Handicap versuchen die Betreiber von Internetplattformen durch Kundenbewer-
tungen zu verringern. Damit findet die Virtualisierung vor allem im Bereich gängiger
Konsumprodukte statt, die wenig erklärungsbedürftig sind.

So werden im Rahmen der offenen Innovation (Open Innovation) die weltweit rund
2,3 Milliarden Internetnutzer (Stand Ende 2011[55]) zur Mitwirkung bei der Lösung
betrieblicher Herausforderungen aufgefordert. Unternehmen können so Nutzer aus
aller Welt in ihre Innovationsprozesse einbeziehen und von deren Ideenvielfalt profitieren. Denn die verschiedenen Denkweisen internationaler Nutzer und Mitdenker führen
zu erhöhter Kreativität und innovativeren Problemlösungen. Dabei ist es wichtig zu verstehen, dass dieses Wissen von realen Personen, nicht „vom Internet" oder einer anderen Hard- oder Software stammt. Denn in welcher Zahl und Form auch immer Methoden
des Wissensmanagements eingesetzt werden, im Kontext eines Unternehmens stammt
alles neue Wissen von Menschen.

Die Kommunikations- und Interaktionsformen des Web 2.0, auch „Social Software"
genannt, begünstigen die Integration von Kunden und normalen Nutzern dieser Dienste.
Sie können nicht nur selbst, sondern auch in Kooperation mit anderen Nutzern, über das
Web Problemlösungen erarbeiten oder andere Problemlösungen bewerten. Diese soge-
nannte „Schwarmintelligenz" erlaubt es, Probleme anzugehen und zu lösen, die kein
Einzelner alleine bewältigen könnte. In Zusammenhang mit dieser neuen Form der Kun-

denintegration bei der Entwicklung von Innovationen wird auch von „Crowdsourcing" gesprochen, also von der Ideengewinnung durch Auslagerung (Outsourcing) von Aufgaben an die Masse (crowd) der weltweiten Internetnutzer. Eine immer größere Zahl qualifizierter Menschen engagiert sich so in internetbasierten Formen der Zusammenarbeit, und Amateure stehen auf allen Gebieten, vom Programmieren über den Journalismus bis hin zur Wissenschaft, im Wettbewerb mit Spezialisten. Damit werden externe Experten eine wichtige Rolle einnehmen:

 Expertenwissen, das nicht betriebs- oder organisationsspezifisch ist, kommt zunehmend auch von externen Experten.

Die Integration Externer liefert Unternehmen eine ganze Reihe von Vorteilen. Dabei geht es zum einen um die bessere und vor allem auch schnellere Befriedigung von Kundenbedürfnissen durch kundenspezifisch gestaltete Produkte. Fachkenntnisse von Kunden oder spezifische Kenntnisse und Erfahrungen durch Stammkunden steigern das Innovationspotenzial und die Wahrnehmung des Unternehmens als modern und innovativ. Das Risiko, Produkte am Markt vorbeizuentwickeln, sinkt. Zugleich können Kosten gespart, Kunden an das Unternehmen gebunden oder die Kundenintegration als Marketinginstrument eingesetzt werden, was die Reputation des Unternehmens steigert. Die Absicht der Mitglieder an der Teilnahme ist dabei nicht primär die, Geld zu verdienen. Die Motivation ist eher intrinsisch: Lohn für den Ideengeber sind der Spaß am Gestalten, das entstehende Produkt sowie die soziale Anerkennung anderer. Das macht neue Formen der Wertschöpfung möglich. Sie muss weder in einem bestimmten, genau lokalisierbaren Abteilungs- oder Unternehmensrahmen noch in einem genau festgelegten Arbeitszeitrahmen noch in einem bestimmten Land stattfinden. Es sind vielmehr Kombinationen aller Art und damit neue Formen der Zusammenarbeit mit Partnerfirmen wie auch mit Externen auf der ganzen Welt entstanden.

Doch die ausgeführten Veränderungen finden nicht in allen Branchen in gleichem Tempo und Ausmaß statt. Im komplexeren Investitionsgütergeschäft, das von Geschäftsbeziehungen zwischen Unternehmen (Business-to-Business) geprägt ist, dominieren unverändert die gewachsenen Strukturen. Dies gilt beispielsweise für den in Deutschland so bedeutsamen Maschinen- und Anlagenbau. Schließlich kommt es dort ganz besonders auf hohe Qualitätsstandards und technische Innovation, also auf Expertenwissen und Vertrauen an. Die Unternehmen nutzen die Möglichkeiten des Internets und virtualisieren die innerbetriebliche Zusammenarbeit, bleiben aber in der Zusammenarbeit mit Kunden, wo es um maßgeschneiderte oder technisch hochkomplexe Systeme geht, gerne auf ihren eigenen, geschlossenen und vor Spionage geschützten Kanälen und Plattformen. Außerdem spielt hier der persönliche Kontakt eine unverändert wichtige Rolle:

 Die virtuelle Weitergabe von Expertenwissen ist ein sinnvoller und notwendiger Begleiter, nicht jedoch ein Ersatz für den persönlichen Wissenstransfer und das Sammeln von Erfahrung durch tägliche Übung.

Langjährige Experten, die in Pension gegangen sind oder sich selbständig gemacht haben, können dem Unternehmen verbunden bleiben, indem sie ihre Kollegen und Nachfolger oder auch Stammkunden weiterhin coachen. Dies kann kaum rund um die Uhr geschehen, sieben Tage pro Woche. Daher ist die virtuelle Begleitung eine sinnvolle und notwendige Ergänzung des persönlichen Gesprächs. Ein entsprechender Vertrag über die Begleitung des Nachfolgers könnte beispielsweise Teil der Vereinbarungen sein, die das Unternehmen mit seinen Experten bei deren Pensionierung oder beim Wechsel in die Selbständigkeit anbietet – mit Vertraulichkeitsvereinbarung und Wettbewerbsverbot, um die Diffusion wettbewerbsrelevanten Wissens nach außen zu verhindern. So können die Experten ihre Nachfolger über alle gängigen internetbasierten Wege coachen – ob per E-Mail, Skype, SharePoint oder andere kollaborative Plattformen. Die Aktivität des Seniorexperten kann dann auch mithilfe der gängigen Instrumente der Webanalyse gemessen und honoriert werden.

Die Vorteile für das Unternehmen liegen auf der Hand: Wertvolles Expertenwissen bleibt verfügbar, wird während eines längeren Übergangszeitraums von zum Beispiel ein bis zwei Jahren weitergereicht, die Nachfolger werden vom Wissensträger persönlich gecoacht, bis sie selbst eine Perfektion erreicht haben, die dieses überflüssig macht. Der ehemalige Mitarbeiter empfindet einen Weggang nicht so schmerzlich, er „fällt in kein Loch", sondern spürt, dass er weiterhin gefragt ist – aber eben nicht mehr im stressigen Dauereinsatz, sondern fallweise und mit größeren Freiheitsgraden. Dieses Modell könnte dazu beitragen, ein fachlich und menschlich befriedigendes Exit-Management zu implementieren und die mit dem demografischen Wandel einhergehende Pensionierungswelle für Mitarbeiter und Unternehmen konstruktiv zu gestalten. Dies könnte ein Weg sein, die personalpolitischen Herausforderungen der Wissensweitergabe zu meistern.

Textliche, visuelle und auditive Medien erlauben es, verstandesmäßige und zum Teil auch gefühlsbezogene Aspekte des Wissens zu transferieren. Was jedoch fehlt, sind haptische und olfaktorische Momente, also die Wahrnehmung mittels Tastsinn, Mund und Nase. Über diese Sinneseindrücke können digitale Medien nur in Form sprachlicher Darstellungen oder Bilder kommunizieren, was die eigentlich zentralen Aspekte des Erlebens außen vor lässt. Geruchs- und Geschmacksexperten sowie Menschen, bei denen das Fingerspitzengefühl im wahrsten Sinne des Wortes eine große Rolle spielt, können ihre Expertise daher weiterhin nur auf dem Wege persönlicher Anschauung übermitteln. Hier verhält es sich ähnlich wie bei Video-Tutorials, die auch nur zeigen und erklären, aber nicht das persönliche Training ersetzen. Doch auch bei sprachlich fassbaren Wissensinhalten bleiben die Medien ein Mittler, der nur Teile des Expertenwissens abbildet. Entscheidend bleibt die eigene, direkte und unvermittelte Wahrnehmung, das eigene Tun, das Sammeln eigener Erfahrung.

„Erfahrung" ist ein zentrales Wort im Wissenstransfer, da beim Fach- und Führungskräftewechsel genau diese Wissensschätze ganz besonders relevant für Unternehmen sind. Das folgende Kapitel geht näher darauf ein, warum Expertenwissen für Unternehmen so wertvoll ist und welch vielschichtige Wissensformen sich hinter dem Begriff „Expertenwissen" verbergen. Ein tieferer Blick auf die Beschaffenheit von Expertenwissen ist wichtig, um geeignete Wissenstransfermethoden entwickeln und bestehende Ansätze kritisch beurteilen zu können.

■ 2.7 Zusammenfassung

Wissenstransfer an sich ist nichts Neues, er ist vielmehr ein konstituie-
rendes Merkmal der Zivilisationsentwicklung. Das Problem des Wissensverlusts durch ausscheidende Experten gewinnt jedoch in den kommenden Jahren dramatisch an Bedeutung. Hierfür sind vor allem vier
Faktoren ausschlaggebend.

- Die stark wachsende Menge und Komplexität von Wissen macht es notwendig, diese Ressource zu managen. Wissen selbst ist zu einem bedeutenden Produktionsfaktor geworden, der für Erfolg oder Misserfolg
  eines Unternehmens entscheidend sein kann. Gerade Expertenwissen
  besteht zu einem beachtlichen Anteil aus Handlungs- und Erfahrungswissen, das besonders schwer übertragbar ist.

- Die radikale Veränderung der Arbeitswelt in den vergangenen zwei Jahrzehnten hat zu einem signifikanten Anstieg der Fluktuationsraten geführt. Dadurch kommt es in den Unternehmen zu einem unkontrollierten Abfluss von Wissen. Selbst bei Gutwilligkeit des Ausscheidenden
  gibt es organisatorische und psychologische Barrieren, die den Wissenstransfer erschweren.

- Der demografische Wandel wird zu einem bedeutenden Rückgang der
  Erwerbspersonen in Deutschland führen. Dadurch wird es immer schwerer, Transferprozesse mit einer längeren Übergangszeit zu initiieren, in
  der Vorgänger und Nachfolger zusammenarbeiten.

- Die Globalisierung führt auch zu einem stärker internationalisierten
  Arbeitsmarkt. Dadurch entstehen neben den inhaltlichen und lerntheo-
  retischen Problemen des Wissenstransfers auch Schwierigkeiten, die
  sich aus der unterschiedlichen Herkunft und den damit einhergehenden kulturellen Prägungen ergeben.

- Globalisierung und technischer Fortschritt führen zu neuen internetbasierten Kommunikationsformen. Der Wissensaustausch findet daher
  immer stärker virtuell statt. Dies verändert die Anforderungen an die
  Inhalte und Methoden des Wissenstransfers. Dennoch bleibt für den
  Erwerb von Expertenwissen der persönliche Kontakt zwischen Menschen entscheidend und für den Erwerb von Erfahrung die häufige
  Übung.

■ 2.8 Literatur

1 Zitate online: Sprüche historischer Personen, www.zitate-online.de/sprueche/historische Personen, Zugriff am 20.11.2012

2 DeLong, David W.: *Lost Knowledge. Confronting the Threat of an Aging Workforce*, Oxford University Press, New York 2004, S. 25

3 Vgl. UNESCO World Report: „Towards Knowledge Societies", Paris 2005, http://unesdoc.unesco.org/images/0014/001418/141843e.pdf, Zugriff am 02.08.2012

4 Vgl. Souter, David: „Towards Inclusive Knowledge Societies. A review of UNESCO's action in implementing the WSIS outcomes", in: *UNESCO, Communication and Information Sector 2010*, Paris 2010, http://unesdoc.unesco.org/images/0018/001878/187832E.pdf, Zugriff am 02.08.2012

5 Vgl. Hasler Roumois, Ursula: *Studienbuch Wissensmanagement*, Orell Füssli Verlag, Zürich 2007, S. 15; in diesem Sinne auch Klaus Schwab in seiner Eröffnungsrede zum World Economic Forum 2012: Er erläutert, dass damit Kreativität und Innovationskraft, also menschliche Talente, die materiellen Produktionsfaktoren in ihrer Bedeutung übertreffen. Quelle: World Economic Forum, Annual Meeting 2012, http://www.weforum.org/events/world-economic-forum-annual-meeting-2012, Zugriff am 11.09.2012

6 Bontis, Nick: „Assessing knowledge assets: a review of the models used to measure intellectual capital", in: *International Journal of Management Review*, Blackwell Publishers, Volume 3, 2001

7 Simon, Fritz B.: *Einführung in die systemische Organisationstheorie*, Carl-Auer Verlag, Heidelberg 2007, S. 62

8 Luhmann, Niklas: *Organisation und Entscheidung*, Frankfurt am Main 2000, zitiert nach Simon, Fritz B.: *Einführung in die systemische Organisationstheorie*, Carl-Auer Verlag, Heidelberg 2007, S. 63

9 Simon, Fritz B.: *Einführung in die systemische Organisationstheorie*, Carl-Auer Verlag, Heidelberg 2007, S. 64

10 Vgl. Wilke, Helmut: *Einführung in das systemische Wissensmanagement*, Carl-Auer Verlag, Heidelberg 2007, S. 27

11 Vgl. Rozman, Anja: *Wissensverlust beim Ausscheiden von Experten. Eine empirische Erhebung von Risiken und Maßnahmen am Beispiel von kleinen und mittleren Unternehmen der Dienstleistungsbranche in der Region Ingolstadt*, Bachelorarbeit an der Fakultät Informationsmanagement der Hochschule Neu-Ulm vom 09.10.2012, Betreuerin: Prof. Dr. Ulrike Reisach

12 Vgl. Gesamtkonzept für die Informationsinfrastruktur in Deutschland. Empfehlungen der Kommission Zukunft der Informationsinfrastruktur im Auftrag der Gemeinsamen Wissenschaftskommission des Bundes und der Länder, April 2011, www.allianzinitiative.de/fileadmin/user.../KII_Gesamtkonzept.pdf, Zugriff am 11.12.2012

13 Orians, Wolfgang: „Warum es keinen Mann im Mond mehr gibt", Vortrag an der Hochschule Offenburg, gehalten am 25.05.2011, S. 3

14 Vgl. „Daimler billigt Dolores-Programm" (ehr), in: *Welt* vom 22.11.1995, http://www.welt.de/print-welt/article664107/Daimler-billigt-Dolores-Programm.html, Zugriff am 22.01.2012

15 Vgl. Kade, Sylvia: *Alternde Institutionen. Wissenstransfer im Generationenwechsel*, Klinkhardt Verlag, Bad Heilbrunn/Recklinghausen 2004, S. 21f.

16 Vgl. Kepke, Markus; Schulte, Felix: *Probleme des Wissenstransfers bei Personalfluktuation. Theoretische Überlegungen und empirische Betrachtung*, GRIN Verlag für akademische Texte, München 2006

17 Vergleiche hierzu die Frage der Zugehörigkeit zu einer Organisation in Simon, Fritz B.: *Einführung in die systemische Organisationstheorie*, Carl-Auer Verlag, Heidelberg 2007, S. 57

18 Vgl. Probst, Gilbert J. B.; Raub, Steffen; Romhardt, Kai: *Wissen managen. Wie Unternehmen ihre wertvollste Ressource optimal nutzen*, Gabler Verlag, Wiesbaden 2006, S. 19 f.

19 Vgl. Kepke, M.; Schuldes, F.: *Probleme des Wissenstransfers bei Personalfluktuation. Theoretische Überlegungen und empirische Betrachtung*, GRIN Verlag für akademische Texte, München 2006

20 Lippert, Inge; Astor, Michael; Wessels, Jan: *Demographischer Wandel und Wissenstransfer im Innovationsprozess*, VDI/VDE-Technologiezentrum Informationstechnik, Teltow, S. 4

21 Ab 2010 Ergebnisse der 11. koordinierten Bevölkerungsvorausberechnung (Variante Untergrenze der „mittleren" Bevölkerung), Quelle: Statistische Ämter des Bundes und der Länder: *Demografischer Wandel in Deutschland, Heft 1: Bevölkerungs- und Haushaltsentwicklung im Bund und in den Ländern*, Ausgabe 2007, S. 19

22 Ebd., S. 23

23 Statistische Ämter des Bundes und der Länder: *Demografischer Wandel in Deutschland, Heft 4: Auswirkungen auf die Zahl der Erwerbspersonen*, Ausgabe 2009, S. 8

24 Ebd., S. 10 f.

25 In Anlehnung an Fuchs, Johannes; Söhnlein, Doris; Weber, Brigitte: „Projektion des Arbeitskräfteangebots bis 2050. Rückgang und Alterung sind nicht mehr aufzuhalten", in: Institut für Arbeitsmarkt- und Berufsforschung (Hrsg.): *IAB Kurzbericht 16/2011*, Nürnberg, S. 5, http://doku.iab.de/kurzber/2011/kb1611.pdf, Zugriff am 23. 04. 2012

26 Kade, Sylvia: *Alternde Institutionen. Wissenstransfer im Generationenwechsel*, Klinkhardt Verlag, Bad Heilbrunn/Recklinghausen 2004, S. 13

27 Zu den einzelnen Ländergruppen und Branchen vgl. Prognos AG; Vereinigung der Bayerischen Wirtschaft: *Studie Globalisierung. Entwicklung der Wertschöpfungsstrukturen 1991 – 2020*, München, März 2012

28 Quelle: Deutsche Bundesbank: Statistiken Außenwirtschaft, http://www.bundesbank.de/Navigation/DE/Statistiken/Aussenwirtschaft/Direktinvestitionen/Bestandsangaben/bestandsangaben.html, Zugriff am 30. 10. 2012

29 Zahlen nach United Nations, Department of Economics and Social Affairs, Population Division: World Population Prospects, the 2010 Revision, New York 2011

30 Vgl. Statistisches Bundesamt: Zahl der Woche vom 13. 12. 2011: „Zugewanderte leben im Schnitt seit 21 Jahren in Deutschland", https://www.destatis.de/DE/PresseService/Presse/Pressemitteilungen/zdw/2011/PD11_050_p002.html, Zugriff am 03. 08. 2012

31 Vgl. Granet, Marcel: *Das chinesische Denken. Inhalt, Form, Charakter*, Suhrkamp Verlag, Frankfurt am Main 1985, S. 27. Original: *La pensé chinoise*, Paris 1936

32 Reisach, Ulrike; Tauber, Theresia; Yuan, Xueli: *China. Wirtschaftspartner zwischen Wunsch und Wirklichkeit*, Redline Wirtschaft, Heidelberg 2007, S. 346

33 Habermas, Jürgen: *Diskursethik. Philosophische Texte Band 3*, Studienausgabe, Suhrkamp Verlag, Frankfurt am Main 2009, S. 288

34 Nähere Ausführungen zum Wissensmanagement in China finden sich zum Beispiel bei Peng, Jian: „Knowledge Management from China Perspective: Theory and Practice", in: *The fourth International Conference on Technology, Knowledge and Society*, January 2008, http://t08.cgpublisher.com/proposals/154/index_html, Zugriff am 03. 08. 2012

35 Vgl. Palazzo, Bettina: *Interkulturelle Unternehmensethik. Deutsche und amerikanische Modelle im Vergleich*, Deutscher Universitäts-Verlag, Wiesbaden 2000, S. 107

36 Vgl. Reisach, Ulrike: *Die Amerikanisierungsfalle. Kulturkampf in deutschen Unternehmen*, Econ Verlag, Berlin 2007, S. 158 f., sowie Iacocca, Lee; Novak, William: *Iacocca. Eine amerikanische Karriere*, Ullstein Verlag, Frankfurt am Main/Berlin 1988, S. 77

37 Vgl. Hofstede, Geert Jan: *Lokales Denken, globales Handeln. Interkulturelle Zusammenarbeit und globales Management*, Deutscher Taschenbuch Verlag, München 2006, S. 262

38 Vgl. Iacocca, Lee; Novak, William: *Iacocca. Eine amerikanische Karriere*, Ullstein Verlag, Frankfurt am Main/Berlin 1988, S. 79

39 Vgl. Reisach, Ulrike: *Die Amerikanisierungsfalle. Kulturkampf in deutschen Unternehmen*, Econ Verlag, Berlin 2007, S. 135 ff.

40 Vgl. ebd., S. 116

41 Das Konzept vom impliziten Wissen wurde erstmals von Michael Polanyi (1966, deutschsprachig 1985) eingeführt und ist seit Nonaka und Takeuchi in den Wissensmanagementansätzen anerkannt: Nonaka, Ikujiro; Takeuchi, Hirotaka: *The Knowledge-Creating Company. How Japanese Companies Create the Dynamics of Innovation*, Oxford University Press, Oxford 1995, in Deutsch Nonaka, Ikujiro; Takeuchi, Hirotaka: *Die Organisation des Wissens. Wie japanische Unternehmen eine brachliegende Ressource nutzbar machen*, Campus Verlag, Frankfurt am Main 1997

42 Siehe auch Nonaka, Ikujiro: „The Knowledge-creating Company", *Harvard Business Review*, 79, 6 (1991), S. 96 – 104

43 Zu den Zielen und Inhalten vgl. Europäische Kommission, Generaldirektion Handel: Tackling unfair Trade, ACTA, http://ec.europa.eu/trade/tackling-unfair-trade/acta/index_en.htm, Zugriff am 10. 08. 2012

44 Vgl. Portal der „Stoppt ACTA"-Bewegung in Deutschland, http://www.stopacta.de/, Zugriff am 10. 08. 2012

45 Vgl. Sloterdijk, Peter: *Im Weltinnenraum des Kapitals*, Suhrkamp Verlag, Frankfurt am Main 2006, S. 344 – 345

46 Vgl. Spitzer, Manfred: *Digitale Demenz. Wie wir uns und unsere Kinder um den Verstand bringen*, Droemer Verlag, München 2012, S. 212

47 Ebd., S. 211

48 Vgl. ebd., S. 210 ff.

49 Vgl. die Beispiele von Deutsche Telekom, Bayer AG, SAP und T-Systems, dargestellt von Dobiéy, Dirk; Ehrlich, Stefan; Lin, Dada, in: Wolf, Frank (Hrsg.): *Social Intranet. Kommunikation fördern, Wissen teilen, effizient zusammenarbeiten*, Carl Hanser Verlag, München 2011, Kapitel 12 – 16

50 Vgl. hierzu und zum Folgenden Reisach, Ulrike: „Neue Arbeitsformen in der Wissensgesellschaft", in: *Personal - Zeitschrift für Human Resource Management*, Heft 7, Köln 2001, S. 388 – 392

51 Vgl. hierzu und zum Folgenden Dettmer, Markus; Dohmen, Frank: „Frei schwebend in der Wolke. Der Software-Konzern IBM plant eine radikale Reform seiner Belegschaft", in: *Spiegel* 06/2012, S. 62 – 64

52 In Anlehnung an Reisach, Ulrike: „Neue Arbeitsformen in der Wissensgesellschaft", in: *Personal - Zeitschrift für Human Resource Management*, Heft 7, Köln 2001, S. 388 – 392

53 Vgl. Nobelpreiskommittee, Stockholm: Wirtschaftsnobelpreis – Laureaten (URL: http://nobelprize.org/economics/laureates/1991/, Zugriff vom 09. 12. 2012)

54 Vgl. Coase, R. H.: „The Nature of the Firm", in: *The London School of Economics and Political Science: Economica*, New Series, Vol. 4, No. 16. (Nov., 1937), pp. 386 – 405. (URL: http://links.jstor.org/sici?sici=0013-0427%2819371l%292%3A4%3A16%3C386%3ATNOTF%3E2.0.CO%3B2-B, Dec. 9th, 2012)

55 Vgl. International Telecommunication Union (ITU): „Key Statistical Highlights, ITU data release June 2012", http://www.itu.int/ITU-D/ict/statistics/material/pdf/2011%20Statistical%20highlights_June_2012.pdf, Zugriff am 30. 10. 2012

3 Leaving Expert, Expertenwissen, Erfahrungen, Werte

Die Grundlagen
Kapitel 1: Einführung

Die Herausforderungen
Kapitel 2: Herausforderungen der
Wissensweitergabe

Die wissenschaftliche Basis
Kapitel 3: Leaving Expert, Expertenwissen,
Erfahrungen, Werte

Die personalpolitische Sicht
Kapitel 4: Personalmanagement
und Wissenstransfer

Die Praxis
Kapitel 5: Lösungswege in der heutigen Praxis

Der Idealfall
Kapitel 6: Prozessorientierter Wissenstransfer
bei ausscheidenden Experten

Der Blick in die Zukunft
Kapitel 7: Wissenstransfer als Teil der
Unternehmenskultur

Die wissenschaftliche Basis
Kapitel 3: Leaving Expert, Expertenwissen,
Erfahrungen, Werte

▶ Wer ist ein Experte?
▶ Was verbirgt sich hinter dem Begriff
  Expertenwissen?
▶ Wie lassen sich die Wissensarten
  strukturieren?
▶ Wie wird Expertenwissen transferierbar?
▶ Kann man Expertenwissen dokumentieren?
▶ Wie lässt sich Wissen kodifizieren?

„Zu wissen, wie man etwas macht, ist nicht schwer. Schwer ist nur, es zu machen", sagt ein chinesisches Sprichwort und liefert damit eine schöne Beschreibung von Expertenwissen. Eine noch so gute Vorbereitung mit Fachbüchern befähigt einen Berufsanfänger nicht, wie ein erfahrener Experte im „echten Berufsleben" zu handeln. Dazu braucht man konkrete Erfahrung. Dies gilt für viele Bereiche von Expertenwissen auch.

Im Folgenden werden die Begriffe Experte und Expertenwissen definiert, die vielen Bestandteile, die Expertenwissen ausmachen, beschrieben, und es wird hinterfragt, inwieweit Expertenwissen weitergegeben und dokumentiert werden kann.

Fallbeispiel: Der Experte für Hauptkühlmittelpumpen

„Schreiben Sie bitte auf, was wichtig ist!" Mit dieser Aufforderung beginnt der Wissenstransferprozess eines ausgewiesenen Experten für Hauptkühlmittelpumpen in einem international agierenden Pumpen- und Armaturenhersteller mit Hauptsitz in Deutschland. Demnächst steht der altersbedingte Ruhestand dieses Experten, nennen wir ihn Herrn Weiß, bevor. Zwar existiert ein Team aus jüngeren Ingenieuren, die über hohes Fachwissen zu den diversen Pumpensystemen verfügen, doch Herr Weiß ist der Einzige im Team, der auf eine lange ereignisreiche Vergangenheit zurückblicken kann. Er hat viele wertvolle Erfahrungen gesammelt, sei es spezifisches Fachwissen bei Störfällen, das Prozesswissen in Großprojekten oder aber das für das Verstehen von komplexen sozialen und politischen Zusammenhängen so wichtige Hintergrundwissen über Vorlieben und Eigenheiten von Kunden, Lieferanten und Behörden. Er hat viele komplexe Problemsituationen erlebt und diese aufgrund seines hohen Fachwissens und seiner stetig zunehmenden Erfahrung meist erfolgreich gemeistert.

Knapp ein Jahr vor seinem Ausscheiden aus dem Unternehmen beginnt die Geschäftsleitung nach Möglichkeiten für den Wissenstransfer zu suchen, um das relevante Erfahrungswissen von Herrn Weiß für das verbleibende Team zu sichern. Ein erster Schritt ist, Herrn Weiß zu bitten, „alles aufzuschreiben, was für seine Nachfolger von Interesse sein könnte". Wo soll er anfangen? Im Regal stehen Dutzende ingenieurwissenschaftliche Fachbücher. Gleich daneben die Aktenordner zu abgeschlossenen Projekten, die Datenblätter und Änderungsprotokolle zu den verschiedenen Pumpenserientypen und all jene anderen Ordner, die wichtige Informationen für seine Führungsfunktion in der Abteilung beinhalten. Auf seinem PC liegen Kontaktadressen von Lieferanten, Kunden und Vertrauenspersonen aus Verbänden und Politik. Wenn er auf seine Berufsjahre zurückblickt, fallen ihm zwar einige Situationen ein, die er als bedeutsam für seinen Werdegang empfand. Dennoch kann er in der Fülle seiner beruflichen Erfahrungen und dem hohen Fachwissen keinen roten Faden identifizieren und nicht ohne Feedback der Kollegen entscheiden, welche Teile seines Wissens für die Nachfolger relevant sein könnten.

Selbst wenn Herr Weiß die Selektionshürde, welches Wissen relevant ist, überwinden könnte, stünde er direkt vor der nächsten Herausforderung: Wie kann der Experte sein Wissen so aufbereiten und darstellen, dass der oder die Nachfolger dieses gerne annehmen und es auch tatsächlich verstehen und in ihr eigenes Handeln integrieren können?

Kurzum, ein steiniger Weg liegt vor ihm, den er ohne Hilfe schwerlich wird gehen können.

(Wie dann die Lösung des Beispiels in der Praxis aussieht, wird in Kapitel 5 beim Einsatz der Methode „Transfer Stories" beschrieben.)

Kaum ein Begriff ist so vielschichtig wie der des Wissens.[1] An dieser Stelle soll einführend folgende Definition von Probst, Raub und Romhardt gewählt werden: *„Wissen bezeichnet die Gesamtheit der Kenntnisse und Fähigkeiten, die Individuen zur Lösung von Problemen einsetzen. Dies umfasst sowohl theoretische Erkenntnisse als auch praktische Alltagsregeln und Handlungsanweisungen. Wissen stützt sich auf Daten und Informationen, ist im Gegensatz zu diesen jedoch immer an Personen gebunden. Es wird von Individuen konstruiert und repräsentiert deren Erwartungen über Ursache-Wirkungs-Zusammenhänge.“*[2]

Was macht nun einen Experten so besonders und was verbirgt sich hinter dem Begriff Expertenwissen?

■ 3.1 Wer ist ein Experte?

„Alles Wissen über die Wirklichkeit geht von der Erfahrung aus und mündet in ihr.“[3]

(Albert Einstein)

Expertenwissen ist vielschichtig und komplex, sodass ein differenziertes Verständnis des Wissensbegriffs notwendig ist, um dem Expertenwissen in seinen verschiedenen Ausprägungen und Graden der Bewusstheit gerecht zu werden. Je differenzierter der Blick auf das Expertenwissen, desto besser können verschiedene Methoden kombiniert werden, um möglichst viele Anteile dieses Wissens in seiner Gesamtheit zu erfassen und weiterzugeben.

Zunächst einmal ein Anglizismus, der sich mittlerweile auch in deutschen Unternehmen, beispielsweise bei Siemens Healthcare, durchgesetzt hat: Leaving Experts werden sowohl Führungskräfte als auch Fachkräfte genannt. Sie besitzen Wissen, das von Entscheidern im Unternehmen als hochrelevant für das Unternehmen beziehungsweise den unmittelbaren Nachfolger eingeschätzt wird und nicht oder nur unzureichend auch bei anderen verbleibenden Wissensträgern vorliegt.

Ein Leaving Expert ist auch ein Gründer oder langjähriger Unternehmenslenker in einem mittelständischen Unternehmen, der seine Firma an den Junior übergibt. Ob Großunternehmen oder Mittelstand, Leaving Experts sind Personen, die über unverzichtbares, einzigartiges Wissen und Fähigkeiten verfügen, sodass ihr Weggang die Organisation mit der Gefahr des Wissensverlustes konfrontiert, der nicht durch Neueinstellungen ausgeglichen werden kann.

Doch was genau macht einen Experten aus? Was ist das Spezifische, das Besondere am Experten, sodass ein Unternehmen bei bevorstehendem Weggang dieser Person den Aufwand von Wissenssicherung und Wissenstransfer in Betracht zieht?

Als Experten werden in der Expertiseforschung *„in der Regel Personen verstanden, die in einer bestimmten Domäne kompetente Leistungen erbringen“*[4], und zwar auf Dauer.

Experten sind Fachleute, die komplexe Anforderungen in ihrem Beruf erfolgreich bewältigen und dafür auf ein hohes professionelles Wissen und Kompetenzen zurückgreifen, welche sie durch eine mehrjährige, intensive Beschäftigung mit ihrer Domäne erlangt haben.

Experten sind kompetent handelnde Personen, und das auch in schwierigen Situationen, wie das Beispiel des Projektleiters eines Chemieanlagenbauers verdeutlicht.

Fallbeispiel: Projektleiter Meise

Bei einem international aufgestellten Chemieanlagenbauer ist am Standort Deutschland im Teilbereich Leitungen Michael Meise, ein „alter Hase", beschäftigt, dem der Ruf über die Landesgrenzen hinweg vorauseilt, ein unglaubliches Geschick darin zu haben, Projekte, die kurz vor dem Scheitern stehen, in letzter Minute zu retten und erfolgreich zu Ende zu führen. Der Ingenieur arbeitete jahrelang als Fachmann für die Leitungsverlegung in Chemieanlagen und wurde dann mit zunehmender Erfahrung zum Projektleiter befördert. Herr Meise hat seitdem schon einige Projekte übernommen, deren Kosten explodiert waren oder bei denen es im Laufe des Anlagenbaus zu gravierenden Fehlern im Bau kam, die schnell Lösungen verlangten. In all diesen Krisensituationen im Projekt gelang es diesem Experten, die Probleme zu lösen, sei es die Projektplanung zu vernünftigen Preisen oder die Fehleranalyse im laufenden Projekt. Seine Lösungen waren oft unkonventionell, aber funktionierten immer so gut, dass er im gesamten Konzern mehr und mehr den Ruf des „Troubleshooters" für Projektmanagement bekam. Wann immer man eine Frage zum Projektmanagement hatte, konnte man Herrn Meise getrost anrufen, er wusste fast immer einen konkreten Lösungsvorschlag oder aber zumindest einen guten Rat zu geben, wie es weitergehen könnte und wo man am ehesten das Problem im Projekt entdecken und beheben könnte.

Nun geht Herr Meise bald in Rente und will nicht als Berater weiterhin zur Verfügung stehen. Bei den verbleibenden Mitarbeitern am Standort Deutschland, aber auch in anderen Standorten auf der ganzen Welt wird sein Ausscheiden mit großer Sorge zur Kenntnis genommen. Bisher hatte man einfach Herrn Meise angerufen, wenn man Probleme in Großprojekten hatte. Welche Fragen werden nun nicht mehr beantwortet werden können, wenn er nicht mehr zur Verfügung steht?

Herr Meise steht also für einen Experten, wie er im Buche steht: eine Person mit großer Erfahrung, fundiertem Fachwissen und einem zuverlässig kompetenten Handeln in seinem Bereich, auch in neuen, unvorsehbaren Problemsituationen.

In der Expertiseforschung gibt es eine parallele Definition, was Experten sind: Neben der Auffassung, dass Experten Personen sind, die komplexe berufliche Anforderungen kompetent bewältigen, spricht man auch dann von Expertentum, wenn es zu Spitzenleistungen kommt wie etwa bei Hochleistungssportlern. Dieser Expertenstatus ist jedoch erst nach mindestens zehn Jahren intensivster Beschäftigung zu erreichen.[5] In dieser Definition schwingen auch die Anlagen des Einzelnen mit, seien es motorische, kognitive, musikalische Begabungen, die ihm in die Wiege gelegt wurden. Denn nach dieser auf Spitzenleistung fokussierenden Definition eines Experten kann nur ein kleiner Teil der Menschen Experte werden. Diesem Buch liegt eine Sichtweise zugrunde, die das *professionelle Wissen und die Fähigkeit, kompetent zu handeln*, und nicht die *Spitzenleistung* in den Fokus rückt. Sie ist zentral für den unternehmerischen Kontext und für die Frage, wie ein gelungener Wissenstransfer gestaltet werden sollte. Denn das spezifische Wissen des Experten und seine kompetenten Handlungen rücken in den Vordergrund und sind damit Ausgangspunkt für alle Überlegungen zum gelungenen Wissenstransfer.

Die Schwierigkeit, Experten in Unternehmen zu identifizieren

„Eine Organisation muss zuerst verstehen, wo ihre Wissensschätze liegen, bevor sie beginnen kann, zu planen, diese Werte zu erschließen."[6] Diese Worte der britischen Pionierin des Wissensmanagements, Victoria Ward, klingen selbstverständlich. Und doch ist die Identifikation des erfolgskritischen Wissens und mit ihm der Wissensträger für viele Unternehmen die größte Herausforderung.

Wer ist eigentlich ein Experte in einer Organisation? Ist es eine Führungskraft, da sie ja schon bewiesen hat, kompetent zu sein, sonst wäre sie nicht auf der Karriereleiter emporgeklommen? Da in der Marktwirtschaft eine starke Leistungsorientierung vorherrscht, ist der Glaube, ein hoher beruflicher und gesellschaftlicher Status sei auf vorausgegangene und aktuelle Leistung zurückzuführen, naheliegend. Dennoch muss diese Leistung nicht unbedingt auf ausgeprägtem Expertenwissen beruhen.

In der Expertiseforschung wird die Einteilung der Probanden in die Kategorien „Experte" und „Novize" von den Forschern vorgenommen. Dann werden diese beiden Gruppen in experimentellen Studien hinsichtlich ihrer Unterschiede in Wahrnehmung, Gedächtnis und Wissen verglichen. Wie in den Unternehmen hängt auch hier die Zuschreibung von Kompetenz mit der tatsächlichen Leistung des Individuums zusammen. Darüber hinaus aber ist sie auch davon abhängig, dass diese Leistung durch andere Personen anerkannt wird. Es bestimmt also das soziale Urteil darüber, ob jemand Experte ist oder nicht. Ausschlaggebend für diese Anerkennung sind Personen, die Definitionsmacht haben, also Entscheidungsträger. Der Expertenstatus wird also als soziale Rolle manifestiert, die durch Zuschreibung („ascription") anderer zustande kommt. Dennoch macht eine äußere Zuschreibung aus einer betrieblich oder gesellschaftlich höher stehenden Person noch lange keinen Experten zu einem spezifischen Thema.

Es besteht die Gefahr, „schweigende Kenner" zugunsten von weniger kompetenten Personen, die aber einen höheren sozialen Status haben, zu übersehen.[7] Ein ähnliches Phänomen ist auch außerhalb von Betrieben bekannt. Dort reicht es oft, nur ein wenig über ein gewisses Themengebiet zu wissen, um als „Bester innerhalb der Gruppe" gesehen zu werden. Dies ist umso leichter, je höher der soziale Status der betreffenden Person in der Gruppe ist. Denn die Vorstellung (oder Hoffnung), höhere soziale Ränge müssten „automatisch" über höheres Expertenwissen verfügen, ist weitverbreitet.

Dies gilt besonders für Kulturen, in denen eine hohe Machtdistanz zwischen verschiedenen gesellschaftlichen oder betrieblichen Hierarchieebenen besteht. Deutschland und Japan sind klassische Beispiele für Kulturen, in denen hoher Respekt gegenüber Hierarchien besteht. Dieser mündet in die Erwartung, dass Führungskräfte automatisch viel Fach- und Detailwissen besitzen müssten. So wird höherrangigen Personen in Unternehmen oft eine Expertenrolle zugeschrieben. In der Verklärung der Führungsposition schwingt auch ein Stück Sehnsucht nach idealen Führungspersönlichkeiten mit. In ihrer Erwartungshaltung gehen die Menschen so weit, zu glauben, dass zum Beispiel Vorstandsvorsitzende alles, also jeden Sektor und Funktionsbereich eines Unternehmens, jedes Produkt und jeden Regionalmarkt und auch jeden Kunden selbst kennen müssten. Dabei ist jedem Kenner der internen Strukturen und Prozesse größerer Unternehmen klar, dass kein einzelner auch noch so intelligenter Mensch alles Wissen über eine so komplexe Organisation in sich vereinigen kann. Führungskräfte sind vielmehr auf gute Mitarbeiter angewiesen, die ihrerseits Experten zum jeweiligen Sachthema sind. Diese Fachexperten, auf deren Leistung der Unternehmenserfolg beruht, bleiben oft unsichtbar.

In den USA ist dieser Zusammenhang klarer: Hier gelten Leadership-Fähigkeiten als entscheidend, die Führungskraft muss die ihr anvertrauten Fachexperten zu Höchstleistungen motivieren, aber nicht selbst über alles Expertenwissen verfügen.

Wie können also Experten identifiziert werden? Die Personalwirtschaftslehre bietet dazu im Rahmen der Leistungsbeurteilung eine Reihe von Lösungsvorschlägen an, die im Kapitel 4 (Personalmanagement) behandelt werden. Sind analoge oder digitale Wissensmanagementsysteme im Einsatz, so können Unternehmen aber auch analysieren, wer wie viele hervorragend bewertete Beiträge auf realen oder virtuellen Plattformen liefert. Sie können den internen Informationsfluss auswerten und sehen, wer als Knotenpunkt („hub") innerhalb von informellen Netzwerken fungiert. Ein solches Netzwerk könnte im Beispielfall des Chemieanlagenbauers wie in Bild 3.1 aussehen. Die Netzwerkkarte zeigt die meisten persönlichen Kontakte bei Herrn Meise. Der Unternehmensleiter Mayer ist dagegen weniger gut vernetzt. Er hat zwar die Spitzenposition im Unternehmen inne, aber nicht unbedingt Expertenstatus.

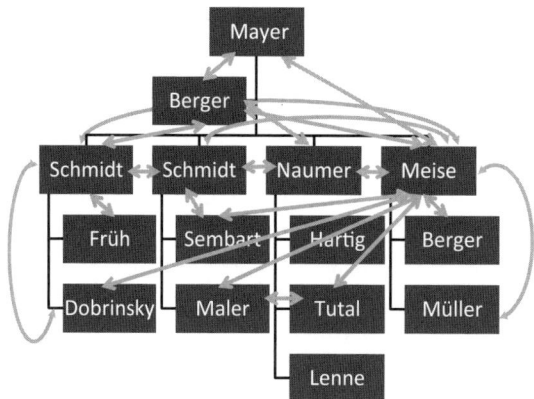

Bild 3.1 Kommunikationsnetzwerk im Beispiel

Bei der Analyse realer Netzwerke ist zu beachten, dass nicht jeder Kommunikationsvorgang automatisch zu einem substanziellen Wissenstransfer führt. Hier können sich persönliche Verbindungen aus der Schul-, Lehr- oder Studienzeit, aus der Nachbarschaft oder Freizeit widerspiegeln, die nichts oder nur wenig mit Wissenstransfer zu tun haben, sondern die Verabredung zu einem gemeinsamen Kantinenessen oder dem Kegelabend beinhalten. Dennoch sind solche Verbindungen wichtig: Menschen stützen sich gerne auf persönliche Kontakte, wenn sie etwas wissen wollen oder Unterstützung brauchen. Gründe sind: Jemandem, den man kennt, braucht man nicht zu erklären, wer man ist oder warum man zu ihm kommt. Ist die Person sympathisch, so fällt es auch leichter, ihr eine Frage zu stellen. Man kann nachfragen, ohne gleich als Ignorant dazustehen. Es besteht eine Vertrauensbeziehung, man hat eine gemeinsame Sprache, ob Fachsprache oder den heimatlichen Dialekt, man kann die Botschaften des anderen leichter verstehen und richtig interpretieren. So kommt man schneller und auf angenehmere Weise ans Ziel, an die gewünschte Information, und stärkt zudem die Beziehung. Daher ist das fachliche und persönliche Kontaktnetzwerk ein wichtiger Baustein für den innerbetrieblichen Wissenstransfer.

Personalvermittler (Headhunter) gehen teilweise ganz ähnlich vor: Sie fragen in der Branche nach, wer als Experte für ein bestimmtes Thema bekannt ist, und nutzen ihr persönliches Netzwerk, um sich umzuhören. Zugleich screenen sie einschlägige Fachveröffentlichungen, beobachten, wer für das Unternehmen zu welchen Themen auf Fachkongressen auftritt, und lesen die Beiträge auf einschlägigen Social-Media-Plattformen.

■ 3.2 Was verbirgt sich hinter dem Begriff Expertenwissen?

Experten sind Menschen, die in ihrem Fachgebiet außerordentlich bewandert sind, also sehr viel Wissen darüber besitzen und daher in der Lage sind, überdurchschnittlich gut komplexe berufliche Probleme zu lösen. Ganz getreu dem Sprichwort „Es fiel noch kein Meister vom Himmel" bedarf es jahrelanger Erfahrung, um Experte zu werden. Experten könnte man mit Bäumen vergleichen, die über viele Jahre hinweg immer neue Jahresringe bilden und so im Wachstum ihre Form verändern. Ebenso sammelt ein Experte im Laufe seines Berufslebens immer neue „Wissensringe". Jedes Jahr an Berufserfahrung bringt neue Eindrücke und verändert das Wissen des Experten und damit seine Ausgangsbasis für kompetentes Handeln in komplexen Situationen.

Ein junger Mitarbeiter nach dem Studium kann in dieser Betrachtung auch mit noch so großem akademischem Fachwissen kein Experte sein. Erst der Kontext, die gemachten Erfahrungen in vielen verschiedenen Problemlösesituationen, machen das Fachwissen aus Büchern „lebendig", erst ein breiter Erfahrungsschatz führt zum Titel „Experte". Ein Experte ist also eine Person mit spezifischem Wissen, langjähriger Erfahrung und damit hoher Handlungskompetenz. Expertenwissen ist vielschichtig und komplex, sodass ein differenziertes Verständnis des Wissensbegriffs notwendig ist, um geeignete Methoden auswählen zu können, die dann möglichst viele Anteile dieses Wissens in seiner Gesamtheit erfassen und weitergeben. Die konkreten Wissensarten und Inhalte des Expertenwissens werden in Bild 3.2 dargestellt.

Bild 3.2 Expertenwissen hat viele Facetten

Bild 3.2 führt Wissensarten sowie verschiedene Wissensinhalte auf, um zu verdeutlichen, wie komplex und einzigartig Expertenwissen ist. Die Wissensinhalte (rechts) sind je nach Kontext unterschiedlich. Ein Facharzt mit ausgewiesener Expertise in der Diagnostik von Krebserkrankungen arbeitet in einem anderen Kontext und Fachgebiet und hat daher andere Wissensinhalte als der im Beispiel beschriebene Ingenieur Meise mit seiner Expertise für Leitungsverlegung in Chemieanlagen und seiner Projekterfahrung. Den Wissensarten (links) widmen sich die folgenden Seiten.

3.2.1 Implizites und explizites Wissen

Wie ist das Expertenwissen im Gedächtnis repräsentiert? Diese Frage wird spätestens dann relevant, wenn man Expertenwissen weitergeben möchte und nach Wegen sucht, es in Zeichen zu fassen, seien es Worte, Bilder oder Gesten. Denn Expertenwissen ist immer eine Mischung aus auf der einen Seite explizitem Wissen, das bewusst zugänglich, sprachlich artikulierbar und somit anderen Personen vermittelt werden kann. Explizit vorliegendes Expertenwissen ist also das Fach- und Faktenwissen. Auf der anderen Seite des Expertenwissens steht das nicht oder nur schwer in Worte zu fassende implizite Wissen, das mitunter nur unterbewusst vorliegt, und von dessen Vorhandensein oft selbst der Experte nichts (mehr) weiß: Das seit den 90ern in der Wissensmanagementliteratur immer mehr Beachtung findende implizite Wissen ist nicht direkt artikulierbar, „… *entweder weil uns die Worte dazu fehlen oder weil es uns in Fleisch und Blut übergegangen ist; manchmal wissen wir auch gar nicht, dass wir etwas wissen, obschon es in unserem Tun zum Ausdruck kommt.*"[48]

Implizit vorliegendes Wissen ist hochgradig individuell und eine große Herausforderung für Wissenstransferprozesse, da es schwer oder gar nicht sprachlich veräußert werden kann. Dagegen spricht man von explizitem Wissen, wenn es sprachlich artikuliert und durch die Weitergabe letztlich auch vom primären Wissensträger abgekoppelt werden kann (Bild 3.3).[9]

Implizites Wissen	Explizites Wissen
nicht/nur schwer in Worte zu fassen	sprachlich artikulierbar
unbewusst	bewusst
personengebunden	abkoppelbar von der Person

Bild 3.3 Die Dichotomie implizites und explizites Wissen

Das Konzept vom impliziten Wissen wurde erstmals von Michael Polanyi (1966, deutschsprachig 1985) eingeführt und ist spätestens seit Nonaka und Takeuchi (1995) in den Wissensmanagementansätzen anerkannt.[10] Ein Beispiel für implizites Wissen kommt vom Urheber des englischen Pendants von implizitem Wissen, dem Tacit Knowledge selbst: Michael Polanyi[11] erklärte am Beispiel des Fahrradfahrens, dass es unmöglich ist, dieses zu erlernen, wenn man nur eine Beschreibung liest oder hört, welche Bewegungsabläufe eine Rolle spielen und welche physikalischen Gesetzmäßigkeiten zur Balance und zur Fahrtgeschwindigkeit und -richtung beitragen. Ein anderes Beispiel für implizites Wissen beschreibt die Entwicklung eines Lasergerätes in den USA, dessen Bauplan mitsamt spezifischen Anweisungen der Entwickler an andere Universitäten geschickt wurde. Doch in allen Fällen schlug der Nachbau fehl, bis sich die ursprünglichen Entwickler mit den Nachbauern trafen und lange Gespräche führten. Es zeigte sich, dass die Erfinder des Lasers nicht genau wussten, was sie beim Bau exakt getan hatten, damit dieser Laser funktionierte, und dieses Wissen so auch nicht in Instruktionen oder Fachartikeln artikulieren konnten. Erst der direkte Dialog miteinander gab Einblicke in das implizite Wissen der Wissenschaftler.[12]

Gigerenzer berichtet über ähnliche Beispiele: So weiß beispielsweise ein Zollfahnder nicht genau zu benennen, woran er den Drogenkurier am Flugplatz erkennt.[13] Nach seinen Aussagen ist es die betonte Normalität, die erst beim Blick in die Augen, im gegenseitigen Erkennen von Schmuggler und Fahnder, auffällig wird. Es bedarf der jahrelangen Übung und zahlreicher Erkenntnismomente, um relative Sicherheit im intuitiven Urteil zu erwerben. Nachträglich wird oft versucht, das Gefühl anhand „handfester Erkenntnisse" zu objektivieren. Denn wer glaubt schon einem „Gefühl", besonders wenn das Rechtssystem oder die Zertifizierung eine exakte Prozessdefinition vorschreiben? Ähnlich wie ein erfahrener Koch, der kein Rezept braucht, um seine Gerichte zuzubereiten, sondern dies „nach Gefühl", situativer Einschätzung und Erfahrung tut. Wird dann ein „Kochrezept" geschrieben, das alle Mengen, Temperaturen und Zeitpunkte exakt benennt und damit eine Genauigkeit simuliert, die realiter in kaum einer Küche vorzufinden ist, zeigt sich, dass auch bei genauester Beachtung die Meisterschaft des „Chefs" nur selten erreicht wird. In der Betriebswirtschaft ist der analoge Fall eine Prozessdokumentation, wie sie oft für die Zertifizierung von Unternehmen gebraucht wird. Sie ist sinnvoll, um Abläufe zu strukturieren und bei den Beteiligten das Bewusstsein für die regelhafte Abfolge der einzelnen Schritte zu schärfen. Sie hilft dem Anfänger, sich in die Abläufe hineinzufinden, muss aber vom Experten nicht zwangsweise exakt so durchgeführt werden – er hat die Routine, im Einzelfall selbst zu entscheiden oder auch einmal, so situativ geboten, eine Abweichung oder Neuerung einzuführen.

Die Anerkennung implizit vorliegenden Wissens als zentraler Bestandteil von Expertenwissen ging im Wissensmanagement mit einer Veränderung und Differenzierung des Wissensbegriffs einher: In den Anfängen des Wissensmanagements zu Beginn der 90er-Jahre wurde Wissen noch weitgehend mit Information gleichgesetzt, es galt die „Paketmetapher" und Wissen konnte man wie jedes andere Ding auch „besitzen" („Haben-Perspektive"[14]). Im Laufe der Jahre, als sich zu den ursprünglich von den Ingenieurwissenschaften getriebenen Wissensmanagementansätzen solche aus den Betriebswirtschaften und der Soziologie gesellten, änderte sich der Blickwinkel auf Wissen, das nun als übergeordnet zur Information galt. Ein populäres Beispiel ist die Wissenstreppe nach North, die Zeichen, Daten, Information, Wissen, Können, Handeln, Kompetenz und Wettbewerbsfähigkeit als Treppenstufen aufeinander aufbauend visualisiert: North zeigt, dass Zeichen, in einen Zusammenhang gebracht, zu Daten werden und diese erst dann zur Information werden, wenn sie mit Bedeutung hinterlegt werden.[15] Information wird erst zu Wissen, wenn eine Person diesen Informationen „Leben" einhaucht, wenn sie die Information also in einen größeren Kontext stellt und mit ihren Erfahrungen und Erwartungen verknüpft. Aus Wissen wird Handeln, wenn es in einen Anwendungsbezug gebracht wird. Richtiges Handeln führt zu Kompetenz oder auch Können. Da im Rahmen des Wissenstransfers neben dem Können die Souveränität in der Problemlösung und die kreative Weiterentwicklung bedeutsam sind, zeigt Bild 3.4 die Wissenstreppe nach North in abgewandelter Form. Die Darstellung macht deutlich, dass Wissen auch die Fähigkeit beinhaltet, Informationen in einer Vielzahl von Kontexten richtig zu deuten. Durch den Anwendungsbezug entsteht aus ihm das Können, durch den Willen das Handeln. Denn: *„Die einzige Gewähr für das wirkliche Wissen ist das Können"*, wie der französische Philosoph und Lyriker Paul Valéry sagte.[16]

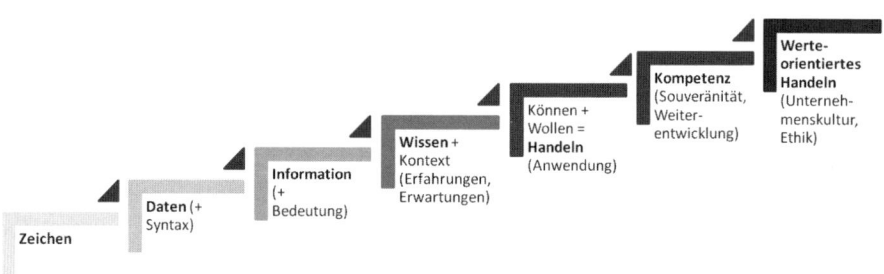

Bild 3.4 Wissen, Kompetenz und werteorientiertes Handeln[17]

In anderen Treppenmodellen wird die Expertise als nächste Stufe nach der Kompetenz gesetzt,[18] und bei North gipfelt die Wissenstreppe in der Wettbewerbsfähigkeit. Im Kontext der Wissensweitergabe wird hier jedoch das werteorientierte Handeln im Sinne der

Unternehmenskultur beziehungsweise individuellen Ethik an die höchste Stufe gesetzt. Sie repräsentiert die Einzigartigkeit des Unternehmens wie der Person. Dies lässt Spielraum für verantwortungsbewusste, unternehmens- und personenspezifische Interpretationen.

Während explizites Wissen sprachlich artikuliert werden und somit vom Wissensträger isoliert dargestellt werden kann, ist implizites Wissen untrennbar mit dem Wissensträger verbunden – zumindest so lange, bis es expliziert wurde. Implizites Wissen wird daher als an den Wissensträger gebundene Fähigkeit zum Handeln umschrieben („Seins-Perspektive"[19]) – *„Wissen hat den Weg vom Ding zum Prozess offenbar geschafft."*[20] Zugleich hat das Wissen aber auch den Weg vom anonymen Prozess hin zur Person zurückgelegt: Es handelt sich nicht mehr um personenunabhängige und somit automatisierbare Prozesse, sondern um das Wissen der Mitarbeiter (Organisationsmitglieder), das das Wissen des Unternehmens (der Organisation) repräsentiert, wie der folgende Abschnitt zum Erfahrungswissen deutlich macht.

3.2.2 Handlungswissen und Erfahrungswissen

Die Expertiseforschung[21] hat ihre Wurzeln in den Kognitionswissenschaften und fokussiert auf Informationsverarbeitungsprozesse von Experten hinsichtlich deren Gedächtnisleistungen, Wahrnehmung und Wissen. Konzepte wie „Erfahrung" und „Einstellungen" fanden erst ab den 90ern Beachtung und gingen einher mit einer Verlagerung des Fokus von Wissen hin zum Können der Experten. Wissen als abstraktes, analytisches Konzeptionswissen stellte fortan nur noch einen kleinen Teil der Voraussetzungen für kompetentes Handeln dar. Expertenwissen ist demnach auch in den Augen der Expertiseforschung weit mehr als nur ein hohes Ausmaß an Fachwissen: *„Um das erfolgreiche Handeln des Experten erklären zu können, ist ein weiterer Begriff von Wissen erforderlich. Neben dem expliziten, deklarativen (Fakten-)Wissen sind das prozedurale (Handlungs-)Wissen sowie Einstellungen und Erfahrungen in den Wissensbegriff [also in den Begriff „Expertenwissen", Anm. d. Verf.] eingeschlossen."*[22]

In diesem Zitat finden sich einige Wissensbegriffe aus der Kognitionspsychologie und der Gedächtnisforschung: Explizites Wissen kann der Wissensträger in Worte fassen, es ist im Gegensatz zu implizitem Wissen sprachlich leicht artikulierbar. Deklaratives Wissen liegt explizit vor, man nennt es auch Inhaltswissen, und es ist das „Gewusst-dass", bedeutet also Wissen über Fakten, Phänomene, Theorien etc. Dagegen versteht man unter prozeduralem Wissen oder auch Handlungswissen das „Gewusst-wie", also das Wissen, das sich nur im konkreten Tun zeigt.[23]

Auch in der Wissensmanagementliteratur werden die Faktoren Erfahrung und Einstellungen für die Entstehung von Expertise anerkannt. Experten – die Harvard-Autoren Leonard-Barton und Swap nennen sie „deep smarts"– sind hochkompetente Wissens- und Erfahrungsträger und so nahe an Weisheit dran, wie wir herankommen können: *„Deep smarts are a potent form of expertise based on firsthand life experiences, providing insights drawn from tacit knowledge, and shaped beliefs and social forces. Deep smarts are as close as we get to wisdom. They are based on know-how more than know-what – the* *ability to comprehend complex, interactive relationships and make swift, expert decisions based on that system level comprehension but also the ability, when necessary, to dive into component parts of that system and understand the details.*"[24]

Tacit Knowledge entspricht dem impliziten Wissen im Deutschen; das klassische Beispiel ist vom Urheber dieses Wissensbegriffs selbst, Michael Polanyi, der die „tacit dimension" des Wissens einführte und am Beispiel des Fahrradfahrens verdeutlichte. Im Gegensatz dazu kann das explizite Wissen ohne Weiteres sprachlich artikuliert oder als Formel aufgeschrieben werden und liegt so auch außerhalb der Person kodifiziert vor. Ein Beispiel veranschaulicht den Begriff des impliziten Wissens:

Beispiel Erfahrungswissen: Verdichtung von Indizien zu Clustern

Der promovierte Sinologe Tilman Spengler ist ein anerkannter Experte zu historischen, Weltpolitik- und China-Themen. Er berät seit vielen Jahren Wirtschaft und Politik und versteht es als Fachmann und Schriftsteller, ehemaliger Forscher im Max-Planck-Institut für Sozialwissenschaft und Literaturpreisträger wie kein Zweiter, komplexe Zusammenhänge anschaulich zu machen. Als er am 10. Oktober 2012 in München seine Einschätzung zur aktuellen chinesischen Politik auf Basis vielfältiger chinesischer Originalquellen vorträgt, fragt ein jüngerer Teilnehmer: „Und mit welcher Methode haben Sie dies ermittelt?" Daraufhin der Experte, dessen Worte hier mit freundlicher Genehmigung zitiert werden: „Das ist ‚tacit knowledge': Es verdichtet die Indizien aufgrund von Erfahrung zu Clustern." Es handelt sich also nicht um eine in ihren einzelnen Schritten definierbare und schematisch durchzuführende Herleitung, was angesichts des gesellschaftswissenschaftlichen Kontextes nicht überrascht. Denn es wäre verfehlt, zu glauben, hochkomplexe politische, gesellschaftliche oder auch von menschlichen Interaktionen geprägte betriebswirtschaftliche Zusammenhänge könnten wie naturwissenschaftliche Daten analysiert werden. Daher ist die Einschätzung eines langjährigen Kenners der Materie für die hohe Politik ähnlich wertvoll wie die eines erfahrenen Wissensträgers für ein Unternehmen.

Beim Versuch einer Definition von Expertenwissen tauchen vermehrt die Begriffe „Erfahrung", „Lebenserfahrung" und „Erfahrungswissen" auf. In einer Nachfolgesituation im Unternehmen interessiert gerade dieses Erfahrungswissen und ist Anlass für Wissenstransferprozesse. Warum ist dieses Erfahrungswissen ganz besonders interessant?

Fest steht, dass man Erfahrungswissen in keinem Fachbuch und auch nicht online nachlesen, sondern nur im Handeln erwerben kann. Die kognitionspsychologische Erklärung zur Entstehung von Erfahrungswissen lautet: Erfahrung ist Besitz von Wissen, das in vielen für den Betroffenen bedeutsamen Ereignissen entsteht. Gruber nennt dies „Erfahrung machen", wobei die Erfahrung von emotionalen, motivationalen und sozialen Merkmalen der erlebten Ereignisse geformt wird.[25] Erfahrungswissen ist daher an das Alter gekoppelt: Jedes Jahr an Lebens- und Berufserfahrung zählt (Bild 3.5).

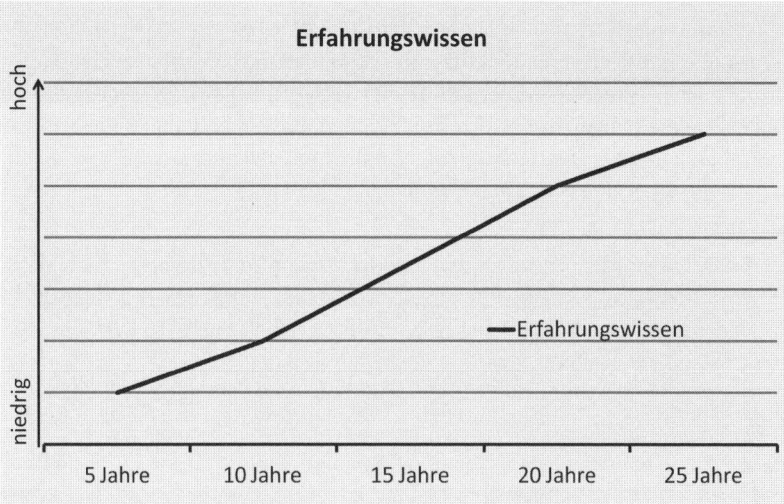

Bild 3.5 Der Aufbau von Erfahrungswissen im Laufe der Berufsjahre

Doch wie passt das zu der Vorstellung, ältere Menschen würden in mancherlei Hinsicht langsamer? Zwar lässt die Schnelligkeit in manchen motorischen Dingen nach und manchmal leidet auch das Namensgedächtnis, wenngleich dies individuell höchst unterschiedlich ist. Doch Studien mit Fluglotsen und Bankmanagern zeigen, dass die Altersgruppe zwischen 55 und 65 bei den beruflichen Anforderungen ebenso gute Leistungen erzielt wie die Jüngeren.[26] Sie schaffen es gerade auf ihnen vertrautem Terrain, rascher Muster zu erkennen und an das Ende der logischen Kette zu springen.[27] *„Wenn man viel über ein Thema weiß, kann man Schlussfolgerungen ziehen, statt sich zu erinnern."*[28] Genau dort, wo der Berufsanfänger sich so manches mühsam erarbeiten muss, gelingt es dem Experten, auf der Basis seines großen Erfahrungsschatzes direkt zum Kern des Problems vorzudringen. Sein Vorwissen fungiert als Filter, um in der Fülle der verfügbaren Informationen die relevanten Momente zu erkennen.[29] Er nimmt assoziative Verknüpfungen vor, an die sich Anfänger erst Schritt für Schritt herantasten.

Daher brauchen Anfänger viel mehr Informationen und viel mehr Zeit als der Experte, um eine Sache korrekt einzuschätzen. Bekommen sie diese, laufen sie Gefahr, innerhalb der Fülle von Informationen die große Richtung zu verlieren und keine klaren Strukturen mehr zu erkennen. Diese Unterschiede zwischen älteren und jüngeren Kollegen im Schlussfolgern und assoziativen Denken stellen eine Herausforderung für den Wissenstransfer zwischen den Generationen dar.

Das Erfahrungswissen ist bedeutsam, wenn der Wissensbegriff weiter ausdifferenziert wird. Die arbeitswissenschaftliche und berufspädagogische Diskussion geht davon aus, dass es sich um eine eigenständige Form des Wissens handelt, *„… durch die wissenschaftlich begründetes Wissen in der Praxis ergänzt werden muss. Erfahrungswissen wird hier als ein Wissen verstanden, das gerade auch zur Bewältigung neuer Situationen im*

Sinne eines 'Erfahrungs-Machens' befähigt und in der Auseinandersetzung mit Neuem erworben und weiterentwickelt wird. Gerade dort, wo kein allgemeines Wissen verfügbar ist, kommt es demnach darauf an, im praktischen Handeln Wissen zu erwerben. "[30]

Damit ist das Erfahrungswissen als ein zentrales Element von Expertenwissen dasjenige Wissen, was Experten erst zu ihrer überdurchschnittlich guten Problemlösefähigkeit in „kritischen Situationen" verhilft. Der Erwerb von Erfahrungen muss den Erwerb von Fachwissen ergänzen, damit sich Expertise im Sinne von kompetentem Handeln in neuen Problemsituationen im beruflichen Kontext entwickeln kann.[31] Tabelle 3.1 zeigt, wie sich Erfahrungswissen zusammensetzt.

 Erfahrungswissen ist sehr stark an die Person gekoppelt, durch persönlich erlebte, bedeutsame Erlebnisse entstanden, im Handeln manifestiert und daher schwer zu verbalisieren sowie dementsprechend schwer zu erfassen und weiterzugeben.

Tabelle 3.1 Zusammensetzung von Erfahrungswissen

Inhaltswissen (deklaratives Wissen)	Handlungswissen (prozedurales Wissen)	Netzwerkwissen (Wissen um die Personen)	Ziel- und wertebezogenes Wissen
„Wissen dass"	„Wissen wie"	„Wissen wer"	„Wissen warum"
Bewusst zugänglich, sprachlich artikulierbar (= *explizit* vorliegend). Dies umfasst auch das Wissen, in welchen Archiven des Unternehmensgedächtnisses das explizite Wissen dokumentiert ist.	Daran gekoppelt ist das Erfahrungswissen, es ist also in Handlung erworben, an Handlung gebunden. Viele Teile davon nicht (mehr) bewusst zugänglich, daher nicht ohne Weiteres sprachlich artikulierbar (= *implizit* vorliegend).	Kenntnis der Personen und Ansprechpartner innerhalb und außerhalb des Unternehmens, Wissen um deren Wünsche, Erwartungen, Erfahrungen (= teils *explizit*, teils *implizit*).	Das eigene Verhalten in der Gruppe, die eigenen und die im Team „anerkannten" Einstellungen, etwa zur Arbeitsmoral, sind meist nicht bewusst vorliegend (= *implizit*) und prägen dennoch das Verhalten jedes Einzelnen. Hinzu kommt das Wissen um die Ziele des Unternehmens oder Projekts, um die Ziele der Beteiligten und um die Unternehmenskultur.

Ein Experte verfügt also zum einen über fundiertes, sprachlich artikulierbares Inhaltswissen. Zum anderen verfügt er über das viel bedeutsamere Handlungswissen, das wie sein Netzwerkwissen auf Handlungsabläufe bezogen ist und sich häufig einer sprachlichen Formulierung widersetzt. Er verfügt über Lebenserfahrung und er agiert in einem sozialen Gefüge und Wertesystem, das in der Regel unbewusst ist, sein Handeln aber dennoch beeinflusst.

3.2.3 Beteiligung aller Sinne

Das „Wissen wie", das Handlungswissen, bündelt mehrere Sinne: das Hören und Sehen genauso wie die haptische Wahrnehmung, also das Spüren und Fühlen mit den Händen und Fingern beziehungsweise mit den Sensoren der Haut, und das Schmecken und Riechen, also die Wahrnehmung mit den Geschmacksnerven von Mund und Nase. Nicht immer müssen alle Sinne gleichermaßen stark entwickelt sein. Oft können beispielsweise Menschen, die über ein eingeschränktes Sehvermögen verfügen, umso besser hören. Für die Expertise reicht es, wenn der für die Tätigkeit entscheidende Sinn besonders stark entwickelt ist, was oft auf langjährige Übung zurückzuführen ist. Dies veranschaulicht das Beispiel eines Experten für Olivenöl.

 Praxisbeispiel: Franci Olivenöl[32]

Im kleinen Bergdorf Montenero d'Orcia in der Toskana befindet sich die Olivenölfabrik Frantoio Franci S. N. C., gegründet 1958, die in den vergangenen Jahren mehrfach mit nationalen, europäischen und internationalen Preisen für das beste Olivenöl ausgezeichnet wurde. Der Gründer, Fernando Franci, kann wie kein anderer bereits aus dem Geruch und Geschmack der frisch geernteten Oliven, spätestens aber aus der ersten Kaltpressung erkennen, aus welchen Oliven ein exzellentes und aus welchen ein „nur" gutes Olivenöl wird. Zusammen mit seinem Sohn Giorgio, der das Unternehmen modernisierte und den weltweiten Vertrieb ankurbelte, bilden beide ein hervorragendes Team: die Lebenserfahrung, die Geschmacksfertigkeit und die Beziehungskompetenz des Seniors verbunden mit dem modernen betriebswirtschaftlichen Wissen des Sohnes. Der Vater transferiert das Erfahrungswissen seit rund 40 Jahren an den Junior und die acht Mitarbeiter, dennoch ist er trotz seiner rund 70 Jahre immer noch unschlagbar, was die Geschmackstestung und den Kontakt mit langjährigen Lieferanten, meist befreundeten Bauern der Region, angeht.

Ähnliches sensorisches Expertenwissen finden wir bei Sommeliers, den Experten für guten Wein, und auch bei den Geschmackstestern der großen Lebensmittelkonzerne. Das Gehör spielt eine besondere Rolle in der Musik, so sind einige Musiker mit dem „absoluten Gehör" ausgestattet beziehungsweise haben sich dieses durch langjährige Übung erworben. Gestaltende Künstler können oft einmal Gesehenes detailgetreu wiedergeben und Muster erkennen, wo „normale" Menschen sehr lange brauchen, um überhaupt Strukturen wahrnehmen zu können. Solche Fähigkeiten sind nicht nur in der Kunst, sondern zum Beispiel bei sehr kleinteiligen und komplexen Strukturen wie in der Biologie, Medizin, Mikroelektronik und Nanotechnologie gefragt. Zwar können Mikroskope und Elektronenrastermikroskope helfen, Kleinststrukturen entsprechend zu vergrößern – dennoch bedarf es jahrelanger Übung, um sich innerhalb dieser schnell zurechtzufinden. Beispiele sind daher Ärzte bei der Auswertung von Röntgenbildern oder Auswerter von Luftbildern. Ärzte müssen in der Lage sein, aus Form- oder Farbveränderungen in kürzester Zeit Rückschlüsse auf krankhafte Gewebsveränderungen zu ziehen. Luftbildauswerter müssen aus ziemlich kleinen Formen und Schattierungen Gebäude oder Fahrzeuge erkennen.

Auch innerhalb komplexer Softwareprogramme finden wir eine Kombination solcher Fähigkeiten. Während die Programmiersprachen als solche erlernbar sind, verwenden Softwarehersteller, die Großanlagen oder ganze Flugzeuge mit intelligenter Software ausstatten, häufig spezifische Programme. Selbst ausgebildete Informatiker brauchen Jahre, um effizient in einem hoch spezialisierten Entwicklungsteam mitarbeiten zu können. Entsprechend wertvoll sind eingearbeitete Fachkräfte für die Firmen, was sich auch in den hohen Gehältern der Experten widerspiegelt.

Über die genannten Spezialisierungen hinaus spielt die Wahrnehmung über mehrere Sinneskanäle eine entscheidende Rolle bei der Bewertung der vermittelten Information.

3.2.4 Intuition

„Zu diesen elementaren Gesetzen [der Physik; Anm. d. Verf.] führt kein logischer Weg, sondern nur die auf Einfühlung und Erfahrung sich stützende Intuition."[33]   *(Albert Einstein)*

Bei vielen dieser besonderen Fähigkeiten handelt es sich um „evolvierte Fähigkeiten", so zum Beispiel das Wiedererkennungsgedächtnis oder die gekonnte Verfolgung von Objekten mit den Augen – Fähigkeiten, die durch jahrelange Anpassungsleistung erworben werden.[34] Ihr effizienter Einsatz geht häufig mit einer Vereinfachung einher: Statt wie ein Computerprogramm alle Möglichkeiten exakt zu analysieren, besteht die Kunst der Intuition oft darin, Komplexitätsreduktion zu betreiben und sich auf den besten Anhaltspunkt zu verlassen.[35] Dies tut beispielsweise ein erfahrener Arzt, der in einem Notfall eine rasche Diagnose und Entscheidung über die weitere Behandlung treffen muss. Auch ein erfahrener Autofahrer reagiert in einer gefährlichen Verkehrssituation oft instinktiv richtig und rettet so Menschenleben. Eine in zwischenmenschlichen Situationen und Geschäftsverhandlungen erfahrene Führungskraft kann auf ähnliche Weise verfahrene Gespräche oder Situationen „retten" und greift dabei auf den reichen Erfahrungsschatz in ähnlichen Situationen, auf ihre Menschenkenntnis und Kommunikationskompetenz zurück.

Dabei werden oft Heuristiken, also Daumenregeln verwandt, die beim Problemlösen helfen.[36] Ein Beispiel für eine solche Heuristik aus dem Alltag ist die Daumenregel, wann man Topfblumen gießen sollte: Wenn die Erde im Topf trocken ist und die Pflanze lange nicht gegossen wurde, dann braucht die Pflanze Wasser. Diese Regel ist nicht in allen Fällen korrekt (manche Topfpflanzen brauchen so gut wie kein Wasser), aber in den meisten Fällen ist diese Daumenregel hilfreich, um Topfpflanzen am Leben zu erhalten. Einfache Heuristiken können komplexe Phänomene oft besser vorhersagen als detaillierte Analysen, und schnelle Entscheidungen sind mit Blick auf den Erfolg einer Maßnahme oft zielführender als langwierige Prozesse.

Die Einfachheit der Heuristik bedeutet dabei nicht weniger an Information, sondern im Gegenteil mehr: Jede Menge an Kontextwissen ist im Entstehungsprozess hin zu intuitivem Handeln automatisiert worden. Der Experte weiß gar nicht mehr, auf wie viel Wissen er zurückgreift, wenn er intuitiv handelt. So berechnet der Fußballspieler nicht die Flugbahn des Balles, sondern weiß aus Erfahrung, dass er während des Laufens den Ball fixieren muss, um diesen zu erreichen. Er ist sich des genauen Handlungsablaufs dessen, was er tut, jedoch häufig nicht bewusst, sondern hat das richtige Handeln quasi automatisiert. Die habituellen motorischen Fertigkeiten werden auch „prozedurales Gedächtnis" genannt.[37] Oft werden diese nicht für Aspekte des Gedächtnisses gehalten, weil sie quasi automatisch ablaufen. Dennoch handelt es sich um durch häufige Übung erworbene Fähigkeiten, die abrufbar sind, wann immer sie benötigt werden. Beim Wissenstransfer geht es dann darum, diese Automatismen zu explizieren, damit der Wissensnehmer wiederum den gleichen Reduktionsweg – hin zur Intuition – gehen kann.

Die Reduktion der verfügbaren Informationen auf das Wesentliche, auf den erfahrungsgemäß plausibelsten Faktor, trägt gerade in komplexen Konstellationen der begrenzten Informationsverarbeitungskapazität des menschlichen Gehirns Rechnung. Sie ermöglicht durch Filterung rasche und treffsichere Entscheidungen in einem ungewissen Umfeld, in dem exakte Prognosen nicht möglich sind. In einer ungewissen Welt, so erläutert Gigerenzer, kann eine komplexe Strategie eben deshalb scheitern, weil sie zu viel in der Rückschau erklärt: *„Eine einfache Regel, die sich auf den besten Grund beschränkt und den Rest vernachlässigt, hat gute Aussichten, die nützlichsten Informationen zu erfassen."* [38]

Eine komplexe Analyse aller Aspekte ist dann überlegen, wenn reichliche und eindeutige Informationen vorliegen, was in der modernen Arbeitswelt nicht oft der Fall ist. Dies zeigt sich beispielsweise auch im Geld- und Devisen- sowie im Aktienhandel. Hier simulieren Computerprogramme Trends und künftige Entwicklungen. Diese sind erfolgreich, solange alle Marktteilnehmer nach den üblichen Regeln der Wahrscheinlichkeit, also letztlich nach gaußschen Normalverteilungskurven, ohne außerordentliche Effekte oder neue Entwicklungen agieren. Sobald es jedoch darum geht, die Wirkung neuer politischer Entscheidungen oder so noch nie da gewesener Marktkonstellationen zu prognostizieren, geraten die üblichen Prognosemodelle an ihre Grenzen. Dies zeigte die Finanzmarktkrise von 2008 mit ihren automatisierten Kauf- und Verkaufsentscheidungen. Hier ist auf Erfahrung basierende Handlungskompetenz gefragt, um aus der intuitiven Einschätzung von Marktkonstellationen und wahrscheinlichen Handlungen der anderen Akteure sowie verantwortungsbewusster Risikoeinschätzung die richtigen Entscheidungen zu treffen.

Entscheidungen sind somit nicht rein rational, sondern fallen immer auf der Grundlage von verstandesmäßigen und gefühlsmäßigen Momenten.[39] Während die rationalen Faktoren gerne zur Erläuterung herangezogen werden, können die meisten Menschen den emotionalen Hintergrund ihrer Entscheidung oder Handlung nicht explizit erklären. Sie sind sich dennoch ziemlich sicher, dass sie so und nicht anders handeln müssen, um richtigzuliegen. Manchmal versuchen sie dann, die Entscheidung nachträglich mit rationalen Erklärungsmustern zu unterlegen. Dies gelingt jedoch nur unzulänglich, da Emotionen reale, aber nach innen gerichtete Wahrnehmungen sind, die nur die Person alleine so wahrnehmen kann. Solche gefühlsmäßig wahrgenommenen Einschätzungen oder Warnzeichen werden durch langjährige Erfahrung geprägt und sind weitaus schneller abrufbar als jedes verstandesmäßige Argument.[40] Daher sind sie eine Basis für das, was man kompetentes Handeln nennt.

3.2.5 Kompetenzen

Experten zeichnen sich auch dadurch aus, dass sie Probleme effizient lösen, sie verfügen also über Handlungskompetenz. Der Kompetenzbegriff ist im Zusammenhang mit dem Expertenwissen von großer Bedeutung, denn ein Experte ist eine Person, die in komplexen Problemlösesituationen kompetent handelt, ihre Kompetenzen also dauerhaft und herausragend einsetzt und dadurch Probleme effizient löst.[41]

Der Kompetenzbegriff umfasst neben Wissen und Fertigkeiten auch Bereitschaften und Persönlichkeitseigenschaften. Kompetenz beschreibt die Fähigkeit, Entscheidungen zu treffen und kreativ und selbst organisiert zu handeln.[42] Sie muss bei Führungs- und Fachkräften vorhanden sein. Beide lösen Probleme als Experten auf selbst organisierte und innovative Weise. Diese Fähigkeiten können nicht angelesen werden wie etwa Fachwissen, weil sie das Können und Handeln in sich tragen und so immer auch Handlungskompetenzen sind. Handlungskompetenz wiederum ist grundlegend für gelungenes Problemlösen.[43]

Erpenbeck und Sauter präzisieren: *„Kompetenzen kann man nur selbst – in neuartigen Problemsituationen kreativ handelnd – erwerben. Ja, man kann Kompetenzen geradezu als die Fähigkeit beschreiben, in solchen unsicheren, offenen Situationen selbstorganisiert handeln zu können, ohne bekannte Lösungswege ‚qualifiziert' abzuarbeiten, ohne das Resultat schon von vorneherein zu kennen."*[44] Während Wissen also durch Qualifikation erworben werden kann, manifestiert sich die Kompetenz erst im tatsächlichen Handeln. Das Wissen eines Experten ist also theoretisch transferierbar, die Kompetenzen aber nicht, sie sind nur trainierbar. Dabei können Kompetenzen wie in Tabelle 3.2 unterschieden werden.

Tabelle 3.2 (Teil-)Kompetenzen[45]

Teilkompetenzen	Erläuterung
Fachlich-methodische Kompetenz	Fähigkeit zur fachlich-methodisch angemessenen und kreativen Problemlösung.
	Beispiele: Tiefe Kenntnis verschiedener branchenspezifischer Problemlösemethoden; Fähigkeit, diese den eigenen Bedürfnissen anzupassen.
Handlungskompetenz	Fähigkeit zur Umsetzung von Wissen und Können, persönlichen Werten im aktiven, selbst organisierten Handeln.
	Beispiel: Rasche und situationsangemessene Entscheidungen fällen können.
Sozial-kommunikative Kompetenz	Fähigkeit, mit anderen konstruktiv und kreativ zu kooperieren und zu kommunizieren.
	Beispiele: Durchsetzungsfähigkeit, Beziehungsmanagement, Wertschätzung gegenüber anderen.
Personale Kompetenz	Fähigkeit zur kritischen Selbsteinschätzung, zur eigenen abgewogenen Urteilsbildung und zur Handlung nach den persönlichen Wertvorstellungen.
	Beispiele: Erkennen eigener Stärken und Schwächen; Kritikfähigkeit.

Führungskompetenz umschließt die genannte Problemlösungs- und Entscheidungsfähigkeit und zudem in starkem Maße auch die sozial-kommunikative Kompetenz, also die Fähigkeit, zu motivieren und zu delegieren. Für erfolgreiches Problemlösen in sozialen Systemen – wie es jedes Unternehmen ist – spielt die Sozialkompetenz eine wichtige Rolle: Sie hilft beispielsweise, als richtig erkannte Vorschläge durchzusetzen – mit Gespür für das Betriebs- oder Abteilungsklima, für die Wünsche und Sorgen der Mitarbeiter, für den Umgang mit Kollegen und die aktuelle Stimmung. Hinzu kommt bei Führungskräften die Fähigkeit zur Reflexion des eigenen Verhaltens im Lichte der Unternehmensziele und -strategien sowie der eigenen und unternehmensbezogenen Werte. Diese wird auch personale Kompetenz genannt.

 Expertenwissen ist somit weit mehr als Fachwissen. Es nutzt alle Sinne, zeigt sich in intuitivem Handeln und bedarf der Fach-, Handlungs-, Sozial- und personalen Kompetenz. Es beinhaltet tiefes, im Handeln und Erleben erworbenes Erfahrungswissen, und es kommt immer in einem sozialen Feld zur Anwendung, das von Werten, Normen und Einstellungen geprägt ist.

3.2.6 Netzwerkwissen

Zum Handlungswissen, dem „Gewusst-wie", gehören auch firmenspezifische Besonderheiten, also das „Gewusst-wo" und das „Gewusst-wer": der Experte weiß, wo man Material, Information oder Hilfe findet. Besonders das Netzwerkwissen des Experten, also seine Kontakte zu anderen Wissensträgern und sein Hintergrundwissen über Kunden, Lieferanten, Kollegen etc., sind von unschätzbarem Wert für den Nachfolger und das gesamte Unternehmen: Gerade in innovativen, auf maßgeschneiderte Kundenlösungen spezialisierten Unternehmen sind drei Viertel des generierten Mehrwertes auf das über die Zeit gewonnene und im Unternehmen angesammelte Wissen zurückzuführen. Dieses Wissen ist intellektuelles Kapital, eine Ressource, die Wettbewerber nicht so leicht und vor allem nicht so schnell nachahmen können.

Das Erfahrungswissen besteht vielmehr zu einem Teil aus Kontakten, zwischenmenschlichen Beziehungen, Kenntnis von offiziellen und inoffiziellen Spielregeln und Machtkonstellationen der beteiligten Personen. Es beinhaltet die langjährige Übung und so gewonnene Erfahrung im Umgang mit zahlreichen internen und externen Bezugspersonen. Es ist als Netzwerkwissen Bestandteil des Führungswissens und ist häufig nur schwer explizit zu machen. Betriebliche Beispiele dafür sind das richtige Gespür für den Markt, die Entwicklung der Preise und das Verhalten der Wettbewerber. Hinzu kommt beim Netzwerkwissen das Gespür für das richtige Timing, einen Vorschlag oder ein neues Produkt intern oder extern zu kommunizieren.[46] Zwei Beispiele aus der Unternehmenspraxis verdeutlichen dies:

Praxisbeispiel: Atmosphärisches Wissen

In einer Besprechung wollte Herr Meise eigentlich eine kleine Änderung in der Aufteilung der Vertriebsregionen vorschlagen. Aber schon beim Betreten des Besprechungsraums fällt ihm die gespannte Atmosphäre auf. Irgendetwas „liegt in der Luft". Die Kollegen sind ungewöhnlich schweigsam, Herr Mayer kommt direkt zur Tagesordnung. Ohne exakt zu wissen, was der Grund dafür ist oder wie und warum dies seinen Vorschlag beeinflussen könnte, beschließt Herr Meise, den Vorschlag lieber ein anderes Mal zur Sprache zu bringen.

Praxisbeispiel: Das Netzwerk der Sekretärinnen

Markus Lein, Leiter der Handelsabteilung einer Frankfurter Bank, ist seit 20 Jahren im Geschäft. Er kam als Bankkaufmann und langjähriger erfolgreicher Händler an seine Position und verantwortet mit seinen Geldmarktgeschäften einen nicht unwesentlichen Teil des Ergebnisses der Bank. Als ein junger Volkswirt zur Abteilung kommt und einige Wochen vergeblich versucht, die Determinanten von Handelsentscheidungen empirisch zu analysieren, fragt er in einer ruhigen Stunde Herrn Lein nach dem Geheimnis seines Erfolgs. Dieser lächelt und eröffnet ihm vertraulich: Wissen Sie, meine Sekretärin hat eine gute Freundin in der Zentralbank. Sie telefonieren und schwatzen gelegentlich. Wenn sie am Wochenanfang Zeit für ein längeres Gespräch hat, dann gehe ich davon aus, dass keine Zinsentscheidung ansteht, und disponiere meine Positionen entsprechend. Der junge Volkswirt ist verblüfft: Ein solcher Parameter war in seinen Prognosemodellen nicht vorgesehen.

3.3 Wie lassen sich die Wissensarten strukturieren?

Nach der Darstellung der verschiedenen Wissensbegriffe gilt es, eine Struktur zu schaffen, die es erlaubt, je nach Wissensbeschaffenheit geeignete Methoden für die Erfassung und den Transfer des Wissens zu kombinieren. Unserem Experten für Hauptkühlmittelpumpen fehlt also noch eine „Toolbox", die ihm mit verschiedenen Methoden dabei hilft, sein Wissen handhabbar zu machen. Um diese Toolbox zusammenstellen zu können, braucht es ein übergeordnetes System, das all die verschiedenen Wissensarten zusammenführt. Daher wird das Wissen in den Dimensionen „nicht sprachlich artikulierbar = implizit" und „sprachlich artikulierbar = explizit" noch feiner unterteilt. Das Ergebnis sind verschiedene Unterformen von Wissen, die die Auswahl geeigneter Methoden und

Gestaltungsideen für einen gelungenen Wissenstransfer, also für ein möglichst hohes echtes Verständnis des Expertenwissens, erleichtern.

Ein übergeordnetes System, das verschiedene Formen und die Beschaffenheit des Expertenwissens beschreibt, findet man, wenn man sich grundsätzlich fragt, wie eigentlich Wissen von einer Person zur nächsten weitergegeben wird. Wie erlernen wir neues Wissen? Ohne nun an dieser Stelle tiefer in die Didaktik und Pädagogik oder Lernpsychologie einzusteigen, seien hier zwei grundlegende Möglichkeiten genannt, Wissen zu vermitteln und zu erlernen:[47]

- **Nachahmen, Lernen am Modell und Übung**

  Wissen kann durch *Nachahmen*, durch *Lernen am Modell* und durch *tägliche Übung* erworben werden. Dies tun alle Säuglinge und Kleinkinder beim Spracherwerb. Ähnliches geschieht bei motorischen Tätigkeiten, die Kinder langsam durch häufiges Beobachten und Nachahmen erlernen. Auch die Anpassung an die in der jeweiligen Gesellschaft geltenden Normen erfolgt durch das Lernen an Vorbildern, in aller Regel am Vorbild der Eltern oder anderer Bezugspersonen. Dieser „natürliche" Lernprozess wird in einigen Lehr- und Lernmethoden im Erwachsenenleben und im Beruf wiederholt.

  Auch Erwachsene können die Sprache eines Landes durch das Leben vor Ort erlernen. In der Sprachdidaktik nennt man dies die „Immersionsmethode", das Eintauchen in die andere Sprachumwelt, die tägliche Übung, Beobachtung und Nachahmung erlaubt. Beim Autofahren oder im Sport erlernen wir neue Routinen und Bewegungsmuster, etwa das „automatische" Kuppeln oder neue Wurftechniken, und trainieren schnelle Reflexe.

  Durch Beobachten der sozialen Gefüge in einem uns unbekannten Umfeld tasten wir uns an die geltenden Normen und Werte heran. So lernen Berufstätige viel durch das Eintauchen in die Sozialstruktur eines Betriebs. Sie lernen den Sprachgebrauch des Unternehmens, seine Fachterminologie, seine Abkürzungen. Sie beobachten Abläufe und ahmen diese nach, es findet ein Lernen direkt am Arbeitsplatz („Learning by Doing") statt. Zugleich beobachten neue Mitarbeiter sehr genau das Verhalten der Vorgesetzten und Kollegen und lernen von diesen, welches die erwünschten und Erfolg versprechenden Verhaltensstandards sind (Lernen durch Vorbild).

- **Verbale und visuelle Kommunikation**

  Sprache ist bei schriftlichen Dokumenten das Medium der Wissensvermittlung: Wir lernen aus Büchern, Prozessdiagrammen, Besprechungsprotokollen, Projekt- und Arbeitsplatzbeschreibungen. Viel flüchtiger, aber ungleich mehr prägend sind Erzählungen anderer, aus denen wir etwas über unsere Umwelt lernen. Vor der Erfindung der Schrift war die mündliche Erzählung das wichtigste Format für die Überlieferung von Werten und Sitten eines Volkes. Aber auch im modernen Unternehmensumfeld lauschen wir den Erzählungen anderer, um mehr über unser Umfeld zu erfahren. Ein Neueinsteiger in einem Unternehmen lernt meist durch Gespräche mit den Kollegen und Anekdoten über vergangene Ereignisse mehr über die Unternehmenspraxis als durch das Studium offizieller Dokumente. Er erfährt, ob es tatsächlich notwendig ist, um Punkt acht Uhr im Büro zu sein, oder ob hier Spielraum besteht. Er hört, wie es

bei den letzten Kundenveranstaltungen zuging und welches Verhalten Erfolg versprechend erscheint. Zugleich spiegelt sich im Inhalt und in der Art der Erzählungen die
Unternehmenskultur wider. Die Harvard-Ökonomen Akerlof und Shiller schreiben
dazu: *„Ein Klima der Zuversicht geht tendenziell mit inspirierenden Geschichten einher,
mit Geschichten über neue geschäftliche Initiativen ...“*[48] Was die Ökonomen hier in
Bezug auf das Wirtschaftsklima und Vertrauen der Wirtschaftsakteure feststellen, gilt
im gleichen Maße für Unternehmensklima, Motivation und Vertrauen der Menschen
innerhalb eines Betriebs.

Nicht Sprache, sondern *visuelle Kommunikation* steht bei der Wissensvermittlung
durch Fotografien und Videoaufzeichnungen im Vordergrund. Diese können nicht nur
Aussehen, Größenverhältnisse und Strukturen verdeutlichen, sondern auch Stimmungen, und damit Gefühle sehr viel wirksamer transportieren als Text. Dies gilt
beispielsweise, wenn Wirkung und Atmosphäre von Räumen oder Situationen visualisiert werden sollen. So können sich Architekten viel eher durch Bilder, dreidimen-
sionale Darstellungen und virtuelle Rundgänge verständigen als durch bloßen Text.
Gleiches gilt, wenn man sich einen Eindruck von den Raumverhältnissen, der Akustik,
der Wirkung eines Konferenzraums, einer Fertigungshalle oder eines neuen Büros
verschaffen will.

Das Wort „Eindruck" beschreibt dabei genau, um was es geht: Statt der exakten Zahlen, etwa Quadratmetern oder Dezibel, möchte man ein Gefühl dafür entwickeln, wie
es einem in diesen Räumen geht, ob man sich wohlfühlt und gerne hingeht oder ob
das Raumklima eher kalt und abweisend ist. Dabei spielen Lichtverhältnisse, Transparenz, Deckenhöhen, die Übertragung von Geräuschen, wie etwa Halleffekte beim
Gehen oder beim Transport von Gütern, und Gerüche eine Rolle. Diese „weichen"
Faktoren der Wahrnehmung lassen sich oft nur schwer in Worten beschreiben, da sie
nicht im kognitiven, sondern im für Gefühle zuständigen limbischen System wahrgenommen werden. Sie spiegeln Veränderungen im Körper wider, die nicht über die
üblichen informationsverarbeitenden Nervenzellen, sondern durch den Blutkreislauf
und die Gehirn-Rückenmark-Flüssigkeit ins Hirn gelangen.[49] Aus diesem Grund entziehen sie sich auch weitgehend einer verstandesmäßigen Steuerung.

Sie lassen sich aber durch eigene Anschauung und das Erleben vor Ort fühlen, wobei
sich die wahrgenommenen Gefühle von Person zu Person unterscheiden können. So
empfinden einige Sonnenlicht als warm und angenehm, während andere fürchten,
geblendet zu werden. Erwiesen ist jedoch, dass die Mehrzahl der Menschen bei war-
mem Licht zufriedener ist als beim bläulichen Licht von Halogenlampen. Das subjektive Empfinden spielt auch eine Rolle bei der Wahrnehmung der eigenen räumlichen
Position zu Türen, Fenstern, Geräten oder Installationen sowie anderen Mitarbeitern.
Hier spielt auch ein kulturelles Moment hinein: Während beispielsweise Japaner oder
Südamerikaner Nähe zu anderen ebenso gewohnt sind wie Großraumbüros, haben
Europäer und US-Amerikaner ein größeres Bedürfnis nach räumlicher Weite und
individueller Abgrenzung. Auch die Bedeutung und Symbolik von Farben, das Empfinden von Gerüchen und Musik kann je nach Heimatkultur und Sozialisation höchst
unterschiedlich sein.

Die dargestellten Interpretationsspielräume zeigen, wie feinkörnig Wissen ist und wie wichtig es ist, zwischen implizitem und explizitem Wissen zu unterscheiden. Denn häufig stellt der dokumentierte Inhalt die Realität nur unvollständig dar. Dies gilt besonders bei schriftlichen Texten, aber zum Beispiel durch die Wahl des Augenblicks, des Ausschnitts, der Perspektive und bei entsprechender Bearbeitung auch bei Ton-, Bild- und Videodokumenten. So ist ein vermeintlich neutrales Textdokument keineswegs ein klarer Beleg für den tatsächlichen Ablauf eines Projekts oder einer Besprechung. Die Verantwortlichen für die Freigabe des schriftlichen Projektberichts oder Protokolls wissen, wie sie die Dinge formulieren müssen, damit Entscheidungen durch die dokumentierten Ergebnisse unterstützt werden. So können zum Beispiel Probleme bei der Projektdurchführung oder Einwände bei Besprechungen weicher formuliert werden, um die getroffene Entscheidung plausibel erscheinen zu lassen. Abgelehnte Vorschläge können so kurz und knapp präsentiert werden, dass die dafür vorgebrachten Gründe auf der Strecke bleiben. Dies geschieht teilweise bewusst, also absichtlich, teilweise aber auch aus der festen Überzeugung von der Richtigkeit der Darstellung heraus. Wer die Berichte und Protokolle ohne entsprechendes Kontextwissen liest, bekommt also nur einen rudimentären, für die richtige Einschätzung der Sachlage unzureichenden Eindruck.

 Strukturgenetische Perspektive als übergeordnetes Dachmodell

Die entwicklungspsychologische Sicht auf die Aneignung von Wissen, die sogenannte strukturgenetische Perspektive, erlaubt einen größeren Wissensbegriff und macht zugleich feinere Unterscheidungen als die Einteilung in „implizit" und „explizit" möglich. Daher eignet sie sich als übergeordnetes Dachmodell für den Wissensbegriff.

Wie die Beispiele der sprachlichen und visuellen Kommunikation zeigen, ist es ein großer Unterschied, ob wir neues Wissen über ein Medium wie Text, Bild oder Video vermittelt bekommen oder durch Nachahmen und Beobachten in sozialen Interaktionen lernen. Ersteres macht wieder den Charakter expliziten Wissens erkennbar, Zweites den des impliziten Wissens. Es ist aber für ein übergeordnetes Dach, das all die verschiedenen Facetten von Wissen aufnehmen können soll, sinnvoll, noch feiner zu unterscheiden und zugleich einen größeren Wissensbegriff zuzulassen. Das übergeordnete Wissensmodell spricht daher auch dann von Wissen, wenn andere Ansätze dazu Informationen oder gar Daten sagen: Die strukturgenetische Perspektive unterscheidet zwischen öffentlichem und personalem Wissen.[50] Beide werden in ihren Unterformen dargestellt und nachfolgend erläutert (Bild 3.6).

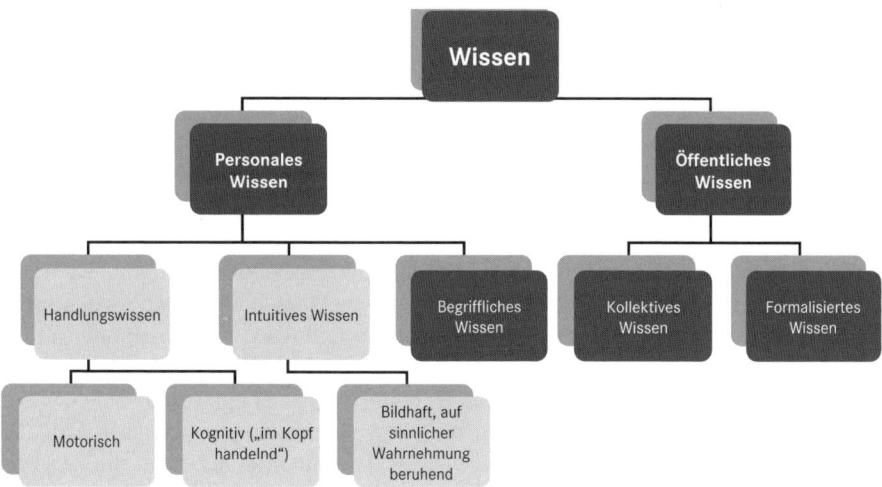

Bild 3.6 Öffentliches und personales Wissen (die in Zahlen, Sprache oder abstrakten Bildern ausdrückbaren Wissensformen sind dunkel hinterlegt)

3.3.1 Öffentliches Wissen

Das öffentliche Wissen liegt mehreren Individuen vor. Es ist in Zeichen, also in Schriftzeichen, Zahlen, Bildern oder Filmen objektiviert und hat somit eine „Existenz in der materiellen Welt", die auch mit anderen geteilt werden kann.

Die Unterform des kollektiven Wissens hat durch gemeinsame Diskurse eine gewisse Allgemeingültigkeit erhalten, wurde vereinheitlicht und durch Regeln normiert und verbalisiert – dies entspricht der Information in anderen Ansätzen. Allerdings ist diese Information so lange nur ein in Zeichen „eingefrorenes" Wissen, bis eine Person sie interpretiert, die weiß, was diese Zeichen bedeuten. Man stelle sich ein hoch kompliziertes Fachbuch über Quantenphysik vor und nehme dazu einen Neuntklässler, der ein Referat über die Inhalte dieses Buches halten soll, um sich zu verdeutlichen, wie „bedeutungslos" Information ohne die korrekte Bedeutungszuschreibung des Empfängers ist.

Das formalisierte Wissen als zweite Unterform des öffentlichen Wissens ist die einzige Wissensform, die im Prinzip ohne die Bedeutungszuschreibung von Personen auskommt. Die Information wird hier nach festgelegten Kriterien in Daten umgewandelt, die ohne Steuerung und Kontrolle denkender Individuen in formalen Prozeduren weiterverarbeitet werden. Algorithmen für Rechenleistungen von Computern sind ein Beispiel für formalisiertes Wissen, da sie, wenn sie einmal von Menschen „erdacht" wurden, keine Steuerung mehr benötigen. Doch diese formalisierte Informationsverarbeitung kann auch vollkommen bedeutungsleer sein – etwa wenn ein Algorithmus eine Zufallsabfolge von Buchstaben produziert. Daher braucht es letzten Endes auch beim formalisierten Wissen, das den Daten in anderen Modellen entspricht, einen Interpreten, der über Sinnhaftigkeit und Bedeutung der Ergebnisse entscheidet.

3.3.2 Personales Wissen

Über das personale Wissen verfügt nur der Wissensträger selbst. Dieses personale Wissen kann in verschiedenen Graden der Bewusstheit vorliegen, nicht alles davon ist dem Wissensträger also selbst bewusst. Die verschiedenen Formen des personalen Wissens werden nachstehend dargestellt.

Die ursprünglichste Form des personalen Wissens ist das Handlungswissen, das sich jeglicher sprachlichen Artikulierbarkeit entzieht. Handlungswissen zeigt sich nur durch die Art und Weise des Handelns und Problemlösens einer Person. Dieses implizite Wissen liegt unbewusst vor und wird daher auch enaktives Wissen genannt, da die Person nicht willentlich darauf zurückgreifen kann.

Handlungswissen ähnelt durch seine unbewusste Existenz am meisten dem impliziten Wissen, wie es zum Beispiel beim Fahrradfahren vorliegt, denn es fehlen ihm die Worte für dieses im Motorischen liegende Wissen. Handlungswissen beinhaltet aber genauso kognitives Wissen, das sich in Denkprozessen, etwa bei Entscheidungsprozessen, zeigt. Dieses unbewusst vorliegende kognitive Wissen formulierte der Psychologe Edgar H. Schein im Rahmen der „Grundannahmen" seines Kulturebenenmodells (Bild 3.7).[51]

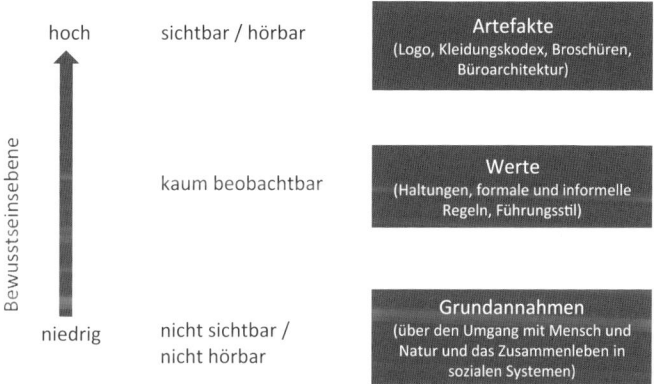

Bild 3.7 Das Kulturebenenmodell von Edgar H. Schein

Die Artefakte sind sichtbare Verhaltensweisen und andere physische Manifestationen in Unternehmen, etwa das Logo, die Architektur des Unternehmens oder Kommunikationsstile unter den Mitarbeitern. Die Werte sind eine Ebene darunter und damit schon auf einer niedrigeren Bewusstseinsebene. Sie bezeichnen die kollektiven Werte einer Organisation, wie etwa „Ehrlichkeit" oder „konservativ" und bestimmen das Verhalten von Mitarbeitern. Hierzu zählen die Art und Weise, wie man sich gegenüber anderen Organisationsmitgliedern verhält (als Teamplayer oder Einzelkämpfer), oder welches Handeln als richtig und erwünscht bewertet wird (etwa Eigeninitiative zeigen versus nach oben reporten und abarbeiten). Auf der untersten Ebene sind die Grundannahmen, die die Wahrnehmung der Umwelt beeinflussen und so tief im Denken verwurzelt sind, dass sie nicht bewusst wahrgenommen werden. Dazu zählen beispielsweise ein positives oder negatives Menschenbild, eine optimistische oder pessimistische Sicht der

Dinge, eine risikobereite oder risikoscheue Grundhaltung und ein starkes oder weniger stark ausgeprägtes Streben nach Freiheit und individueller Selbstverwirklichung.

Das Handlungswissen entspricht diesen Grundannahmen. Es ist nicht möglich, jene Grundannahmen, die das Wahrnehmen und Handeln prägen, in Worte zu fassen. Man kann nur durch eine beobachtende Analyse der Artefakte (etwa beobachtbares Handeln) und der geltenden Werte Rückschlüsse auf sie ziehen.

Die zweite Form des personalen Wissens ist das intuitive oder auf Sinneseindrücken basierende Wissen. Es ist bildhaft repräsentiert, das heißt, es ist vorbegrifflich und lässt sich daher (noch) nicht sprachlich artikulieren, aber der Wissensträger hat eine Ahnung von diesem impliziten Wissen, es liegt also vorbewusst vor. Dieses implizite Wissen liegt beispielsweise bei Geruchs- und Geschmacksexperten sowie bei Künstlern vor. So sagt angeblich Leonardo da Vinci: *„Unser ganzes Wissen beruht auf Schauen."* Künstler wissen um ihre besonderen Fähigkeiten, nur ist es oft nicht leicht, dieses in einer für Außenstehende nachvollziehbaren Weise zu beschreiben. Ähnliches gilt für Wissen, das auf Wiedererkennung durch langjährige Übung beruht. Wie soll ein Computerexperte erklären, wie er im Gewirr mikroelektronischer Schaltungen erkennt, wo eine Verbindung suboptimal angelegt ist? Wie soll ein Fahnder beschreiben, woran er den Schmuggler erkennt, wenn alles, was er dazu sagen könnte, als bloßes Gefühl abgetan wird?[52]

Das begriffliche Wissen schließlich liegt bewusst vor und kann in Sprache oder Schrift artikuliert werden. In dieser Hinsicht ähnelt es dem expliziten Wissen.

Alle drei Formen des personalen Wissens sind dennoch in dem Sinne implizit, dass sie nur „im Kopf" des Wissensträgers existieren, doch unterscheiden sie sich im Grad der Bewusstheit und damit der Leichtigkeit oder Schwierigkeit, sie zu artikulieren und damit explizit zu machen. *„Sie ... bilden eine hochkomplexe, in sich verwobene Wissensstruktur aus, deren Bewusstmachung entlang eines Kontinuums unterschiedlich gut und mit unterschiedlich großem Aufwand möglich ist. Innerhalb dieses entwicklungspsychologischen Ansatzes würde die Dichotomie aus ‚tacit und explicit' einem Kontinuum aus ‚mehr oder weniger bewusst' weichen, denn es findet sich kein Grund für eine logische Grenze innerhalb dieser Konzeption."*[53] Die erläuterten Wissensbegriffe werden in Tabelle 3.3 zusammenfassend dargestellt.

Dieser strukturgenetische (also aus den im Laufe unserer Entwicklung entstehenden Bewusstseinsstrukturen von Wissen abgeleitete) Wissensbegriff verfeinert also die Dimension „implizit – explizit" um weitere Unterteilungen anhand des Grades an Bewusstheit und der damit einhergehenden Frage, wie schwer oder leicht es fällt, dieses Wissen sprachlich oder bildlich oder motorisch zu artikulieren.

 Das Expertenwissen kann in all den genannten Bewusstseinsformen vorliegen. Die Betrachtung der verschiedenen Bewusstseinsformen ist die Basis dafür, je nach Art des Wissens die richtige Methode oder Gestaltungsmaßnahme für einen gelungenen Wissenstransferprozess zu wählen. Dabei sind auch die personalen, betrieblichen und situativen Rahmenbedingungen zu beachten. Ziel ist es, einen möglichst hohen Grad an echtem Verstehen des transferierten Wissens zu ermöglichen.

Tabelle 3.3 Wissensarten und Ausprägungsbeispiele

Wissensarten:				
Personales Wissen			Öffentliches Wissen	
Handlungs-wissen; enaktiv	Bildliches Wissen	Begriffliches Wissen	Kollektives Wissen	Formalisiertes Wissen
Erfahrungswissen				
Einstellungen, Werte				
		Inhaltswissen (deklaratives Wissen)		
implizit = sprachlich nicht/ schwer artikulierbar		explizit = sprachlich artikulierbar		
Ausprägungsbeispiele:				
motorisch: Fahrradfahren kognitiv: Entschei-dungsprozesse	haptische, olfaktorische, künstlerische Expertise in Problem-lösungs-prozessen	Kapitalwert = Barwert der Zah-lungen (Fach-wissen) ZE = Zentraler Einkauf (betrieb-liches Wissen)	Organigramme Arbeitsplatz-beschreibungen Prozessbeschrei-bungen Projektdokumen-tationen Fachbücher	Rechneralgo-rithmen

■ 3.4 Wie wird Expertenwissen transferierbar?

Die Erfassung und Weitergabe von explizit vorliegendem Inhaltswissen scheint zunächst nicht weiter schwer. Beim impliziten Wissen ist es grundsätzlich schwierig: Wie soll man Wissen transferieren, wenn man nicht genau weiß, was man weiß? Und wie soll man es kodifizieren in Worte, in Bilder, in Bewegung, sodass der Wissensnehmer damit etwas anfangen kann?

Im Beispiel des Experten für Hauptkühlmittelpumpen wurde der Wissensträger gebe-ten, aufzuschreiben, was wichtig ist für den Nachfolger und wichtig für das gesamte Unternehmen. Konfrontiert mit einer solchen Aufgabe, muss der Experte daran schei-tern, all das, was „wichtig" ist, zu erfassen und weiterzugeben: Er kann immer nur einen kleinen Teil all jener Facetten seines Wissens, wie wir es in Tabelle 3.3 zusammengefasst haben, erfassen. Die impliziten Anteile bleiben im Verborgenen, selbst große Anteile des an sich explizit vorliegenden Erfahrungsschatzes werden verloren gehen, wenn der Experte mit dieser Aufgabe allein gelassen wird.

Nutzt der Experte sogenannte Wissensmanagementinstrumente wie Wissensbaum, Wissenslandkarten etc., so schreibt er dort Informationen, Aufgaben und Rollen nieder. Das kann sich als hilfreich für die anschließende Wissenserfassung erweisen, doch das gesamte Erfahrungswissen lässt sich damit kaum abbilden.

Daher bleibt die Kernfrage: Wie kann sichergestellt werden, dass der oder die Nachfolger das Entscheidende wirklich verstehen, und dass sie die Erfahrungen des Experten in ihr eigenes Handeln integrieren?

3.4.1 Versprachlichtes Wissen ist nicht gleich transferiertes Wissen

Ein großes Missverständnis in den meisten Wissensmanagementansätzen ist, dass Wissen, das sprachlich und damit theoretisch auch in einer transferierbaren Form vorliegt, auch tatsächlich transferiert wird. Sie gehen davon aus, dass der Wissensempfänger den Sinn, die Absicht, den Kontext, die Bedeutungszusammenhänge des Sprechers (oder des Schreibers) mit der gesprochenen (oder geschriebenen) Sprache gleichsam automatisch „mitgeliefert" bekommt. Dem ist mitnichten so; Beide Beteiligten, der Sprecher/Schreiber und der Empfänger, müssen die sprachlich geäußerten Inhalte in einen Bedeutungszusammenhang stellen. Dieser liegt immer in der Person des Wissensträgers personal, also subjektiv, vor und ist daher nicht automatisch deckungsgleich mit dem des Empfängers.

> „Sprachliche Zeichen sind – ebenso wie andere Arten von Zeichen – tatsächlich erst einmal materielle Dinge, die aber in keinem Fall Bedeutung kraft ihrer materiellen Existenz transportieren können. (...) Auf Seiten des Empfängers ist daher auch eine verstehende Interpretation durch Rekonstruktion der Bedeutung notwendig, will er die übermittelte Botschaft verstehen. Wissen wird also auch durch Sprache kein ‚Ding', und Wissen liegt demnach keineswegs für alle offen, wenn man es in Sprache kleidet."[54]

Dass der Empfänger die Bedeutung einer Botschaft rekonstruieren muss, um sie zu verstehen, kann man sich auch gut vorstellen, wenn man etwa experimentelle Lyrik liest oder moderne Kunst betrachtet. Doch dies ist nur ein Extremfall zur Verdeutlichung. Ein aus dem Alltag gegriffenes Beispiel ist ein altes Ehepaar, das über ein hohes Ausmaß an Beziehungswissen verfügt, also viel Hintergrundwissen hat, was der andere wohl mit dieser oder jener Aussage meinen könnte. Dieses Paar tut sich leicht, die richtige Interpretation vorzunehmen. Treffen aber zwei Fremde aufeinander, ist keineswegs sichergestellt, dass die Bedeutung eines Satzes wie etwa „Sie haben schöne Augen!" von beiden Gesprächspartnern gleich interpretiert wird. Nicht umsonst kennt jeder Situationen, wo es zwischen den Gesprächspartnern zu peinlichen Missverständnissen kam. Im Geschäftsleben ist es nicht anders. Die Aussage „Dies könnte ein langwieriger Prozess werden" kann eine schlichte Feststellung sein oder aber eine Warnung, sich lieber nicht darauf einzulassen. Im interkulturellen Kontext sind mögliche Fehldeutungen noch wahrscheinlicher. Hier kann beispielsweise die Aussage „interessant" ein Lob für den betreffenden Vorschlag sein oder aber, wie in den USA und in China, die höfliche Umschreibung für ein abschätziges Urteil („forget it").

Die Rekonstruktionsleistung, die Suche nach der Bedeutung, die der Sender in die Sprache als Transportmittel gelegt hat, ist bei jeder sprachlichen Äußerung notwendig und läuft ganz automatisch in menschlichen Interaktionen ab. Sie ist umso leichter, je besser sich die Personen kennen, je größer das gegenseitige Vertrauen und je persönlicher die Gesprächsatmosphäre ist. Schon ein eingeschaltetes Tonbandgerät oder ein fremder Beisitzer können dabei eine Beeinträchtigung darstellen. Daher ist es von Vorteil, wenn Unternehmen beim Wissenstransfer auf informelle Methoden wie das persönliche Gespräch zwischen den Mitarbeitern zurückgreifen. Welche zusätzlichen Botschaften durch das persönliche Gespräch vermittelt werden können, zeigt Tabelle 3.4.

Tabelle 3.4 Nonverbale Kommunikation[55]

Paralinguistische Mittel	Gesten und Berührungen	Haltung und Körpersprache	Raumverhalten	Gesichtsausdruck und Blick	Erscheinungsbild
Tonfall **Tonhöhe** **Lautstärke** **Tempo** **Rhythmus** **Pausen**	**Gesten:** bewusste Bewegungen und Signale (Deuten/ Zeigen, Zählen mit den Fingern) **Haptik:** Reiben der Finger, Berührung des Gesprächspartners an der Schulter …	**Art des Stehens oder Sitzens:** Schultern, Arme, Hände, Finger, Beine: offene/ geschlossene Körperhaltung (verschränkte Arme/Beine, breite Ellenbogen, geballte Fäuste, Fingertippen)	**Persönliches Raumverhalten:** Wie nahe kommen sich die Gesprächspartner?	**Mund:** Lächeln, Grinsen (Freude oder Angst?), Zähne sichtbar/verbissen? **Augen:** Anschauen, Anstarren, Frequenz des Lidschlags, Augenzwinkern	**Stil- und Farbwahl in Kleidung und Frisur**

Selbst Informationen in einem Fachbuch, also in formalisierten Zeichen, über deren Bedeutung Konsens in einer Sprach-, Kultur- und Wissensgemeinschaft besteht, werden bei unterschiedlich hohen Vorwissensbeständen unterschiedlich interpretiert und kognitiv verarbeitet.[56] Man denke hier nur an den Neuntklässler, der die Kernaussagen eines Fachbuches über Quantenphysik zusammenfassen soll. Er wird andere Kernaussagen finden als ein Student der Physik, dieser wird andere Aussagen treffen als ein erfahrener Experte in der Quantenphysik: Das Ausmaß an Vorwissen bestimmt, ob überhaupt und wie wir neues Wissen wahrnehmen und es in unsere Wissensstrukturen integrieren.

Will also ein Wissensträger sein Wissen so weitergeben, dass der Wissensempfänger die Botschaft tatsächlich versteht, muss er auf einen gemeinsamen kognitiven, also verstandesmäßigen Bezugsrahmen achten. Er kann erst dann davon ausgehen, dass der Wissensnehmer richtig versteht, wenn beide dieselben Bedeutungen in die Botschaften interpretieren. Das Kommunikationsmodell von Clark[57] beschreibt wechselseitige Verständigung als Versuch, „*... zwei individuelle kognitive Bezugsrahmen so weit zur Deckung zu bringen, dass deren Schnittmenge – der sogenannte Common Ground – gerade ausreicht, um das jeweils spezifische Ziel der Kommunikation, also zum Beispiel eine informierte Entscheidung, zu erreichen.*"[58]

Der individuelle Bezugsrahmen basiert auf stabilen Elementen wie dem jeweiligen Vorwissen, den Einstellungen, Überzeugungen und Stereotypen sowie auf dynamischen Elementen wie der Wahrnehmung der aktuellen Situation, situationsbezogener Informationen und dem bisherigen Gesprächsverlauf.

 Versprachlichung beziehungsweise Verschriftlichung des eigenen Wissens reicht nicht aus, um sicherzustellen, dass das Gegenüber dieses Wissen auch in der beabsichtigten Bedeutung erfasst. Um wirklich zu verstehen, wie es gemeint war, bedarf es immer der diskursiven Verständigung zwischen Wissensgeber und Wissensnehmer.

Der Diskurs ist nach Habermas ein Verständigungsprozess, in dem sich beide Gesprächspartner durch den Austausch von Argumenten in ihrem gegenseitigen Verstehen annähern: „*Diskurse lassen mit der Möglichkeit des Neinsagens das Interesse jedes Einzelnen zum Zuge kommen, verhindern aber gleichzeitig durch die Nötigung zur gegenseitigen Perspektivübernahme, dass das soziale Band reißt. Ein diskursiv erzieltes Einverständnis hängt gleichzeitig von dem ‚Ja‘ und dem ‚Nein‘ der einzelnen Teilnehmer und von der gemeinsamen Überwindung ihres Egozentrismus ab.*"[59]

Seiler und Reinmann schließen daraus: „*Unser Wissen (nicht nur begriffliches Wissen, sondern auch implizites Handlungswissen) bildet sich in einer konstanten und nie abbrechenden Interaktion und Abstimmung mit unserer sozialen und kulturellen Umwelt heraus.*"[60] Durch die konstante Interaktion entsteht ein gemeinsamer Bezugsrahmen (Common Ground). Er beinhaltet auch eine relativ große Übereinstimmung in den Zielen und im Wertgefüge der beteiligten Personen. Der Neurowissenschaftler Manfred Spitzer formuliert dies prägnant: „*Lernen heißt, ein Feuer zu entfachen, und heißt nicht, Fässer zu befüllen.*"[61] Das betriebliche Umfeld und die Unternehmenskultur spielen beim Gelingen dieses Prozesses ebenso eine Rolle wie die individuellen kurz- und langfristigen Zielsetzungen, Perspektiven und Herangehensweisen. Der Wissenstransfer wird damit zu einem Baustein nicht nur der zukünftigen betrieblichen Wissensbasis, sondern auch der Kultur des Umgangs miteinander und mit Geschäftspartnern, die das Unternehmen auszeichnen.

Insbesondere im Zusammenhang mit den verbreiteten Bemühungen der Wissensmanager, Wissensdatenbanken anzulegen, ist der Hinweis auf die Herstellung von Common Ground relevant. Sie wollen den Wissenstransfer über das geschriebene Wort steuern. Doch aufgrund des fehlenden Diskurses und des damit einhergehenden fehlenden Common Ground sind dieser Form des Wissenstransfers enge Grenzen gesetzt. Hinzu kommen motivationale Barrieren, denn kaum ein Nachfolger ist begeistert davon, lange Schriftstücke zu lesen, um sich so Wissen anzueignen.

Anders verhält es sich mit den Ansätzen, Expertenwissen in Wikis gemeinsam zu entwickeln. Hier arbeiten in Firmen-Wikis ganz ähnlich wie bei der Online-Enzyklopädie Wikipedia viele Autoren zusammen, und jeder perfektioniert die textliche Darstellung vor dem Hintergrund seines Wissens. Damit ist nicht mehr nur der gedankliche Zusammenhang einer Person abgebildet, sondern eine breitere und oft besser verständliche Basis geschaffen. Dennoch wird derjenige, der den Wiki-Beitrag liest, nicht automatisch alle dargestellten Zusammenhänge verstehen. Dies zeigt sich beispielsweise, wenn Studierende bei Prüfungen auf Wikipedia zurückgreifen. Der Transfer auf praxisbezogene Fragestellungen ist eine Eigenleistung, die der Text alleine nicht wesentlich erleichtert.

Spitzer erweitert diese Erkenntnis bezüglich der Generation der „Digital Natives": *„Die Aneignung von wirklichem Wissen erfolgt weder mittels Surfen oder Skimmen, sondern durch die aktive Auseinandersetzung, das geistige Hin- und Herwälzen und Immer-wieder-Durchkneten, Infragestellen, Analysieren und Neusynthetisieren von Inhalten. Das ist etwas ganz anderes als das Übertragen von Bits und Bytes von einem Speichermedium zum anderen."*[62]

Interaktion und Bedeutungsaushandlung sind also unumgänglich, wenn es an den Transfer von Wissen geht. Unterschiedliche Wissenstransfermethoden erlauben dies in unterschiedlich hohem Maße. Anhaltspunkte liefert die Medienreichhaltigkeitstheorie (Media-Richness-Theorie), nach der das Überzeugen und gegenseitige Verstehen besser mit einem „reichen", also personenorientierten Medium wie dem persönlichen Gespräch gelingt (Bild 3.8).

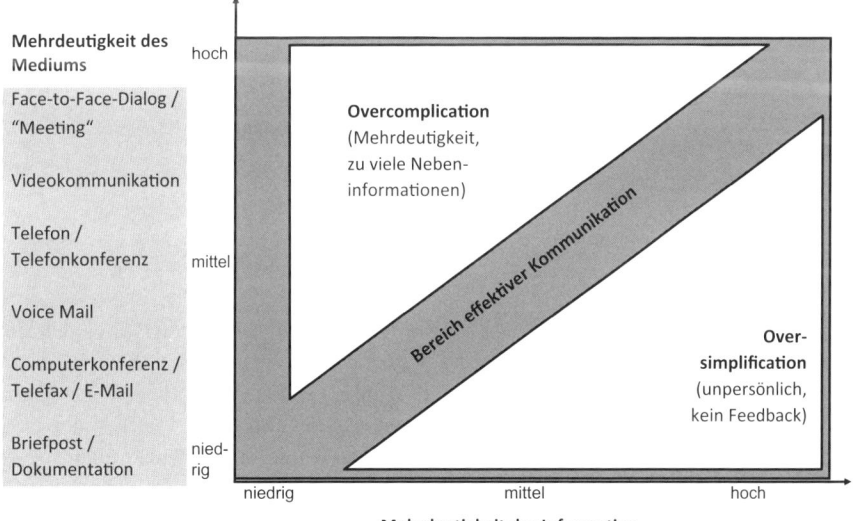

Bild 3.8 Die Medienreichhaltigkeitstheorie[63]

So ist es für einen Experten oft leichter, etwas über seine Arbeit zu erzählen als dazu etwas niederzuschreiben. Das Sprechen ist die natürlichere Form der Kommunikation, sie findet intuitiver statt. Sie hat zugleich etwas Informelles: Man redet ungezwungener, als man schreibt, formuliert, „wie einem der Schnabel gewachsen ist", versucht nicht, sich zu verstellen oder Dinge besonders hochgestochen auszudrücken. Denn die meisten Menschen haben in Schule und Beruf gelernt, dass man beim Schreiben besonders aufpassen muss, um keine Fehler zu machen. Manche Dinge lassen sich mündlich besser darstellen. Im Mündlichen sprechen wir fast automatisch weniger abstrakt, bringen mehr Beispiele, machen die Dinge anschaulich. Das liegt daran, dass wir in den Augen des Gesprächspartners lesen. Wenn er interessiert ist, aber den Eindruck erweckt, er hätte nicht ganz verstanden, dann erläutern wir die Sache noch einmal, und zwar ausführlicher. Diesen Umstand macht man sich auch in den narrativen Ansätzen[64] für Wissenstransfer zunutze: Ein „naiver" Gesprächspartner ohne großes Vorwissen zum Fachgebiet des Experten bittet den Experten, von seinen Erfahrungen zu erzählen. Versteht er es, eine Vertrauensbasis aufzubauen und an der richtigen Stelle interessiert nachzufragen, so wird der Experte bereitwillig antworten und mehr ins Detail gehen.

 Empfohlener Sprachstil

- Bilden Sie kurze und einfache Sätze.
- Vermeiden Sie Nebensätze, schließen Sie stattdessen neue Sätze an. (Sätze können im Redetext auch mit „Und" oder „Daher", „Deswegen" oder „Aber" beginnen.)
- Vermeiden Sie Substantivierungen („-ung"-Wörter), arbeiten Sie mit Verben.
- Wählen Sie aktive Formulierungen statt Passiva.
- Erläutern Sie Fachausdrücke und Abkürzungen durch Einschübe oder „das heißt ...", „also ..." und so weiter.
- Formulieren Sie konkrete Aussagen statt schwammiger Worthülsen.
- Formulieren Sie schlagwortartig und einprägsam.
- Wählen Sie Bilder, Vergleiche, Beispiele aus dem Wissens- und Erlebniskreis der Zuhörer.

Das gesprochene Wort ist im normalen Gespräch flüchtig, also legt man nicht jedes Wort auf die Goldwaage. Dabei werden häufiger auch jene unbewussten Wissensteile formuliert, die man schriftlich nicht als wichtig genug oder als nicht belegbar einfach weglassen würde. Oft sind es aber genau diese kleinen Details, ohne deren Wissen der Nachfolger nicht zurechtkommt. Denn es geht ja nicht darum, einen druckreifen Text zu formulieren, sondern in einer möglichst natürlichen Gesprächsatmosphäre über die Arbeit zu reden.

Dass man im Gespräch mehr Informationen bekommt, weiß jeder aus seinem Privatleben genauso wie Journalisten. Bei manchen Personen oder Themen ist das Gespräch sogar die einzig mögliche Form des Wissenstransfers, weil es zu schwer ist, auf andere

Weise zum Kern des Themas vorzudringen.[65] Dies gilt beispielsweise bei hochkomplexen oder sensiblen Themen. Hier ist der Dialog das einzige Instrument, um den Wissensschatz in quasi sokratischer Hebammenkunst durch Fragen zu heben.

Geschriebener und gesprochener Text unterscheiden sich in der Intensität und Authentizität der Wissensvermittlung. Selten entfalten geschriebene Texte eine so starke Überzeugungskraft wie ein Gespräch zwischen zwei Menschen. Dem Gespräch am nächsten kommt ein Telefonat zwischen zwei Personen, die sich kennen. Ist dies nicht möglich, weil beispielsweise der Nachfolger noch nicht bekannt ist, ist auch eine Aufzeichnung des Gesprächs, des Interviews oder der verbalen Ausführung hilfreich. Denn während in der Schriftsprache die Darstellung von der Person des Sprechers gelöst und damit geglättet ist, erlaubt es eine Tonaufzeichnung, Stimmmodulationen, Sprechrhythmus und andere feine Nuancen wahrzunehmen. Im Telefonat oder persönlichen Gespräch kann der Wissensnehmer zudem nachfragen, wenn ihm etwas nicht ganz klar geworden ist, und somit seine Vermutungen bestätigt oder widerlegt bekommen.

 Es gilt also, für jede Wissensform, für jedes Ziel, jede Person, jeden Inhalt und die gegebenen Umstände das richtige Transfermedium zu finden. Ausschlaggebend für die Wahl der Wissenstransfermethode sind

- das Ziel, das erreicht werden soll (Faktenwissen oder Verstehen, Nachvollziehen oder Transfer),
- die beteiligten Personen (einander bekannt oder nicht, Motivation und Vertrauensbasis vorhanden?),
- die Wissensinhalte (Fakten, räumliche Zusammenhänge, Netzwerkwissen) sowie
- die Rahmenbedingungen (die zur Verfügung stehende Zeit, das Budget, Unternehmenskultur, Vorgesetzte und Kollegen).

Erfolgreicher Wissenstransfer, also Lernen, findet dann statt, wenn eine persönliche Beziehung zwischen Wissensgeber und Wissensnehmer vorhanden ist und der eine den anderen überzeugen und begeistern kann.[66] Damit stellt sich die Frage, wie Unternehmen ihre Wissensträger und Wissensnehmer unterstützen können. Dies kann beispielsweise durch die aktive Gestaltung von Dialogräumen geschehen. Und schließlich ist zu klären, wie vorzugehen ist, wenn es nicht möglich ist, die Beteiligten in einen Dialograum zu bringen – etwa wenn der Wissensnehmer, zum Beispiel der Nachfolger, noch gar nicht im Unternehmen identifiziert ist.

3.4.2 Wissenstransfer durch Gestaltung von Dialogräumen

Wie können Unternehmen Dialogräume gestalten? Mit dem Begriff „Dialograum" ist keine räumliche Gelegenheit, sich auszutauschen, gemeint, wie etwa Kaffee-Ecken oder Raucherpavillons. Dialogräume zu gestalten bedeutet vielmehr, anzuerkennen, dass Wissen stets in Interaktion mit der Umwelt neu konstruiert wird. Daher ist es folgerichtig, in allen Prozessen und Ebenen des Unternehmens den direkten oder auch virtuell unterstützten Dialog als den Königsweg für Wissenstransfer zu betrachten. Das bedeutet nicht, auf sämtliche Dokumentationsversuche von Expertenwissen zu verzichten. Eine dialogisch ausgerichtete Haltung steuert jedoch dem in der Unternehmenspraxis oft zu beobachtenden Umstand entgegen, dass der Transfer von Wissen an das Intranet delegiert wird. Dort, so die verbreitete Meinung, solle der Wissensträger sein Wissen deponieren, sodass es sich der Wissensnehmer bei Bedarf holen kann. Hinter dieser Vorstellung steckt ein Weltbild, das die Speicherung von Wissen als möglich ansieht, da Wissen statisch und mehr oder weniger abtrennbar vom Wissensträger sei.

 Der dialogische Ansatz basiert auf der Grundannahme, dass Wissen stets in Interaktion mit der sozialen und kulturellen Umwelt entsteht. Es ist demnach niemals vom Wissensträger abkoppelbar und benötigt ein breites gemeinsames Grundverständnis für einen gelungenen Wissenstransfer.

Die Gestaltung von Dialogräumen umfasst dabei weit mehr als das Entwickeln und den Einsatz einer isolierten Wissenstransfermethode, die Wissensträger und -nehmer in einen Dialog miteinander bringt. Der dialogische Ansatz materialisiert sich ebenso in der Unternehmenskultur, in der Personalführung, in Mitarbeitergesprächen oder in Entlohnungssystemen. Er kommt auch in Einarbeitungsmodellen wie etwa den Tandems oder dem Mentoring, in denen der persönliche Austausch zwischen „Meister und Lehrling", zwischen Experte und Anfänger im Mittelpunkt steht, zum Ausdruck.

Die dialogische Grundausrichtung als Königsweg für den Wissenstransfer wird auch dem Umstand gerecht, dass Expertenwissen über Bücher, Daten oder Ähnliches nur unvollständig transferierbar ist. Insbesondere eignen sich abstrakte Darstellungen nicht gut, um Expertenwissen zugänglich zu machen. Besser sind hier beispielhafte Darstellungen, die den Kontext, die Situationsmerkmale, in denen das Expertenwissen zur Anwendung kommt, mit vermitteln. Diese impliziten Anteile des Expertenwissens können nur in einer dialogischen Situation vermittelt werden. Am besten geschieht dies in persönlicher Atmosphäre, also in einem kleinen, geschützten Kreis von Zuhörern. Hier muss man nichts für die Außendarstellung verklausulieren, hier können vielmehr offene Worte gefunden werden.

Die narrativen Wissenstransfermethoden, also Triadengespräche und Transfer Stories sind für die Herstellung einer wertschätzenden Erzählsituation besonders geeignet. Denn es fällt den meisten Menschen in einem persönlichen Gespräch leichter, schwierige Dinge, eigene oder betriebliche Unvollkommenheiten oder Details zu Kunden, Produkten und Verfahren an konkreten Beispielen anschaulich darzustellen. So haben beispielsweise Beratungsunternehmen den Wissenstransfer in Form von internen Schulungen gleichsam institutionalisiert. Dieser wird als direkter und erfolgversprechender gesehen als das Studium der Berichte über vergangene Projekte, die in Projektdatenbanken abgelegt sind.

Der dialogische Gestaltungsansatz trägt schließlich auch dem Umstand Rechnung, dass der Experte und der Nachfolger stets eine persönliche Beziehung untereinander haben werden. Das Management kann mit dazu beitragen, dass diese Beziehung fruchtbar für einen gelungenen Wissenstransfer wird oder eben nicht. Denn die persönliche Zusammenarbeit der Beteiligten und damit einhergehend Vertrauen sind Voraussetzungen für eine erfolgreiche Wissensweitergabe. Bekommen die beiden die Gelegenheit, zusammen an Projekten zu arbeiten? Können sie den Wissenstransferprozess und die notwendigen Transferschritte mitbestimmen? Sind sie in einem Dialog miteinander und mit der Führung eingebunden? Diese Fragen betreffen die Rahmenbedingungen für gelungenen Wissenstransfer und werden in Kapitel 4 vertieft.

Jede Interaktion zwischen dem ausscheidenden Experten und seinem Nachfolger ist ein Kommunikationsvorgang, der nicht nur die informative Seite der Nachricht, sondern immer auch Beziehungsarbeit beinhaltet.[67] Der Leaving Expert gibt etwas von seiner Person preis – Erfahrungswissen ist ein integraler Bestandteil seiner Persönlichkeit. Diesen Teil des eigenen Selbst zu offenbaren, kann nur auf freiwilliger Basis erfolgen. Denn persönliche Ziele und Werthaltungen sind durch Anreize nur begrenzt steuerbar. Daher sind Sympathie und Wertschätzung für den Nachfolger Voraussetzung für das Gelingen des Wissenstransfers.

3.4.3 Inwieweit sind Intuition und Werte transferierbar?

„Das gute Beispiel ist nicht eine Möglichkeit, andere Menschen zu beeinflussen, es ist die einzige.“ *(Albert Schweitzer)*[68]

Intuition ist eine von Erfahrung abhängige, aber zugleich auch gefühlsbasierte Einschätzung. Sie entsteht durch langjährige Übung und durch viele Gelegenheiten, die benötigten Materialien, Maschinen und Geräte, Systeme und Strukturen, vor allem aber die beteiligten Personen kennenzulernen (Netzwerkwissen). Sie erlaubt rasche und treffende Einschätzungen und Bewertungen. Den emotionalen Anteil daran bringt das Wort „Bauchgefühl“ treffend zum Ausdruck.

Gefühle zu transferieren kann nicht in Form eines zielgerichteten Prozesses gelingen. Dennoch hat der Mensch das Talent zur Empathie, zur Einfühlung in die Vorstellungs- und Gefühlswelt einer anderen Person, in deren aktuelle Stimmungslage und die möglichen Gründe dafür. Dies ist ein vorsprachliches Talent, über das bereits Kleinkinder verfügen. Einfühlungsvermögen ist Voraussetzung dafür, die Gefühle anderer auch dann wahrzunehmen, wenn diese nicht in Worten ausgedrückt werden. Möglich ist dies besonders dann, wenn die Personen viel Zeit miteinander verbringen und somit auch viele Situationen gemeinsam bewältigen. In der Sozialisation des Menschen findet dies mehrfach statt, ganz besonders in der frühkindlichen Erziehung und auch später im Eltern-Kinder- oder Lehrer-Schüler-Verhältnis. Bei erwachsenen Menschen erleben wir bei langjährigen Freunden und Partnern das Phänomen, dass die Partner genau wissen, wie der jeweils andere in einer bestimmten Situation denkt, fühlt und handeln würde. Sie können somit auch antizipieren, wie dieser wahrscheinlich entscheiden würde.

Erwachsene Menschen können dabei auch sprachliche Hilfsmittel anwenden, ihre Meinungen immer wieder miteinander und gegeneinander abgleichen. So findet eine intensive Auseinandersetzung mit den Zielen, Werten, Einschätzungen und Meinungen des anderen statt. Besteht ein gewisser Gleichklang in den grundlegenden Werten und ist der Experte als persönliches Vorbild akzeptiert, so kann mit der Zeit auch ein gewisser Teil der Intuition transferiert werden.

Schwieriger ist es mit dem Transfer von Gefühlen und Werten, und es ist fraglich, ob dieser überhaupt angestrebt werden kann und soll. Denn jeder Mitarbeiter ist ein Individuum mit ganz eigenen Normen und Zielen. Bei allem Respekt vor dem Erfahrungsträger möchte er zwar vom Vorgänger lernen, aber dennoch seine ganz eigenen, auf Erfahrungen und Wertvorstellungen basierenden Entscheidungen treffen. Ähnliches lässt sich beispielsweise bei Kindern beobachten, die spätestens in der Pubertät ihre eigenen Wege gehen und keineswegs alles an gefühlsmäßigen Einstellungen und Werten von den Eltern übernehmen wollen. Gelegentlich mögen die Eltern noch als Ratgeber oder Nothelfer gefragt sein, ansonsten aber sind junge Erwachsene dabei, ihre eigenen Erfahrungen zu machen und diese in ihr persönliches Wertgerüst einzuordnen. Genauso hat jeder Mitarbeiter im Betrieb das Recht und die Pflicht, das Überkommene auf Basis seiner persönlichen Werte zu überprüfen. Neue Mitarbeiter und deren „Außenansicht" sind häufig sogar wertvoll, um Weiterentwicklungen im Betrieb zu ermöglichen.

Das Zusammenagieren des Experten und des Nachfolgers in Dialogräumen ermöglicht es, nicht nur die Sprache oder die Schrift als Codes für den Wissenstransfer zu nutzen. Auch andere Codes, die jenseits von sprachlicher Veräußerung liegen, können – zumindest im direkten Dialog und eingeschränkt auch im medial unterstützten Dialog – genutzt werden: Der Experte kann sein Wissen auch durch Visualisierungen wie etwa Diagramme, Schaubilder, Fotos, Skizzen, Filme etc. kodifizieren und diese Wissensvisualisierungen als – im wahrsten Sinne des Wortes – Veranschaulichung seines Wissens einsetzen und im Dialog erläutern. Er kann, sofern es für sein Expertenwissen relevant ist, die akustischen, geschmacklichen, berührungs- und geruchsbezogenen Sinneskanäle nutzen, um sein Wissen zu verdeutlichen, etwa wenn er dem Nachfolger den Klang einer Maschine, ein Geschmacksmuster, die Textur von Werkstoffen oder den Geruch bestimmter Essenzen nahebringt. Er kann sein Wissen in motorischen Handlungen vorführen, sodass der Wissensnehmer ihn beobachten und nachahmen kann. Auf diese Art kann der Wissensnehmer auch motorisches Wissen des Experten nach und nach, durch viel Beobachten, Nachahmen, Ausprobieren und Üben, erlernen. Auch komplexere Abläufe und Erfahrungswerte lassen sich durch beobachtende Teilnahme (= Üben) und eine schrittweise Übernahme von immer verantwortlicheren Rollen erlernen. Eine der höchsten Formen wäre in diesem Kontext die Kunst der Gesprächs- oder Verhandlungsführung.

Ein Transfer des Erfahrungswissens mit seinen impliziten Momenten wie Intuition und zugrunde liegenden Werten gelingt dann am besten, wenn ausreichend Gelegenheit zur persönlichen Kommunikation und Zusammenarbeit besteht und der Erfahrungsträger von seinem Nachfolger als Vorbild zumindest in gewisser Hinsicht akzeptiert wird.

3.4.4 Lernen aus Erfahrung – Erfahrungen machen

Bisher standen der Wissensträger und die vor ihm liegende Herausforderung im Fokus, möglichst viel Wissen zu kodifizieren, sodass es transferierbar wird. Doch was passiert auf der Seite des Nachfolgers (Wissensnehmers), wie nimmt er das Wissen an, wie lernt er?

Martin Luthers Wort *„Ohne Übung und Erfahrung lernet man's nicht"*[69] bringt zum Ausdruck, was auch Volksmund und Fabeln wissen: Übung macht den Meister. Demnach hat man eine Sache erst richtig verstanden, wenn man sie ausgeführt und praktisch angewandt hat – allerdings bedeutet das praktische Anwenden nicht nur, tatsächlich beobachtbares Handeln auszuführen. Vielmehr geht es darum, dass sich der Wissensnehmer aktiv mit dem für ihn neuen Wissen auseinandersetzt, es hin und her wälzt, mit ihm spielt, es modifiziert und mit seinem Vorwissen verknüpft. Dies kann auch zunächst „nur im Kopf" stattfinden. Doch tatsächlich kann man festhalten, dass man Erfahrungen durch persönliche Erlebnisse „machen" muss und nicht wie bloße Information, deren Zustandekommen nichts mit einem selbst zu tun hat, erfassen kann. Bild 3.9 bringt dies ebenfalls zum Ausdruck.

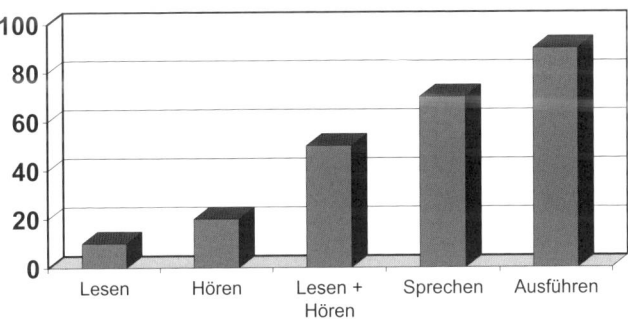

Bild 3.9 Behaltensleistung in % in Abhängigkeit von der jeweiligen Informationsverarbeitung[70]

Der Begriff der Erfahrung meint im Kontext von Lernen „... *die persönliche Beteiligung an einem Lehr-Lerngeschehen, was eine gewisse Aktivität und konkretes Tun voraussetzt, ebenso wie eine explorative Tätigkeit, die darauf hinausläuft, Annahmen zu testen und Probleme zu lösen.*"[71] Daher gilt: Der Wissensnehmer muss sich

a) im Wissenstransferprozess, also in der Lehr-Lernsituation, die zwischen ihm und dem Wissensträger entsteht, aktiv einbringen sowie sich

b) mit dem Expertenwissen des Wissensträgers aktiv auseinandersetzen und es in neuen Situationen anwenden.

Auf diesem Wege macht er sich das Wissen zu eigen und kann es nach und nach in sein praktisches Tun und Denken integrieren. Er macht im Anwenden des Wissens seines Vorgängers eigene Erfahrungen, die ihn auf seinem eigenen Weg hin zur Expertise vorantreiben. Im Idealfall – bei einem gelungenen Wissenstransfer also – kann der Wissensnehmer daher auf ein Vorwissen zurückgreifen, das die Erfahrungen seines Vorgängers assimiliert hat. Er kann zugleich auf Wissensstrukturen zurückgreifen, die sich durch die Auseinandersetzung mit den Erfahrungen des Vorgängers angepasst haben. Er wird also in Problemlösesituationen auf ein erweitertes Wissen zurückgreifen und dadurch für manche Handlungen und Entscheidungen besser gewappnet sein, er wird aber dennoch immer seine eigenen Erfahrungen sammeln müssen und nicht nur die Strategien seines Vorgängers kopieren können. Lernen aus Erfahrung kann nach Kolb[72] in einem vierphasigen Lernzyklus konkretisiert werden (Bild 3.10).

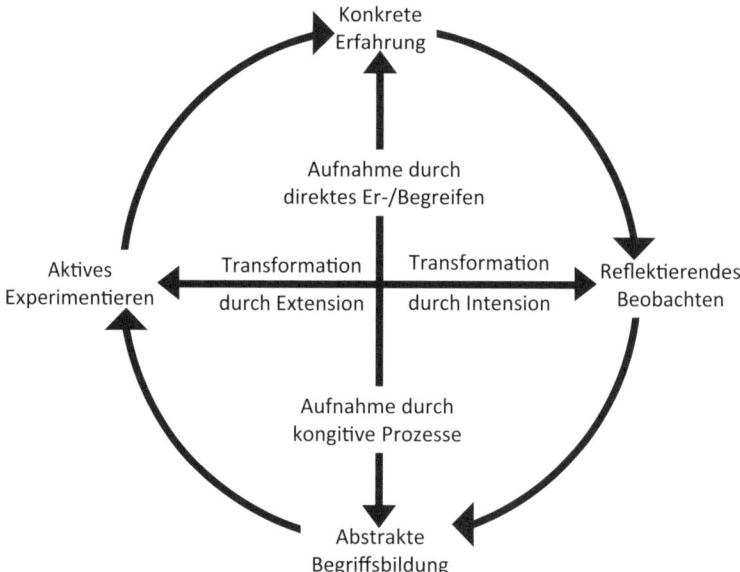

Bild 3.10 Der Zyklus des Erfahrungslernens nach Kolb[73]

Eine konkrete Erfahrung, die der Wissensnehmer durch direktes Er- und Begreifen macht, wird von ihm beobachtet und reflektiert. Er kann diese Reflexion wiederum in ein Konzept abstrahieren beziehungsweise Begriffe bilden, die seine Gedanken in Worte fassen. Das aktive Anwenden und Entdecken im Experimentieren mit den neuen Lerninhalten schließt den einen Lernzyklus ab, der vom nächsten spiralförmig immer wieder abgelöst wird. Die vier Phasen benötigen verschiedene Lernmodi, die sich untereinander ergänzen:

- Einen Sachverhalt direkt begreifen,
- sich den Sachverhalt durch kognitive Prozesse herleiten,
- die Merkmale des Sachverhaltes durch Reflexion erschließen (Intension),
- die allgemeine Bedeutung durch Handeln erfassen (Extension).[74]

Keiner dieser Lernmodi ist höher- oder geringerwertig als der andere. Jeder hat seinen Platz, wenn es darum geht, Erfahrungswissen und damit auch Kontext- und Anwendungswissen zu gewinnen. Der Einstieg in den Lernzyklus ist daher prinzipiell an jeder Stelle möglich.

■ 3.5 Kann man Expertenwissen dokumentieren?

Wenn es an den Transfer von Expertenwissen geht, ist ein guter Austausch zwischen dem Experten und dem Nachfolger eine wichtige Voraussetzung. Ein hohes Maß an Interaktion, in dem der Nachfolger nachfragen kann, den Experten beobachten und ihn am besten direkt „on the job" nachahmen kann, erleichtern es, das Wissen des Erfahreneren zu verinnerlichen. Die Unternehmen tun also gut daran, ihre erfahrenen Fach- und Führungskräfte und die Wissensnehmer, also zum Beispiel die Nachfolger, durch die aktive Gestaltung von Dialogräumen zu unterstützen. Doch was können Unternehmen tun, wenn es nicht möglich ist, die Beteiligten in einen Dialograum zu bringen – etwa wenn der Nachfolger im Unternehmen noch gar nicht bekannt ist? Die Antwort ist, das Expertenwissen zu dokumentieren, damit es in das Unternehmensgedächtnis einfließen kann – was leichter gesagt als getan ist.

Wer nämlich glaubt, durch eine wie auch immer geartete Dokumentation ein Abbild des Expertenwissens zu erschaffen, ist auf dem Holzweg: Denn streng genommen ist und bleibt das personale Wissen nicht dokumentierbar, weil es vom Wissensträger nicht abkoppelbar ist. Nur das öffentliche Wissen, das in der Dichotomie „Wissen – Informationen" den Informationen entspricht, ist dokumentierbar. Was für den allgemeinen Begriff Wissen zutrifft, ist beim Expertenwissen sogar noch ausgeprägter: Da Expertenwissen an das Handeln gebunden ist und viele implizite Anteile hat, ist es nicht eins zu eins abbild- und dokumentierbar.

Man wird sich also von dem Anspruch trennen müssen, dass eine Dokumentation ein getreues Abbild des Expertenwissens sein kann. Jegliche Kodifizierung ist immer nur eine Annäherung an dieses Wissen. Dialogräume und Common Ground helfen, diese Annäherung noch größer zu machen. Steht die Dokumentation alleine da, fehlt es also an Möglichkeiten des Austausches über das Dokumentierte, ist die Annäherung nicht so hoch.

Dennoch müssen Unternehmen versuchen, das Expertenwissen ihrer Mitarbeiter möglichst gut festzuhalten, denn sonst würde das Unternehmen bei jedem Weggang eines Experten dessen Wissen verlieren, wenn kein direkter Wissensnehmer (Nachfolger) verfügbar ist. Eine „möglichst gute" Annäherung ist allerdings wieder ein hoher Anspruch an eine Dokumentation, den man nicht ohne Weiteres erfüllen kann. Eine „möglichst gute" Dokumentation des Expertenwissens hat in erster Linie folgendes Kriterium zu erfüllen: Die Dokumentation muss eine möglichst kontextreiche Beschreibung über die Situationen beinhalten, in denen das Expertenwissen zur Anwendung kommt. Denn Expertenwissen ist im Kontext und Handeln gebunden und kann so nicht nur durch Schrift festgehalten werden. Eine bessere Annäherung gelingt, wenn andere Medien wie etwa Visualisierungen, Video, Audio etc. zusätzlich eingesetzt werden. Eine Dokumentation, die im Unternehmensgedächtnis abgelegt wird und womöglich erst Monate oder Jahre später wieder hervorgeholt wird, nutzt keinem mehr, wenn man nicht nachvollziehen kann, wie die Rahmenbedingungen waren, in denen das Expertenwissen angewendet wurde.

Bleibt nur der Text als Dokumentationsform, ist nicht mit einer „möglichst guten" Annäherung zu rechnen. Dennoch gibt es auch deutlich unterscheidbare verständliche, hilfreiche Texte und solche, die unverständlich und verwirrend für den Leser sind. Der Publizist Joseph Pulitzer, nach dem der Pulitzer-Preis benannt ist, bringt die Kunst des Schreibens auf den Punkt: *„Was immer du schreibst – schreibe kurz, und sie werden es lesen, schreibe klar, und sie werden es verstehen, schreibe bildhaft, und sie werden es im Gedächtnis behalten."* [75] Das Hamburger Verständlichkeitskonzept[76], das bekannteste Werk zur Textverständlichkeit, begründet seine Empfehlungen für die Textgestaltung auf empirischen Analysen und hat aus diesen vier Verständlichkeitsdimensionen abgeleitet, die hier als Hinweise tabellarisch aufgelistet werden:

Die Empfehlungen des Hamburger Verständlichkeitskonzepts[77]

1. Sprachliche Einfachheit
Einfache, geläufige und anschauliche Formulierungen und Wörter wählen.

2. Gliederung/Ordnung
Den Text übersichtlich gliedern, Abschnitte in eine nachvollziehbare Reihenfolge bringen („roter Faden") und deutlich machen, was wesentlich ist.

3. Kürze/Prägnanz
Inhalte weder zu gedrängt noch zu weitschweifig darstellen und Wörter gezielt wählen, ohne allzu knapp zu werden (mittleres Maß an Kürze/ Prägnanz).

4. Zusätzliche Stimulanz
Dosiert das Interesse und die Anteilnahme des Lesenden etwa durch wörtliche Rede und direkte Ansprache des Lernenden, Beispiele und narrative Elemente, rhetorische Fragen etc. anregen.

Auch wenn man diese Empfehlungen für einen verständlichen Sprach- beziehungsweise Schreibstil umsetzt, sind viele Wissensinhalte mit Text/Sprache alleine nicht fassbar zu machen. Denn die impliziten Anteile von Erfahrungswissen benötigen Dialogräume zum Beobachten, zum Aushandeln gemeinsamer Bedeutungen (Common Ground), zum Hinterfragen und Reflektieren, um überhaupt erst einmal in Worte oder andere Zeichen gekleidet werden zu können. Wie sollte ein erfahrener Meister niederschreiben oder erklären, wie er anhand der mit seiner Handfläche gefühlten Vibration einer Druckluftmaschine weiß, dass ein Leck existiert? Wie kann ein erfahrener Manager aus dem Vertrieb beschreiben, warum er nach den ersten 15 Sekunden eines Verhandlungsgesprächs mit bislang unbekannten Kunden weiß, dass er mit seiner Preisforderung nicht durchkommen wird? Vieles entzieht sich einer einfachen Explizierung durch Text oder Sprache. Je nach Wissensart benötigt man daher verschiedene Aufbereitungsformate, wie Tabelle 3.5 veranschaulicht.

Tabelle 3.5 Manche Wissensarten entziehen sich bestimmten Formen der Dokumentation

Aufbereitungsformat je nach Wissensarten (eine Auswahl)				
Personales Wissen			**Öffentliches Wissen**	
Handlungs-wissen	Bildliches Wissen	Begriffliches Wissen	Kollektives Wissen	Formalisiertes Wissen
				Zeichen (z. B. Formeln, binärer Code)
		Text		
	Metaphern, Analogien			
	Bilder, Comics, Grafiken			
Fotos				
Videos				
Animationen				
Audio (begleitend, ergänzend)				

Einige Dokumentationsformate wie etwa Videos sind besonders gut geeignet, Erfahrungswissen, das sich im Handeln zeigt (Handlungswissen), festzuhalten. Allerdings entgeht einem das Wesentliche schnell, wenn eine redaktionelle Bearbeitung beziehungsweise Moderation fehlt, die zum Beispiel das Bild einfrieren lässt, um auf eine bestimmte Bewegung der Fachkraft bei der Bedienung einer Maschine hinzuweisen.

Metaphern und Analogien bieten Vergleiche an, die das intuitive Wissen beschreiben, aber Thema und Setting wechseln, um über den Umweg der Metapher „an anderer Stelle" klarzumachen, was direkt nicht in Worte zu packen ist. Bilder, Comics und Grafiken greifen Wissen auf, das ebenfalls nicht direkt in Worte zu explizieren ist, und machen Zusammenhänge sichtbar.

Viele der hier beispielhaft genannten Aufbereitungsformate weisen in eine Richtung, nämlich dass die Visualisierung von Wissen eine wichtige Rolle bei der Dokumentation von Erfahrungswissen hat. Das Bild kommt in unserem Entwicklungsprozess vor dem Wort (sowohl in der Menschheitsgeschichte als auch im Heranwachsen eines jeden von uns), sodass wir vielfach in Bildern denken. *„Wer etwas explizieren will, das sich Worten und damit auch Text entzieht, braucht Bilder, die die Bedeutung anstelle der Worte ausdrücken können"*, sagt auch Markus Caspers, der Gestaltung und Medien in der Unternehmenskommunikation an der Fachhochschule Neu-Ulm lehrt. (Wir danken ihm für das Expertengespräch zur Wissensvisualisierung.)

In der Regel ist es am besten, einen Mix an Aufbereitungsformaten zu wählen,[78] um Erfahrungswissen möglichst genau und facettenreich zu dokumentieren.

Nachfolgender Abschnitt geht darauf ein, wie man Wissen mithilfe von Visualisierungen dokumentieren kann und welche grundlegenden Kriterien bei der Dokumentation von Erfahrungswissen beachtet werden müssen.

■ 3.6 Wie lässt sich Wissen kodifizieren?

Von C. Benjamin Nakhosteen

Die Fähigkeit, Wissen zu kodifizieren, es in Wort und Bild auszudrücken, ist eine der größten Leistungen, die die Menschheitsgeschichte hervorgebracht hat. Ohne das schriftliche Festhalten von Werten, Zusammenhängen, Zielen und den vielen anderen Inhalten menschlichen Geistes wäre die naturwissenschaftliche Entwicklung und auch die Kulturgeschichte der Menschheit eine andere. Wären wir ausschließlich von der direkten Kommunikation zwischen Individuen abhängig, würde jegliche Barriere dieser unmittelbaren Wissensweitergabe unweigerlich zu noch größeren Wissensverlusten führen als ohnehin dabei auftreten. Die Entwicklung von Symbolen und Grammatik zur Schriftsprache und die damit erschlossene Erzeugung von Dokumenten durch den Prozess der Dokumentation sind unschätzbar wertvolle Werkzeuge für den Erhalt und die Verteilung von Erkenntnissen und Erfahrungen.

Der unmittelbare Kontakt zwischen zwei Individuen und das gemeinsame Erleben von Situationen in einem geteilten Kontext ermöglichen die authentischste, facettenreichste und ganzheitlichste Form der Wissensweitergabe. Es soll hier auch in keiner Weise eine Konkurrenz zwischen direkter Kommunikation und Dokumentation herbeigeredet werden – im Gegenteil: Dokumentation kann an den Stellen Lücken schließen, wo unmittelbare Kommunikation nicht möglich ist. Kommunikation und Dokumentation können gemeinsam als Wege der Wissensarbeit beschritten werden, die sich weder gegenseitig behindern noch ausschließen.

3.6.1 Der richtige Code

Was ist nun der Code, der beim Kodifizieren von Wissen verwendet werden kann und sollte? Knapp formuliert lautet die Antwort: der richtige Code. Zugegeben, diese Aussage ist noch nicht wirklich hilfreich für eine praktische Umsetzung, dennoch sollte sie eine Leitlinie bei der Beschreibung von Wissen sein. Eng verbunden mit der Frage nach dem Code ist die Frage nach dem Medium. Wird die Frage nach dem Code beantwortet, ist oft auch gleichzeitig die Medienfrage geklärt.

Zur Kodifizierung steht das gesamte Spektrum des Multimedialen zur Verfügung. Üblicherweise Text, Grafik, Foto, Video, Audio und aufwendigere Varianten wie etwa 3-D-Modelle und Simulationen, die beispielsweise bewegte Bilder mit interaktiven Funktionen kombinieren. Häufig wird die Medienwahl unzulässig auf einfache Parolen reduziert. Das bekannteste Beispiel ist der Ausspruch: „Ein Bild sagt mehr als tausend Worte." Selbst wenn diese Aussage korrekt sein sollte – es ist ein Satz, nicht ein Bild.

Bilder und bewegte Bilder (Videos) transportieren sehr viele Informationen in verdichteter Form. Daraus lassen sich viele Details ableiten und es lässt sich viel Kontext vermitteln. Meist ist es auch angenehmer und einfacher, Bilder zu betrachten, als sich durch seitenlange Texte zu arbeiten. Doch es gibt zahlreiche Beispiele für Wissen, das Erklärungen erfordert, von Argumentationen geprägt ist und Zusammenhänge beinhaltet. Fachbücher und Romane sind voll von Wissen dieser Art.

Ein weiterer Punkt, der bei der Auswahl des Codes eine Rolle spielt, ist die Frage nach der Eindeutigkeit, Genauigkeit oder Präzision – im Umkehrschluss Interpretierbarkeit – des Transportierten. Bilder, vor allem abstrakte schematische Darstellungen, sind tendenziell stärker interpretierbar, weniger eindeutig als Text. Nehmen wir als Beispiel die Abbildung eines Theoriemodells. Für den an Wissensmanagement interessierten Leser sind sicher die Modelle der Bausteine des Wissensmanagements von Probst, Raub und Romhardt[79] oder das SECI-Modell von Nonaka und Takeuchi[80] ein Begriff. Charakteristische Bilder sind mit diesen Modellen verbunden, und jeder am Thema Interessierte hat diese Bilder unmittelbar vor Augen, wenn er an diese Modelle denkt.

Was wird nun benötigt, um diese Modelle, genauer gesagt das Wissen über diese Modelle und ihre Bedeutung, zu vermitteln? Reichen die bekannten grafischen Darstellungen mit einigen Begriffen, Kästchen und Verbindungspfeilen? Ist es nicht vielmehr so, dass sich hier Bild und ergänzender Text zu einem Gesamteindruck verbinden müssen?

Das Bild liefert einen guten Überblick, liefert ein Setting, einen Anker, zu dem immer wieder zurückgekehrt werden kann. Es spannt ein übergeordnetes Wissensnetz auf, dessen Maschen aber noch leer und lose verknüpft sind. Detailkenntnisse, Erklärungen, Erfahrungen, Fachwissen und die vielen Aspekte, die sonst noch berücksichtigt werden müssen, wenn die durch Bilder visualisierten Modelle angewendet werden sollen, werden aber nicht über diese Bilder transportiert. Sicher, man könnte sie zum Teil in die Bilder hineininterpretieren – die Verbindungspfeile deuten, aus den Abständen zwischen Wörtern auf ihre inhaltliche Nähe schließen, aus typografischen Hervorhebungen auf Bedeutsamkeiten schließen. Aber sind dies gesicherte Erkenntnisse? Bedarf es nicht vielmehr eines erläuternden Textes (Schriftsprache oder Audiokommentar), um dem Lerner, der die Theorien verstehen möchte, genau das zu vermitteln, was der Autor des jeweiligen Modells bezwecken wollte?

Offensichtlich erfüllen hier beide Medien (beide Codes) zwei Aufgaben innerhalb eines gemeinsam gestalteten Wissenstransferprozesses. Jeder Code hat seine Aufgabe, jeder Code ist für eine oder mehrere Wissensarten der richtige Code. Während der eine Code (das Bild) komplexe Informationen und ihr Zusammenspiel in einer Visualisierung verdichtet und vereinfacht, stellt der andere (der Text) den notwendigen Kontext und Detailinformationen zur Verfügung. Beide Codes spielen zusammen, ergänzen einander. Den richtigen Code zu finden ist immer eine Einzelfallentscheidung. Im weiteren Verlauf werden wir einige Beispiele betrachten, die ein Gefühl dafür vermitteln, welcher Code für welche Art von Wissen geeignet ist.

3.6.2 Struktur und Inhalt

Bei der Dokumentation von Wissen müssen immer wieder zwei Fragen geklärt werden. Zum einen die Frage nach der Beschreibung der zu vermittelnden Wissensinhalte, zum anderen die Frage nach der Struktur, in der diese Inhalte bereitgestellt werden, das heißt, in welcher Art von Ordnung die Inhalte potenziellen Wissensnehmern präsentiert werden.[81]

Wenn moderne Medien zur Dokumentation eingesetzt werden, stehen verschiedene Strukturarten zur Verfügung. Häufig sind – gerade in vergleichsweise starr organisierten Produktionsabläufen oder Organisationsstrukturen in Unternehmen – Bäume eine sinnvolle Art der Verortung von Informationseinheiten. Baumstrukturen, wie die in Bild 3.11 exemplarisch gezeigte Struktur zweier Standorte mit jeweils mehreren Produktionsanlagen, bieten Übersicht und für die meisten Nutzer eine intuitive Bedienbarkeit. Ablaufartig organisierte Aufgaben lassen sich in Flussdiagrammen, Checklisten und Formularen abbilden. Flussdiagramme eignen sich besonders auch zur Dokumentation von Chronologien und bedingten Verzweigungen in Prozessen (Bild 3.12).

Bild 3.11 Bäume eignen sich zur Strukturierung von Informationen über Produktionseinheiten und Unternehmensorganisationen

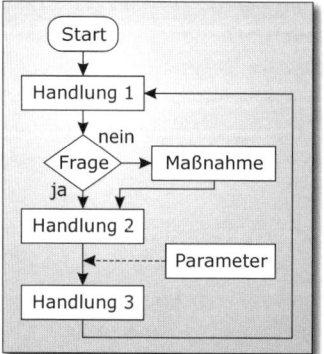

Bild 3.12 Flussdiagramme visualisieren Abläufe, Prozesse und Abhängigkeiten

Aufgaben und andere Informationseinheiten, die von räumlich angeordneten Komponenten geprägt sind, können durch landkartenförmige Darstellungen strukturiert werden (Bild 3.13). Hierzu zählen zum Beispiel Standorte, Werke, Anlagen, Gebäude und Leitungssysteme. Strukturvarianten wie Kartendarstellungen, Bäume und Flussdiagramme eignen sich in IT-basierten Systemen zur Navigation (Vernetzung) und bieten somit den Zugang zu detailreich formulierten Unterseiten (Kontext).

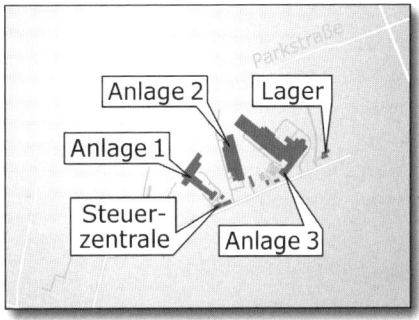

Bild 3.13 Mit kartenartigen Darstellungen können Informationen danach strukturiert werden, wo sie in einer räumlichen Anordnung zu verorten sind

Matrixförmige Strukturen (Bild 3.14) sind insbesondere dann ein geeignetes Mittel, wenn die dokumentierten Aufgaben und Handlungen stark modular sind. Dies bedeutet, dass bestimmte Abschnitte von Aufgabenbearbeitung wiederholt erfolgen, jedoch nicht immer in der gleichen Reihenfolge und Zusammenstellung.

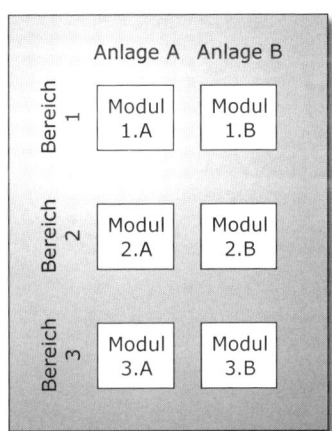

Bild 3.14 Modular geprägte Strukturen lassen sich in matrixartigen Anordnungen visualisieren

Systeme mit strukturiert abgelegten Inhalten sind dann besonders mächtig, wenn die Nutzer die zugrunde liegende Struktur begreifen und intuitiv mit ihr umgehen können. Es gibt jedoch Situationen, in denen Wissensnehmer nicht wissen, wo innerhalb der Struktur eine bestimmte Information verborgen ist. Um auch den daraus resultierenden Bedarfen gerecht zu werden, sind zusätzlich unstrukturierte, suchorientierte Zugänge zum dokumentierten Wissen anzubieten. Eine Volltextsuche, die auch Schlagworte und Metadaten zu bildhaften Daten berücksichtigt, ergänzt somit ein strukturiertes System zur Dokumentation sinnvoll. Suchmaschinen für das Internet konzentrieren sich sogar zunehmend auf diese Art der Informationsbereitstellung. Vorsortierte, redaktionell gepflegte Verzeichnisse werden immer mehr von Volltextsuchalgorithmen verdrängt.

Bei der Auswahl geeigneter Medien für einen gegebenen Inhalt gibt es keine Patentlösung. Eine hilfreiche Leitlinie könnte jedoch sein, stets zu überlegen, mit welchem Medium der zu formulierende Inhalt effektiv, präzise und mit vertretbarem Aufwand vermittelt werden kann. Einige Beispiele aus unserer Praxis helfen möglicherweise bei einer ersten Abschätzung und Medienauswahl:

- *Text* eignet sich für die Vermittlung bewusst gemachter Zusammenhänge. Hierzu zählen beispielsweise Bedeutungen von Abläufen und Fachbegriffen. Gerade zu Handlungsabläufen lassen sich mit Texten notwendige Erklärungen und Begründungen liefern. Texte beantworten häufig Fragen nach dem Warum. Warum erfolgt eine Handlung so und nicht anders? Warum ist eine Aufgabe wichtig für die Organisation? Außerdem lassen sich Erfahrungsgeschichten und die darin enthaltenen Vernetzungen gut mit Texten transportieren.

- *Fotografien* liefern visuellen Kontext. Sie informieren Wissensnehmer über das Erscheinungsbild von Szenen. Sie stellen die Positionen von Objekten dar und können zur Vermittlung von Fertigkeiten genutzt werden (Bild 3.15).

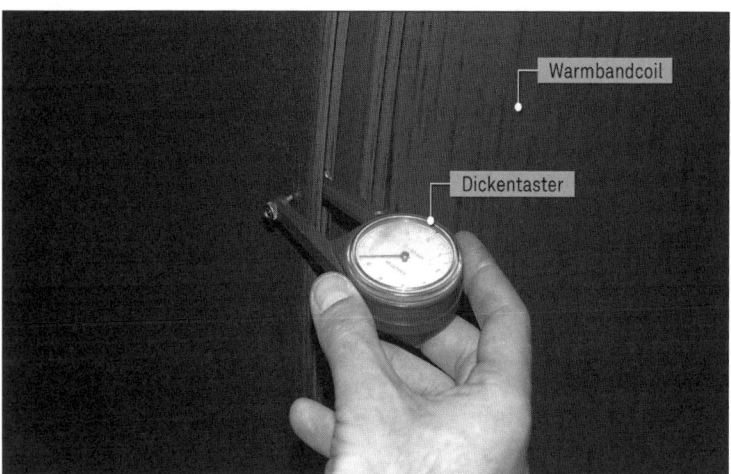

Bild 3.15 Das manuelle Messen der Dicke eines Stahlbands kann mittels einer Fotografie anschaulich visualisiert werden[82]

- Abstraktere *Grafiken*, wie etwa Skizzen, Zeichnungen, Mindmaps, Concept Maps und Diagramme, lassen sich gut für die Visualisierung quantitativer Daten sowie zur Darstellung qualitativer Zusammenhänge zwischen Konzepten nutzen. Sie vermitteln beispielsweise Beziehungen in Organigrammen oder geometrische Daten in Lageplänen und Bauteilskizzen. Skizzen können auch zur Definition geometrischer Fachbegriffe herangezogen werden. Ein Beispiel wäre die Darstellung der unterschiedlichen Durchmesser und Längenmaße an einer Schraube. Hier kann eine Skizze effektiv genutzt werden, um Schaftdurchmesser, Gewindedurchmesser und so weiter zu erklären (Bild 3.16).

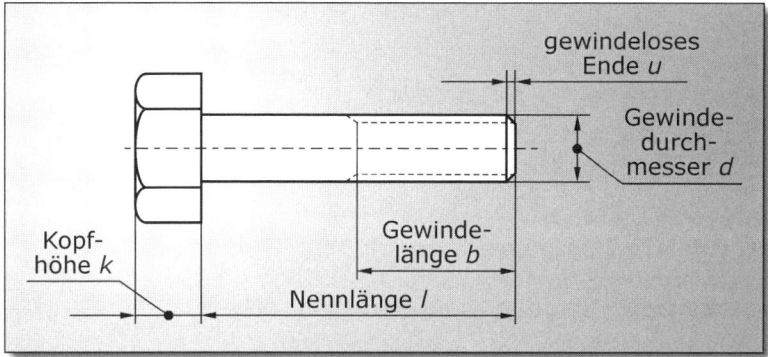

Bild 3.16 Darstellung von Fachbegriffen und geometrischen Angaben an einer Schraube mithilfe einer Zeichnung als Medium

▪ Medien mit bewegten Bildern und Interaktionen sind aufwendiger in der Herstellung. Vergleichsweise einfach, hinsichtlich der eingesetzten Technik, lassen sich mittlerweile *Videos* und Audioaufnahmen erzeugen. Ebenso wie bei Fotografien kann es jedoch mit erheblichem Aufwand verbunden sein, Zeuge einer aufzunehmenden Szene zu sein, um sie per Kamera dokumentieren zu können. Gelingt eine aussagekräftige Aufnahme, so lassen sich mit Videos Abläufe, akustische Verhältnisse, Aussehen, Größenverhältnisse und allgemeine visuelle Kontexte dokumentieren.

▪ *Animationen* und *Simulationen* sind meist sehr aufwendig in der Herstellung. Experten werden für die Erstellung benötigt, und vor allem müssen die zu dokumentierenden Ausschnitte der Realität zunächst in theoretisch beschriebene, genau definierte Modelle überführt werden. In der Regel lohnt sich dieser Aufwand nur für Bereiche, in denen die zu dokumentierenden Situationen aus Sicherheitsgründen nicht in der Realität beobachtet oder erzeugt werden können. Typische Beispiele sind Störfälle in Kernkraftwerken und Sondersituationen beim Betrieb von Flugzeugen. Das bekannteste Beispiel sind Flugsimulatoren. Hier wird unmittelbar klar, dass der Umgang mit Gefahrensituationen nicht am realen Objekt, sondern in der Simulation geübt werden muss. Einfachere Animationen mit bewegten stilisierten Objekten können aber genutzt werden, um beispielsweise Parallelitäten bei Prozessen oder Zusammenhänge von Ursachen und Wirkungen zu visualisieren, etwa die Funktionsweise eines Verbrennungsmotors mit Kolben- und Kurbelwellenbewegungen.

3.6.3 Kombination und Integration statt Konkurrenz

Bei der Codeauswahl wiederholt sich das gleiche Schema wie bei der Kombination von Kommunikation und Dokumentation. Nicht Konkurrenz, sondern eine Kombination der Ansätze sollte bevorzugt werden. Auch die unterschiedlichen Medien sind nicht konkurrierend – vielmehr ergänzen sie sich. Schließlich käme vermutlich kaum jemand darauf, Malerei und Literatur gegeneinanderzustellen und die wertigere der beiden Künste bestimmen zu wollen.

Warum passiert dies dann so häufig zwischen Vertretern von Text und Bild? Für beide Darstellungsarten gibt es Pro- und Kontraargumente. Texte können zäh und langatmig oder aber interessant und fesselnd sein (was vom Autor durchaus zu beeinflussen ist), Bilder können unscharf, ungenau und irreführend sein oder aber präzise das darstellen, was visualisiert werden soll. Plädieren wir also besser für ein Zusammenarbeiten von Text und Bild, statt nach Argumenten gegen die Nutzung des einen oder anderen zu suchen.

3.6.4 Dokumentation des Nichtdokumentierbaren

Bei der Darstellung von Strukturen und der Visualisierung von Wissen gibt es von Experten eines betrachteten Fachgebiets häufig den Einwand, jede ihrer Aufgaben sei anders und es wäre nicht möglich, Standards zu beschreiben. Die wissenschaftliche Forschung spricht in diesem Zusammenhang bisweilen von sogenannten „ill-structured domains" (schlecht strukturierte Domänen).[83] Nach unserer Beobachtung ist es jedoch eine Frage des Abstraktionsniveaus (Metaebenen), ab wann auch in komplexen, anspruchsvollen Aufgabenfeldern wiederkehrende Abläufe erkennbar werden, die somit als Standards in Dokumenten beschrieben werden können. Ein einfaches Beispiel hierfür ist wissenschaftliche Forschungsarbeit, die zweifelsohne komplex, abwechslungsreich und von intuitiven Erfahrungen geprägt ist. Doch auch hier lassen sich Erfahrungen und Standards dokumentieren und somit weitergeben. Die korrekte Metaebene für die Strukturierung wissenschaftlicher Forschungstätigkeit könnte beispielsweise eine Beschreibung immer wiederkehrender Projektphasen sein. Eine Verortung entsprechender Erfahrungsgeschichten an den Projektphasen bietet Wissensnehmern die Gelegenheit, auch aus solchen Dokumentationen zu lernen und von den Erfahrungen der Wissensträger zu profitieren (Bild 3.17).

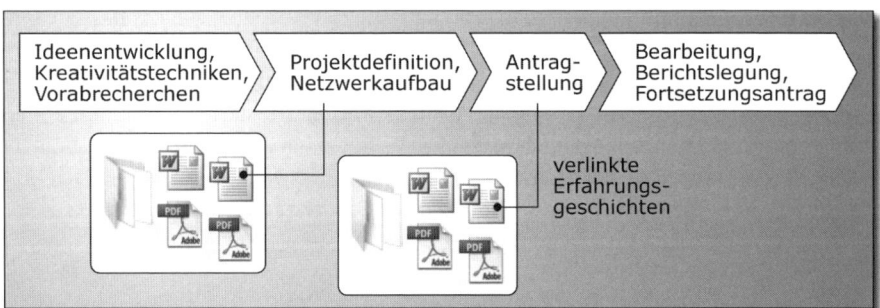

Bild 3.17 Auch für komplexe Tätigkeitsfelder, wie beispielsweise wissenschaftliche Forschungsarbeit, lassen sich dokumentierbare Strukturen identifizieren

Können Erfahrungen überhaupt kodifiziert werden? Auch dies ist eine kurze Frage, die mit einer kurzen Antwort nur unzureichend geklärt werden würde. Erfahrungswissen ist vielfach unbewusst, verborgen, implizit. Entscheidungen, die aufgrund von Erfahrungswissen gefällt werden, erscheinen daher häufig intuitiv. Die Tatsache, dass eine

Entscheidung intuitiv – aus dem Bauch heraus – erfolgt, bedeutet aber nicht, dass sie nicht auch auf Fakten beruhen könnte. Nur sind diese Fakten oder Wissensbestandteile eben unbewusst. Sie werden das Leben über gesammelt und in ein Netz unbewusster Erfahrungen und Kontexte eingebaut. Steht eine Entscheidung an, so wird dieses unbewusste Netz aktiv und produziert schnelle und oft korrekte Problemlösungen.

Doch kann ein solches implizites Wissen ausschließlich über selbst gemachte Erfahrungen gesammelt werden? Erfahrungen entstehen auch beim Lernen, beim Lesen, beim Betrachten von Bildern und Videos. Auch Geschichten enthalten Erfahrungswerte. Die narrativen Methoden zur Externalisierung impliziten Wissens zeigen dies auf eindrucksvolle Art, denn sie decken nicht nur Fakten auf, sondern auch den für die Wissensvernetzung so entscheidenden Kontext. Derart reichhaltiges und über Dokumente handhabbar gemachtes Wissen lässt sich kodifizieren. Und wenn dieses Wissen über geeignete Medien mit geeignetem Kontext an Wissensnehmer herangeführt wird, so findet es durchaus einen Weg in das unbewusste Gedächtnis dieser Personen. Von dort aus steht das Wissen dann auch für die intuitive Entscheidungsfindung zur Verfügung.

Aber: „Fahrradfahren lernt man doch nur auf einem Fahrrad und nicht aus einem Buch." Die Art des zu vermittelnden Wissens entscheidet über den richtigen Weg der Wissensvermittlung. Der Anspruch der Kodifizierung von Erfahrungswissen sollte daher sein, diejenigen Anteile von Erfahrungswissen zu dokumentieren oder in Wort und Bild auszudrücken, für die diese Kanäle die richtigen sind. Andere Arten von Wissen sind eher für eine unmittelbare Weitergabe zwischen Personen geeignet. Kombination und Integration der Ansätze sind der Königsweg – nicht eine Konkurrenz der verschiedenen Strömungen.

■ 3.7 Zusammenfassung

 Dieses Kapitel wirft einen Blick auf die verschiedenen Facetten des Expertenwissens und geht der Frage nach, wie man es transferierbar macht, um es an potenzielle Wissensnehmer weitergeben zu können:

- Expertenwissen ist weit mehr als Fachwissen. Es nutzt alle Sinne, zeigt sich in intuitivem Handeln und bedarf hoher Kompetenzen. Es beinhaltet tiefes, im Handeln und Erleben erworbenes Erfahrungswissen, und es kommt immer in einem sozialen Feld zur Anwendung, das von Werten, Normen und Einstellungen geprägt ist.

- Ein übergeordneter Wissensbegriff unterscheidet zwischen personalem und öffentlichem Wissen und bietet statt der Dichotomie „implizit – explizit" eine feinkörnigere Unterscheidung an, die Wissen nach dem Grad seiner Bewusstheit betrachtet. Dieses übergeordnete Dach für die vielen Facetten von Expertenwissen stellten wir vor, weil ein genauerer Blick auf die Beschaffenheit von Expertenwissen eine große

Hilfe ist, um die verschiedenen methodischen Ansätze zum Wissenstransfer kritisch zu beurteilen.

- Um Expertenwissen zu transferieren, sollte man den Experten und dessen Nachfolger möglichst oft zusammenbringen, damit die beiden in engem Austausch stehen und eine gemeinsame Bedeutung der Worte und Sachverhalte aushandeln können. Unternehmen sollten daher möglichst viele Möglichkeiten für den Dialog unter den Mitarbeitern schaffen. Ermöglichen diese sogenannten Dialogräume (die auch medial vermittelt gestaltet werden können) Beobachtung und Nachahmung, Reflexionsprozesse und Üben am praktischen Fall sowie Feedback durch den Erfahreneren, können am meisten Facetten des Expertenwissens transferiert werden.

- Ist es nicht möglich, den Experten und den Wissensnehmer in einen Dialograum zu bringen, weil noch gar nicht klar ist, wer das Wissen des Experten zu welchem Zeitpunkt benötigen wird, müssen Unternehmen das Expertenwissen in möglichst guter Annäherung dokumentieren. Hier spielen Visualisierungen eine wichtige Rolle, um alternativ oder zusätzlich zum Text das Erfahrungswissen des Experten zu sichern.

- Ohne methodische Hilfe beziehungsweise ohne Dialograum wird es keinem Experten gelingen, seine Erfahrungen und sein spezifisches Wissen an einen Nachfolger weiterzugeben oder zu dokumentieren.

- Erfahrungswissen ist nur teilweise zu kodifizieren, denn manche Anteile entziehen sich einer Dokumentation in Wort und Bild. Jene Anteile, die kodifizierbar sind, benötigen eine Kombination verschiedener Medien.

Kehren wir abschließend noch mal zu dem in Kapitel 3.1 erwähnten Herrn Weiß, dem ausgewiesenen Experten für Hauptkühlmittelpumpen[84] zurück: Er sah sich mit drei großen Hindernissen bei der Suche nach seinem für den Nachfolger und das Unternehmen wichtigen Erfahrungswissen konfrontiert:

- *Komplexität des Expertenwissens:* Was und wie viel weiß er eigentlich selbst über sein Erfahrungswissen? Ist es Fachwissen, Netzwerkwissen, intuitives Wissen und so weiter? Ist sein Wissen überhaupt in Sprache/Schrift artikulierbar, oder braucht es zum Beispiel Visualisierungen, Metaphern oder Videoaufnahmen seiner Handlungen, um es zu erfassen? Wo soll er mit dem „Schürfen" anfangen, um nichts zu vergessen?

Die erste Hürde, dass sein Expertenwissen weit mehr als Fachwissen umfasst, führt dazu, dass es auch weit komplizierter ist, sich daran zu erinnern, es zusammenzutragen und zu artikulieren. Dieser Umstand ist vielen auf den ersten Blick nicht bewusst – nicht umsonst fand sich auch Herr Weiß mit der Aufforderung seines Chefs konfrontiert, „einfach alles aufzuschreiben, was wichtig ist".

- *Relevanz für andere:* Was von seinem Expertenwissen ist denn für den Nachfolger und/oder das gesamte Unternehmen relevant?

Diese Hürde kann Herr Weiß allein keinesfalls nehmen. Es braucht eine Mitberück-sichtigung des Vorwissens und weiteren Wissensbedarfs seines Nachfolgers und anderer Stakeholder und einen Blick auf die strategischen Ziele des Unternehmens, um die Frage nach der Relevanz des Expertenwissens beantworten zu können. Der Experte selbst ist in der Regel auch überfordert, solche strategischen Überlegungen anzustellen. Er muss hier also unterstützt werden.

▪ *Notwendigkeit eines Common Ground:* Wie kann er sein Wissen so vermitteln, dass der Nachfolger und andere aus dem Unternehmen es auch annehmen, es wirklich verste-hen und in ihr Handeln integrieren?

Die zuletzt genannte Hürde lenkt den Blick weg vom Experten als Einzelspieler hin zur Interaktion, zum Prozess der Wissensweitergabe an sich: Haben der Wissensträ-ger und der/die Wissensnehmer einen gemeinsamen Bezugsrahmen, einen Common Ground, der ein gegenseitiges Verstehen erst möglich macht? Konkreter muss man nachforschen, inwieweit das jeweilige Vorwissen, die Einstellungen und Überzeugun-gen einander ähneln und inwieweit die aktuelle Situation Einfluss auf den Wissen-stransfer nimmt. Spätestens an dieser Stelle wird klar, dass selbst wenn die beiden anderen Hürden nicht existieren würden, keine noch so ausführliche Beschreibung des eigenen Expertenwissens je eine Garantie dafür sein könnte, dass sich der Nach-folger auch nur einen guten Rat oder einen gelungenen Lösungsweg zu eigen machen wird. Denn Wissenstransfer ist nur dann von einem hohen gegenseitigen Verstehen begleitet, wenn das Wissen im Dialog miteinander hin- und hergegeben wird und so lange über dessen Bedeutung diskutiert wird, bis beide davon ausgehen, dass der andere wirklich verstanden hat, was man zu sagen hatte.

Herr Weiß hatte also unter den vorgefundenen Bedingungen (für sich alleine, alles schriftlich niederlegen) keine Chance, der Aufgabe gerecht zu werden. Er brauchte methodische Unterstützung und geeignete Rahmenbedingungen (Kapitel 4 und 5), um sein Erfahrungswissen in Worte und Skizzen, in Empfehlungen und in Tabellen, in Anekdoten und Prozessbeschreibungen zu überführen und es an sein Team weiterzu-geben.

Die folgenden zwei Kapitel zeigen Methoden und Rahmenbedingungen, die erfahrene Fach- und Führungskräfte dabei unterstützen, ihr Expertenwissen an weniger erfahrene weiterzugeben. Die Personalpolitik spielt im Hintergrund eines jeden Wissenstransfer-prozesses eine wichtige Rolle, da sie für günstige oder aber für hinderliche Vorausset-zungen sorgen kann, damit Wissen im Unternehmen fließen kann. Das folgende Kapitel handelt daher vom Wissenstransfer als personalpolitische Aufgabe. Daran anschließend werden konkrete Methoden vorgestellt (Kapitel 5), die den Transfer von Erfahrungswis-sen begleiten können.

■ 3.8 Literatur

1 Vgl. Gottschalk-Mazous, Niels: „Was ist Wissen? Überlegungen zu einem Komplexbegriff an der Schnittstelle zwischen Philosophie und Sozialwissenschaften", in: Ammon, Sabine et al. (Hrsg.): *Wissen in Bewegung. Dominanz, Synergien und Emanzipation in den Praxen der „Wissensgesellschaft"*, Velbrück Wissenschaft, Weilerswist 2007, S. 21 – 40, http://www.uni-stuttgart.de/philo/fileadmin/doc/pdf/gottschalk/wissen-phil-soz.pdf, Zugriff am 18.10.2012

2 Probst, Gilbert J.B.; Raub, Steffen; Romhardt, Kai: *Wissen managen. Wie Unternehmen ihre wertvollste Ressource optimal nutzen*, Gabler Verlag, Wiesbaden 2006, S. 23

3 Einstein, Albert: *Mein Weltbild*, Ullstein-Taschenbuch, Frankfurt am Main, 1956 (Nachdruck des Originals von Amsterdam, 1934), S. 114

4 Gruber, Hans: *Erfahrung als Grundlage kompetenten Handelns*, Verlag Hans Huber, Bern 1999, S. 20

5 Bromme, Rainer; Jucks, Regina; Rambow, Riklef: „Experten-Laien-Kommunikation im Wissensmanagement", in: Reinmann, Gabi; Mandl, Heinz (Hrsg.): *Psychologie des Wissensmanagements. Perspektiven, Theorien und Methoden*, Hogrefe Verlag, Göttingen 2004, S. 176 – 188

6 Vgl. Ward, Victoria: „Mapping Meta-Knowledge, Mapping Meta Knowledge: A cartographic approach to finding knowledge about knowledge", in: *Knowledge Management Review* Issue 5, November/December 1998, http://www.sparknow.net/publications/Mapping_Meta_Knowledge.pdf, Zugriff am 15.10.2012, S. 4 (Übers. UR)

7 Gruber, Hans: *Erfahrung als Grundlage kompetenten Handelns*, Verlag Hans Huber, Bern 1999, S. 21

8 Reinmann, Gabi; Vohle, Frank: „Der Umgang mit Geschichten in Organisationen – Beispiele und Kategorisierungsvorschläge", in: Reinmann, Gabi (Hrsg.): *Erfahrungswissen erzählbar machen. Narrative Ansätze für Wirtschaft und Schule*, Pabst Science Publishers, Lengerich 2005, S. 83

9 Reinmann, Gabi: „Studientext Wissensmanagement", Universität Augsburg, Augsburg 2009, http://gabi-reinmann.de/wp-content/uploads/2009/07/WM_Studientext09.pdf, Zugriff im August 2012, S. 25

10 Nonaka, Ikujiro; Takeuchi, Hirotaka: *The Knowledge-Creating Company. How Japanese Companies Create the Dynamics of Innovation*, Oxford University Press, Oxford 1995

11 Vgl. Polanyi, Michael: *Implizites Wissen*, Suhrkamp Verlag, Frankfurt am Main 1985

12 Collins, Harry M.: „Tacit knowledge, trust, and the Q of sapphire", in: *Social Studies of Science*, Vol. 31, 2001, S. 71 – 85

13 Vgl. Gigerenzer, Gerd: *Bauchentscheidungen. Die Intelligenz des Unbewussten und die Macht der Intuition*, C. Bertelsmann Verlag, München 2007, S. 22 ff.

14 Vgl. Schneider, Ursula: „Management in der wissensbasierten Unternehmung. Das Wissensnetz in und zwischen Unternehmen knüpfen", in: Schneider, Ursula (Hrsg.): *Wissensmanagement. Die Aktivierung des intellektuellen Kapitals*, FAZ-Verlag, Frankfurt am Main 1996, S. 13 – 28

15 Vgl. North, Klaus: *Wissensorientierte Unternehmensführung. Wertschöpfung durch Wissen*, Gabler Verlag, Wiesbaden 2005, S. 32

16 Tausend Zitate, Bernd Walf, http://www.tausend-zitate.de/wissen-2.php, Zugriff am 10.12.2012

17 In Anlehnung an North, Klaus: *Wissensorientierte Unternehmensführung. Wertschöpfung durch Wissen*, Gabler Verlag, Wiesbaden 2005

18 Hasler Roumois, Ursula: *Studienbuch Wissensmanagement*, Orell Füssli Verlag, Zürich 2007

19 Vgl. Schneider, Ursula: „Management in der wissensbasierten Unternehmung. Das Wissensnetz in und zwischen Unternehmen knüpfen", in: Schneider, Ursula (Hrsg.): *Wissensmanagement. Die Aktivierung des intellektuellen Kapitals.* FAZ-Verlag, Frankfurt/Main 1996, S. 13 – 28

20 Seiler, Thomas Bernhard; Reinmann, Gabi: „Der Wissensbegriff im Wissensmanagement. Eine strukturgenetische Sicht", in: Reinmann, Gabi; Mandl, Heinz (Hrsg.): *Psychologie des Wissensmanagements. Perspektiven, Theorien und Methoden,* Hogrefe Verlag, Göttingen 2004, S. 11 – 23

21 Vgl. Gruber, Hans; Harteis, Christian; Rehrl, Monika: „Wissensmanagement und Expertise", in: Reinmann, Gabi; Mandl, Heinz (Hrsg.): *Psychologie des Wissensmanagements. Perspektiven, Theorien und Methoden,* Hogrefe Verlag, Göttingen 2004, S. 79 – 88

22 Bromme, Rainer; Jucks, Regina; Rambow, Riklef: „Experten-Laien-Kommunikation im Wissensmanagement", in: Reinmann, Gabi; Mandl, Heinz (Hrsg.): *Psychologie des Wissensmanagements. Perspektiven, Theorien und Methoden,* Hogrefe Verlag, Göttingen 2004, S. 181 f.

23 Vgl. Reinmann, Gabi: Universität Augsburg, Augsburg 2009, http://gabi-reinmann.de/wp-content/uploads/2009/07/WM_Studientext09.pdf, Zugriff im August 2012, S. 25

24 Leonard-Barton, Dorothy; Swap, Walter C.: *Deep Smarts: How to Cultivate and Transfer Enduring Business Wisdom,* Harvard Business Review Press, Boston 2005, S. 2

25 Gruber, Hans: *Erfahrung als Grundlage kompetenten Handelns,* Verlag Hans Huber, Bern 1999, S. 13

26 Vgl. Strauch, Barbara: *Da geht noch was. Die überraschenden Fähigkeiten des erwachsenen Gehirns,* Bloomsbury Verlag, Berlin 2011, S. 37 und 41

27 Vgl. ebd., S. 65 ff.

28 Ebd., S. 68

29 In diesem Sinne auch Spitzer, Manfred: *Digitale Demenz. Wie wir uns und unsere Kinder um den Verstand bringen,* Droemer Verlag, München 2012, S. 211 f.

30 Böhle, Fritz: „Erfahrungsgeleitetes Arbeiten und Lernen – Ein anderer Blick auf einfache Arbeit und Geringqualifizierte", in: Loebe, Herbert; Severing, Eckart (Hrsg.): *Zukunft der einfachen Arbeit – Von der Hilfstätigkeit zur Prozessdienstleistung,* Bielefeld, 2004, S. 99 – 109, http://km-a.net/Downloads/Wissensbilanz%20%C3%96sterreich/Endbericht%20Wissensbilanz%20%C3%96sterreich.pdf, Zugriff am 12.12.2012

31 Gruber, Hans; Mandl, Heinz: „Das Entstehen von Expertise", in: Hoffmann, Joachim; Kintsch, Walter (Hrsg.): *Lernen. Enzyklopädie der Psychologie,* C/II/7, Hogrefe Verlag, Göttingen 1996, S. 583 – 615

32 Vgl. Firmenhomepage Frantoio Franci, http://www.frantoiofranci.it/gemini.html, Zugriff am 08.10.2012, und Interview UR vom 06.06.2012

33 Einstein, Albert: *Mein Weltbild,* Ullstein-Taschenbuch, Frankfurt am Main, 1956 (Nachdruck des Originals von Amsterdam, 1934), S. 69

34 Vgl. Gigerenzer, Gerd: *Bauchentscheidungen. Die Intelligenz des Unbewussten und die Macht der Intuition,* C. Bertelsmann Verlag, München 2007, S. 69

35 Vgl. hierzu und zum Folgenden ebd., S. 47, 95 ff. und 162 f., sowie Taleb, Nassim Nicholas: *The Black Swan. The Impact of the Highly Improbable,* Random House, London 2007, S. 145

36 Vgl. Parsaye, Kamran; Chignell, Mark: *Expert Systems for Experts,* John Wiley & Sons, New York 1988, S. 13

37 Vgl. hierzu und zum Folgenden Solms, Mark; Turnbull, Oliver: *Das Gehirn und die innere Welt. Neurowissenschaft und Psychoanalyse,* aus dem Englischen übertragen von Elisabeth Vorspohl, Walter Verlag, Mannheim 2010, S. 170 f.

38 Gigerenzer, Gerd: *Bauchentscheidungen, Die Intelligenz des Unbewussten und die Macht der Intuition,* C. Bertelsmann Verlag, München 2007, S. 162

39 So die Erkenntnisse der Neurowissenschaft und Psychoanalyse (vgl. hierzu Solms, Mark; Turnbull, Oliver: *Das Gehirn und die innere Welt. Neurowissenschaft und Psychoanalyse,* Walter Verlag, Mannheim 2010, S. 194), die sich mit denen der Verhaltensökonomie decken.

40 Vgl. ebd., S. 121 f., 191 ff. und 306

41 Vgl. Gruber, Hans: *Erfahrung als Grundlage kompetenten Handelns,* Verlag Hans Huber, Bern 1999, S. 20

42 Vgl. Erpenbeck, John; Hasebrook, Joachim: Sind Kompetenzen Persönlichkeitseigenschaften?, in: Faix, Werner G.; Auer, Michael (Hrsg.): *Kompetenz. Persönlichkeit. Bildung. Band 3,* Steinbeis-Edition, Stuttgart 2011, S. 236

43 Siehe Reinmann, Gabi: „Studientext Wissensmanagement", Universität Augsburg, Augsburg 2009, http://gabi-reinmann.de/wp-content/uploads/2009/07/WM-Studientext09.pdf, Zugriff im August 2012

44 Erpenbeck, John; Sauter, Werner: „Eine Lernrevolution bahnt sich ihren Weg", in: *Personalwirtschaft* 02/2007

45 In Anlehnung an Erpenbeck, John; Hasebrook, Joachim: Sind Kompetenzen Persönlichkeitseigenschaften?, in: Faix, Werner G.; Auer, Michael (Hrsg.): *Kompetenz. Persönlichkeit. Bildung. Band 3,* Steinbeis-Edition, Stuttgart 2011, S. 240

46 Daniel Goleman definiert diese als die Fähigkeit, Kontakte zu knüpfen und tragfähige Beziehungen aufzubauen, einschließlich guten Beziehungsmanagements und Netzwerkpflege. Er integriert diese in den Begriff der emotionalen Intelligenz, einer Kombination aus Selbstbewusstheit, Selbstmotivation, Selbststeuerung, Empathie und sozialer Kompetenz. Vgl. Goleman, Daniel: *Emotionale Intelligenz,* Carl Hanser Verlag, München 1996

47 Vgl. Erlach, Christine: „Vergessen durch Lernen", *Wissensmanagement* 3/2001, S. 47 – 49

48 Vgl. Akerlof, George A.; Shiller, Robert J.: *Animal Spirits. Wie Wirtschaft wirklich funktioniert,* Campus Verlag, Frankfurt am Main/New York 2009, S. 90

49 Vgl. Solms, Mark; Turnbull, Oliver: *Das Gehirn und die innere Welt. Neurowissenschaft und Psychoanalyse,* aus dem Englischen übertragen von Elisabeth Vorspohl, Walter Verlag, Mannheim 2010, S. 121

50 Zur strukturgenetischen Perspektive vgl. Seiler, Thomas Bernhard; Reinmann, Gabi: „Der Wissensbegriff im Wissensmanagement. Eine strukturgenetische Sicht", in: Reinmann, Gabi; Mandl, Heinz (Hrsg.): *Psychologie des Wissensmanagements. Perspektiven, Theorien und Methoden,* Hogrefe Verlag, Göttingen 2004, S. 11 – 23, sowie Reinmann, Gabi: „Studientext Wissensmanagement", Universität Augsburg, Augsburg 2009, http://gabi-reinmann.de/wp-content/uploads/2009/07/WM-Studientext09.pdf, Zugriff im August 2012, S. 26 ff.

51 Vgl. Schein, Edgar H.: *Organizational Culture and Leadership. A Dynamic View,* Jossey-Bass, San Francisco 2010, S. 24

52 Vgl. Gigerenzer, Gerd: *Bauchentscheidungen. Die Intelligenz des Unbewussten und die Macht der Intuition,* C. Bertelsmann Verlag, München 2007, S. 22 ff.

53 Vohle, Frank: „Erfahrungswissen (einfach) erzählen? Das Potenzial von Analogien", in: Reinmann, Gabi (Hrsg.): *Erfahrungswissen erzählbar machen. Narrative Ansätze für Wirtschaft und Schule,* Pabst Science Publishers, Lengerich 2005, S. 108 – 123

54 Seiler, Thomas Bernhard; Reinmann, Gabi: „Der Wissensbegriff im Wissensmanagement. Eine strukturgenetische Sicht", in: Reinmann, Gabi; Mandl, Heinz (Hrsg.): *Psychologie des Wissensmanagements. Perspektiven, Theorien und Methoden,* Hogrefe Verlag, Göttingen 2004, S. 11 – 23, S. 13

55 Reisach, Ulrike: *Fachvortrag und Internet-Recherche*, Stuttgart/Köln 2002, S. 213 ff., Franken, Swetlana: *Verhaltensorientierte Führung*, Gabler Verlag, Wiesbaden 2004, sowie Cherry, Kendra: „Types of Nonverbal Communication", in: IAC/InterActiveCorp.: *About.com*, USA 2011 http://psychology.about.com/od/nonverbalcommunication/a/nonverbaltypes.htm, Zugriff am 05.12.2011

56 Gruber, Hans: *Erfahrung als Grundlage kompetenten Handelns*, Verlag Hans Huber, Bern 1999

57 Clark, Herbert H.: *Using Language*, Cambridge University Press, Cambridge, MA 1996

58 Bromme, Rainer; Jucks, Regina; Rambow, Riklef: „Experten-Laien-Kommunikation im Wissensmanagement", in: Reinmann, Gabi; Mandl, Heinz (Hrsg.): *Psychologie des Wissensmanagements. Perspektiven, Theorien und Methoden*, Hogrefe Verlag, Göttingen 2004, S. 178

59 Habermas, Jürgen: *Diskursethik. Philosophische Texte Band 3*, Studienausgabe, Suhrkamp Verlag, Frankfurt am Main 2009, S. 19

60 Nach Seiler, Thomas Bernhard; Reinmann, Gabi: „Der Wissensbegriff im Wissensmanagement. Eine strukturgenetische Sicht", in: Reinmann, Gabi; Mandl, Heinz (Hrsg.): *Psychologie des Wissensmanagements. Perspektiven, Theorien und Methoden*, Hogrefe Verlag, Göttingen 2004, S. 14.

61 Spitzer, Manfred: *Digitale Demenz. Wie wir uns und unsere Kinder um den Verstand bringen*, Droemer Verlag, München 2012, S. 214

62 Ebd., S. 214

63 Quelle: Grafik in Anlehnung an Picot, Arnold; Reichwald, Ralf; Wigand, Rolf T.: *Die grenzenlose Unternehmung*, Gabler Verlag, Wiesbaden 2003, basierend auf den Thesen von Lengel, Robert H.; Daft, Richard L.: „Information Richness: A New Approach to Managerial Behavior and Organization Design", in: *Research in Organizational Behavior*, 6. Jg., o. Nr., 1984, S. 191–233.

64 Narrative Ansätze setzen offene Gesprächssituationen und narrative Interviews ein, um den Experten in das Erzählen und Schildern von seinen Erfahrungen zu bringen. Vgl. Erlach, Christine: „Wissenstransfer mit Story Telling – das Potential narrativer Methoden bei Erfassung und Weitergabe von Erfahrungswissen", in: Reinhardt, Rüdiger (Hrsg.): *Wirtschaftspsychologie und Organisationserfolg*, Pabst Science Publishers, Lengerich 2012, S. 481–491

65 In diesem Sinne auch Ward, Victoria: „Telling tales: oral storytelling as an effective way to capitalise knowledge assets", Academic Paper, London 2003/2004, S. 4, http://www.sparknow.net/publications/Telling_Tales.pdf, Zugriff am 15.10.2012

66 In diesem Sinne, bezogen auf Mentor und Student, auch Spitzer, Manfred: *Digitale Demenz. Wie wir uns und unsere Kinder um den Verstand bringen*, Droemer Verlag, München 2012, S. 214

67 Vgl. hierzu und zum Folgenden das Vier-Seiten-Modell von Schulz von Thun, Friedemann: *Miteinander reden*, Rowohlt Verlag, Reinbek bei Hamburg 1981 und 2003

68 Zitatbox http://www.zitatbox.de/zitat, Zugriff am 10.12.2012

69 Zitate-Sammlung, Hans Böck, http://www.zitate.eu/de/autor/2368/martin-luther?page=12, Zugriff am 10.12.2012

70 In Anlehnung an eine Studie der American Audiovisual Society aus 1982, zitiert in Riedl, Alfred: *Grundlagen der Didaktik*, Franz Steiner Verlag, Stuttgart 2004, S. 137

71 Reinmann, Gabi: „Studientext Didaktisches Design", Universität der Bundeswehr München, München 2012, http://lernen-unibw.de/sites/default/files/studientext_dd_mai12.pdf, Zugriff am 03.11.2012, S. 63

72 Kolb, David A.: *Learning-style inventory. Self-scoring inventory and interpretation booklet*, McBer & Company, Boston 1985, zitiert nach Reinmann, Gabi: „Studientext Didaktisches Design", Universität der Bundeswehr München, München 2012, http://lernen-unibw.de/sites/default/files/studientext_dd_mai12.pdf, Zugriff am 03.11.2012, S. 64

73 Grafik mit freundlicher Genehmigung aus Reinmann, Gabi: „Studientext Didaktisches Design",
    Universität der Bundeswehr München, München 2012, http://lernen-unibw.de/sites/default/
    files/studientext_dd_mai12.pdf, Zugriff am 03.11.2012, S. 64

74 Vgl. ebd., S. 64

75 Nur Zitate, aicovo gmbh, http://www.nur-zitate.com/autor/Joseph_Pulitzer, Zugriff am
    20.11.2012

76 Langer, Inghard; Schulz von Thun, Friedemann; Tausch, Reinhard: *Sich verständlich ausdrü-
    cken*, Ernst Reinhardt Verlag, München 1981

77 Reinmann, Gabi: „Studientext Didaktisches Design", Universität der Bundeswehr München,
    München 2012, http://lernen-unibw.de/sites/default/files/studientext_dd_mai12.pdf, Zugriff
    am 03.11.2012, S. 40

78 Vgl. Schnotz, Wolfgang: „An integrated model of text and picture comprehension", in: Mayer,
    Richard E. (Ed.): *The Cambridge Handbook of Multimedia Learning*, Cambridge University Press,
    Cambridge 2005, S. 49 – 70

79 Probst, Gilbert J.B.; Raub, Steffen; Romhardt, Kai: *Wie Unternehmen ihre wertvollste Ressource
    optimal nutzen*, Gabler Verlag, Wiesbaden 2006, S. 32

80 Nonaka, Ikujiro; Takeuchi, Hirotaka: *Die Organisation des Wissens. Wie japanische Unternehmen
    eine brachliegende Ressource nutzbar machen*, Campus Verlag, Frankfurt am Main 1997, S. 84

81 Erlach, Christine; Nakhosteen, C. Benjamin: *„Erfahrungswissen handhabbar machen – ein inte-
    grativer WM-Ansatz vereint narrative Erfassungsmethoden, Kommunikationsstrategien und IT-ge-
    stützte Dokumentation"*, Fachbeitrag zur KnowTech 2012, 14. Kongress zum Wissensmanagement
    in Unternehmen und Organisationen, 2012

82 Nakhosteen, C. Benjamin: *Technisches Erfahrungswissen in industriellen Produktionsprozessen*,
    Shaker Verlag, Aachen 2009, S. 183

83 Spiro, Rand J. et al.: *Knowledge Acquisition for Application. Cognitive Flexibility and Transfer of
    Training in Ill-Structured Domains*, Final Report, U.S. Army Research Institute for the Behavioral
    and Social Sciences, 1992

84 Mehr Details zum Beispiel und dem eingeschlagenen Lösungsweg siehe Erlach, Christine;
    Thiel, Lutz: „Wissensweitergabe beim Fach- und Führungskräftewechsel mit narrativen Metho-
    den", in: Clases, Christoph; Schulze, Hartmut (Hrsg.): *Kooperation konkret. 14. Fachtagung der
    Gesellschaft für Angewandte Wirtschaftspsychologie, 01./02. Februar 2008*, Pabst Science Pub-
    lishers, Lengerich 2008, S. 97 – 108

4 Personalmanagement und Wissenstransfer

Die Grundlagen
Kapitel 1: Einführung

Die Herausforderungen
Kapitel 2: Herausforderungen der Wissensweitergabe

Die wissenschaftliche Basis
Kapitel 3: Leaving Expert, Expertenwissen, Erfahrungen, Werte

Die personalpolitische Sicht
Kapitel 4: Personalmanagement und Wissenstransfer

Die Praxis
Kapitel 5: Lösungswege in der heutigen Praxis

Der Idealfall
Kapitel 6: Prozessorientierter Wissenstransfer bei ausscheidenden Experten

Der Blick in die Zukunft
Kapitel 7: Wissenstransfer als Teil der Unternehmenskultur

Die personalpolitische Sicht
Kapitel 4: Personalmanagement und Wissenstransfer

▶ Wie können Experten im Unternehmen gehalten werden?
▶ Wie kann das Ausscheiden von Experten sinnvoll begleitet werden?
▶ Wie können Nachfolger so gewonnen werden, dass der Wissenstransfer gelingt?
▶ Wie müssen Anreiz- und Entgeltsysteme gestaltet werden, um den Wissenstransfer zu erleichtern?
▶ Wie kann die Personalentwicklung den Wissenstransfer erleichtern

■ 4.1 Wie können Experten im Unternehmen gehalten werden?

Gute Mitarbeiter an das Unternehmen zu binden (Retention Management) ist die erste, grundlegende Herausforderung einer langfristig orientierten Personalpolitik. Denn wie das vorausgegangene Kapitel zeigte, sind Erfahrung und Expertenwissen wertvolle Ressourcen, die man am liebsten im Unternehmen halten und weiter fördern möchte. Dies gilt insbesondere deshalb, weil es in manchen Branchen extrem wichtig, aber auch gar nicht so leicht ist, qualifizierten Nachwuchs zu bekommen – man denke etwa an den Energiesektor. Im Bergbausektor und der Öl- und Gaswirtschaft, zum Beispiel beim Transport von Flüssigerdgas (Liquefied Natural Gas, LNG), lassen sich am Markt nicht genügend Mitarbeiter mit dem für diese Bereiche erforderlichen Spezialwissen finden. Daher werden beispielsweise in Australien im Bergbausektor Spitzengehälter gezahlt, und LNG-Transportreedereien lassen sich neben guten Gehältern viel einfallen, um die Mitarbeiter an die Firma zu binden. So sind zum Beispiel bei Flüssigerdgasschiffen Elektrotechniker im Einsatz, die nach ihrem Studium mehrere Jahre Einarbeitungszeit brauchen, damit die sensible Kühlung des hochexplosiven Gases beim Transport über die Weltmeere in sicheren Händen ist. Da aber ein Flüssiggasschiff selbst bei gutem Gehalt nicht der perfekte Arbeitsplatz für Familienväter ist, kombiniert das Unternehmen dreimonatige Einsätze mit anschließenden sechswöchigen Heimaturlauben.

Doch selbst wenn man weniger exotische Branchen wählt, wird deutlich, dass sich viele Firmen um ihre älter werdenden Belegschaften bemühen. Ergonomie am Arbeitsplatz, also wirbelsäulenschonende Werkstätten, Fließbänder und Büromöbel sowie das Angebot regelmäßiger Vorsorgeuntersuchungen und Herz-Kreislauf-Trainings sind nur ein kleiner Ausschnitt aus der breiten Palette des Angebots. „Vereinbarkeit von Beruf und Familie" oder, umfassender, „Work-Life-Balance" heißen die neuen Zauberworte, unter denen vielfältige Arbeitszeitflexibilisierungen und Freimonate („Sabbaticals") für Weiterbildung, für die Erziehung der eigenen Kinder oder für die Pflege kranker Angehöriger ermöglicht werden. Sie schlagen Brücken zwischen privaten und beruflichen Anforderungen und erlauben eine freiere Gestaltung der Lebens- und Berufszeit.

Aktivität, Freiheitsgrade im eigenen Handeln und soziale Kontakte sind ausschlaggebend für das Glücksempfinden im Beruf. Verhaltensökonomie und Glücksforschung haben dazu interessante Erkenntnisse beigesteuert, die der Wirtschaftsnobelpreisträger Daniel Kahneman anschaulich beschreibt: Prämienzahlungen oder Status sind demnach weniger wichtig als soziale Kontakte und die Abwesenheit von Negativfaktoren wie Zeitdruck, Lärm oder direkte Anwesenheit des Vorgesetzten im Raum.[1] Die Möglichkeit zu selbstbestimmtem Handeln, zeitliche und inhaltliche Spielräume sowie angenehme Kollegen und Vorgesetzte, die den Experten eigenständig arbeiten lassen, sind demnach die Schlüsselfaktoren. Hinzu kommt ein anregendes Arbeitsumfeld mit Raum zum Nachdenken und Ausprobieren, das kreativ arbeitende Experten besonders schätzen.

Die wichtigsten Motivatoren für Experten werden in Bild 4.1 schematisch aufgezeigt. Im Kern geht es um die Freude an der Arbeit. Diese steigt, wenn die Tätigkeit immer noch oder immer wieder herausfordernd und auf gewisse Weise neu ist. Droht Routine, so suchen sich intelligente Menschen oft neue Herausforderungen. Diesen Punkt gilt es im Voraus zu erkennen: Experten wollen gefordert werden, damit sie ihr Wissen ausspielen und weiterentwickeln können. Dies ist primär Aufgabe der Führungskraft. Diese kann aber durch Personalverantwortliche und das Wissensmanagementteam darin unterstützt werden, den Wert des Expertenwissens zu erkennen und dafür Sorge zu tragen, dass alles getan wird, um den Verbleib eines wichtigen Experten im Unternehmen wahrscheinlich zu machen. Dazu gehört es auch, Versetzungen an andere Standorte frühzeitig und so zu planen, dass beispielsweise Mitarbeitern mit Familien daraus kein großer Nachteil etwa durch Pendeln entsteht.[2] Auch auf kritische Zeiten in der Schullaufbahn der Kinder sollte Rücksicht genommen werden. Bei geplanten Auslandseinsätzen sind die Partner so einzubeziehen, dass beide darin eine gute Möglichkeit sehen, sich beruflich weiterzuentwickeln. Maßnahmen zur Unterstützung von „Dual Careers", also wie die Hilfe bei der Arbeitsplatzsuche für mitreisende Partner, sind in großen Unternehmen oder auch bei der Technischen Universität München üblich, um Spitzenkräften die Mobilität zu erleichtern.

Bild 4.1 Die Betriebsbindung von Experten stärken

Ein weiterer Motivationsfaktor im Rahmen der Freiheitsgrade ist die Zeitsouveränität: *„Der einfachste Weg, das empfundene Glück zu steigern, ist es, Herr seiner eigenen Zeit zu sein und mehr Zeit für die Dinge zu haben, die man genießt."*[3] Die Endlichkeit des menschlichen Lebens, die im mittleren Lebensalter bewusster wird, verleiht dem einzelnen Augenblick große Bedeutung. Sie ist, wie Victor Frankl sagt, Ansporn, die Zeit und jede Stunde und jeden Tag zu nützen.[4] Damit geht die Herausforderung, ja Verantwortung einher, jedem Moment Sinn zu verleihen – durch das eigene Entscheiden und Handeln.[5] Die Freiheit, durch das eigene Tun Sinn setzen zu können, ist ein Motivator, der sämtlichen extrinsischen Anreizen weit überlegen ist.

Daher sind Experten, die definitionsgemäß über langjährige Berufserfahrung verfügen, oft nicht erbaut, direktive oder ganz junge Vorgesetzte zu bekommen, die ihnen auf dem Feld ihrer Expertise Vorgaben machen wollen. Doch wenn jüngere Vorgesetzte ihre Wertschätzung für den Experten zum Ausdruck bringen und, wo sinnvoll, auch dessen Rat einholen, kann ein gedeihliches Miteinander entstehen. Zugleich erweist sich die Aufrechterhaltung der emotionalen Stabilität mit fortschreitendem Alter als immer wichtiger.[6] Fach- und Führungskräfte mit langer Berufserfahrung sind regelmäßig im mittleren Alter und haben gelernt, dass Streit Energieverschwendung ist. Viele von ihnen arbeiten daher gerne in einem Team, bei dem es mehr auf das Arbeitsergebnis als auf die Profilierung Einzelner ankommt. Anerkannte Experten müssen sich niemandem mehr beweisen, wollen aber ihre Projekte erfolgreich und effizient abschließen.

Auch Weiterbildungsangebote und Aufstiegschancen sind auf ein höheres Renteneintrittsalter hin zu erweitern und teilweise auch neu zu gestalten. Denn Menschen jenseits der 40 oder 50 können mit Trainingsmethoden, die aus dem Schul- oder Ausbildungsbereich kommen, oft wenig anfangen. Sie fühlen sich bei Rollenspielen oder Teambuilding-Maßnahmen aus dem Werkzeugkasten von Jugendgruppenleitern oft nicht ernst genommen und verweigern die Mitwirkung. Das heißt aber nicht, dass diese Experten nicht dazulernen wollen – ganz im Gegenteil. Sie schätzen den persönlichen Austausch mit Fachkollegen, das Lernen an und in herausfordernden Projekten, bei denen sie ihre besonderen Fähigkeiten einbringen und weiterentwickeln können.

Da die individuellen Lebensumstände unterschiedlich sind und Experten mit monetären Anreizen allein oft wenig zu locken sind, können Anreize nach dem Cafeteriasystem angeboten werden: Jeder kann sich demnach aussuchen, ob er einen Firmenwagen, ein Jobticket, Zusatzurlaub oder andere Angebote wahrnehmen will. Und nicht zuletzt ist die Weitergabe von Expertenwissen (Experience Sharing) selbst eine Aufgabe, die oft als bereichernd empfunden wird: Jüngeren wissbegierigen Menschen die Erfahrung vieler Berufsjahre zu vermitteln, zu sehen, wie sie Dinge jenseits der Handbücher und Arbeitsplatzbeschreibungen zu verstehen beginnen, wie ihnen Zusammenhänge klar werden und wie sie mit dem Gelernten wachsen, kann sehr befriedigend sein. Wenn langsam ein Vertrauensverhältnis entsteht und sie immer öfter nicht nur den fachlichen, sondern auch den persönlichen Rat des Experten einholen, so kann dies für Experten sogar die Krönung der Berufslaufbahn sein. Viele der großen alten Kulturen kennen die Rolle des erfahrenen Lehrers und Ratgebers, zu denen die größten Weisen dieser Welt zählten. Wenn es gelingt, dass Experten sich mit der Vermittlerrolle identifizieren und darin aufgehen, so ist eine Win-win-Situation für alle Beteiligten entstanden.

Eine gute Personalführung kann verhindern, dass Personen an Schlüsselstellen des Unternehmens so frustriert sind, dass sie das Unternehmen verlassen. Sie muss berücksichtigen, dass nicht jeder Experte zur Führungskraft taugt, er aber auch ohne Mitarbeiterverantwortung eine entsprechende Funktion im Unternehmensgefüge einnehmen kann. So entstehen in vielen Unternehmen neben den Führungskarrieren Fachlaufbahnen, die ebenso attraktiv ausgestaltet sind.

War Führung früher geprägt durch direkte Anweisungen und fachliche Autorität, wie sie nur im Präsenzsystem möglich sind, so stellt die zunehmende Virtualisierung neue Anforderungen an das Führungssystem und die Führungspersonen. Die sogenannte Lokomotionsfunktion wird bei klar umrissenen Sachaufgaben, die der Mitarbeiter in eigener Termin- und Ergebnisverantwortung zu übernehmen hat, beinahe hinfällig. Die Selbstverantwortung des Mitarbeiters und eine starke Identifikation mit der Aufgabe, mit dem Unternehmen beziehungsweise mit dem Projekt und dem Projektteam treten an ihre Stelle. Der Mitarbeiter hat Freude an seiner Leistung, ist also intrinsisch durch die Sinnhaftigkeit seiner Arbeit motiviert und braucht keinen Vorgesetzten, der ihn dabei antreibt oder ihm die sprichwörtliche „Karotte" als äußeren Anreiz vor die Nase hält.[7] Hierin spiegelt sich ein positives Menschenbild wider, wonach der Mensch bereit ist, sich zur Erreichung sinnvoller Zielsetzungen Selbstdisziplin und Selbstkontrolle aufzuerlegen. Er handelt also als Projektmitarbeiter ähnlich motiviert wie ein privater Erfinder, der der „Cloud" freiwillig seine Ideen zur Produktverbesserung überlässt.

Das bedeutet jedoch nicht, dass sich Führung, Verantwortung und Persönlichkeit im virtuellen Nirwana verlieren. Die Führungskraft trägt vielmehr persönlich die Verantwortung dafür, ein funktionsfähiges Team zu bilden und die an unterschiedlichen Orten aktiven Mitarbeiter und Partner zu einer leistungsfähigen Gemeinschaft zusammenzuschließen. Diese Kohäsionsfunktion bedarf einer intensiven Beziehungsarbeit und persönlichen Kommunikation mit jedem einzelnen Mitarbeiter. Manche Führungskräfte erliegen dem Irrtum, dass die Mitarbeiterbetreuung ebenfalls über soziale Medien erfolgen könne.[8] Sie beschränken die Führungsarbeit auf das Installieren und Propagieren kollaborativer Plattformen oder interner Experten-Wikis. Damit stellen sie das Medium vor den Inhalt und die Personen. Doch genau das ist verkehrt: Gerade wenn Menschen viel mit digitalen Medien arbeiten, schätzen und brauchen sie das persönliche Gespräch. Es bekommt sogar einen besonderen Stellenwert, eben weil es sich vom üblichen „Grundrauschen" der Medien abhebt. Nicht umsonst werden die meisten Online-Medien als „low context"-, das persönliche und telefonische Gespräch als „high context"-Kommunikation bezeichnet. In der Wissensgesellschaft mit ihrer Fülle an Informationen zählt eigentlich nur „high context". Kraft persönlicher Betroffenheit und Interpretation verstehen die Beteiligten im persönlichen Gespräch wesentlich mehr vom Thema und voneinander. Das persönliche Gespräch motiviert zudem, zeigt es doch, dass man sich trotz stark beschleunigter Geschäftsabläufe füreinander Zeit nimmt und dem anderen die Chance gibt, Hintergrundinformationen zu gewinnen oder einen persönlich zu überzeugen. Auch Probleme werden im persönlichen Gespräch oft viel schneller gelöst als beim bloßen Abtausch von E-Mails oder Kurznachrichten per Social-Media-Plattformen, die in funktionierenden Beziehungen unbestritten nützlich sind.

 Für den Wissenstransfer ist ein auf Person, Aufgabe und Situation angepasster und im Kern auf Kooperation ausgerichteter Führungsstil empfehlenswert. Er stärkt das Verantwortungsbewusstsein und fördert zugleich die berufliche und persönliche Entwicklung. Durch die so geschaffenen Freiräume steigt in aller Regel auch die intrinsische Motivation und mit ihr die Beständigkeit, Qualität und Originalität der Arbeit.

Die Beteiligung der Mitarbeiter an der Entscheidungsfindung sorgt für einen höheren Innovationsgrad, eine raschere Umsetzung und eine höhere Mitarbeiterzufriedenheit. Denn jeder Mensch fühlt sich zuallererst anderen Menschen verpflichtet, mit denen er in Beziehung steht, nicht abstrakten Systemen, Regeln oder Informationen. Aus diesem Grund werden Mitarbeiter, die räumlich und damit auch persönlich eng zusammenarbeiten, immer einen Vorsprung in Sachen Information und persönlicher Beziehung genießen. Dieser Vorsprung ist oft entscheidend im Wettbewerb der Ideen und Konzepte, der ja die Wissensgesellschaft prägt. Der Zugang zu Information, wie ihn Jeremy Rifkin in seinem Buch *Access*[9] in den Mittelpunkt stellt, darf daher nicht virtuell bleiben: Auch die Internetökonomie lebt von Menschen und persönlichen Kontakten.

Führungskräfte brauchen also Sensibilität, um auch in kurzen Gesprächen oder Andeutungen Botschaften, Meinungen und Stimmungen herauszuhören und entsprechend zu kanalisieren, sowie Integrationsfähigkeit, um die Mitarbeiter zu einem leistungsfähigen Team zu integrieren. Ein geschicktes Marketing der Teamleistung nach innen und außen macht die Projektaufgaben für Mitglieder und Nichtmitglieder attraktiv und steigert zugleich die Identifikation mit dem Team. Kurz gesagt: Die Führungskräfte der Wissensgesellschaft sind Beziehungsmanager.

■ 4.2 Wie kann das Ausscheiden von Experten sinnvoll begleitet werden?

Wenn ein langjähriger Mitarbeiter das Unternehmen verlässt, so ist das für ihn und sein Arbeitsumfeld ein schwieriger Prozess. Zunächst herrscht häufig Unklarheit über das weitere Vorgehen, Gerüchte und Spekulationen über die Nachfolge machen die Runde. Bei den Mitarbeitern entstehen Hoffnungen und Ängste. Das Personalkarussell dreht sich, jeder versucht, sich zu positionieren. Ein Teil der Betroffenen zählt zu den Gewinnern der Veränderung: Sie rücken nach und steigen damit auf der Karriereleiter weiter nach oben. Die Motivation wächst, ebenso die Identifikation mit Aufgabe und Betrieb. Ein anderer Teil der Mitarbeiter fühlt sich übergangen, verarbeitet die Veränderung mit Frustration und gewissem Ärger.

Dabei geht es oft nicht nur um den Weggang eines einzelnen Experten. Der Wechsel ganzer Mitarbeiterteams ist in der Beratungsbranche und in Forschungsabteilungen zu beobachten – genau dort also, wo ein Wissensnetzwerk von Experten von besonderer Bedeutung ist. Die Beteiligten wissen, dass auch ihre persönliche Leistung an diesem Netzwerk hängt, und rechnen sich im Team gemeinsam nach dem Wechsel bessere Chancen aus. So ist die Verbundenheit der Mitarbeiter mit den direkten Führungskräften und Kollegen oft sehr viel enger als mit der Organisation als Ganzes. Das gilt besonders für konfuzianisch geprägte asiatische Kulturen, bei denen die Gruppe und die Person des Vorgesetzten eine herausragende Rolle spielen, was im Rahmen des Exit-Managements besonders beachtet werden muss. Sonst wird aus dem Weggang eines einzelnen Experten oft der Verlust eines ganzen Expertenteams.

Am sogenannten Exit-Management eines Unternehmens werden daher Unternehmenskultur und Führungsstil sichtbar: In einer kompetitiven Kultur, bei der ein Mitarbeiter den anderen zu übertreffen versucht und sich die Mitarbeiter als Konkurrenten um knappe Positionen verstehen, wird keiner dem anderen freiwillig helfen, besser zu werden und damit schneller und höher auf der Karriereleiter aufzusteigen als man selbst. Erfolgsbasierte Prämien und Anreizsysteme fördern dieses Verhalten. Diese Haltung ist auch beim Ausscheiden von Mitarbeitern wirksam: Wer möchte schon, dass der Nachfolger mehr verdient, als man selbst verdient hat? Wer gönnt früheren „Konkurrenten" den Erfolg? Handelt es sich um einen jüngeren Nachfolger, so denkt „der Alte" vielleicht, der Junge müsse sich erst „die Sporen verdienen". Ältere Nachfolger, die „von außen" kommen, haben noch größere Nachteile. Auch wenn sie Erfahrungen innerhalb der gleichen Branche gesammelt haben, gelten diese lange als „Fremde" ohne Stallgeruch, die mit der ach so einzigartigen Unternehmenskultur nicht zurechtkommen. „Die sollen ihre eigenen Kontakte mitbringen, wozu hat man sie schließlich teuer auf dem Markt eingekauft", so eine verbreitete Haltung. Viele Experten haben auch Schwierigkeiten damit, sich selbst durch Wissensweitergabe „überflüssig zu machen".

Gerade Experten, die sehr lange im Unternehmen waren, haben oft eine hohe Identifikation mit ihrer Tätigkeit und können oder wollen nicht loslassen. Daraus resultiert eine (un)bewusste Abwehrhaltung: „Sollen die schauen, wie sie sich zurechtfinden. Ich hatte damals ja auch nichts, worauf ich zurückgreifen konnte." Man gönnt einem unbekannten Nachfolger nicht unbedingt den schnellen Erfolg. Sonst hieße es ja am Ende, der sei besser als man selbst. Die Neigung, „den Neuen" erst mal machen zu lassen, zu beobachten, zu testen, welch Geistes Kind er ist, ist also gang und gäbe. Ist „der Neue" nicht so sympathisch, lässt man ihn schon mal auflaufen.

Am schwierigsten ist es jedoch, wenn Experten das Unternehmen verlassen, weil sie enttäuscht sind und/oder um anderswo schneller Karriere zu machen. Wer seine Firma aus Enttäuschung verlässt oder zum Wettbewerber wechselt, ist häufig nicht willens, sein mühsam errungenes Wissen so ohne Weiteres an einen anderen weiterzugeben. Nicht selten ist aber auch das Phänomen zu finden, dass ein Mitarbeiter, der gekündigt hat, von der verbleibenden Gruppe ausgegrenzt wird: „Was will der mir noch erzählen, der ist doch sowieso bald nicht mehr da." Hinzu kommen Faktoren wie der, dass kaum ein Vorgesetzter zugibt, einen guten Mitarbeiter verloren zu haben. Meist wird so getan, als sei die Person ersetzbar oder sowieso überflüssig geworden. Die Nichtweitergabe von Wissen ist in manchen Fällen sogar eine Art später Rache an einem ungeliebten Arbeitgeber, der seinerseits als unfair wahrgenommen wurde.

Insbesondere dann, wenn noch nicht bekannt ist, was der Weggang des Experten für die Abteilung/Firma bedeutet, herrscht auch unter den Kollegen Unsicherheit. Die Entscheidungen dauern und werden, zum Beispiel weil der Nachfolger noch nicht zugesagt hat, noch nicht kommuniziert. Derweil kocht die Gerüchteküche – sie ist „ein leistungsfähiger Kommunikationskanal mit hoher Glaubwürdigkeit".[10]

Die damit verbundene Unsicherheit bedeutet einen Kontrollverlust, der in Angst und Stress mündet.[11] Jedes Individuum reagiert anders auf Stress; ein Teil dieser Reaktionen sind Gefühle, die sich der bewussten Wahrnehmung entziehen. Sie bewirken jedoch messbare körperliche Veränderungen. *„Emotionen sind die menschliche Software, ohne* *die die Hardware nicht funktioniert"*, formuliert Claudia Mast.[12] Folgen von Stress können körperliche Reaktionen wie Muskelverspannungen, Veränderungen im Blutdruck oder Herzbeschwerden sein. Diese können mit Methoden wie Biofeedback gemessen werden.

Angst und Stress können neben den gefühlsmäßigen auch kognitive Reaktionen hervorrufen, die in Misstrauen und Ablehnung münden. Dieser Widerstand wird eingesetzt, um eine gewisse Form von Kontrolle zurückzugewinnen und um damit gleichzeitig die Angst vor dem Ungewissen zu mildern.[13] Statt des erhofften Wissenstransfers findet so eine Abwehrhaltung und gegenseitige Abschottung statt. Das wird selten offen ausgesprochen, sondern meist durch ein besonders langsames Herantasten oder andere, vorgeblich wichtigere Aufgaben oder Termine kaschiert.

Vorurteile sind „Mauern in den Köpfen", die aus Unsicherheit darüber entstehen, welche Rolle der jeweils andere künftig einnehmen wird. Wird er tatsächlich ein Partner und Freund sein oder eher ein Konkurrent? Ausgeschiedene Experten können einen langen Schatten werfen, selbst wenn sie schon nicht mehr im Unternehmen sind. Auch Nachfolger können versuchen, sich auf Kosten des Vorgängers zu profilieren, und werden deshalb nicht automatisch als verdiente Erben des eigenen Wissensschatzes auserkoren. Daher braucht es eine ausgiebige Zeit des gegenseitigen Kennenlernens, des miteinander Arbeitens, um eventuelle Ängste und motivationale Barrieren abzubauen. Erst Schritt für Schritt, wenn das Vertrauen wächst, wird langsam immer mehr Wissen preisgegeben (Bild 4.2).

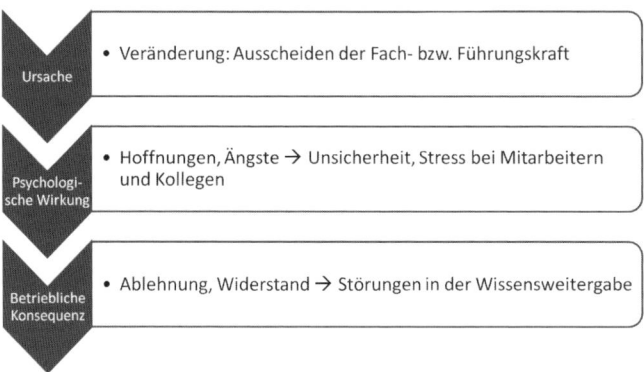

Bild 4.2 Wirkungskette der Veränderung beim Ausscheiden von Fach- und Führungskräften[14]

Die mit dem Weggang des Experten verbundene Unsicherheit kann durch Kommunikation mit den Beteiligten gemildert werden. Eine konsistente und glaubwürdige Kommunikation klärt die beteiligten Mitarbeiter über die nächsten Schritte auf.[15] Selbst wenn die Führungskräfte noch nicht über alle Details Bescheid wissen, gibt die Kommunikation über den Stand der Dinge (status update) und die geplanten nächsten Schritte Orientierung und schafft so mehr Sicherheit. Die Mitarbeiter fühlen sich ernst genommen. Das schafft eine Vertrauensbasis, auf der auch mögliche Probleme auf konstruktive Art besprochen werden können.[16] Doch eine weitere Komponente muss hinzukommen, damit die Mitarbeiter Entscheidungen mittragen: Sie müssen von Betroffenen zu Beteiligten werden, sie müssen also ein Mitspracherecht bei der Gestaltung der Nachfolge, des Übergangsprozesses und des Wissenstransfers haben und dieses auch aktiv ausüben. Dies gilt bei langfristig geplanten und bei kurzfristig erzwungenen Personal- und Sachentscheidungen infolge des Weggangs eines Experten.

Wird für die Zeit des Übergangs beispielsweise ein Interimsmanager geholt, so ist dessen Hauptaufgabe die Kommunikation mit den Beteiligten. Er muss sie befragen und einbinden, um erfolgreich handeln zu können. Da er nur vorübergehend im Unternehmen ist, hat er den Vorteil, nicht als potenzieller Konkurrent wahrgenommen zu werden. Allerdings weiß er genauso wie die Mitarbeiter, dass ihm nur kurze Zeit zur Bewältigung der Aufgabe bleibt. Der Interimsmanager Dorian Dave Dowdy schildert die Aufgaben eines Interimsmanagers und die Situation, die er in kleineren und mittleren Unternehmen bezüglich des Wissenstransfers vorfindet.

 Interview mit Dorian Dave Dowdy, DDD Interim Management

Dorian Dave Dowdy ist in den USA geboren und verfügt über mehr als 30 Jahre Berufserfahrung, vor allem bei amerikanischen Tochterfirmen in Deutschland. Dort war er in den Bereichen Buchhaltung, interne Revision und Finanzanalyse, sowie Europa-Direktor Finanz- und Administration mit Prokura. Nach Groß- und Einzelhandel und elf Jahren in der Elektronik- und IT-Industrie arbeitet er als selbständiger Interimsmanager und Geschäftsführer von DDD Interim Management für mittelständische Unternehmen der Hotel-, IT- und Finanzdienstleistungsbranche.

Was ist spezifisch für das Wissen und Können eines Interimsmanagers?

Ein Interimsmanager springt vorübergehend ein, wenn das Unternehmen einen erfahrenen Manager für Funktionen braucht, die für das Unternehmen unentbehrlich sind. Er muss schnell in der Lage sein, die Aufgabenstellung zu begreifen, Lösungsvorschläge zu entwickeln und sich einzubringen. Dazu sind überdurchschnittlich hohes Fachwissen und Erfahrung im jeweiligen Funktionsbereich erforderlich. Je mehr Erfahrung vorliegt, desto schneller gelingt die Einarbeitung. Eine rasche Einarbeitung ist notwendig, denn das Unternehmen hat den Experten gerufen, weil die Bewältigung der betreffenden Aufgaben für das Unternehmen existenziell wichtig ist. Es ist daher bereit, für einen guten Interimsmanager das Zwei- bis Dreifache des Gehalts des ausgeschiedenen Mitarbeiters zu zahlen.

Welche Rolle spielt sein Erfahrungswissen?

Um der Aufgabenstellung gerecht zu werden, braucht ein Interimsmanager Vielseitigkeit, um sich in den verschiedenen Branchen, Unternehmensgrößen und Rechtsformen auf Anhieb gut zurechtzufinden und sein Wissen effektiv einsetzen zu können. Er braucht Integrationserfahrung, um sich in eine Gruppe und Abteilung integrieren zu können und rasch eine Vertrauensbasis mit den Mitarbeitern aufzubauen. Wenn es sich um eine Team- oder Abteilungsleitung handelt, ist auch Führungserfahrung gefragt, um die Mitarbeiter zu motivieren, Konflikte zu bewältigen und die Kooperation im Team oder in der Abteilung zu stärken.

Erfahrung hilft, ohne Kenntnis der firmenspezifischen Details die großen Zusammenhänge („the big picture") zu sehen. Sie hilft, auf Anhieb zu erkennen, wo die Probleme liegen („Where is the pain?"). Ohne zu große Verstrickung ins Tagesgeschäft gelingt es so, Verknüpfungen herzustellen, zu erkennen, wer und welche Ressorts sonst noch betroffen sind, was sofort erledigt werden muss und was warten kann und wie man die anstehenden Probleme am besten lösen kann. Interessanterweise ist ein höheres Alter für einen Interimsmanager kein Nachteil, sondern aufgrund des Erfahrungswissens sogar ein Wettbewerbsvorteil.

Wenn Sie ein Unternehmen betreuen, worin liegt deren zentrales Problem? Fehlt es an Fach- und/oder an Führungswissen? Welche Bedeutung beziehungsweise welchen Wert hat Wissen für die Unternehmen, die Sie als Interimsmanager beraten?
Oft wurde die Bedeutung der nun vakanten Position vorher nicht hinlänglich wahrgenommen. Erst wenn der Experte weg ist, wird der Wert seines Wissens erkannt. Dann muss oft sehr rasch gehandelt werden, beispielsweise weil der Jahresabschluss bevorsteht, sich niemand außer dem nun fehlenden Experten richtig mit den amerikanischen Rechnungslegungsvorschriften (US-GAAP oder IAS) auskennt und ständig neue Anforderungen von der US-Muttergesellschaft eintreffen. Ähnliches ist oft in Entwicklungsabteilungen von Industrieunternehmen oder bei Softwarefirmen zu beobachten. Hier bleiben ganze Projekte und Produktionslinien stehen, nur weil die Expertise fehlt, das Projekt zu Ende zu führen.

Am Anfang meiner Karriere als Interimsmanager kamen die Anfragen vor allem für Stabs- oder Fachexpertenpositionen. Das Projekt- oder Finanzcontrolling musste weitergeführt, die erforderlichen Berichte mussten rechtzeitig abgeliefert werden. In den letzten Jahren aber kamen auch immer häufiger Aufträge zur Leitung ganzer Teams oder Abteilungen.

Warum scheiden Experten nach Ihren Erfahrungen im Wesentlichen aus?
Experten werden nicht gekündigt, sofern sie als solche identifiziert sind. Daher werden die Positionen meist durch Ruhestand vakant. Es überrascht schon ein wenig, dass viele Unternehmen dies nicht rechtzeitig erkennen und eine Nachfolge planen. Doch es ist tatsächlich so, dass das Fehlen eines langjährigen, ruhigen Mitarbeiters erst dann schmerzlich auffällt, wenn dieser pensioniert ist. Und dann wird auch erst klar, dass man diese Lücke nicht ohne Weiteres durch einen Kollegen oder neuen Mitarbeiter schließen kann.

Manchmal muss der Positionsinhaber auch ganz schnell eine andere Aufgabe innerhalb der Firma übernehmen. Wenn es sich dabei um ein neues Großprojekt oder einen Auslandseinsatz handelt, ist der Erfahrungsträger dann oft ganz schnell weg. Manchmal bleiben noch ein paar Tage, um dem Interimsmanager die wichtigen Dinge zu erzählen. Häufige Geschäftsreisen zur Anbahnung solcher Projekte oder auch Kooperationen sind ebenfalls ein häufiger Grund für die mangelnde Verfügbarkeit.

Welche Branchen oder betrieblichen Funktionsbereiche sind nach Ihrer Erfahrung vom Problem des Wissensverlusts durch ausscheidende Experten am stärksten betroffen?

Der Verlust von Expertenwissen trifft alle Branchen empfindlich. Besonders gravierend ist es, wenn Entwickler in der Industrie oder Softwarebranche oder wenn Experten für Wartung und Instandhaltung in der Produktion das Unternehmen verlassen. Auch der Einkauf und die Lagerverwaltung sind kritische Bereiche. Ganze Produktionslinien stehen still, wenn die Ersatzteile nicht rechtzeitig bestellt wurden, und keiner findet sich mehr im Lager zurecht, wenn der langjährige Lagerverwalter fehlt. Vertrieb und Marketing halte ich dagegen für weniger kritisch, weil es in diesen Bereichen in der Regel genügend Mitarbeiter am internen und externen Markt gibt, die die Position ausfüllen können.

Hinsichtlich der Unternehmensgrößen fällt auf, dass kleinere und mittlere Unternehmen, also Unternehmen mit 500 bis 1000 Mitarbeitern, stärker unter dem Verlust von Expertenwissen leiden als größere. Größere Betriebe sind in aller Regel stark arbeitsteilig aufgestellt, sodass einzelne Mitarbeiter schmalere Themengebiete bearbeiten, es aber immer noch zwei oder drei Kollegen gibt, die im Zweifel einspringen können. Sie haben oft den Wert des Wissens klarer erkannt, investieren in den Aufbau von Wissensmanagementsystemen und institutionalisieren den Wissenstransfer. Das gilt aber längst nicht für alle Unternehmen, Funktionsbereiche und Aufgabenfelder. Nicht umsonst ist das Interimsmanagement eine Wachstumsbranche, quer durch alle Unternehmensgrößen.

Erst zuletzt war ich statt der ursprünglich geplanten drei Monate dann schließlich 14 Monate in einem 4000 Mitarbeiter starken Unternehmen beschäftigt. Dort waren einer Abteilung neue Aufgaben übertragen worden, ohne zusätzliche Ressourcen bereitzustellen. Das musste schiefgehen, ein Großkunde, der für das Unternehmen existenziell wichtig war, drohte mit Abwanderung. Er konnte dann mit meiner Hilfe gehalten werden, nachdem dort neue Strukturen und Prozesse eingeführt wurden und die Personalstärke der Abteilung auf das Dreifache erhöht wurde. So konnte die Vertrauensbasis wiederhergestellt werden. Zuletzt habe ich dann meinen eigenen Nachfolger eingearbeitet und an ihn eine funktionierende Abteilung übergeben.

Welche Trends sehen Sie in den von Ihnen betreuten Firmen in Sachen Erfahrungswissen?

Ich sehe immer häufiger Experten, die im Alter von 60 plus noch in den Unternehmen aktiv sind. Wenn das Unternehmen die Person und ihr Erfahrungswissen braucht, dann ist es auch bereit, diese über die übliche Altersgrenze oder die zuvor angedachte Altersteilzeit hinaus zu beschäftigen – oft mit hohen Zuschlägen. Trotz dieser Entwicklung fehlt oft immer noch eine konsequente Nachwuchsplanung.

Wird das Wissen in den von Ihnen beratenen Unternehmen gesichert und in welcher Form?

Leider haben diese Unternehmen oft nicht einmal Excel-Datenbanken zu den elementarsten Daten, Archive für Besprechungsprotokolle oder Ähnliches. Kein einziges Mal war vorher etwas da, oft wurden zum Beispiel Lieferantendatenbanken erst auf meine Initiative hin aufgebaut. Das Wissen ist in den Köpfen oder in den Schubladen der Mitarbeiter. Da muss man sich als Interimsmanager erst einmal durchfragen: Wie wurde es gemacht, was ist zu tun?

Zwischenfrage: Aber irgendwelche Unterlagen müssen doch da sein?

Wem nutzt das ganze Papier, wenn die Story dazu fehlt? Ich kann mich als Interimsmanager nicht wochenlang durch Aktenschränke wühlen, ich habe nur zehn Tage, nicht 100 Tage, um die ersten wichtigen Entscheidungen zu treffen. Meine Erfahrung hilft mir, an der richtigen Stelle, bei den richtigen Personen zu suchen. Ich brauche Sozialkompetenz, um den Mitarbeitern mit meinen Fragen nicht auf die Nerven zu gehen. Ich muss Vertrauen aufbauen, damit ich die Unterstützung bekomme, die ich brauche, um die Aufgabe erfolgreich zu bewältigen. Sie sehen ein, dass es einen externen Interimsmanager braucht, und sind froh, dass ich da bin. Da ich nur vorübergehend im Unternehmen bin, stelle ich auch für niemanden eine ernste Gefahr dar. Das steigert die Motivation, Wissen zu teilen. Die Mitarbeiter erwarten aber auch von mir, dass ich rasch lerne und handle.

Wie können Sie zumindest an Teile des Wissens der ausgeschiedenen Fach-/Führungskraft anknüpfen?

Dazu führe ich viele individuelle Gespräche. Dann setze ich mindestens einmal pro Woche eine Besprechung mit der ganzen Abteilung an, wenn nötig auch öfter. Bei akuten Problemen setzen wir uns auch gleich oder am nächsten Tag zusammen, besprechen die Sache und suchen nach Lösungen. Dann gibt es einen Beschluss und einen Aktionsplan. Das löst nicht gleich alle Probleme, macht sie aber handhabbar.

Was würden Sie Unternehmen aufgrund ihrer Erfahrung für die Wissenssicherung raten?

Zunächst empfehle ich allen Unternehmen, festzustellen, was ihre Mitarbeiter können und wie wertvoll ihr Wissen ist. Danach sind Wege der Wissensteilung bei erfolgskritischem Wissen zu finden. Dazu sollte einer der leitenden Manager, also am besten ein Vorstandsmitglied, als Wissensmanager benannt werden. Er muss über die weiteren Maßnahmen je nach Wissensart, beteiligten Personen und Umständen entscheiden. Ich könnte mir bei mittleren Unternehmen vorstellen, dass schon kleine Dinge hilfreich sind, beispielsweise eine „happy hour" jeden Donnerstag ab 16 Uhr. Dort sollte jeder Mitarbeiter eine kurze Präsentation zu seinem Fachgebiet und seinen aktuellen Themen geben. Eine anschließende Diskussionsrunde zeigt schnell, wer wovon Ahnung hat, also wo es im Unternehmen Expertenwissen gibt. Zugleich erfahren die anderen Fach- und Führungskräfte, welche Aufgaben in den Nachbarabteilungen aktuell anstehen.[17]

(Das Interview fand am 15. 10. 2012 statt und wurde durch Dorian Dave Dowdy freigegeben am 17. 10. 2012. Interviewerin war Ulrike Reisach, die auch das Ergebnisprotokoll erstellte.)

Die Nachfolger der Fach- und Führungskräfte sollten also als Erstes nicht in Datenbanken, Handbüchern oder Aktenschränken wühlen, sondern sich mit den Kollegen und Mitarbeitern als Spezialisten zu den laufenden Themen unterhalten. Schließlich sind alle bei der Bewältigung der Aufgaben aufeinander angewiesen und profitieren vom gegenseitigen Austausch und einem gedeihlichen Miteinander. Dies und der Wille, die Aufgabe zum Wohle des Unternehmens rasch und gut lösen zu wollen, schweißt den Nachfolger mit seinen neuen Kollegen schnell zu einem Team zusammen.

Damit erst gar keine Wissenslücke entsteht, sollte die Weitergabe von Wissen als Bestandteil der Leistung honoriert werden. So steigt die Bereitschaft, sich entsprechend zu engagieren. Dazu können extrinsische, also von außen kommende, und intrinsische, also aus der Einschätzung des Nutzers kommende, Anreize gegeben werden. So können die Einarbeitung eines Nachfolgers, das Anlernen von Lehrlingen, Vorträge, Schulungen, Beiträge in Wikis und Expertenforen auf dem Intranet gezählt und bewertet werden. Bei persönlichen Vorträgen kann das Teilnehmerfeedback beispielsweise in Form von Fragebögen nach dem Vortrag eingeholt werden. Bei Beiträgen auf dem Intranet geschieht dies durch die Online-Bewertungen der anderen Nutzer, ähnlich wie die Bewertungen bei eBay oder Amazon. Es können aber auch Zugriffe, Verweildauer und Downloads auf den entsprechenden Wissensseiten registriert werden. Wird ein engagierter Wissenstransfer in Form von Geldprämien honoriert, spricht man von monetären Anreizen, werden virtuelle Punkte (credit points) oder Auszeichnungen vergeben, handelt es sich um nicht monetäre, aber immer noch extrinsische Anreize. Wichtig ist es, beim Einsatz solcher Instrumente Fairness walten zu lassen. Denn nichts frustriert mehr als das Gefühl, ungerecht behandelt zu werden.

Autonomie und Motivation

Monetäre Anreize steigern die Motivation in vielen Fällen nur kurzfristig und können unter bestimmten Umständen die intrinsische Motivation verdrängen, weshalb intrinsische Anreize nachhaltiger sind. Gabi Reinmann differenziert hier noch weiter: *„Nach der Selbstbestimmungstheorie … ist die strikte Gegenüberstellung von extrinsischer und intrinsischer Motivation nicht sinnvoll: Nach dieser Theorie kommt es vielmehr darauf an, Autonomie zu erleben. Dabei hängt das Ausmaß des Autonomieerlebens davon ab, wie gut es einem gelingt, äußere Anforderungen und Gegebenheiten mit inneren Zielen und Normen in Einklang zu bringen. … Der Idealfall ist zwar die intrinsische Handlungsregulation, und die liegt vor, wenn man sowohl bei den externen Bedingungen als auch bei den Handlungszielen und -zwecken ein Höchstmaß an Gestaltungs- und Entscheidungsspielraum hat. Doch auch von außen kommende Anforderungen kann man prinzipiell in das Selbst integrieren oder sich mit diesen identifizieren. Auch bei diesen Formen der Handlungsregulation können sich Menschen autonom empfinden. "*[17]

Doch wie kann die Personalpolitik Anreize steuern, die in der Person des Experten selbst liegen oder aber ihm zu einem Autonomieerleben und damit hoher Motivation verhelfen? Die Personalpolitik kann sich hier nur auf die Gestaltung der Rahmenbedingungen beschränken, damit solche Anreize wirksam werden können. So kann der Mitarbeiter an der Auswahl seines Nachfolgers mitwirken, eine Person seines Vertrauens (mit) auswählen, was die Bereitschaft zur Wissensweitergabe mehr steigert als jede andere Maßnahme. Bei Führungspositionen ist es üblich, dass Nachfolger vom Positionsinhaber selbst ausgewählt werden, was den Wissenstransfer erheblich erleichtert. Bei Fachkräften niedrigerer Hierarchiestufen ist dies jedoch nicht der Regelfall; viele Experten werden schlichtweg „vor vollendete Tatsachen" gestellt. Dies kann die geschilderte Abwehrhaltung zur Folge haben und ist somit nicht empfehlenswert. Daher bietet es sich an, Auswahlverfahren anzuwenden, die eine Beteiligung des ausscheidenden Experten möglich machen.

So sollten infrage kommende Bewerber nicht nur mit der Personalabteilung und der übergeordneten Führungskraft sprechen, sondern auch Gelegenheit haben, ihren Vorgänger kennenzulernen. Sie erfahren so aus erster Hand, was sie in der neuen Funktion erwartet. In vielen Auswahlgesprächen ist der Austausch mit den künftigen Kollegen als realistische Vorausschau auf das Arbeitsgebiet („realistic job preview") fester Bestandteil des Prozedere. Dabei können sich Experte, Nachfolger und Kollegen ein Bild voneinander machen und ausloten, wie gut die Zusammenarbeit funktionieren könnte. Diese Möglichkeit einzuräumen ist auch betriebswirtschaftlich sinnvoll, schließlich spielen Zusammensetzung und Zusammenhalt der späteren Arbeitsgruppe eine entscheidende Rolle für Leistungsbereitschaft und Arbeitsergebnisse.

Auch Gruppenauswahlverfahren wie Assessment-Center sind geeignet, da der Experte als Jurymitglied die Eignung der Kandidaten mit beurteilen kann. Seinem persönlichen, nicht nur fachlichen Urteil sollte besonderer Wert beigemessen werden. Ideal sind ausgedehnte Praktika, Volontariate oder Schnupperzeiten im neuen Ressort. Sie verkürzen auch die Einarbeitungsphase und können als eine Art informeller Probezeit für beide Seiten gelten. Selbstverständlich sind die vorgestellten Verfahren aufwendig, doch sie lohnen sich allemal. Denn die emotionale Haltung sowohl des neuen Mitarbeiters als auch des ausscheidenden Experten strahlt auf die Kollegen aus. Die Erfahrungen bezüglich einer gelungenen Übergabe werden weitergereicht, sie beeinflussen die Erwartungshaltung und Stimmung auf allen Ebenen und können Einfluss auf das Klima des gesamten Unternehmens nehmen. Negative Emotionen wie Ärger oder Unsicherheit lenken die Aufmerksamkeit von den Tätigkeiten ab. Positive Emotionen hingegen fördern die Effizienz, die Kreativität und die Kompetenz, Entscheidungen zu treffen.

Personalentwicklung, gekoppelt mit einer Unternehmenskultur der Wertschätzung der Person und nicht nur der Arbeitskraft, kann auch beim Weggang von Mitarbeitern einer Verweigerungshaltung vorbeugen. Wenn die Kündigung ausgesprochen ist, bleibt wenig Zeit. Daher werden Mitarbeiter an Schlüsselstellen in der Regel auf eine lange Kündigungsfrist verpflichtet. Wenn durch die Kündigung das Vertrauensverhältnis zerstört ist und Mitarbeiter zur Konkurrenz wechseln, hilft jedoch auch diese nichts mehr. Oft werden solche Mitarbeiter schnell freigestellt, damit sie nicht noch Wissen „absaugen" und vertrauliche Informationen mitnehmen. Gelingt es jedoch, mit dem wechselbereiten Mitarbeiter eine vernünftige Gesprächsbasis zu finden, ist dies für beide Seiten vorteilhaft: Bekanntlich trifft man sich im Berufsleben immer zweimal. Daher wird in manchen Branchen und Funktionen oft erst dann richtig über Aufstiegs- und Gehaltschancen verhandelt, wenn der Mitarbeiter seine Wechselbereitschaft kundgetan hat.

Selbst wenn es nicht gelingt, den Mitarbeiter zurückzugewinnen, schadet es nicht, das Interesse an der Person zum Ausdruck zu bringen. Möglicherweise kehrt ja der Mitarbeiter in einigen Jahren in neuer Funktion zurück, oder die Firmen werden zu Partnern – da will man sich noch in die Augen sehen können. Beide Seiten sollten daher bestrebt sein, den Weggang fair zu gestalten. Verhandlungsspielraum besteht in zeitlicher Hinsicht und auch bei der Zuerkennung von Prämien und Abfindungen. Ein Entgegenkommen des Unternehmens in diesen Punkten kann die Bereitschaft zu einer geordneten Übergabe erhöhen. Deren einzelne Schritte können vertraglich festgehalten werden, beispielsweise in einem Aufhebungsvertrag, der im gegenseitigen Einvernehmen zwischen Arbeitgeber und Arbeitnehmer geschlossen wird.

Der mit Abstand beste Weg ist es jedoch, die Wissensdokumentation und den Wissenstransfer zu einem permanenten Prozess im Unternehmen zu machen, sodass das plötzliche Ausscheiden eines Experten keine nicht zu schließende Lücke hinterlässt. Dies beinhaltet das Wissensmanagement ebenso wie Personalführung und Nachfolgeplanung. Dies zeigt das Interview mit Michael Mager, Vorstand Personal bei der in Westfalen ansässigen Grohe AG, Europas größtem und weltweit führendem Hersteller von Sanitärarmaturen, anschaulich.

Interview mit Michael Mager, Vorstand Personal, Grohe AG

Michael Mager ist seit 2004 für Personal und Organisation bei dem Sani-tärarmaturenhersteller Grohe in Düsseldorf verantwortlich. Die Grohe AG produziert an sechs Standorten in Deutschland, Portugal, Thailand und Kanada. Sie beschäftigt 2500 Mitarbeiter in Deutschland und weltweit 8700 zusammen mit einer chinesischen Partnerfirma. Der Umsatz (ein-schließlich Partnerfirma) betrug im vergangenen Jahr 1,16 Milliarden Euro.

Welchen Wert hat Wissen in Ihrem Unternehmen?

Wir sind ein Metall verarbeitendes Unternehmen, im Wesentlichen Mes-sing. Es gibt in Deutschland immer weniger Unternehmen, die eine Mes-singkompetenz haben, das heißt schlicht und ergreifend, Messinggießer werden immer schwerer am Markt zu finden sein und das Wissen um die Messingverarbeitung ist für uns ein extrem wichtiges Wissen, sozusagen unser Lebensnerv.

Was bedeutet es für Ihr Unternehmen, wenn es jemanden mit dieser Kompetenz verliert?

Ganz simpel, es wird immer schwieriger, einen Ersatz zu finden. Wir finden zwar Leute mit Gießereierfahrung, aber die bezieht sich auf ande-re Metalle und andere Technologien. Wir finden nicht hinreichend guten Ersatz. Außerdem sind wir dabei, auf eine neue Messingrezeptur um-zustellen, das heißt, dazu brauchen wir Leute, die neue Kompetenzen einbringen. Diese neue Rezeptur ist eine technologische Herausforde-rung, weil die Gießeigenschaften andere sind und sich einiges in der Nachbearbeitung ändert. Das Messing wird sehr viel härter, es muss anders geschliffen werden, die Oberflächenbearbeitung unterscheidet sich.

Fachkräfte hierfür zu finden ist ohnehin schon schwer. Sie im Unterneh-men zu halten und entsprechend zu qualifizieren ist eine große Herausfor-derung. Jeder, den wir verlieren, tut richtig weh.

Wie gehen Sie den Wissenstransfer an?

Zuerst gehen wir den klassischen Weg: Der Ältere gibt sein Wissen an den Jüngeren weiter. Wir versuchen in den kritischen Produktionsbereichen eine vernünftige Altersstruktur zu schaffen und zu erhalten.

Ein weiteres Instrument für den Wissenstransfer ist die Grohe Excel-lence Academy. Kernpunkt dabei ist, dass Mitarbeiter Seminare für Mit-arbeiter geben. Damit fördern wir eine breite Verteilung von Wissen im Unternehmen. Von unseren 2500 Mitarbeitern in Deutschland haben in den vergangenen Jahren 1600 an solchen Seminaren teilgenommen.

Wir hatten vorher viel über die lernende Organisation gesprochen, aber nie den richtigen Ansatz gefunden. Lange hatten wir keine passenden Antworten auf Fragen wie: Was ist eine lernende Organisation, wie kann man das Unternehmen dazu machen? Erst mit der Grohe Excellence Academy haben wir einen Weg gefunden, der zu unserem Unternehmen passt. Natürlich gab es anfänglich auch Widerstände. „Das wird ja sowieso nichts. Wer wird sich da schon als Referent zur Verfügung stellen. Das sind doch alles keine professionellen Referenten, das wird sich auf die Vortragsqualität auswirken."

Wir haben dann von vornherein Seminarbeurteilungen vorgenommen, das Feedback der Teilnehmer eingeholt und die Referenten, wenn nötig, unterstützt. Das hat sich bewährt. Auf einer Schulnotenskala erhalten die meisten Seminare eine Zwei. Das heißt, eventuelle Mängel in der Präsentation werden durch die inhaltliche Kompetenz der Referenten ausgeglichen. Die Leute gehen zu den Seminaren, weil sie etwas von einem Kollegen hören wollen.

Wir vertrauen darauf, dass die Leute auch nach dem Seminar in Kontakt bleiben. Wenn ich mal mit jemandem zu einem Fachthema zusammen war, fällt es mir ja sehr viel leichter, den danach auch noch einmal zu fragen. Man kennt sich, man ist Kollege, das Seminar ist der Anknüpfungspunkt. Das informelle „mal vorbeigehen und fragen" ist das, was nach meiner Erfahrung am besten läuft. Ich nenne das „point-of-need-learning". Ich lerne immer dann am besten, wenn ich genau jetzt das Problem oder das Bedürfnis habe. Wenn ich dann weiß, wen ich ansprechen kann, ist das die halbe Miete. Mit der Akademie bauen wir Netzwerke auf. Im Grunde geht es darum, Barrieren einzureißen und locker miteinander ins Gespräch zu kommen.

Wie definieren Sie in diesem Zusammenhang den Begriff „Experte"?
Sehr pragmatisch. Jeder, der etwas zu seinem Fachgebiet zu sagen hat, ist ein Experte. Wir haben Leute auf Facharbeiterlevel unter den Referenten und auch Bereichsleiter. Unser Ziel ist es, so viele Referenten wie möglich zu gewinnen. Allerdings müssen wir die Leute eher motivieren, weil sie glauben, sie wären gar keine Experten. Bei den wirklich ausgewiesenen „Superexperten" haben wir oft das Problem, dass sie keine Zeit haben oder sich keine nehmen.

Wie gehen Sie mit Erfahrungswissen um?
Erfahrungswissen ist ja das am schlechtesten dokumentierte Wissen überhaupt. Beim Beispiel der Gießer ist es so, dass jeder Gießer sein persönliches Rezept hat, wie er die Temperatur einstellt und so weiter. Natürlich wollen wir reproduzierbare, von Personen unabhängige Standardprozesse, aber das funktioniert in diesen Bereichen häufig nicht. Es ist dann eher so, wie mit Mutters Hausrezepten. Die sind auch nirgends aufgeschrieben. Die

Wissensweitergabe funktioniert am besten in einem Meister-Schüler-Verhältnis. Aber auch da kommt es auf das Verhältnis an. Verstehe ich mich gut mit dem Meister, weiht er mich ein, wenn nicht, lässt er mich dumm sterben. Das ist genau der Punkt, den wir vermeiden wollen. Deshalb versuchen wir, die Leute dazu zu animieren, ihr Wissen weiterzugeben. Das funktioniert manchmal besser und manchmal weniger gut. Es gibt immer noch Menschen, die Wissen als ein Herrschaftsinstrument sehen und nach sich die Sintflut wünschen. Aber in aller Regel ist es so, dass die meisten sehr offen sind und sich geschmeichelt fühlen, wenn sie aufgefordert werden, ihr Wissen weiterzugeben.

Wo liegen Ihrer Meinung nach die Herausforderungen für den Wissenstransfer in der Zukunft?
Was unser Unternehmen angeht, so hatten wir im Jahr 2005 eine große Restrukturierung. Dabei sind überwiegend ältere Mitarbeiter ausgeschieden. Deshalb hatten wir gehofft, dass sich dadurch unsere Altersstruktur verbessert hat. Als wir das aber vor einiger Zeit überprüft haben, stellte sich heraus, dass wir immer noch eine sehr ungünstige Altersstruktur haben. Das heißt, in den nächsten fünf Jahren werden uns 25 Prozent unserer Mitarbeiter in Deutschland aus Altersgründen verlassen und das noch nicht einmal gleichmäßig, sondern mit einer starken Häufung in den letzten beiden Jahren. Das ist ziemlich dramatisch, denn wir können davon ausgehen, dass nicht alle Fachkräfte, die wir brauchen, einfach so zur Verfügung stehen. Gleichzeitig sind wir von der Größenordnung her kein Unternehmen, das es sich leisten kann, auf Vorrat einzustellen. Wir stehen da vor einer richtigen unternehmerischen Herausforderung.

Ein anderes Problem, das uns auf den Nägeln brennt, ist der internationale Wissenstransfer. Wir haben beispielsweise eine Gießerei in Hemer im Sauerland und eine in Thailand. Wie bringen wir das Wissen Tausende Kilometer weit in eine andere Kultur? Das ist eine richtig große Herausforderung. Da geht es um kulturelle Grenzen, um Sprachbarrieren. Wie transferiere ich Wissen, wenn der Gießer in Hemer kein Englisch spricht und schon gar kein Thailändisch? Der thailändische Gießer spricht auch kein Englisch und auch kein Deutsch. Der thailändische Gießer ist jung und erst seit Kurzem dabei, in Hemer sitzen die erfahrenen Leute, aber wie bringe ich die beiden Gruppen zusammen?

Wir hatten auch schon einmal den umgekehrten Fall. Eine Armatur, die bisher in Hemer gefertigt wurde, sollte in Portugal produziert werden. Der Prozess wurde mit vielen Schwierigkeiten zum Laufen gebracht, sehr viel Wissen ist von Deutschland nach Portugal geflossen. Das Produkt war dann so erfolgreich, dass es zu Kapazitätsproblemen kam. Da lag es auf der Hand, die Produktion in Hemer wieder aufzunehmen, um die Spitzen abzudecken. Aber das hat nicht funktioniert. An einen Wissenstransfer zurück hatten wir nicht gedacht. In Hemer wurden inzwischen andere Armaturen hergestellt und die spezifischen Kenntnisse für das Produkt aus Portugal waren verloren. Jetzt mussten die Portugiesen die Deutschen anlernen, was stark an deren Selbstbewusstsein gekratzt hat. Da haben wir viel Lehrgeld bezahlt. Wissenstransfer ist keine Einbahn-straße, es ist immer ein Netzwerk.

(Das Gespräch führte Wolfgang Orians am 30. 10. 2012, freigegeben von Michael Mager am 01. 11. 2012.)

■ 4.3 Wie können geeignete Wissens-Nachfolger gewonnen werden?

Alle Unternehmen hätten gerne eine gute Personalplanung – in der Realität werden die diesbezüglichen Bemühungen von Fach- und Personalabteilungen meist durch die rasche Folge von Veränderungen am Markt und in der internen Organisation überholt. Die meisten Unternehmen haben zur Bewältigung dieses Problems einen „internen Arbeitsmarkt" geschaffen, eine Intranetplattform, auf der Stellenausschreibungen und -gesuche wie auf einem elektronischen Schwarzen Brett intern publik gemacht werden. Suchfunktionen nach bestimmten Funktionen, Regionen, Gehaltsgruppen, Qualifika-tionsmerkmalen sind die Regel. Diese internen Stellenmärkte funktionieren also nicht anders als Online-Jobmärkte wie arbeitsagentur.de oder monster.de.

Doch die Existenz solcher Systeme allein ist noch keine Nachfolgeplanung. Eine echte Nachfolgeplanung wird erst dann stattfinden, wenn in den Zielvereinbarungen jeder Fach- und Führungskraft explizit festgeschrieben ist, dass sie mindestens zwei Nachfol-ger für sich qualifizieren muss. Warren Buffett, Multimilliardär und Chef der US-ameri-kanischen Unternehmensgruppe Berkshire Hathaway, fordert genau dieses von den CEOs aller zur Unternehmensgruppe zählenden Firmen.[18] Nur dann wird der volle Bonus ausgeschüttet. Man kann solche Forderungen weiter spezifizieren, zum Beispiel so, dass mindestens einer der Nachfolger weiblich oder aus einem bestimmten Land stammen muss, um etwa die Vielfalt des Unternehmens oder den Wissenstransfer in ein bestimmtes Zielland zu fördern. Denn bloße Appelle, ohne Bindung an Boni, bleiben oft wirkungslos.

Ein Beispiel dafür, wie international tätige Unternehmen das Wissen ihrer Mitarbeiter erfassen und transparent machen können, liefert die Siemens AG mit ihrer Diversity Balanced Scorecard. Sie soll die internationale und fachliche Vielfalt der Mitarbeiter mithilfe des Instruments Balanced Scorecard durch eine wissensbasierte Personalpla-nung fördern.

Praxisbeispiel: Diversity Scorecard @ Siemens[19]

Siemens verwendet zur Förderung der Vielfalt (diversity) von Mitarbeitern und Talenten im Bereich Chief Diversity eine „Diversity Scorecard", die fünf Dimensionen umfasst, nämlich:

- Fachwissen (expertise),
- Mitarbeitervielfalt auf allen Ebenen (diversity at all levels),
- Zusammensetzung des Kreises von Nachwuchsführungskräften (top talent pool),
- Unternehmenskultur und Branding (culture and branding) sowie
- Erfahrungsmix (experience mix).

Bild 4.3 zeigt die Einbindung der Balanced Scorecard in die Ziele des Wissensmanagements.

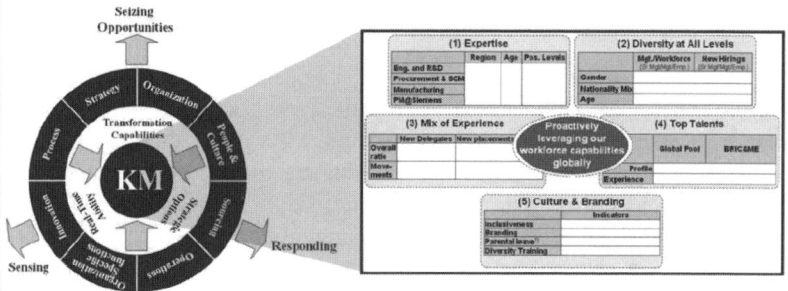

Bild 4.3 Diversity Scorecard @ Siemens

Zur Erstellung der Diversity Scorecard wurden Methoden des Wissensmanagements angewandt und IT- und Personalthemen verknüpft, um auf diese Weise neues Wissen zu schaffen und für andere Standorte und Bereiche des Unternehmens zugänglich zu machen. Zwar gab es schon viele lokale HR-Systeme bei Siemens, doch die Herausforderung bestand darin, die globalen Mitarbeiterdaten rasch in Wissen über die Vielfalt an Talenten im Unternehmen zu transferieren. Das Diversity-Team definierte Indikatoren für Vielfalt, Datenstruktur und Prozesse. Die zugrunde liegende IT-Architektur hat eine Vier-Ebenen-Struktur: Lokale HR-Systeme stellen die Daten aus den Siemens-Regionalgesellschaften bereit, das Corporate Human Capital System liefert die globalen Schlüsseldaten für das Personalmanagement, das Global Personnel Information System liefert den Input für globale Mitarbeiterstatistiken, und die Diversity Scorecard liefert die erforderlichen Informationen für die Messung der globalen Fortschritte zum Thema Vielfalt.

So kann das Unternehmen heute die Vielfalt und Zusammensetzung der Talente seiner 400 000 Mitarbeiter in mehr als 190 Ländern der Welt binnen weniger Stunden auswerten. Das ist beinahe Echtzeit und eine Schlüsselkompetenz für ein Unternehmen, das schnell maßgeschneiderte Vielfaltsnachweise und Reports für Vorträge des Managements oder öffentliche Ausschreibungen liefern muss, um Wettbewerber zu übertreffen oder in Rankings entsprechend gut abzuschneiden.

Der größte Teil der Diversity Scorecard ist in das Nachfolgeplanungssystem und den Strategieplan des Unternehmens eingebettet. Diese werden jährlich vom Topmanagement geprüft und schaffen eine größere Transparenz für die Zusammenstellung vielfältiger Managementteams und die Förderung von Talenten und Mitarbeitern. Der Personaleinsatz kann so leichter an die Bedürfnisse der unterschiedlichen Geschäftsgebiete und Märkte angepasst werden.

Da die Siemens-Regionalgesellschaften in unterschiedlichen Rechtsräumen und Kulturen operieren, unterscheiden sich die Diversity-Programme von Land zu Land. Regierungen und Kunden stellen unterschiedliche Anforderungen an die Bemühungen der Unternehmen in puncto Vielfalt. Die Diversity Scorecard wurde als ein strategischer Rahmen entwickelt und kann an die spezifische lokale Situation angepasst werden. So ist die Diversity-Agenda in Südwest-Europa mehr auf die Themen Frauen- und Talentförderung fokussiert, während die USA größeres Augenmerk auf die Minderheiten und Netzwerke legen. Das variable Konzept der Scorecard lässt daher verschiedene Optionen für die Messung der Diversity-Erfolge zu. Sie schafft damit die Basis für eine unternehmensweite Kompetenz zur Ermittlung und zum Austausch globaler und lokaler Daten zur Vielfalt der Mitarbeiter.

Um die Wissensweitergabe zu fördern, ist es erforderlich, das zeitliche, fachliche und persönliche Engagement im Wissenstransfer anzuerkennen. Das bedeutet, dafür sowohl zeitliche als auch persönliche Spielräume einzuräumen. Es kann nicht erfolgreich sein, Mitarbeitern einfach zu sagen, sie sollten die Wissensweitergabe binnen weniger Wochen oder Monate quasi „nebenbei", also parallel zu ihren laufenden Aufgaben und dem dortigen Erfolgsdruck absolvieren. So bleibt keine Zeit, sich auszutauschen, Hintergründe zu erklären und die Personen wirklich einzuführen. Wissensweitergabe braucht genau wie Innovation Spielräume, um sich entfalten zu können. Daher wären beispielsweise 20 Prozent, also ein Wochentag, eine vernünftige Größenordnung und zugleich ein Anreiz, den Transfer erfolgreich zu gestalten.

Wenn der Experte sich selbständig macht, gibt es noch weitere Möglichkeiten. Denn immer mehr Experten vermarkten ihre Kreativität und ihr Expertenwissen an wechselnde Auftraggeber innerhalb, aber auch außerhalb des Unternehmens.[20] Zu diesem Personenkreis zählen auch technische Spezialisten, Programmierer und Berater, die von einer Festanstellung in die Selbständigkeit wechseln.

Die neue Selbständigkeit sollte auch von Personalverantwortlichen als beschäftigungspolitische Ergänzung der anhängigen Arbeit und als Alternative zu ihr wahrgenommen werden. Somit ist die Personalarbeit nicht beendet, wenn der Experte das Unternehmen verlässt. Er kann vielmehr weiterhin als Berater und Unterstützer gewonnen oder vielleicht sogar in Zukunft neu rekrutiert werden. Mitarbeiter für Projektaufgaben werden regelmäßig intern, bereichsübergreifend und extern rekrutiert, Projektteams mit internen und externen Mitarbeitern geführt, Einzel- und Teamleistungen evaluiert, Mitarbeiter auf dem Sprung in die Selbständigkeit begleitet, Freelancer für das Unternehmen (zurück)gewonnen. Führungskräfte und Personalabteilungen haben es also ebenfalls mit einem gleitenden Übergang von inner- und außerbetrieblicher Sphäre zu tun und müssen entsprechend weitsichtig agieren.

◼ 4.4 Wie müssen Anreiz- und Entgelt-systeme gestaltet werden, um den Wissenstransfer zu erleichtern?

Personalbeurteilungen zeigen, ob Mitarbeiter die übertragene Aufgabe gut erledigen und neue, verantwortungsvollere Funktionen wahrnehmen können. Mit ihrer Hilfe soll nicht nur die Gehaltsfindung erleichtert, sondern auch der Fort- und Weiterbildungsbedarf ermittelt werden. Motivation und individuelle Entwicklung der Mitarbeiter werden gesteigert und die Auswahl von Mitarbeitern für künftige Projekte, Funktionen und Positionen wird vorbereitet. Doch wie kann die Arbeit eines Experten vernünftig und vor allem gerecht bewertet werden? In der Personalbeurteilung gibt es unterschiedliche Ansätze:

- Der *eigenschaftsorientierte Ansatz* basiert auf einer Input-Beurteilung, die die Persönlichkeit des Mitarbeiters in den Mittelpunkt stellt. Doch „Soft Skills" wie allgemeines Auftreten oder Verhandlungsgeschick, die Rolle im Team oder die Weitergabe von Expertenwissen sind nicht leicht zu beurteilen. Führungskräfte und Kollegen sind geneigt, aufgrund des allgemeinen Eindrucks Mutmaßungen über diese Eigenschaften anzustellen. Doch eine Objektivierung ist notwendig und möglich. Messgrößen können beispielsweise der Erfolg bei Verhandlungen, die Kundenzufriedenheit, Kollegen- und Zuhörerfeedbacks sein. Bei Projekten lassen sich Status, Abläufe und Fortschritte überprüfen, wobei die Messkriterien und die Ergebnisse offenzulegen sind.

- Der *tätigkeitsorientierte Ansatz* beurteilt, wie die Person arbeitet, dort steht also der Tätigkeitsvollzug (schnell, sorgfältig) im Vordergrund. Bei Experten verliert die Arbeitszeit ihre Bedeutung als Parameter zur Leistungsmessung. Statt auf die verwendete Zeit kommt es auf die Qualität und den Innovationsgrad an. Doch solange es sich um nicht quantifizierbare Ziele handelt, treten erhebliche Schwierigkeiten auf.

- Beim *ergebnisorientierten Ansatz* wird das Arbeitsergebnis bewertet. Da Experten in aller Regel schneller zu guten Ergebnissen kommen als andere, werden sie sowohl beim tätigkeitsorientierten als auch beim ergebnisorientierten Ansatz positiv auffallen. Doch auch die Output-Bewertung löst nicht das Problem der mangelnden Messbarkeit des Schwierigkeits- und Innovationsgrades der Lösung.

- Der *zukunftsorientierte Ansatz* schließlich entspricht einer Potenzialbewertung. Sie soll Auskunft darüber geben, welche Leistungen die Person künftig erbringen kann. Doch muss sich diese Art von Bewertung zum Beispiel auf eine 360-Grad-Bewertung stützen, um halbwegs objektiv zu sein. Unter dieser Bewertung versteht man eine, in aller Regel durch elektronische Systeme anonymisierte, Bewertung aus allen Blickwinkeln, dem der Führungskraft ebenso wie des Mitarbeiters, Kollegen und Kunden/Geschäftspartners.

Die Kriterien für die Leistungsbewertung unterscheiden sich von Unternehmen zu Unternehmen – je nach Branche und Leitbild beziehungsweise Unternehmenskultur. So kommt es bei einigen Unternehmen auf Flexibilität und Eigeninitiative an, während bei anderen Zuverlässigkeit und Loyalität im Vordergrund stehen. Manche stellen Ergebnisorientierung oder Kostenbewusstsein in den Vordergrund, andere Kundenorientierung, Flexibilität und die Vorbildfunktion der Fach- und Führungskraft. Bei Führungspositionen sind fast immer Kriterien wie Entscheidungsfähigkeit und Durchsetzungsvermögen zu finden, gelegentlich auch Kreativität und Gestaltungsfähigkeit. Oft werden auch Verantwortungsbewusstsein, Integrationsfähigkeit und/oder Konfliktlösungsfähigkeit genannt. Kriterien wie Selbstorganisation oder Problemlösungskompetenz erinnern stark an die in Kapitel 3 beschriebene Handlungskompetenz. Motivation und Leistungsbereitschaft sowie Selbständigkeit und Lernfähigkeit zählen ebenfalls zum Katalog möglicher Bewertungskriterien. Eher selten wird auch die Bereitschaft zur Wissensweitergabe als Bewertungskriterium herangezogen.

Aus dieser Auflistung wird deutlich, dass die Unternehmenskultur, also das Wertesystem des Unternehmens, maßgeblich für die Auswahl und Priorisierung der Bewertungskriterien ist. Die Bewertungskriterien haben immer auch eine verhaltenssteuernde Wirkung, denn die mit der Beurteilung einhergehenden Gehaltssteigerungen, variablen Gehaltszulagen und Karriereschritte sind machtvolle Motivatoren. Die Beurteilungsmaßstäbe sollten daher sorgsam und mit Blick auf die beabsichtigten Wirkungen gewählt und angewandt werden. Dennoch sind sich nicht alle Unternehmen und Führungskräfte des Wertebezugs ihrer Führungsleitlinien und Bewertungsmaßstäbe bewusst. Oft sind noch nicht einmal die Führungsgrundsätze und Inhalte der internen Personalschulungen mit dem Unternehmensleitbild kompatibel.[21] Dies kann zu Wertekollisionen und Irritationen führen, wie dies im Zuge der Finanzmarktkrise von Bankmitarbeitern, die am Verkaufs- statt Beratungserfolg gemessen wurden, beklagt wurde.

Bei der Beurteilung von Experten ist zu berücksichtigen, dass diese manchmal nicht dem klassischen Typus des angepassten Mitarbeiters entsprechen. Denn gerade kreative Experten sind gelegentlich auch unbequeme Mit- und Querdenker. Sie wissen um ihren Wert und wagen es, unbequeme Wahrheiten auszusprechen. Das macht die Mitarbeiterführung nicht leicht. Doch interne Kritik und die Verbesserung der aufgezeigten Defizite stählen für den harten Wind des externen Marktes der Meinungen. Daher schaffen hochinnovative Unternehmen wie IBM Raum für solche Talente. Einer davon war viele Jahre Gunter Dueck, genannt „wild duck", Chef-Technologe von IBM. In seinen

Büchern und Blogs lässt er bis heute kaum eine Gelegenheit aus, klassische Führungs-strukturen ad absurdum zu führen. Dennoch – oder gerade deshalb – ließ man ihn bei IBM gewähren: Wenn man sich das bei IBM erlauben kann, wird das Unternehmen für viele kreative Köpfe viel interessanter. Unkonventionelles Denken sollte also geschätzt werden, eben weil es nicht stromlinienförmig, sondern innovativ ist. Denn Offenheit für abweichende Meinungen stärkt die Glaubwürdigkeit und Identifikation nach innen und außen.[22]

Die Personalbeurteilung wird im Idealfall in Form eines Gesprächs mit dem Experten vorbereitet, in dem die Führungskraft Rückmeldung über ihre Sicht der Ergebnisse und des Verhaltens in der Zusammenarbeit gibt. Gleichzeitig sollte der Experte Gelegenheit haben, seine Einschätzung darzustellen. Dabei sind die Aufgaben und Ziele, aber auch die Kriterien für die Beurteilung der Arbeitsergebnisse zu erörtern. Handlungs- und Verantwortungsspielräume (waren sie ausreichend?) müssen ebenso diskutiert werden wie wichtige externe Einflüsse.

Zentral ist auch ein Ausblick in die Zukunft: Die künftigen Ziele und Aufgaben müssen geplant und eventuell neue Einsatzfelder, Veränderungen und Entwicklungsperspekti-ven besprochen werden. Besonders wichtig ist es, auf die Ziele, Möglichkeiten und Wün-sche des Mitarbeiters für eine entsprechende persönliche und fachliche Weiterbildung einzugehen – schließlich bedarf Expertenwissen einer kontinuierlichen Weiterentwick-lung, um am Puls der Zeit zu bleiben. Doch oft glauben Vorgesetzte, bei Experten genau darauf verzichten zu können. Zum einen ist ihre Expertise schon hoch, zum anderen ist die Expertentätigkeit selbst in den Augen mancher Führungskräfte schon eine perma-nente Weiterentwicklung. Dies vermag den Experten kaum zu befriedigen: Selbst wenn der Experte die Inhalte bereits kennt, möchte er dennoch aus Gründen des Networkings nicht zu Hause bleiben, wenn andere auf einem Kongress neues Wissen erwerben. Eine mögliche Lösung besteht darin, dass der Experte auf einem Fachkongress selbst Wissen beisteuert und so Gelegenheit hat, teilzunehmen und zugleich seinen Expertenstatus zu festigen.

Daher sollten am Schluss des Gespräches Maßnahmen zur Personalentwicklung ver-einbart werden. Dazu gehört auch die Wissensweitergabe an Kollegen und potenzielle Nachfolger. Eine nachhaltige Personalpolitik sollte einen Kompetenzentwicklungsplan („competence enhancement plan") für Experten definieren, der sich über den gesamten Berufszyklus erstreckt. Darin werden Entwicklungspfade entworfen und über Personal-fördersysteme umgesetzt. So wird sichergestellt, dass die Mitarbeiter bis ins hohe Alter Fach-, Methoden- und Sozialkompetenz entwickeln und beschäftigungsfähig bleiben, was im beiderseitigen Interesse liegt. Dieser Entwicklungsplan ist Gegenstand eines langfristig ausgerichteten Beurteilungsgesprächs und entscheidend für die frühzeitige Gewinnung von Nachwuchsexperten.

Ein Beurteilungsgespräch besteht somit aus drei Teilen: einem Rückblick, einer Analyse und einem Ausblick auf die Zukunft (Bild 4.4).

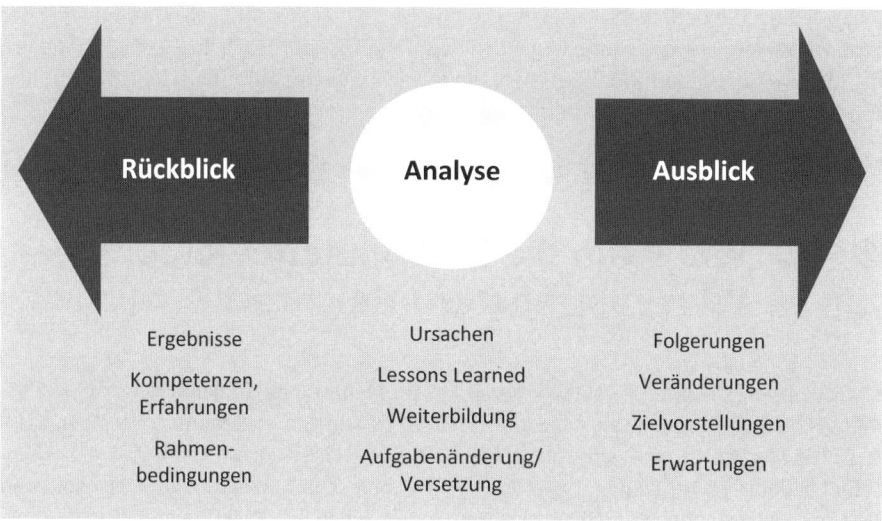

Bild 4.4 Beurteilungsgespräche mit Experten

Wichtig für Expertenlaufbahnen ist, dass die Erfolge von Projektmitarbeit in das allgemeine Beurteilungs- und Personalentwicklungssystem einfließen. Experten haben infolge ihrer Mitwirkung in mehreren, parallelen Projekten oft nicht mehr eine feste Führungskraft, sondern mehrere Projektleiter, mehrere Aufgaben und mehrere Beurteilungen nebeneinander und kurz hintereinander. Daher kann die Personalbeurteilung nicht nur auf lineare innerbetriebliche Karrieren abstellen, sondern muss auf parallele und vielfältige inner- und außerbetrieblichen Leistungen von Experten sowie gegebenenfalls auch auf Patchwork-Biografien zugeschnitten sein. Nur so können zum Beispiel die Gründung eines Start-up-Unternehmens durch den Mitarbeiter, die Anmeldung eines eigenen Patents, eine Weiterbildungsphase, eine externe Nebentätigkeit als Buchautor und Redner auf Fachkongressen adäquat berücksichtigt werden.

Die Entlohnungshöhen für Experten als feste oder freie (Projekt-)Mitarbeiter hängen von ihrer Unentbehrlichkeit für das Unternehmen, also von ihrem Marktwert ab. Bei gesuchten Experten führt die große interne wie externe Nachfrage zu Entlohnungshöhen, die weit über dem Normalniveau liegen. Kenichi Ohmae, McKinsey-Leiter in Japan, führt dies eindrucksvoll aus: Die Preisgestaltung erfolgt im E-Business nicht nach Kostengesichtspunkten, sondern nach der Bereitschaft der Kunden, etwas für die gebotene Leistung zu bezahlen.[23] Ausschlaggebend sind als Alleinstellungsmerkmale die Expertise und die Einzigartigkeit der Person, die in ihr steckende Kreativität und zugleich ihr Bekanntheitsgrad innerhalb und außerhalb des Unternehmens.

Doch Geld ist nicht alles, wie die Motivationsforschung zeigt. Bei Gehaltshöhen von 75 000 Dollar im Jahr und mehr (in Niedrigpreisregionen auch weniger) wächst die Zufriedenheit nicht weiter.[24] Daher spielt das Gefühl, etwas Sinnvolles zu tun, eine immer wichtigere Rolle – besonders dann, wenn der Experte nach vielen Berufsjahren finanziell bereits „ausgesorgt" hat. Viele Menschen kommen daher in ihren 40ern zu der Erkenntnis, dass sie nicht mehr nur Vorgaben folgen, sondern endlich das tun wollen, was ihrer eigentlichen Zielsetzung entspricht. Und oft ist in diesen Jahren auch der Wunsch gereift, etwas weitergeben zu wollen. Daher ist die Möglichkeit, das Wissen an die jüngere Generation weiterzugeben, in vielen Fällen eine sehr motivierende Aussicht für erfahrene Fach- und Führungskräfte.

■ 4.5 Wie kann die Personalentwicklung den Wissenstransfer erleichtern?

Unternehmen, die auf Expertenwissen angewiesen sind und aufgrund des Nachwuchsmangels in ihrer Branche oder Region nicht von Bewerbern überrannt werden, engagieren sich hierbei oft sehr langfristig. Sie betreiben Nachwuchswerbung bei den Fachschulen der Region, stellen Experten für Vorträge zur Verfügung und ermöglichen Betriebsbesichtigungen und Berufsinformationen. Sie bieten Praktika und Ausbildungsplätze, ermuntern zu weiterführenden Abschlüssen, ermöglichen die Aufnahme eines dualen Studiums im Verbund mit Hochschulen für angewandte Wissenschaften, bieten Bachelor- und Masterarbeiten im Betrieb und attraktive Arbeitsplätze für die Absolventen. So gelingt es mittelständischen Unternehmen, Mitarbeiter in der Region zu rekrutieren und langfristig zu binden. Wenn diese Mitarbeiter im Unternehmen als Fachkraft starten, sind sie längst nicht mehr neu, sondern haben schon verschiedene Abteilungen und Kollegen kennengelernt.[25]

Personalentwicklung beginnt also früh, manchmal schon bei den Chemie- und Elektronikbaukästen in Kindergärten, die von Firmen wie BASF und Siemens zur Verfügung gestellt werden. Sie sollen die Begeisterung und das Verständnis für Naturwissenschaften und Technik im Kindesalter fördern. Die Programme werden in Schulen fortgesetzt, umfassen Girls' Days und Schnuppertage, und finden ihre Krönung an den Hochschulen, wo insbesondere der Nachwuchs in den Naturwissenschaften stark gefördert wird.

Ist es gelungen, fachlich gut qualifizierte Mitarbeiter für den Betrieb zu gewinnen, so findet dort erst die praktische Phase des Kompetenzerwerbs statt. Wird ihnen beispielsweise ein langjähriger Experte als Mentor an die Seite gestellt, so können sie durch Beobachten, Nachfragen und Mitmachen viel wertvolles Expertenwissen an ihrem Arbeitsplatz sammeln und gleichsam im geschützten Raum eigene Erfahrungen machen. Der Mentor ist ihr Pate und Betreuer, ihr Helfer bei Unklarheiten, ihr Coach bei anstehenden Entscheidungen. Gute betriebliche Mentoring-Programme achten auf eine sorgfältige Auswahl des Duos, sie bieten Gelegenheiten zum unverbindlichen Kennenlernen und helfen, die beiderseitigen Interessen abzustimmen.

Dabei kommt es vor allem auf kompatible Kommunikationsstile und Wertesysteme an. Um festzustellen, welche Personen zusammenpassen, ziehen US-Unternehmen Persönlichkeitstests heran. Dabei wird beispielsweise einer der bekanntesten, der Myers-Briggs-Test[26], verwendet, der folgende Kategorien umfasst:

1. Extrovertiertheit versus Introvertiertheit: Bevorzugt es die Person, Entscheidungen in Diskussion mit anderen oder alleine zu treffen?

2. Messen versus Intuition: Entscheidet die Person auf der Grundlage der vorliegenden Fakten oder interpretiert sie diese und weist ihnen Bedeutungen zu?

3. Denken versus Fühlen: Trifft die Person Entscheidungen auf der Basis von Analysen, die nach logischer Konsistenz suchen, oder auf der Basis von Werten, die nach dem Richtigen für die beteiligten Personen und für die jeweilige Situation suchen?

4. Urteilen versus Erkennen: Strebt die Person nach abschließenden Lösungen und Gewissheiten oder kann sie mit Widersprüchen und Mehrdeutigkeiten leben und bevorzugt mehrfache Optionen?

Sind die Unterschiede in den Kommunikationsstilen und Werthaltungen zwischen dem Erfahrungsträger und seinem Nachfolger zu groß, wird es schwierig mit dem Wissenstransfer. So stößt beispielsweise ein dialogisches Vorgehen bei introvertierten Menschen an seine Grenzen. Ebenso kann es bei unterschiedlichen Denkstrukturen und Werthaltungen vorkommen, dass dem Lernenden die Rezeptoren fehlen, um die Botschaften des Experten richtig zu interpretieren.[27] Passen die Personen zusammen, so berichten beide Seiten, dass ihnen der Wissenstransfer viel Freude bereitet: Der Experte fühlt sich verstanden, der Lernende hat „seinen" Coach gefunden.

Daher ist es wichtig, dass Wissensträger und Wissensnehmer einander nicht einfach zugeteilt werden, sondern sich gleichsam gegenseitig finden. Die geschieht in vielen mittleren und kleineren Unternehmen ohne große Persönlichkeitstests oder psychologische Studien. Hier führen informelle Prozesse, etwa Gespräche und die Selbstselektion der Praktikanten und Bacheloranden, die die Firma kennengelernt haben, zu ähnlichen Ergebnissen. So finden sich die richtigen Personen, und es gibt einige, die die Rolle des Coachs immer wieder gerne übernehmen. Große Wissensmanagementsysteme werden als zu teuer oder kompliziert wahrgenommen. Stattdessen findet die Wissensweitergabe vor allem im persönlichen Gespräch[28] und Erzählen der eigenen Erfahrungen statt. Diese Methode ist nicht nur für „softe" Themen geeignet: *„Auch Prozesse und Strukturen lassen sich durch Geschichten darstellen. Über die Komplexitätsreduktion hinaus setzen Storys einen spielerischen und leicht merkbaren Rahmen und fördern die Erinnerungsleistung."*[29]

Doch Zuhören und Beobachten reichen nicht, um dem über Jahrzehnte angesammelten Erfahrungswissen nahe zu kommen. Denn es gilt, in völlig neuen und womöglich ganz anders gelagerten Situationen schnell die richtigen Entscheidungen zu treffen. Die Nachahmung alter Rezepte ist für Fach- und Führungsfunktionen in einem sich schnell ändernden und hochkomplexen Umfeld ungeeignet. Daher brauchen die Nachfolger Freiräume, um ihre eigenen Erfahrungen zu machen. Leonard-Barton und Swap sprechen von „geführter Erfahrung" („guided experience"), im Zuge derer das Wissen beim Nachfolger neu geschaffen wird.[30]

Die Erfahrungsträger agieren dabei nicht mehr als reine Mentoren, sondern als Coachs, die Rat geben, wenn sie gefragt werden. Diese Rolle entspricht ein wenig der von Eltern fast schon erwachsener junger Menschen, die die meisten Entscheidungen alleine treffen können und wollen. Wenn es aber um große und wichtige Dinge geht, wird doch noch gerne das Erfahrungswissen der Eltern herangezogen. Das bedeutet nicht, dass diesem Rat unbedingt gefolgt wird. Aber man nutzt die Erfahrungsträger als Sparrings-partner, um alternative Vorschläge zu diskutieren und die verschiedenen Optionen abzuwägen. Dabei können auch eigene, neue oder abgewandelte Ideen und deren Vor-aussetzungen und Konsequenzen erörtert werden. Wichtig für die zukünftige Fach- und Führungskraft ist es, Schritt für Schritt Freiheit und Sicherheit in der Entscheidungsfin-dung zu gewinnen und somit auch Verantwortung für immer bedeutendere Entschei-dungen zu übernehmen.

In der Beratungsbranche ist die Wissensweitergabe institutionalisiert – man lebt hier vom Expertenwissen, das für die Kunden einen klaren Marktwert hat. Das Experten-interview gibt einen Einblick, wie der Wissenstransfer dort gehandhabt wird.

Interview zum Expertenwissen in der Beratungsbranche mit Patrick Da-Cruz

Patrick Da-Cruz studierte Betriebswirtschaftslehre an der Universität Duis-burg-Essen und der Michael Smurfit Graduate School of Business, Dublin. Er war von 1997 bis 2010 in unterschiedlichen Funktionen in Strategiebe-ratungen (unter anderem Roland Berger Strategy Consultant, Oberender & Partner) in der Pharmaindustrie (Merckle, Ratiopharm) sowie als Trainer/ Dozent im In- und Ausland tätig. Er ist Mitglied verschiedener Fachgesell-schaften in der Gesundheitswirtschaft und seit 2011 Professor für Gesund-heitsmanagement an der Hochschule Neu-Ulm.

Welche Bedeutung beziehungsweise welchen Wert hat Wissen in der Beratungsbranche? Was ist spezifisch für das Wissen in einer Unternehmensberatung?

Die Beratungsbranche hat kein greifbares Produkt (außer vielleicht schö-nen Folien ;-), sie verkauft insbesondere Wissen über Regionen, Branchen, Funktionen und Methoden an die Kunden. Wissen ist somit ein zentrales Verkaufsargument (unique selling proposition, USP) einer Unternehmens-beratung. Die große Kunst besteht darin, diesen Wissensvorsprung zu hal-ten – trotz des ubiquitären Zugangs zum weltweiten Wissenspool des Inter-nets.

Was bedeutet es für Beratungsunternehmen, Wissen zu verlieren?

Das ist abhängig von der Spezifität dieses Wissens, der Art von Projekten und Kunden, die der Wissensträger betreut, der Nachfrage nach diesen Themen, der Sichtbarkeit des Beraters nach außen. Ist er (oder sie) zum Beispiel auf Kongressen aufgetreten, in den Medien erschienen, wurde weiterempfohlen, dann bedeutet sein/ihr Weggang einen herben Verlust für das Beratungsunternehmen. Fragen Kunden genau diesen Berater nach, kann das Unternehmen nicht liefern – oder nur in geringerer Quali-tät. Dies bedeutet oft den Verlust des Kunden an die Konkurrenz. Berater, die zu Wettbewerbern wechseln, nehmen häufig sowohl ihre Teams als auch ihre Kunden mit.

Was bedeutet Expertenwissen für die Beratungsbranche?
Expertenwissen ist in der Beratungsbranche eine Kombination aus fachbezogenem Wissen (im Sinne von Know-how) – über Branchen, Funktionen, Regionen, Methoden (zum Beispiel für Marketing, Neuromarketing, Social Media) – und Kontakten. Dieses Expertenwissen wird gewonnen durch den tiefen Einblick in die „Best Practices" der Kunden und ihrer Unternehmen, die man in der Beratungsarbeit erlangt. Man lernt die unterschiedlichsten Unternehmensgrößen und Unternehmensstrukturen kennen und sieht aus der praktischen Projektarbeit, was gut läuft und was nicht. Man kann auch die Projektberichte von Kollegen lesen, aber damit hat man das Wissen noch nicht verarbeitet. Die eigene Anschauung, das Mitwirken an Lösungen, macht erst das wirkliche Erfahrungswissen aus.

Was bedeutet der Verlust von Expertenwissen für Sie/die Beratungsbranche?
Ein Experte schaut hinter die Kulissen, weiß auch die inoffiziellen Dinge, die in keinem Lehrbuch und in keiner Pressemitteilung stehen. Er weiß also, wo beim Kunden „der Schuh drückt". Das funktioniert über Beziehungen, die auf Vertrauen basieren: Man sagt dem Berater, wo das Problem liegt, damit er genau dafür eine Lösung findet. Dieses Wissen über die gängigen Probleme einer Branche ist unschätzbar wertvoll – gerade für die Akquise neuer Kunden. Man kennt den Markt und die Akteure – und kann so extrem gut einschätzen, was funktionieren kann und was nicht.

Wie geht eine Unternehmungsberatung mit Erfahrungswissen um und welche Rolle spielt dieses Wissen für sie?
Juniorberater sind heute in aller Regel nur mehr dann gefragt, wenn die Kunden einen akuten Personalengpass haben. Inzwischen agieren die meisten Unternehmen jedoch hoch professionell, sie haben selbst Berater an Bord, eigene Abteilungen für das Inhouse-Consulting und wissen genau, was sie brauchen. Sie suchen also den Mehrwert an Wissen, den sie selbst nicht vorrätig haben. Sie fragen also erfahrene Experten nach. Einige Unternehmensberatungen stellen daher auch wieder ältere Experten ein, sie wollen den spezialisierten 50-jährigen, dessen Wissen ist die USP.

Sind Unternehmungsberatungen vom Problem des Wissensverlusts durch ausscheidende Experten betroffen? Und wenn ja, warum scheiden Experten aus?
Ja. Hauptgrund ist die Personalfluktuation, der Wechsel zu einem Wettbewerber. Oft gehen gerade besonders gute Leute und nehmen ihre Themen, Kunden und oft auch ganze Teams mit. Für die Wettbewerber ist das Abwerben schneller als der eigene Wissensaufbau, und die Themenzyklen sind kürzer geworden. Aber auch der Wechsel von der Beratung zum

Kunden, also zum Beispiel in die Industrie, ist weitverbreitet, ebenso der Wechsel in die Selbständigkeit. Wettbewerbsverbote gibt es, diese lassen sich aber nur dann durchsetzen, wenn die Person öffentlich auftritt. Wenn einer nur im Stillen agiert, ist es schwer nachzuweisen, was er mit seinem Wissen macht.

Interne Umstrukturierungen sind ein weiterer Grund. Oft entwickeln sich die Dinge anders als geplant, und das Themenfeld eines Beraters steht nicht mehr im Mittelpunkt der Unternehmensstrategie. Dann sind die Entwicklungsperspektiven beschränkt – fachlich wie gehaltsbezogen. Hier kommt es zu Enttäuschungen und gelegentlich auch zu unschönen Trennungen – da kann der Wissenstransfer kaum gelingen.

Um wertvolle Wissensträger zu halten und die Work-Life-Balance zu verbessern, ist die Personalentwicklung in Beratungsunternehmen in zunehmendem Maße am Lebenszyklus der Mitarbeiter orientiert. Nahezu alle größeren Beratungsunternehmen bieten Sabbatical-Programme. Wenn Berater aufgrund familiärer Bindungen für eine gewisse Zeit nur eingeschränkt reisebereit sind, können sie auch in die Research-Abteilung wechseln. Das galt früher als „Backoffice", hat sich inzwischen aber zu einem guten Wissenspool entwickelt, in dem man durchaus Experte für ein bestimmtes Fachgebiet werden kann.

Inwiefern ist die Beratungsbranche auf das Problem des Wissensverlusts vorbereitet? Wird das Wissen gesichert und in welcher Form? Welche Methoden und/oder Instrumente wenden Sie an, um Wissen zu sichern?

Teilweise sind erfahrene Berater intern als Trainer tätig und geben so ihr Erfahrungs- und Methodenwissen an die jungen Kollegen weiter. Diese internen Schulungen sind eine gute Ergänzung zum üblichen Stoff der Business School. Sie finden im internen Rahmen statt und erlauben es so, frei über die Erfahrungen aus verschiedenen Projekten zu berichten. Ergänzend findet eine ganze Reihe informeller Veranstaltungen statt, meist an schönen Orten, bei denen die Kollegen Zeit und Gelegenheit haben, sich am Rande des offiziellen Programms auszutauschen. Es wird auch erwartet, dass diese Anlässe zum Erfahrungsaustausch genutzt werden. Daneben ist es üblich, dass Juniorberater von Seniorberatern mit zum Kunden genommen werden, um sie so in die Thematik einzuführen.

Außerdem hat praktisch jedes Beratungsunternehmen ein Archiv mit den Projektberichten aus vorangegangenen Beratungsprojekten. Dort sind regelmäßig auch die Namen der Spezialisten vermerkt, die man dazu ansprechen kann. Außerdem gibt es alle möglichen IT-basierten Wissensmanagementsysteme (beispielsweise Markteintrittsmodelle für bestimmte Märkte).

Wie sind die Ergebnisse dieser Wissenssicherungsmethoden?

Wer sich in einer kleineren Runde von maximal 20 Teilnehmern mit einem Experten intensiv unterhalten kann, dazu noch gute Begleitunterlagen auf dem Intranet findet und dann noch gemeinsame Kundenbesuche unternimmt, der ist eigentlich bestens für ein neues Themenfeld gerüstet.

Voraussetzung dafür ist eine Vertrauenskultur – die Bereitschaft, Wissen zu teilen. Dies ist in der Beratungsbranche, bei der ja alle Mitarbeiter auch in Konkurrenz zueinander stehen (um neue Aufträge, Kunden, Boni, Aufstieg), nicht immer gegeben. Besonders das Wissen zu den aktuell vom Kunden stark nachgefragten Themen teilt man nicht gerne – sonst gefährdet man als Berater seine eigene Akquise und damit seinen eigenen Aufstieg.

Daher wird versucht, die Wissensweitergabe zu intensivieren. Schulungen werden in den Zielvereinbarungen als bonusrelevant aufgenommen. Wer Schulungen hält, die von den Teilnehmern als gut bewertet werden, bekommt den vollen Bonus, wer hier nicht aktiv wird, der bekommt eben weniger. Gleiches gilt für die Wissensmanagementsysteme: Hier wird elektronisch überprüft, wer wie viel Information hineingesteckt und wie viel herausgezogen hat. Ist die Bilanz günstig, dann gibt es Pluspunkte, wer nur Wissen „abgesaugt" hat, bekommt nichts.

Was würden Sie nach den bisher vorliegenden Erfahrungen in Zukunft anders machen?

Damit die interne Konkurrenz kein Hindernis ist, gibt es das Instrument des „double accounting": Kundenaufträge, die zwei Berater durch eine Bündelung ihres Wissens gewonnen haben, werden beiden gutgeschrieben. Dies fördert die Kooperation und ist zugleich ein gutes Argument für die Kundenakquise, zwei sich ergänzende Wissensbereiche abzudecken. Dieses Instrument sollte intensiver genutzt werden.

Wissen Sie, ob unter den Mitarbeitern informell ein Wissenstransfer stattfindet, um Wissensverluste zu vermeiden? Wäre dies wünschenswert? Wenn ja, was könnten/sollten die Beratungsunternehmen tun, um dies zu erleichtern/zu fördern?

Der Umgang mit den Mitarbeitern insgesamt ist wichtig – gerade wenn ein Unternehmen einen Umstrukturierungsprozess durchläuft. Wenn man sich von Mitarbeitern trennt, ist ein sauberes Exit-Management wünschenswert – formaljuristisch und persönlich. In kundenorientierten Sektoren wie der Beratungsbranche ist die Übergabe des Beziehungswissens extrem wichtig, dies ist viel schwieriger als beim rein fachbezogenen Wissen.

Man kann die Beziehung eines Mitarbeiters zum Unternehmen als Anreiz-Beitrags-System verstehen. Dabei sind die Anreize und Beiträge über einen längeren Zeitraum zu berücksichtigen. Selbst wenn das Schlussereignis negativ wahrgenommen wird, so werden doch die meisten Berater sagen, dass sie über die Jahre eine spannende Zeit gehabt und viel gelernt haben.

Inwiefern könnte das Wissensmanagement als solches beziehungsweise der Wissensverlust durch ausscheidende Experten in Zukunft ein Problem für die Beratungsbranche darstellen?
Die Verfügbarkeit von Beratungswissen beim Kunden steigt infolge des Internets. Doch es bleibt das Problem, aus der Fülle des Wissens die richtigen Schlussfolgerungen zu ziehen. Wie wird daher das Kundenwissen künftig eingebunden?

Zugleich steigt die Durchlässigkeit der Unternehmen – Wissen reicht über die Unternehmensgrenzen hinaus, ist nicht mehr so exklusiv. Wie soll somit die Kooperation mit Dienstleistern gestaltet und wie gleichzeitig das spezifische Wissen geschützt werden? Experten, die das Unternehmen verlassen, können auf nur einem Stick ganze Projektdatenbanken mitnehmen ... Und schließlich die Frage: Ist Wissen in Zukunft noch eine Kernkompetenz der Beratungsbranche, und wie greifbar ist diese?

(Das Gespräch führte Ulrike Reisach am 02.08.2012, das Ergebnisprotokoll wurde von Patrick Da-Cruz ergänzt und bestätigt am 04.08.2012.)

Sind die Kollegen in anderen Ländern, so sind auch interkulturelle Unterschiede im Kommunikationsstil zu beachten. US-Kollegen informieren sich in häufigen und langen Telefonkonferenzen bei gemeinsamen Projekten. Asiatische Kollegen legen Wert darauf, den Gesprächspartner kennenzulernen. Ist das aufgrund der räumlichen Distanz nicht möglich, so hilft es, sich über einen gemeinsamen Bekannten gleichsam indirekt bekannt zu machen. Denn der Freund des Freundes ist dann eine Referenz im vielfältigen Beziehungsnetzwerk. Da man sich kennt und darüber gesprochen wird, wie der Wissensaustausch lief, entsteht der soziale Druck, den guten eigenen Ruf als verlässlicher Partner nicht aufs Spiel zu setzen. Doch am besten ist es immer noch, sich am gleichen Standort beziehungsweise am Rande einer Geschäftsreise persönlich zu treffen. Denn gerade die asiatischen Kulturen sind stark beziehungsorientiert und sehen den langfristigen Kontakt zwischen den Personen als essenziell an, um damit auch die aktuellen Sachfragen gemeinsam besser lösen zu können.

Da Vertrauensaufbau am besten durch den persönlichen Kontakt gelingt, sind Seminare und Trainings in der Praxis ein probates Mittel des Wissenstransfers. Dort können Referenten im geschützten Raum des Seminars mehr sagen als in schriftlichen Dokumenten. Sie können auf Nachfragen antworten und in den Seminarpausen auch individuell auf Fragesteller eingehen. Das geschieht zum Beispiel in Asien sehr oft: Hier wagen es viele Teilnehmer nicht, während einer Schulung eine Frage an die Respektsperson des Dozenten zu stellen. In der Teepause dagegen umringen sie den Referenten und versuchen, eine persönliche Beziehung herzustellen und unter vier Augen Antworten auf ihre Fragen zu bekommen.

 So sind Seminare eine Kommunikationsplattform ersten Ranges. Sie spielen eine entscheidende Rolle bei der Herstellung persönlicher Kontakte. Während und am Rande der Schulung kommen Mitarbeiter zusammen und tauschen sich über geschäftliche und private Themen aus. Dies erlaubt es ihnen, rascher eine Verbindung herzustellen, wenn sie später einmal bei einem Projekt zusammenarbeiten oder die Unterstützung des jeweils anderen brauchen. Präsenzschulungen erlauben also nicht nur den Transfer des expliziten, meist fachlichen, sondern auch des persönlichen und des wertebezogenen Wissens. Sie erlauben das Networking und den Aufbau einer Vertrauensbasis. Sie sind somit dem nur IT-gestützten Wissenstransfer überlegen.

Allerdings ist es sinnvoll, neue Medien im Prozess des Wissenstransfers einzubinden. Dies geschieht auf dem Wege des „Blended Learning", das Präsenzlernen mit E-Learning verbindet. So können auf E-Learning-Plattformen, sogenannten Learning Management Systems (LMS), Texte, Präsentationen und Tabellen für die Teilnehmer hochgeladen werden. Sie können diese vor, während oder nach dem Seminar für Notizen oder zum Nachlesen nutzen. Wichtig ist aber auch die Möglichkeit, den Teilnehmern „Hyperlinks" als Verweise zu weiterführenden Internetquellen zur Verfügung zu stellen, Arbeitsaufgaben zu geben, deren Lösungen von den Teilnehmern ebenfalls hochgeladen werden, und dazu online Rückmeldung zu geben. So können auch Inhalte kollaborativ erstellt werden, zum Beispiel wenn die Verantwortung für die Erschließung eines Themengebietes oder für die Erstellung eines Glossars an einzelne Teilnehmer beziehungsweise eine Gruppe der Teilnehmer delegiert wird und deren Ergebnisse dann von den anderen ergänzt und kommentiert werden. Dabei sind auch Umfragen und Abstimmungen (anonym oder personalisiert) möglich.

Eine der bekanntesten E-Learning Plattformen ist die Open-Source-E-Learning-Plattform „Moodle" (Modular Object-Oriented Dynamic Learning Environment).

Damit wird das E-Learning zum „virtuellen Coaching", das beispielsweise bei der Lösung eines Aufgabenbeispiels hilft. Doch elektronische Lernplattformen können keineswegs nur Texte enthalten, sondern auch Bilder, Tondateien und Videos anbieten. So ist es möglich, Vorträge und Trainings aufzuzeichnen und sie als mit Tonspur unterlegte Präsentation oder gleich als Video wiederzugeben. Durch die Visualisierung steigen die Attraktivität für den Nutzer und zugleich auch dessen Behaltensleistung. Allerdings wird so die vertraute Atmosphäre des Seminarraums verlassen, was Einschränkungen beim Transfer informellen Wissens mit sich bringt. Dozenten und Teilnehmer wissen nicht, wer die Aufzeichnung später in welchem Kontext anschaut, ob Kürzungen vorgenommen werden und ob das, was sie sagen, später noch genauso wirkt wie heute. Sie sind also vorsichtiger in dem, was sie sagen: Sie sprechen für ein ihnen unbekanntes Publikum und haben keine Möglichkeit, das Gesagte später wieder einzufangen, zu relativieren oder richtigzustellen, falls es falsch interpretiert wird.

Weil Schulungen kaum geeignet sind, das eigene Verhalten kritisch zu hinterfragen und gegebenenfalls anzupassen, werden verhaltensorientierte Trainings in der Regel als Trainingseinheiten mit Rollenspielen und Simulationen durchgeführt. So können zum Beispiel in der Auslandsvorbereitung Verhandlungen, Mitarbeitergespräche oder der Umgang mit Konfliktsituationen mit Teilnehmern aus anderen Kulturkreisen simuliert werden. Das persönliche Erleben, wenngleich simuliert und im geschützten Trainings-raum, bleibt stärker in Erinnerung als jede theoretische Ausführung. Der Lerneffekt wird noch verstärkt, wenn die Interaktion per Video aufgezeichnet wird, sodass die Teil-nehmer sich selbst noch einmal sehen können und merken, was verbesserungsfähig ist.

So werden Mitarbeiter, die als Verhandlungsführer oder Entsandte für längere Zeit ins Ausland gehen, bei großen Unternehmen wie Siemens und BMW in speziellen interkul-turellen Trainings vorbereitet.[31] Dabei steht die Sensibilisierung für die spezifische Kul-tur des Gastlandes im Vordergrund. Sie wird begleitet von Gesprächen mit Länderrefe-renten und erfahrenen Kollegen im Stammhaus und vor Ort. Diese Art der Vorbereitung geht also weit über bloße Länderinformationen hinaus und erlaubt einen direkten, per-sönlichen Wissenstransfer von Erfahrungsträgern zu den neuen Kollegen. Die Lernziele Sach-, Sozial-, Methoden- und Reflexionskompetenz werden so umfassend erreicht. Doch wird diese umfassende Einführung im Rahmen der Auslandsvorbereitung nur für als schwierig geltende Länder durchgeführt, weil dort die Notwendigkeit, Spezialwissen zu transferieren, als solche erkannt ist, die Personalentsendung eine gewisse Vorlauf-zeit hat und mit hohen Kosten und Misserfolgsrisiken verbunden ist.

In vielen anderen Bereichen unterbleibt eine umfassende Wissensweitergabe jedoch, weil man irrtümlicherweise davon ausgeht, das Wissen wäre nicht so essenziell oder irgendwo sowieso vorhanden. Zahlreiche ausgeschiedene Experten beklagen die man-gelnde Bereitschaft, Wissen systematisch zu identifizieren und für seine Weitergabe zu sorgen. Sie schütteln den Kopf, wenn sie anschließend von der gleichen Firma, die sie zuvor mit hoher Abfindung entlassen hat, wieder als feste oder freie Mitarbeiter ange-worben werden. Die Zahl der Beispiele dafür ist hoch, auch wenn die Firmen darüber aus nachvollziehbaren Gründen nicht gerne sprechen. Umso mehr sprechen die verblie-benen Mitarbeiter über diese Fälle, weil sie in diesen Geschichten ein wiederkehrendes Muster der nicht ausreichenden Wertschätzung von Erfahrungswissen und Einzelper-sonen erkennen. Die Geschichten erzählen beispielsweise vom EDV-Leiter einer Bank, dessen Spezialkenntnisse zu bestimmten Softwareprogrammen erst klar wurden, als sein Vertrag beendet war, und der anschließend stolz zum doppelten Gehalt zurück-kehrte. Sie erzählen vom Lackierer, der nach seiner Kündigung sofort gegen deutlich höheres Gehalt bei der Konkurrenz einstieg: Der Wettbewerber hatte den Wert des Expertenwissens rascher erkannt als das Unternehmen, in dem es einst erworben wurde.

Diese Beispiele machen deutlich, wie wertvoll das Wissen erfahrener Mitarbeiter ist und wie sehr alle Mitarbeiter, nicht nur die Experten selbst, am Erkennen und Anerkennen der Einzigartigkeit der Personen und des Spezialwissens durch die Unternehmen, in denen sie arbeiten, interessiert sind. Schließlich bildet diese Wertschätzung auch den Kern der Identität, des Selbstwertgefühls der beteiligten Personen.[32] Ein Beispiel zum Thema Seniorexperten veranschaulicht die Bedeutung dieser Tatsache für die beteilig-ten Personen und Organisationen:

Fallbeispiel: Seniorexperten

Ein prominentes Beispiel für einen ausgewiesenen Experten, der bis zu seinem Tod im Dezember 2012 mit 79 Jahren voller Energie und ohne Gehalt weiterarbeitete und sein Wissen auf vielfältige Weise teilt, war Jesko Freiherr von Puttkamer. Als Raumfahrtingenieur war er ältester Mitarbeiter der NASA, zugleich Fachbuchautor und Beiratsmitglied des Space Education Institute Germany in Leipzig, das sich der Nachwuchsförderung verschrieben hat. Ihm machte es nach eigenen Aussagen große Freude, mit anderen Wissenschaftlern und jungen Menschen die künftigen Möglichkeiten einer Marsmission zu erörtern sowie grundlegende Zusammenhänge auf unterhaltsame Weise über die Medien und die Filmindustrie Hollywoods aufzuzeigen.

Dieses Engagement mag ein Ausnahmefall sein. Dennoch aber zeigt der Zustrom hoch motivierter Fach- und Führungskräfte zu Hochschulen und Seniorexpertenservices, welche Befriedigung die Wissensweitergabe an künftige Generationen bereitet. So hat die Robert Bosch GmbH eine eigene Gesellschaft, die Bosch Management Support GmbH, gegründet. Sie vermittelt erfahrene ehemalige Bosch-Führungskräfte und Mitarbeiter im In- und Ausland auf Basis von Beraterverträgen. Im Senior-Expertenservice der Stiftung der deutschen Wirtschaft für internationale Zusammenarbeit geschieht dies auf überbetrieblicher Basis. Dort leisten mehr als 10 000 ehrenamtlich tätige Seniorexperten weltweit Hilfe zur Selbsthilfe. Sie fördern die Aus- und Weiterbildung von Fach- und Führungskräften, in kleinen und mittleren Industrie- und Handwerksbetrieben ebenso wie in Organisationen oder in Kommunen. Das Motto des Senior Experten Service (SES)[33] lautet daher treffend: *„Zukunft braucht Erfahrung!"*

Angesichts des demografischen Wandels hierzulande ist es Aufgabe einer vorausschauenden Personalentwicklung, sich ebenfalls an diesem Motto zu orientieren. Um den Wissenstransfer zwischen den erfahrenen Experten und ihren Nachfolgern sicherzustellen, werden in Kapitel 5 erprobte Wissenstransfermethoden vorgestellt.

■ 4.6 Zusammenfassung

- Experten können durch die Möglichkeit zu selbstbestimmtem Handeln, zeitliche und inhaltliche Spielräume sowie ein angenehmes und zugleich anregendes Arbeitsumfeld motiviert und an das Unternehmen gebunden werden.

- Das Ausscheiden von Experten ist eine kritische Phase – für den Experten ebenso wie für Vorgesetzte, Kollegen und Nachfolger. Die entstehenden Unsicherheiten können durch eine offene und transparente

Kommunikation abgemildert werden. Eine ausgleichende Gestaltung des Ausscheidens erlaubt es in manchen Fällen sogar, den Experten als Berater oder wohlwollenden Unterstützer für die Zukunft zu gewinnen.

- Experten sollten aktiv in den Prozess der Auswahl von Nachfolgern eingebunden werden. Eine Vertrauensbasis zwischen dem ausscheidenden Experten und seinem Nachfolger ist Voraussetzung dafür, dass erfolgskritisches Wissen weitergegeben wird.

- Anreiz- und Entgeltsysteme müssen so gestaltet werden, dass Fach- und Führungskräfte eine als fair empfundene Anerkennung für ihre Leistung und für den Wert ihres Wissens erhalten. Zugleich brauchen sie Spielräume für selbstbestimmtes Handeln im Sinne der eigenen und der Unternehmensziele.

- Die Personalentwicklung kann den Wissenstransfer durch eine langfristige Nachfolgeplanung erleichtern. Sie sollte erfahrenen Experten unabhängig vom Alter die Möglichkeit zur persönlichen und fachlichen Weiterentwicklung geben und dabei auf die Wünsche und Vorstellungen der Betroffenen eingehen. Diese können zugleich innerhalb und außerhalb des Unternehmens als Wissensgeber und Multiplikatoren auftreten.

■ 4.7 Literatur

1 Vgl. Kahneman, Daniel: *Thinking, fast and slow*, Allen Lane, London 2011, S. 394 f.

2 Die Fahrt zur Arbeit wird als großer Stressmoment empfunden; vgl. ebd., S. 394

3 Ebd., S. 397 (Übers. UR)

4 Vgl. Frankl, Victor E.; Kreuzer, Franz: *Im Anfang war der Sinn. Von der Psychoanalyse zur Logotherapie. Ein Gespräch*, Piper Verlag, München 1986, S. 56

5 Vgl. auf Basis der Existenzialphilosophie von Martin Heidegger, Max Müller, Nicolai Hartmann und Max Scheler: Reisach, Ulrike: *Markt- und Mitarbeiterorientierung von Kreditinstituten. Eine personalwirtschaftliche Analyse der Wechselwirkungen*, Schriftenreihe Organisation & Personal, herausgegeben von Oswald Neuberger, Bd. 4, Rainer Hampp Verlag, München/Mering 1994, S. 34 ff.

6 Vgl. hierzu z. B. Strauch, Barbara: *Da geht noch was. Die überraschenden Fähigkeiten des erwachsenen Gehirns*, Bloomsbury Verlag, Berlin 2011, S. 55

7 Entsprechend der Theorie Y von Douglas McGregor, der diese 1960 in seinem Buch *The Human Side of Enterprise* vorstellte. Vgl. dazu auch Schreyögg, Georg; Werder, Axel v. (Hrsg.): *Handwörterbuch Unternehmensführung und Organisation*, Schäffer-Poeschel Verlag, Stuttgart 2004

8 Vgl. hierzu und zum Folgenden Reisach, Ulrike: „Neue Arbeitsformen in der Wissensgesellschaft", in: *Personal - Zeitschrift für Human Resource Management*, Heft 7, Köln 2001, S. 388 – 392

9 Vgl. Rifkin, Jeremy: *Access. Das Verschwinden des Eigentums. Warum wir weniger besitzen und mehr ausgeben werden*, Campus Verlag, Frankfurt am Main 2000

10 Vgl. Mast, Claudia: *Unternehmenskommunikation*, UTB/UVK-Verlagsgesellschaft, Konstanz/ München 2013, S. 416

11 Vgl. Glazinski, Bernd: *Innovatives Change Management*, Wiley, Weinheim 2007, S. 61

12 Mast, Claudia: *Unternehmenskommunikation*, UTB/UVK-Verlagsgesellschaft, Konstanz/München 2013, S. 403

13 Vgl. dazu Glazinski, Bernd: *Innovatives Change Management*, Wiley, Weinheim 2007, S. 62 – 66

14 In Anlehnung an Glazinski, Bernd: *Innovatives Change Management*, Wiley, Weinheim 2007, S. 61

15 Mast, Claudia: *Unternehmenskommunikation*, UTB/UVK-Verlagsgesellschaft, Konstanz/München 2013, S. 408

16 Vgl. Lauer, Thomas: *Change Management. Grundlagen und Erfolgsfaktoren*, Springer-Verlag, Heidelberg 2010, S. 110

17 Reinmann, Gabi: „Studientext Wissensmanagement", Universität Augsburg, Augsburg 2009, http://gabi-reinmann.de/wp-content/uploads/2009/07/WM_Studientext09.pdf, Zugriff im August 2012, S. 56

18 Vgl. Buffett, Mary; Clark, David: *Warren Buffett's Management Secrets. Proven Tools for Personal and Business Success*, Scribner, New York 2009

19 Aus Su, Guangya: „Exploring Requirements of Agility for Knowledge Management", in: Maier, Ronald (Ed.): *6th Conference on Professional Knowledge Management: From Knowledge to Action*, February 21 – 23, Innsbruck, Austria 2011, S. 379 (mit freundlicher Genehmigung, Übers. UR)

20 Vgl. hierzu und zum Folgenden Reisach, Ulrike: „Neue Arbeitsformen in der Wissensgesellschaft", in: *Personal – Zeitschrift für Human Resource Management*, Heft 7, Köln 2001, S. 388 – 392

21 Vgl. Reisach, Ulrike: *Bankunternehmensleitbilder und Führungsgrundsätze. Anspruch und Wirklichkeit*, Deutscher Sparkassen-Verlag, Stuttgart 1994

22 Vgl. Reisach, Ulrike; Sohm, Stefanie: „Courage oder Karriere", in: *Zeitschrift Personal*, Heft 10, Oktober 2009, S. 42 – 44

23 Vgl. Ohmae, Kenichi: *Der unsichtbare Kontinent. Vier strategische Imperative für die New Economy*, Wirtschaftsverlag Ueberreuter, Wien/Frankfurt am Main 2001, S. 286 ff. Original: *The Invisible Continent*, HarperCollins, New York 2000; ähnlich auch die Aussagen im Experteninterview zur Unternehmensberatungsbranche

24 Vgl. Kahneman, Daniel: *Thinking, fast and slow*, Allen Lane, London 2011, S. 397

25 Als Beispiel vgl. Andres, Marc-Stefan: „Feste Bindung gesucht", in: *brand eins*, Oktober 2012, S. 22 – 28

26 Vgl. The Myers & Briggs Foundation: „MBTI Basics", http://www.myersbriggs.org/my-mbti-personality-type/mbti-basics/, Zugriff am 26.11.2012

27 Vgl. Leonard-Barton, Dorothy; Swap, Walter C.: *Deep Smarts. How to Cultivate and Transfer Enduring Business Wisdom*, Harvard Business Review Press, Boston 2005, S. 188

28 Vgl. Rozman, Anja: *Wissensverlust bei Ausscheiden von Experten – Eine empirische Erhebung von Risiken und Maßnahmen am Beispiel von kleinen und mittleren Unternehmen der Dienstleistungsbranche in der Region Ingolstadt*, Bachelorarbeit an der Fakultät Informationsmanagement der Hochschule Neu-Ulm vom 09.10.2012, Betreuerin: Prof. Dr. U. Reisach

29 Mast, Claudia: *Unternehmenskommunikation*, UTB/UVK-Verlagsgesellschaft, Konstanz/München 2013, S. 59

30 Vgl. Leonard-Barton, Dorothy; Swap, Walter C.: *Deep Smarts. How to Cultivate and Transfer Enduring Business Wisdom*, Harvard Business Review Press, Boston 2005, S. 249

31 Vgl. dazu auch die auf der eigenen Konzeption und Durchführung solcher Trainings beruhenden Ausführungen von Reisach, Ulrike; Tauber, Theresia; Yuan, Xueli: *China. Wirtschaftspartner zwischen Wunsch und Wirklichkeit*, Redline Wirtschaft, Heidelberg 2007 (und seit 2010 als E-Book bei Ciando)

32 Vgl. Akerlof, George A.; Kranton, Rachel E.: *Identity Economics. How our identities shape our work, wages and well-being*, Princeton University Press, Princeton 2010, S. 39

33 Vgl. Senior Experten Service (SES), http://www.ses-bonn.de/, Zugriff am 22.10.2012

5 Lösungswege in der heutigen Praxis

Die Grundlagen
Kapitel 1: Einführung

Die Herausforderungen
Kapitel 2: Herausforderungen der Wissensweitergabe

Die wissenschaftliche Basis
Kapitel 3: Leaving Expert, Expertenwissen, Erfahrungen, Werte

Die personalpolitische Sicht
Kapitel 4: Personalmanagement und Wissenstransfer

Die Praxis
Kapitel 5: Lösungswege in der heutigen Praxis

Der Idealfall
Kapitel 6: Prozessorientierter Wissenstransfer bei ausscheidenden Experten

Der Blick in die Zukunft
Kapitel 7: Wissenstransfer als Teil der Unternehmenskultur

Die Praxis
Kapitel 5: Lösungswege in der heutigen Praxis

- ▶ Welche Methoden gibt es für den Wissenstransfer?
- ▶ Welche Methode passt für welche Problemstellungen?
- ▶ Toolbox für Praktiker

„*Wissen ist Macht*", hat der englische Philosoph Francis Bacon[1] erkannt. „Wissen ist Erfolg", könnte man heute ergänzen, und die meisten Unternehmen würden diesen Satz unterschreiben. So wundert es nicht, dass in der Wirtschaft und in der Beraterwelt schon länger über den Transfer von Wissen, insbesondere von Expertenwissen, nachgedacht wird. Eine umfassende Recherche für dieses Buch ergab eine stattliche Anzahl von Ansätzen. Zuerst sind die personalpolitischen Instrumente zu nennen, also Einarbeitungstandems, Mentorensysteme oder auch nur das einfache Übergabegespräch. Seit Anfang der 90er-Jahre des letzten Jahrhunderts ist auch eine ganze Reihe von spezialisierten Wissenstransferansätzen entstanden. Diese lassen sich grob in zwei Gruppen aufteilen: in solche, die eine individualisierte Herangehensweise, eine Ausrichtung auf den Dialog und auf Reflexionsprozesse bei der Erfassung und der Weitergabe von Wissen haben, und solche, die ein standardisiertes, strukturiertes Vorgehen für Erfassung und Transfer heranziehen. Diese beiden Ausprägungen sind aber nur die Pole auf einem Kontinuum, und viele Wissenstransfermethoden sind nicht eindeutig einem der beiden Pole zuzuordnen, sondern mischen methodische Schritte und Tools aus diesen beiden Ansätzen.

Im Folgenden stellen wir einige Ansätze exemplarisch vor, um die grundsätzlichen Herangehensweisen an Wissenstransferprozesse zu verdeutlichen. Jeder Ansatz bekommt eine strukturierte Kurzbeschreibung, die auf den ersten Blick zeigt, welche Schwerpunkte in dem entsprechenden Ansatz gesetzt werden und wie hoch der dafür notwendige Aufwand einzuschätzen ist. Die Kurzbeschreibung beantwortet folgende Fragen:

- *Setzt der Ansatz im Gespräch mit dem Wissensträger eher eine offene Dialoggestaltung ein oder werden die Gesprächsthemen vorgegeben?* Diese Dimension kann von einem völlig freien Gesprächsverlauf wie etwa in informellen Gesprächen über narrative Interviews bis hin zu Leitfäden und Checklisten gehen, in denen die Fragen an den Experten bis ins Detail festgelegt sind.

Wir wählen diese Kategorisierung, weil ein zentrales Merkmal des Wissenstransfers von Experten- und Erfahrungswissen der Dialog mit dem Wissensträger ist und die vorgestellten Ansätze sich hier zum Teil erheblich unterscheiden. Allerdings sind mit „Dialog" nicht unbedingt ein „Face-to-Face"-Setting und die Anwesenheit des Wissensnehmers (Nachfolger) gemeint. Denkbar ist auch ein medial geführter Dialog, etwa in Experten-Communitys, oder ein zeitlich verschobener, mittelbarer Kontakt zwischen Experte und Nachfolger, etwa wenn die Ergebnisse der Gespräche mit dem Experten zur Wissenserfassung in einer digitalen Form aufbereitet und erst zu einem späteren Zeitpunkt von interessierten Wissensnehmern eingesehen werden. Immer aber braucht es einen Zuhörer oder Zuschauer am Beginn der Wissenserfassung, um den Experten dabei zu unterstützen, sein Erfahrungswissen in Worte zu fassen oder in einer Handlung zu zeigen.

- Die zweite Frage, die mit der Kurzbeschreibung vorab beantwortet werden soll, bezieht sich auf die Wissensformen, die der Ansatz am besten erfassen kann. Diese Kategorisierung wählen wir, um die Bandbreite des Wissens zu zeigen, das vom entsprechenden Ansatz handhabbar gemacht werden kann. Spannend wird es vor allem bei jenem personalen Wissen, welches nicht ohne Weiteres explizit artikulierbar ist, weil es im Bewusstsein nicht begrifflich repräsentiert ist. Dieses personale Wissen nennen viele Wissensmodelle zusammenfassend „implizites Wissen", auch wenn diese Bezeichnung nicht wirklich trennscharf ist (siehe Kapitel 3). Dieses Expertenwissen entzieht sich den klassischen IT-basierten Wissensmanagementansätzen, sodass ein erster Blick auf den Umfang des erfassbaren Wissens in der Kurzbeschreibung sinnvoll ist: Weil das implizite Wissen noch weiter in verschiedene Bewusstseinsformen unterteilt werden kann, also von unbewusst und nur im Handeln sichtbar werdend bis hin zu bewusst und mit konkreten Worten benennbar vorliegt, wird die strukturgenetische Perspektive herangezogen: Sie erlaubt einen weiteren Begriff von Wissen, zum einen das personale Wissen „im Kopf der Fach- und Führungskraft" und zum anderen das öffentliche Wissen. Ersteres liegt in verschiedenen Bewusstseinsgraden vor, von nicht bewusst zugänglich (das Handlungswissen) über bildhaft repräsentiert, aber nicht sprachlich zugänglich (bildliches Wissen), bis hin zu explizit artikulierbar (begriffliches Wissen). Handlungswissen kann man nicht in Worte fassen, also sind hier nur wenige methodische Ansätze sinnvoll, die mit Videoanalysen des Verhaltens arbeiten. Intuitives, bildliches Wissen benötigt unter anderem Metaphern und Visualisierungen, um in Worte überführt werden zu können. Hier bieten sich also Ansätze an, die mit solchen Elementen arbeiten. Begriffliches Wissen schließlich kann „schlicht" durch Sprache gefasst werden, hier können alle Ansätze gute Ergebnisse erzielen. Da Erfahrungswissen in all diesen genannten Bewusstseinsgraden vorliegen kann, sollen mit der strukturierten Kurzbeschreibung folgende Fragen beantwortet werden: *Welche Wissensformen werden erfasst? Kann der Ansatz also auch Handlungswissen oder bildliches Wissen oder nur begriffliches Wissen erfassen?*

▪ Schließlich folgt eine Beurteilung des zu erwartenden Aufwandes und der zu erwartenden Ergebnistiefe: Der Aufwand berücksichtigt den Experten, den Nachfolger und den Durchführer des Transferprozesses (sofern eine dritte Person als Durchführer vorhanden ist): *Wie hoch ist der geschätzte Aufwand des Ansatzes auf einer Skala von gering, mittel und hoch?* Diese Kategorisierung stellt allerdings keinerlei Bewertung des Ansatzes dar, sondern soll schlicht Auskunft darüber geben, mit welchem zeitlichen Aufwand der Einsatz dieses Ansatzes verbunden ist. Allerdings liefert ein recht aufwendiges Verfahren meist auch tiefer gehende Einblicke in die Erfahrungswelt eines Experten als ein weniger aufwendiges Verfahren. Daher wird die Frage „*Wie hoch ist die Ergebnistiefe der Erfassung und Aufbereitung des Wissens?*" auch auf der gleichen Skala von gering, mittel und hoch beurteilt.

Bild 5.1 zeigt beispielhaft die beschriebenen Kategorien der strukturierten Kurzbeschreibung, die eine erste Einordnung des Ansatzes in Bezug auf Grundhaltung, Wirktiefe und Aufwand/Ergebnistiefe ermöglicht. Bild 5.2 zeigt alle Wissenstransferansätze im Überblick.

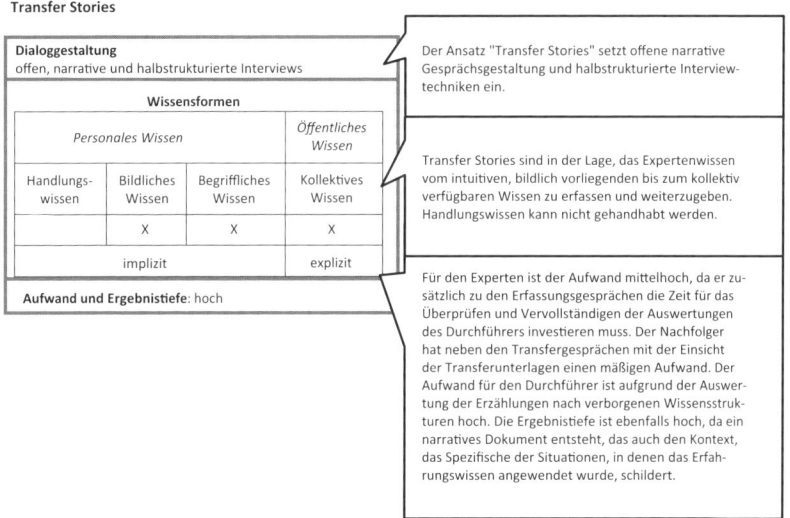

Bild 5.1 Die strukturierte Kurzbeschreibung und ihre Bedeutung

HINWEIS: Nach dieser Kategorisierung mit der strukturierten Kurzbeschreibung werden alle Ansätze in einem ähnlichen Raster beschrieben, damit eine gewisse Vergleichbarkeit möglich wird:

- WAS – Kurzbeschreibung: Der Ansatz wird in aller Kürze beschrieben, um gleich zu Beginn einen Überblick zu geben.
- WER – Zielgruppe und Einsatzfelder: Eventuelle Fokussierungen auf eine bestimmte Zielgruppe und Einsatzfelder werden genannt.
- WIE – Vorgehen: Der Ansatz wird detaillierter beschrieben.

Vorteile: Die besonders positiven Aspekte des Ansatzes werden genannt.

Nachteile: Die eher negativen Facetten werden beleuchtet.

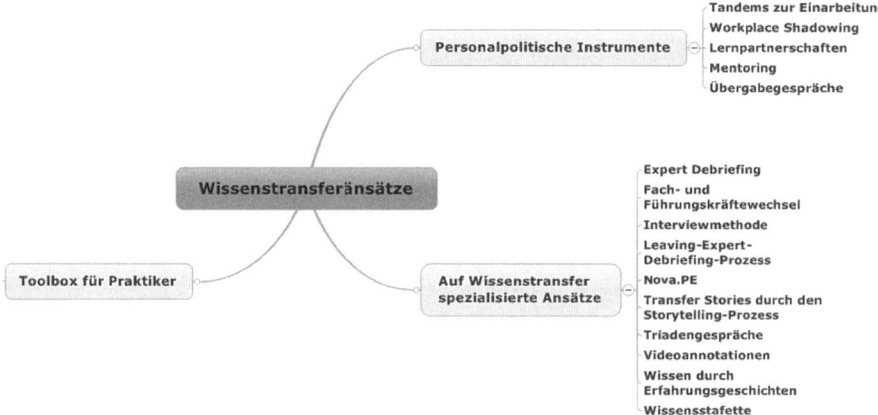

Bild 5.2 Alle vorgestellten Wissenstransferansätze im Überblick

■ 5.1 Personalpolitische Instrumente

Die Personalentwicklung (PE) hat vielfältige Aufgaben in Unternehmen, in deren Mittelpunkt der Mitarbeiter und das Gestalten von gelungener Kooperation stehen. Daher ist die Herausforderung, das Wissen des „Älteren", des Vorgängers, an den „Jüngeren", den Nachfolger, zu übergeben, eine permanente Aufgabe für Personalentwickler. Dementsprechend werden auch klassische Personalentwicklungsmethoden eingesetzt, wenn es um Wissenstransfer geht. Die wichtigsten werden hier vorgestellt. In Abgrenzung zu den später folgenden spezialisierten Ansätzen sind die PE-Ansätze jedoch breiter aufgestellt, also nicht auf den Kontext Leaving Experts und daher nicht auf das schwer fassbare Expertenwissen ausgerichtet, sondern sie können genauso etwa in Einarbeitungssituationen (auch ungelernter) neuer Mitarbeiter angewendet werden. Daher ist die Methodik dieser PE-Ansätze offen ausgelegt, denn es geht eher um das Bereitstellen von

Regelabläufen, wer wann mit wem spricht oder wen einarbeitet, als um ausgefeilte Befragungstechniken, um implizites Wissen ans Tageslicht zu holen. Dennoch sind die PE-Ansätze die „geistige Heimat", die Ausgangsbasis für die spezialisierten Ansätze im engeren Kontext des Wissenstransfers bei Experten. Aus der Fülle der verschiedenen PE-Ansätze sind jene für das Thema Wissenstransfer besonders relevant, die auf den Dialog fokussieren, also den direkten Austausch, meist sogar „on the job", von Jung und Alt beziehungsweise unerfahren/erfahren fördern und hierfür Rahmenbedingungen formulieren.

5.1.1 Tandems

Dialoggestaltung: offen			
Wissensformen:			
Personales Wissen		Öffentliches Wissen	
Handlungswissen	Bildliches Wissen	Begriffliches Wissen	Kollektives Wissen
X	X	X	X
implizit			explizit
Aufwand und Ergebnistiefe: hoch			

Bei der Tandemlösung wird der Nachfolger eine ausreichende Zeit (mindestens ein halbes Jahr) vor dem Ausscheiden des Experten eingestellt. Nachfolger, die in einem Tandem in ihre neuen Aufgaben eingeführt werden, können sich glücklich schätzen. Denn sie haben die Möglichkeit, dem Wissensträger über die Schulter zu schauen, ihn bei seiner Arbeit zu begleiten und zu beobachten, Fragen zu stellen, die direkt „on the job" entstehen, und Antworten zu bekommen, die im konkreten Kontext eingebettet und so ideal für das Verstehen und Erinnern unterfüttert sind. Die Überlegenheit dieser Einarbeitungsform zeigt sich darin, dass es in der Erwachsenenbildung ein eigenständiges didaktisches Modell, den Cognitive-Apprenticeship-Ansatz[2] gibt, der die Lernprozesse eines Lehrlings vom Meister im handwerklichen Bereich auf kognitive Wissensinhalte übertragen hat. Eine Einarbeitung im Tandem mit einem erfahrenen Partner ermöglicht das Lernen vom Experten im Alltag und beinhaltet alle pädagogisch notwendigen Elemente des gelungenen Wissenstransfers, wie sie auch im Cognitive-Apprenticeship-Ansatz als Idealszenario für den Erwerb neuen und anwendungsorientierten Wissens genannt werden:

- Der Nachfolger kann den Experten bei der Ausübung seiner Tätigkeit beobachten und unmittelbar Fragen zu den zu erlernenden Aufgaben stellen.
- Er hat die Möglichkeit, die Aufgaben schrittweise nachzuahmen und direktes Feedback auf das eigene Verhalten zu bekommen.
- Er kann nach und nach die Wissensbereiche des Älteren kennenlernen.
- Und er kann schrittweise in das selbständige Handeln entlassen werden.[3]

Diese Gestaltungsmerkmale für Lehr-/Lernsituationen im Cognitive-Apprenticeship-Ansatz stellen den Kontext des Lernens in den Mittelpunkt, denn in diesem wie in anderen gemäßigt konstruktivistischen Ansätzen[4] geht man davon aus, dass Wissen und Fähigkeiten stets an die (sozialen) Kontexte gebunden sind, in denen sie erworben wurden. Die Grundannahme lautet, dass Wissen als soziale Konstruktion in konkreten Situationen entsteht – man spricht auch von Situiertheit des Wissens und Lernens. Neben dem Cognitive-Apprenticeship-Ansatz haben sich einige weitere bekannte Ansätze zum situierten Lernen etabliert, denen allen das aktive Lösen konkreter Probleme gemeinsam ist. Bei der Gestaltung von Lernumgebungen werden von diesen Ansätzen des situierten Lernens folgende grundlegende Forderungen gestellt, um Lernen und Transfer von Wissen zu unterstützen:[5]

- komplexe Ausgangsprobleme,
- Authentizität und Situiertheit,
- multiple Perspektiven,
- Artikulation und Reflexion sowie
- Lernen im sozialen Austausch.

Übertragen auf den realen Berufskontext sind jene Forderungen an eine gute Lernumgebung bei der Einarbeitungsform des Tandems bereits vorhanden und müssen nicht erst weiter gestaltet werden.

 Vorteile

Das Tandem ist die überlegene Lösung für gelungenen Wissenstransfer und eine sehr gute Methode für den Transfer von auch implizitem Erfahrungswissen, da es kontextnah und am konkreten Tun ausgerichtet ist und der Wissensaustausch beziehungsweise die Konstruktion neuen Wissens im gegenseitigen Dialog stattfindet. Der Nachfolger wird Schritt für Schritt und in ständiger fachkundiger Begleitung des scheidenden Experten an das Tätigkeitsfeld, seine Herausforderungen, Partner und Umfeldbedingungen herangeführt.

Nachteile

Tandemlösungen sind aufwendig und teuer, da über einen längeren Zeitraum Nachfolger und Experte parallel arbeiten. Sie gehen davon aus, dass der Nachfolger rechtzeitig zur Verfügung steht und bereit ist, während der langen Einarbeitungszeit an zweiter Stelle zu stehen.

5.1.2 Workplace Shadowing

Dialoggestaltung: offen

Wissensformen:

Personales Wissen		Öffentliches Wissen	
Handlungswissen	Bildliches Wissen	Begriffliches Wissen	Kollektives Wissen
x	x	X	X
implizit		explizit	

Aufwand und Ergebnistiefe: hoch

Eine Unterform von Tandems ist das „Workplace Shadowing": Die Dialogsituation in einem Tandem bietet auch die Möglichkeit, Kontext- und Beziehungswissen des Experten in Form eines Vernetzungsprozesses (Konnektivismus) zu vermitteln. Damit vollzieht der Nachfolger die Gedankengänge und Schlussfolgerungen des Experten nach – oft in Form einer Begleitung während dessen aktiver Zeit, also zum Beispiel an der Werkbank oder beim Gespräch mit den Kunden. Er hat Gelegenheit nachzufragen, seine Beobachtungen und Interpretationen mit dem Experten zu diskutieren und schließlich seine eigenen Schlussfolgerungen zu ziehen. Damit wird er befähigt, nicht nur nachzuvollziehen, sondern auch eigene konstruktive Lösungsvorschläge zu entwickeln.

Vorteile
Das Workplace Shadowing führt den Nachfolger in reale Handlungs- und Entscheidungssituationen ein und ermöglicht es ihm, binnen weniger Tage oder Wochen die Umfeldbedingungen, Kollegen, Kunden und Geschäftspartner kennenzulernen. Zugleich können offene Fragen im persönlichen Gespräch geklärt werden.

Nachteile
Workplace Shadowing ist normalerweise kürzer und damit etwas weniger aufwendig als die Tandemlösung. Dennoch sollte der Aufwand bezüglich Erläuterungen, Einführung des Lernenden und Terminkoordination (zum Beispiel bei Kundenterminen) nicht unterschätzt werden.

5.1.3 Lernpartnerschaften

Dialoggestaltung: offen

Wissensformen:

Personales Wissen		Öffentliches Wissen	
Handlungswissen	Bildliches Wissen	Begriffliches Wissen	Kollektives Wissen
x	x	X	X
implizit		explizit	

Aufwand und Ergebnistiefe: hoch

Eine weitere bekannte Unterform des Tandems sind die Lernpartnerschaften: Das Konzept der „betrieblichen Lernpartnerschaften" wurde hier für den Wissenstransfer zwischen älteren und jüngeren Mitarbeitern adaptiert. Zur Definition einer Lernpartnerschaft gibt es sieben Kriterien:

- *Anzahl der Lernpartner:* Eine Lernpartnerschaft besteht aus zwei oder mehr fest definierten Mitarbeitern.

- *Altersstruktur der Lernpartnerschaft:* Das Projekt ist auf das gemeinsame Lernen von älteren und jüngeren Mitarbeitern mit signifikantem Altersunterschied ausgelegt.

- *Inhalte der Lernpartnerschaft:* In der Regel handelt es sich bei den Inhalten um klar abgegrenzte Themen oder Projekte, innerhalb derer die Lernpartner zusammenarbeiten.

- *Lernkultur:* In einer Lernpartnerschaft lernen beide Partner, indem sie in tätiger Auseinandersetzung mit ihrer Arbeitsaufgabe gemeinsame Probleme lösen und dabei Wissen austauschen.

- *Lernzeiten:* Keine Festlegung, gelernt wird in der Bewältigung von Problemen zum Zeitpunkt des Auftretens beziehungsweise des Lösungsprozesses.

- *Lernorte:* Projektsitzungen, Nachbereitungen der Sitzung, in der Produktion am Ort des aufgetretenen Problems.

- *Lernbereitschaft:* Das gemeinsame generationenübergreifende Lernen setzt die bedingungslose Bereitschaft zur Wissensweitergabe voraus.

Die Methode konzentriert sich besonders auf implizites Wissen (Erfahrungswissen), das sich im Umgang mit außergewöhnlichen Situationen zeigt. Das Ziel ist der Transfer von in Jahren oder Jahrzehnten gewachsener Methodenkompetenz von älteren auf jüngere Mitarbeiter.

Eine Lernpartnerschaft wird nach den genannten Kriterien installiert. Das Gesamtprojekt besteht aus den Lernpartnern und einem Begleiter (entweder aus der Abteilung Personalentwicklung oder einem externen Berater). Die Lernpartner arbeiten im Rahmen eines konkreten Projekts zumeist über einen längeren Zeitraum zusammen. In regelmäßigen Sitzungen mit dem Begleiter werden die Lernfortschritte und das weitere Vorgehen besprochen.

Vorteile
Austausch von Wissen (implizites Erfahrungswissen) von älteren und jüngeren Mitarbeitern, Kompetenzentwicklung und Bindung älterer Mitarbeiter an das Unternehmen.

Nachteile
Langer, kostenintensiver Prozess, funktioniert nur bei absoluter Freiwilligkeit der Teilnahme, muss in die Gesamtkultur des Unternehmens passen, scheitert, wenn die Chemie unter den Lernpartnern nicht stimmt.

Fallbeispiel Sartorius AG[6]

Im Rahmen eines von der Bundesregierung geförderten Projekts „Gemeinsames Lernen von älteren und jüngeren Mitarbeitern" hat die Möhwald Unternehmensberatung das Projekt Lernpartnerschaften bei der Sartorius AG, einem Anbieter von Labor- und Prozesstechnologie in Göttingen, durchgeführt. Dabei hat sich gezeigt, dass, bis die ersten Lernpartnerschaften in einem Unternehmen implementiert sind, ein langer und steiniger Weg zurückzulegen ist. Es gibt viele Gründe, warum die Mitarbeiter sich nicht von Anfang an für ein derartiges Projekt begeistern:

- „Wenn ihr erst mal unser Wissen aus uns herausgesaugt habt, dann sind wir überflüssig und müssen das Unternehmen verlassen" war ein Argument, das den Projektbegleitern mehr als einmal präsentiert wurde.

- „Wir sind doch beim Alter so weit auseinander, was sollen wir denn voneinander lernen" war ein weiterer Vorbehalt, der über die Lernpartnerschaften geäußert wurde.

- „Zum Lernen habe wir doch sowieso keine Zeit, wie soll das denn neben der regulären Arbeit noch funktionieren?" war ebenfalls eine Skepsis gegenüber den Lernpartnerschaften.

Deshalb gehört eine langfristige und systematische Vorbereitung und Begleitung eines Lernpartnerschaftsprojekts zu den Erfolgsfaktoren. Bei der Sartorius AG hat es im Pilotprojekt gut neun Monate von der Einführung des Projekts bis zur Implementierung konkreter Lernpartnerschaften gedauert.

Mit Begleitung der Personalentwicklung und eines externen Experten wurde die geplante Vorgehensweise zur Einführung der Lernpartnerschaften den Mitarbeitern in Gruppensitzungen vorgestellt, und Interessenten für Lernpartnerschaften wurden ermittelt. Verbunden mit deutlichen Vorbehalten war die Beteiligung zunächst zurückhaltend. Die jüngeren Mitarbeiter zeigten sich der Projektidee gegenüber offener als die älteren Kollegen und meldeten sich mit sehr viel größerer Bereitschaft für die Lernpartnerschaften.

Nachdem für die Mitarbeiter glaubhaft wurde, dass Lernpartnerschaften vom Unternehmen nicht nur geduldet, sondern gewollt sind, haben sich neben den quantitativen Veränderungen auch die qualitativen Ansprüche an eine Lernpartnerschaft verändert. In einigen Fällen sind die Lernpartner zusammen in ein gemeinsames Büro gezogen, haben gemeinsam Dienstreisen durchgeführt oder sich für gemeinsame Projekte gemeldet.

5.1.4 Mentoring

Dialoggestaltung: offen			
Wissensformen:			
Personales Wissen		Öffentliches Wissen	
Handlungswissen	Bildliches Wissen	Begriffliches Wissen	Kollektives Wissen
x	X	X	X
implizit		explizit	
Aufwand und Ergebnistiefe: hoch			

Mentoring ist eine der ältesten Formen des sozialen Lernens. Es steht für eine Beziehung zwischen einer erfahrenen Person und einer weniger erfahrenen Person mit dem Ziel, die Entwicklung des weniger Erfahrenen durch das Wissen und den Rat des Mentors zu fördern. Als PE-Instrument dient das Mentoring dem Transfer von Erfahrungen und fachlichem Wissen des Mentors an den Mentee und steht für eine längerfristige, oft über Jahre dauernde Beziehung. Dabei geht es um die Weiterentwicklung von Kompetenzen und die Ausschöpfung von Potenzialen mit dem Ziel, die beruflichen Perspektiven des Mentee nachhaltig zu verbessern.[7] Ein betriebsinternes Mentoring geht meist über Hierarchiegrenzen hinweg, das heißt, der Mentor ist in einer höheren Hierarchiestufe angesiedelt als der Mentee. In der Mentoring-Beziehung steht der Mentor als Ratgeber zur Seite und begleitet den Mentee durch verschiedene Herausforderungen, die der Alltag in der gemeinsamen Organisation an den Neuen heranträgt. Der Mentor übermittelt in der Rolle als Berater und Begleiter die impliziten und expliziten Wertesysteme und Normen der Organisation und trägt so entscheidend zur Sozialisation des Mentee bei.

Mentoring gibt es in verschiedenen Formen, die im Kern stets den Austausch und die Weitergabe von Wissen und Erfahrung an die weniger erfahrene Person zum Ziel haben, aber in Bezug auf die hierarchische Position, die Zugehörigkeit zur gleichen Organisation und das Geschlecht der Beteiligten sowie in Gruppengröße und Institutionalisierungsgrad variieren. Hier eine Auswahl an möglichen Formen des Mentorings, gereiht nach dem Grad der Individualität und Formalisierung:[8]

- *Internes Mentoring:* Das Mentoring findet innerhalb einer Organisation, also beispielsweise in einem Unternehmen statt. Die Mitglieder werden einander vermittelt, wobei allerdings darauf geachtet wird, dass keine direkten Arbeitsbeziehungen bestehen. Dennoch spielen die hierarchischen Ränge informell eine gewisse Rolle, die Beziehungen sind also nicht hierarchiefrei.

- *Cross-Mentoring oder externes/organisationsübergreifendes Mentoring:* Mentoring-Tandems werden aus unterschiedlichen Organisationen beziehungsweise Branchen gebildet, sodass Hierarchien eine geringere Rolle spielen.

- *Peer-Mentoring:* Mentoring unter Gleichgestellten/Gleichrangigen, häufig auch in Gruppen.

- *Gruppen-/Team-Mentoring:* Mehrere Mentees werden durch einen Mentor betreut. Dies wird oft verknüpft mit einem „Besuchs-Mentoring" (= Kennenlernen des beruflichen Alltags des Mentors).

- *E-Mentoring:* Der Austausch zwischen Mentor und Mentee findet vorwiegend online statt.
- *Equal-Gender-Mentoring:* Mentor und Mentee sind entweder beide männlich oder beide weiblich. Davon verspricht man sich zum Beispiel in der Frauenförderung Vorteile.
- *Cross-Gender-Mentoring:* Mentor und Mentee sind unterschiedlichen Geschlechts.
- *Individuelles Mentoring:* Exklusive One-to-one-Beziehung zwischen Mentor und Mentee.
- *Informelles Mentoring:* Der Kontakt entsteht zufällig und ohne feste Vereinbarung. Der Verlauf hängt von den Möglichkeiten und herrschenden Rahmenbedingungen ab und wird nicht zwangsläufig offengelegt.

Die Vorteile von Mentoring-Programmen liegen für den Mentee auf der Hand: Er hat einen erfahrenen Ratgeber an seiner Seite, der nicht nur fachliches Wissen und Erfahrung weitergeben kann. Der Mentor kann den Mentee bei der Bewältigung seiner Aufgaben unterstützen und zugleich auch verborgene unternehmenskulturelle Werte vermitteln. Aber auch der Mentor und das Unternehmen selbst profitieren von Mentoring-Programmen, wie jüngere Studien zeigen.[9] Die intensive Auseinandersetzung mit den Mentees führt bei vielen Mentoren zum Beispiel zu einer selbstkritischen Reflexion des eigenen Führungsverhaltens. Das Unternehmen profitiert ebenfalls von Mentoring-Programmen, zum einen durch die Steigerung der Produktivität und zum anderen durch die Senkung der Fluktuation.

Mentoring ist einer der wichtigsten Wegbereiter für die spezialisierteren Ansätze im Kontext des Wissenstransfers bei ausscheidenden Fach- und Führungskräften, denn hier wird der Erfahrung des Mentors explizit eine große Bedeutung zugesprochen. Dies ist in der betrieblichen Praxis nicht der Regelfall und kann sich daher nicht auf bestehende Prozesse und Routinen stützen. Im Mentoring jedoch wird die Weitergabe von Erfahrung institutionalisiert. Diese erstmalige Anerkennung der entscheidenden Rolle von Erfahrung und deren institutionalisierter Weitergabe ebnete den Weg für die Wahrnehmung des Risikos des Wissensverlustes bei scheidenden Experten als unternehmensrelevantes Problem. Mit dem wachsenden Bekanntheitsgrad des Instruments Mentoring erhöhte sich die Akzeptanz auch für andere spezialisiertere Ansätze zur Wissensbewahrung.

 Vorteile
Die enge Beziehung und klare Rollenverteilung motiviert den Mentor zur Wissensweitergabe. Er nimmt seine Rolle als Ratgeber und Betreuer ernst und will dem Mentee so viel wie möglich mit auf den Weg geben. Der Mentee profitiert davon, dass sich ein erfahrener Mitarbeiter speziell für ihn Zeit nimmt. Das Unternehmen gewinnt durch den stattfindenden Wissenstransfer und den Motivationsschub der Beteiligten.

Nachteile

Da Mentor und Mentee in dem, was sie inhaltlich besprechen, völlig frei sind, können auch Vorurteile, einseitige Wahrnehmungen oder suboptimale Abläufe tradiert werden. Um dies zu vermeiden, verlangen einzelne Unternehmen Protokolle über die Gespräche und Vereinbarungen zwischen Mentor und Mentee. Durch eine Formalisierung und Dokumentationspflicht geht jedoch der geschützte Raum und mit ihm ein Stück der Vertrauensbasis, die so essenziell für den persönlichen Austausch ist, verloren.

5.1.5 Übergabegespräche

Dialoggestaltung: geschlossen-strukturiert			
Wissensformen:			
Personales Wissen		Öffentliches Wissen	
Handlungswissen	Bildliches Wissen	Begriffliches Wissen	Kollektives Wissen
		X	X
implizit		explizit	
Aufwand und Ergebnistiefe: niedrig			

Übergabegespräche gibt es überall dort, wo in einem kontinuierlichen Ablauf die Schicht wechselt, beispielsweise in Krankenhäusern, beim Wachwechsel auf Schiffen oder bei Langstreckenflügen. Das Ziel dieser ursprünglichen Form von Übergabegesprächen ist eine effiziente, strukturierte und möglichst vollständige Übergabe aller relevanten Informationen, die für die gute Weiterführung der Aufgabe, etwa die Behandlung/Pflege der Patienten, benötigt werden.

In der Regel werden diese Informationen nicht nur im Gespräch, sondern auch zusätzlich durch schriftliche Materialien wie etwa Krankenblätter weitergegeben. Da die Übergabegespräche am Ende der in der Verantwortung stehenden Schicht und zu Beginn der Folgeschicht stattfinden und somit während der Übergabe die eigentliche Aufgabe, also in unserem Beispiel die Betreuung der Patienten, nicht wahrgenommen werden kann, ist der Zeitfaktor entscheidend: Die Übergabe muss schnell und reibungslos vonstattengehen und verlangt von allen Beteiligten eine hohe Routine und Erfahrung in den sie betreffenden Aufgaben sowie ein allen bekanntes Set an Regelabläufen, die nicht weiter miteinander abgesprochen werden müssen. So wäre die Vorstellung, als Routine ein Übergabegespräch während einer Operation am betäubten Patienten einzubauen, absurd, denn das Merkmal einer jeden Operation ist ein gewisses Risiko für Unvorhergesehenes, und so braucht es im Idealfall ein und dieselbe Mannschaft (zumindest was die operierenden Chirurgen betrifft), um einen durchgehend guten Wissensstand über den Zustand des Patienten und den Verlauf der Operation zu haben.

HINWEIS: Übergabegespräche dienen dazu, wichtige Informationen zur Erfüllung der Kernaufgaben von einer Schicht an die nächste zu übergeben, sind eher für vorhersehbare, kalkulierbare Regelabläufe bestimmt, haben ein enges Zeitkorsett und sind angewiesen auf erfahrene, in ihren Kompetenzen weitgehend gleichwertige Wissensgeber und -nehmer. Ihr Kernmerkmal ist das Gespräch, das von weiteren, meist schriftlichen Materialien flankiert wird.

Im Kontext ausscheidender Experten werden ebenfalls Übergabegespräche eingesetzt, in denen der Experte und sein Nachfolger zusammentreffen, um gemeinsam die Kernaufgaben des Ersteren durchzusprechen, seine Unterlagen zu sichten und wichtige Dokumente zu übergeben. Der Zeitfaktor spielt zwar in diesen Treffen auch eine gewisse Rolle – schließlich bleiben auch hier die Kernaufgaben von Experte und Nachfolger liegen –, aber der hohe Zeitdruck, wie er im Schichtdienst besteht, fällt hier weg, sodass mehr Zeit in die Übergabegespräche investieren werden kann. Die ist auch notwendig, denn der Erfahrungsschatz und die Kompetenzen der beiden sind in aller Regel nicht auf demselben Level, der Nachfolger würde mit einer reinen Übergabe der Fakten zu den Kernaufgaben keine wirkliche Chance haben, diese genauso gut wie sein Vorgänger zu erfüllen. Darüber hinaus wäre er spätestens bei einer unvorhersehbaren Problemsituation überfordert, wenn er nicht bereits einen gewissen Erfahrungsschatz gesammelt oder aber Zugang zum Erfahrungswissen seines Vorgängers bekommen hat.

Hier sind die Chancen und Grenzen von Übergabegesprächen gut zu sehen: Der Dialog zwischen den beiden eröffnet zwar alle Möglichkeiten, auch das Erfahrungswissen zu kritischen Situationen weiterzugeben, aber in aller Regel kommt es nicht dazu, und zwar aus mehreren Gründen:

- Die Fülle an reinen Fakten und Informationen zu den Regelaufgaben nimmt die anberaumte Zeit für die Übergabe in Anspruch.
- Es fällt wesentlich leichter, sich auf diese, meist schriftlich vorliegenden Dinge zu konzentrieren, statt im „Kopf des Experten" auf die Suche nach Erfahrungswissen zu gehen.
- Meist wissen weder der Experte noch der Nachfolger, wie sie die Erfahrungen aus solchen kritischen Problemlösesituationen „anpacken" sollen, mit welchen Fragen der Nachfolger es identifizieren oder der Experte es aus seiner Fülle an Erfahrungen auswählen könnte und wie es in den Dialog einzubringen ist.

 Vorteile
Übergabegespräche sind sehr zeiteffektiv und mit geringem Aufwand verbunden.

Nachteile
Übergabegespräche, sofern sie nicht moderiert werden oder einer vorge-
gebenen unterstützenden Struktur folgen, sind in der Regel nur auf das
Informationswissen ausgerichtet und können das Erfahrungswissen des
Experten nicht oder nur sehr rudimentär mitberücksichtigen.

■ 5.2 Spezielle Wissenstransfermethoden

Die meisten der bisher skizzierten personalpolitischen Instrumente können den Wissenstransfer ganz oder zumindest teilweise „on the job", direkt am Arbeitsplatz des Experten, organisieren. Dies ist die beste Art, den Experten und den Nachfolger zusammenzubringen und das Erfahrungswissen des Experten auszutauschen. Denn dann wird das Wissen in der Situation abgefragt, in der es auch angewandt wird. Prinzipiell gilt: Je näher und ähnlicher die Situation, in der der Experte sein Erfahrungswissen artikulieren soll, der authentischen Arbeitsumgebung des Experten ist, in der er dieses Wissen braucht, desto besser. Daher sind alle Erfassungssituationen „on the job", also etwa direkt am Steuerstand einer Anlage, einem Gespräch in einem vom Alltag des Experten losgelösten Setting vorzuziehen.

Doch was kann eine Organisation tun, wenn es nicht möglich ist, den Wissenstransfer in der authentischen Umgebung, am Arbeitsplatz selbst also, zu organisieren? Welche Möglichkeiten gibt es, auf das Erfahrungswissen des Experten zuzugreifen, wenn der Leaving Expert sein Wissen rückblickend, also retrospektiv formulieren soll? Er muss dabei mentale Erinnerungsarbeit leisten und rekapitulieren, was genau damals passiert ist und welche Erfahrungen er in welchen Teilbereichen seiner Aufgaben gesammelt hatte. Für diesen Fall sind in den letzten Jahren einige spezielle Wissenstransfermethoden entwickelt worden, die genau in Situationen, die keine Tandemlösungen erlauben, hilfreich sind.

Die hier ausgewählten speziellen Wissenstransferansätze sind daher allesamt bewährte Anwendungen aus der Praxis, die speziell für den Transfer von Expertenwissen beim Fach- und Führungskräftewechsel entwickelt wurden. Sie sind teils individualisierte Ansätze, die ein konstruktivistisches Weltbild zugrunde legen, also davon ausgehen, dass die Bedeutung von Wissensinhalten im sozialen Austausch ausgehandelt wird. Dementsprechend stehen der offene Dialog und Reflexionsprozesse über die Bedeutung „hinter den Worten" im Vordergrund. Diese Ansätze wenden also eine offen-dialogische Gesprächssituation an, um das Erfahrungswissen des Experten zu fassen. Andere Ansätze legen weniger Gewicht auf die offene Gesprächssituation und das Aushandeln von Bedeutung, sondern legen mehr Wert auf eine strukturierte Vorgehensweise und eine übersichtliche Dokumentation des Wissenstransfers. So soll das Wissen auch später noch verfügbar sein, wenn die Fach- oder Führungskraft nicht mehr im Unternehmen ist. Diese Ansätze begehen den Wissenstransfer tendenziell mit geschlossenen

Befragungssituationen, die durch Leitfäden, halbstrukturierte Interviews oder Checklisten strukturiert werden.

Einige der offenen, individualisierten Ansätze setzen narrative Methoden ein, sie lassen also den Experten offen von seinen Erfahrungen erzählen und lenken nur sehr wenig durch gezielte Wissensfragen (Triadengespräche [Kapitel 5.2.7], „Wissen durch Erfahrungsgeschichten" [Kapitel 5.2.9], Transfer Stories [Kapitel 5.2.6]). Manche Ansätze setzen Metaphern und Visualisierungen ein und sind damit in der Lage, auch das intuitive Wissen zu erfassen, für das die Worte (noch) fehlen, bevor man es durch Bilder und Metaphern „einfängt" (Nova.PE [Kapitel 5.2.5], Transfer Stories [Kapitel 5.2.6]). Ein Ansatz basiert auf Videoaufnahmen, die die Fach- oder Führungskraft im Nachhinein kommentiert und so erklärt, warum sie wie gehandelt hat. Dieser Ansatz, genannt „Videoannotation" (Kapitel 5.2.8), kann so auch das Handlungswissen teilweise miterfassen. Der letzte der offenen Ansätze ist die Interviewmethode (Kapitel 5.2.3), die weit weniger tief greifend ist. Sie kann also die impliziten Anteile weniger tief heben als andere Ansätze, ist dafür aber mit sehr geringem Aufwand durchzuführen.

Einige der strukturiert-geschlossenen Ansätze legen elaborierte Wissenskategorien zugrunde, die den Interviewer unterstützen, thematisch fokussierte Interviews mit dem Leaving Expert zu führen (Expert Debriefing [Kapitel 5.2.1], Wissensstafette [Kapitel 5.2.10], Fach- und Führungskräftewechsel [Kapitel 5.2.2]). Manche Ansätze bieten in ihrer Vorgehensweise einen Prozess an, der die einzelnen Phasen eines Wissenstransfers vom Erstgespräch bis hin zur Evaluation des Transferprozesses abdeckt (allen voran Nova.PE [Kapitel 5.2.5], Expert Debriefing [Kapitel 5.2.1]). Einige Ansätze setzen verschiedene Methoden, also nicht nur die strukturiert-geschlossene Befragung ein, sondern auch offenere Befragungen und andere (visualisierende) Methoden (Nova.PE [Kapitel 5.2.5]), Fach- und Führungskräftewechsel [Kapitel 5.2.2] und Leaving Expert Debriefing (Kapitel 5.2.4]). Zu diesen Mischformen zählt auch die offene Methode Transfer Stories (Kapitel 5.2.6), die die offene Gesprächssituation mit der strukturierten Befragungssituation kombiniert.

Die Vielfalt an Methoden und an Herangehensweisen, das Expertenwissen fassbar zu machen, ist also denkbar groß. Eine Wertung in „besser" oder „schlechter" für den Wissenstransfer macht wenig Sinn, denn jede dieser Herangehensweisen hat ihre spezifischen Stärken. Wie so oft ist eine Synthese dieser verschiedenen Grundausrichtungen die goldene Mitte, wenn es um das Erfassen und Dokumentieren von Expertenwissen geht: Das Bereitstellen von offenen Dialogsituationen, die strukturierten Wissenskategorien im Hintergrund der Befragungssituation, die Konzentration auf eine solide Dokumentation – dies sind die Faktoren, die zusammengenommen einen guten Wissenstransfer ausmachen. Viele der hier vorgestellten Ansätze gehen schon ein Stück dieses Weges, doch gibt es noch viel zu tun, damit man wirklich von einer gelungenen Synthese sprechen kann.

Dies wird auch in dem folgenden Expertengespräch mit zwei Experten für Wissenstransfer im Unternehmen ThyssenKrupp Steel Europe deutlich. Die beiden Gesprächspartner sprechen über den größeren Kontext rund um Wissenstransfer bei ThyssenKrupp Steel und beschreiben den von ihnen angewendeten Transferprozess. Die beiden Pole eines offen-dialogischen und eines strukturiert-geschlossenen Herangehens und deren Mischform werden hier eindrücklich aus der Sicht der Praktiker kommentiert.

Expertengespräch zum Wissenstransfer bei ThyssenKrupp Steel Europe

ThyssenKrupp Steel hat bereits seit 2007 Wissenstransfer als eine institutionalisierte Maßnahme etabliert und blickt auf einen reichen Erfahrungsschatz zurück, wenn es bei ausscheidenden Experten um das Erfassen und Weitergeben von deren Wissen geht.

Zu den Gesprächspartnern:

Herr Marcus Mogk ist im Teamkoordinationsbereich Personalpolitik/Talent Management/Interne Kommunikation von ThyssenKrupp Steel Europe verantwortlich für das Team Seminarzentrum, Personalentwicklung, Wissenstransfer. Seit 2007 hat er im Zuge eines großen Programms bezüglich des demografischen Wandels die Aufgabe, den Wissenstransfer bei ausscheidenden Fach- und Führungskräften zu gestalten.

Frau Andrea Bröcher ist in Herrn Mogks Team die Expertin für Wissenstransfer und das hier beschriebene Verfahren, das bis zum Sommer 2012 bereits 168-mal zur Anwendung kam.

Welche Bedeutung beziehungsweise welchen Wert hat Wissen in Ihrem Unternehmen? Herrscht Awareness für Expertenwissen in Ihrem Unternehmen?
2006 kam das Thema Wissen und Wissenstransfer in größerem Maßstab auf die Agenda, als im Zuge des demografischen Wandels das Programm ProZukunft vom Vorstand aufgesetzt wurde. Die Kernthemen von Pro-Zukunft bezogen sich unter anderem auf die Fragen:

- Wie bekommen wir Bewerber bei einem rückläufigen Absolventenmarkt?
- Wie können wir die Mitarbeiter halten?
- Wie können wir sie gesund erhalten?
- Wie können wir deren Wissen bei dem Ausscheiden im Unternehmen halten?

Auch vor 2006 gab es Ansätze für Wissenstransfermaßnahmen, zum Beispiel Tandemlösungen, bei denen der Ältere den Jüngeren „mitgenommen" hat. Doch diese wurden nicht durchgängig praktiziert, da der Kostenblock sehr hoch steigt, wenn man dies vernünftigerweise mehr als sechs Monate macht. Ein anderes Beispiel: Auch im Traineeprogramm gingen Nachwuchskräfte in strukturierten Anlernprogrammen durch die Abteilungen – eine Wissenstransfermaßnahme, die vor dem institutionalisierten Einsatz von Transfermaßnahmen stattfand, jedoch nicht immer systematisch.

Die Diskussion zu Expertenwissen kam auf, als wir erste Prognosen rechneten, wie viele Personen pro Jahr das Unternehmen bis 2020 verlassen werden: Circa 550 bis 600 Mitarbeiter pro Jahr scheiden aus dem Unternehmen aus, sodass eine Sicherung deren Wissens eine wichtige Maßnahme wurde.

Zunächst gab es Pilotprojekte, und anschließend wurden diese auf das Unternehmen ausgebreitet. Die Ansprache für das Thema Wissenstransfer erfolgt hierbei im Regelfall durch die zuständigen Personalmanager.

Wir blicken mittlerweile auf eine beachtliche Anzahl von durchgeführten Wissenstransfermaßnahmen bei ausscheidenden Fach- und Führungskräften zurück: Bis zum Sommer 2012 haben wir unseren Wissenstransferprozess bereits 168-mal durchgeführt.

Welche Experten und welches Expertenwissen erreichen Sie mit Ihrem Transferprozess?

Die meisten Wissenstransfers werden beim Ausscheiden von Fach- und Führungskräften, und zwar im außertariflichen Bereich, durchgeführt. In der Regel ist die Notwendigkeit, einen personalisierten Wissenstransfer zu betreiben, bei Produktionsmitarbeitern nicht so gegeben wie bei den Experten (Führungs- und Fachkräften mit Ingenieurwissen) im AT-Bereich, aus mehreren Gründen:

- Die Produktion ist im Fünf-Schicht-Betrieb organisiert, sodass alle Stellen mehrfach besetzt sind.

- Bei den Experten im AT-Bereich herrscht eine noch kritischere Altersstruktur als bei den Produktionsmitarbeitern.

- Seit der Organisationsänderung 2002 wurde verstärkt darauf geachtet, dass die Produktionsmitarbeiter andere Arbeitsplätze mitbedienen können – zum Beispiel kleinere Instandhaltungstätigkeiten durchführen oder mehrere Arbeitsplätze bedienen können. Daher haben sie eine breite diversifizierte Qualifikationsstruktur.

Bei den Produktionsprozessen laufen wir zudem auf eine möglichst hohe Standardisierung der Prozesse hinaus, die erst mal unabhängig von der einzelnen agierenden Person gesehen werden, sodass der Wissenstransfer entlang der Prozesse läuft.

Hoher Stellenwert kommt der Sicherung des Instandhaltungswissens zu, denn hier besteht ein großes personalisiertes Erfahrungswissen bezüglich Störfällen oder Stillständen, Situationen also, die außerhalb der Regelprozesse stattfinden.

Allerdings haben wir auch viele Wissenstransferdurchführungen bei anderen Spezialistenfunktionen, bei denen das Wissen in nur einer Person konzentriert ist, wie etwa bei den Themen Werksicherheit, Personalmanagement, Bildung oder allgemeine Verwaltung. Von insgesamt 168 Fällen betrafen 29 Fälle Produktionsfunktionen, 32 Instandhaltungsfunktionen (Erhaltung mechanisch/elektrisch) und 27 betriebliche Nebenfunktionen (zum Beispiel dezentrale betriebliche Informationstechnik, Qualitätssicherung, Transport); 47 waren im Personal- und Sozialbereich angesiedelt, 16 in Forschung und Entwicklung, elf im Ressort Finanzen (Controlling und IT), vier im Vertrieb und zwei sonstige.

Welche Methoden und/oder Instrumente wenden Sie an, um Wissen zu sichern? Welche Stärken sehen Sie in Ihrem Ansatz und wo sehen Sie Verbesserungspotenzial?

Wir haben mit der Methode „Expert Debriefing" (siehe Kapitel 5.2.1 für eine Skizzierung dieses Ansatzes) gestartet und führen regelmäßige Befragungen mit den Projektteilnehmern durch, wodurch wir unseren Prozess ständig verfeinern und anpassen. Unser Vorgehen erstreckt sich über fünf bis acht Monate, denn dies ist die durchschnittliche Dauer, die sowohl der Wissensgeber als auch der Wissensnehmer zugleich verfügbar sind.

Wir starten den Wissenstransferprozess mit der *Erstellung des Projektauftrags:* Wie lautet das Ziel des Wissenstransfers?

Dies kann durchaus unterschiedlich sein: Mal kann es sich um sehr detaillierte Prozessdokumentation und -beschreibung handeln, mal geht es nur darum, eine Struktur für den Wissenstransferprozess aufzustellen, in dem Stichworte genügen, um die Prioritäten zu setzen, wir aber nicht ins Detail gehen müssen. Auch wird hier der Zeitrahmen geklärt und wer beteiligt wird.

Der zweite Schritt ist das *Anlegen einer Job Map:* Welche Wissensthemen sind zu transferieren?

Zusammen mit dem Wissensnehmer, dem Wissensgeber und manchmal auch mit der Führungskraft wird eine Job Map mit einem Mindmapping-Tool angelegt. Wir arbeiten hier mit einer vorgegebenen Struktur:

- Prozesse (Hauptaufgaben),
- Supportprozesse,
- Qualitätsaspekte,
- Umweltaspekte,
- Arbeitssicherheit,
- Brandschutz,
- erforderliche Kenntnisse (Anlagen, Prozesse, Methoden),
- Weiterbildung,
- Mitarbeiterführung,
- Projekte,
- DV,

- Besprechungen
- Ansprechpartner (Kunden, Lieferanten, Schnittstellen, wichtige Kontaktpersonen),
- wichtige Unterlagen, Dokumente,
- Ablagesystem, Archivierung.

Es sind also auch ganz spezifische Fragenkomplexe enthalten. Der Wissensträger wird anhand dieser Fragenkomplexe befragt. Wir passen die
Job Maps allerdings jeweils situativ an. Für bestimmte Funktionen, zum
Beispiel Instandhalter, wenden wir Standard-Maps an, weil dort einiges an
gleichen Prozessen wiederkehrt.

Nach anfänglichen Überlegungen, unsere Vorgehensweise mit der Job
Map noch feiner zu strukturieren, sind wir davon aber wieder abgekom-
men. Denn wir haben festgestellt, dass wir dem individuellen Gespräch
doch mehr Raum geben wollen. Wir wollen nicht bestimmte Aspekte zu
stark vorgeben und damit das Risiko eingehen, dass andere Aspekte, die
wichtig wären, erst gar nicht genannt werden. Wir versuchen hier, eine Art
Mittelweg zu gehen zwischen Standardisierung und Individualisierung.

**Sie sprechen hier eine Grundfrage an, die auch in der Wissens-
management-Community im Zusammenhang mit Wissenstransfer
diskutiert wird: Wie lässt sich Erfahrungswissen von Experten
handhabbar machen, sind standardisiert-strukturierte oder aber
narrativ-individualisierte Herangehensweisen sinnvoll? Wie kam es
bei Ihnen dazu, wieder mehr in Richtung Individualisierung zu
gehen? Was war Ihr Lernweg?**
Bei den Pilotprojekten fiel uns auf, dass wir bei Verwendung von sehr
detailliert vorstrukturierten Fragebögen zum Ausfüllen von Job Maps vermehrt vor Wissensträgern saßen, die nur noch nickten, statt selbst Antworten zu erdenken. Wir haben sie also in unsere Welt hineingeholt, die
sich aus den Job-Map-Standards entwickelt hatte. Die Wissensgeber
mussten überhaupt nicht mehr selbst nachdenken, welche Erfahrungen
sie weitergeben, sondern nur noch nicken, wenn wir sie fragten, ob sie
ähnliche Erfahrungen, wie sie in der Job Map standen, gemacht hätten.

Daraufhin haben wir die Zahl der Äste der Job Map, die wir als Strukturierungshilfe mit ins Gespräch nahmen, wieder deutlich zurückgefahren. Die
Aspekte, die wir nicht mehr fragten, haben wir im Hintergrund als Checkliste gesammelt, um im Laufe des Prozesses nachzufassen, ob wir über
dieses oder jenes Thema denn schon gesprochen haben. Zum Beispiel
fielen dann mal Themen wie Brandschutz oder Arbeitssicherheit hinten
runter, weil man von einem anderen Thema so gefesselt war. Wir konnten
dann je nach Bedarf in weiteren Gesprächen im Prozess noch mal darauf
zurückkommen.

Ein Beispiel: In der Job Map stand etwa unter der Kategorie Wintereinsatz: „Die Schneelasten regelmäßig entfernen auf Flachdächern". Jeder nickte hier nur, alles verstanden, das Gespräch zwischen Wissensgeber und Wissensnehmer war an dieser Stelle schon zu Ende. Aber der eine meinte ein großes Dach, der andere nur eine kleine Fläche. Das Gespräch zwischen dem Wissensträger, dem Wissensnehmer und dem Moderator ist aber eigentlich der Moment, in dem dieses Wissen expliziert wird, da reicht dem Wissensnehmer nicht ein Nicken.

Die Job Map wurde also nach diesen Erfahrungen nicht mehr immer weiter von uns ergänzt, sondern auf weniger Vorgaben reduziert, um Raum für das Gespräch zu lassen. Denn obwohl die Unterstützung durch den Fragenkatalog zur Job Map für den Moderator anfangs hilfreich war, haben wir festgestellt, dass das Gespräch mit zu vielen Detailvorgaben erstirbt und keinen Nutzeffekt für den Wissensnehmer hat.

Sie haben also dem Dialog, dem Gespräch zwischen Wissensträger, Wissensnehmer und Moderator mehr Raum gegeben, anstelle in einer Befragungssituation zu verbleiben. Haben Sie noch weitere Anpassungen an der Job Map vorgenommen?
Wir haben die vorgegebenen Fragen der Job Map auch um einige Aspekte ergänzt, etwa die Frage nach den „größten Erfolgen", um mehr in die narrative Arbeit zu gehen, in der der Wissensträger frei erzählen kann. Ebenso fügten wir die Kategorie Kontinuierlicher Verbesserungsprozess (KVP) hinzu und offene Fragen, wie der Wissensträger, wäre er in einer bestimmten Situation, reagieren würde. Manche tun sich mit dieser offenen „grünen Wiese" schwer, zumal der Bruch aus einer strukturierten Befragungssituation heraus in eine offene Erzählsituation hinein oft nicht leichtfällt. Manche Wissensträger sprechen aber auf die neu hinzugefügten Aspekte auch sehr gut an.

Was erhoffen Sie sich von der eventuell in Zukunft vermehrten Kombination aus strukturierter Befragung und narrativ-offenen Erzählsituationen?
Wir erhoffen uns in Zukunft durch die Erweiterung unseres Standardvorgehens um narrative Methoden eine bessere Erhebung des impliziten Wissens. Denn im strukturierten Vorgehen werden zwar sehr gut die Abläufe, die einzelnen Schritte beschrieben. Aber die Abweichungen, die „No-Gos", die besonderen Tipps des Experten werden nicht hinreichend erfasst, etwa sein Wissen, was man zum Beispiel bei schwierigen Entscheidungen tun soll. Da kommt in der Job-Map-Befragungssituation nicht sehr viel an Antworten. Uns ist aber wichtig, eben dieses Erfahrungswissen des Experten „herauszukitzeln".

Manchmal wissen wir nicht, ob wir „alles rausgeholt" haben: Bei manchen Themen mit komplexer Terminologie und verwinkelten Zusammenhängen aus der IT oder Forschung ist es für den Moderator sehr schwer, dem Gespräch inhaltlich in der Tiefe zu folgen. Wir halten es aber für problematisch, wenn man als Moderator nicht beurteilen kann, auf welcher Ebene, in welcher Tiefe sich der Wissensgeber und der Wissensnehmer gerade unterhalten. Da ist es hilfreich, wenn ein weiterer „Wissender", etwa eine Führungskraft, mit an der Erstellung der Job Map teilnimmt, dort eine Übersetzungsfunktion einnimmt und so mithilft, die Relevanz eines Themas zu bestimmen. Für unsere Einarbeitung als Moderatoren legen wir uns die Funktionsbeschreibungen des AT-Bereichs als Basis: Was macht der Wissensträger überhaupt? Wir ordnen die Merkmale aus der Funktionsbeschreibung der Job Map zu. Dann hängt es von der Aufgeschlossenheit des Wissensträgers ab, ob es ihm gelingt, seinen Job, die Funktionen und Prozesse so darzustellen, dass ein Außenstehender erkennen kann, was komplex ist, wo man tiefer einsteigen muss. Wir leisten dabei methodisch-didaktische Hilfestellung.

Der dritte Schritt in unserem Vorgehen ist das *Umsetzen der Job Map* im Transferprozess: Was ist bis wann mit welchen Transfermaßnahmen zu übergeben?

Die Job Map ist die Leitlinie für die Gestaltung des Transferprozesses, in dem die Transfermaßnahmen, die anhand der Job Map erarbeitet wurden, umgesetzt werden. Diese Phase dauert rund drei bis sechs Monate. Die Priorisierung der To Dos geschieht über die Zeiteinheiten, was wann mit welchem Zeiteinsatz erledigt wird. Wir begleiten den Transferprozess mit durchschnittlich zwei bis drei Reviews, die dem Ziel dienen, die Aufgaben und den Zeitplan zu monitoren. Ein Verbesserungsvorschlag ist an dieser Stelle, in bestimmten Situationen, in denen der eine dem anderen vor Ort oder anhand von Dokumenten etwas erklärt, stärker prozessbegleitend zu unterstützen. Zum Beispiel, wenn der Wissensnehmer den Wissensgeber in einen für ihn neuen Werksbereich begleitet, dann in dieser Situation nochmals mitzugehen und mithilfe der naiven Rolle des Moderators und seiner naiven Nachfragen das Explizieren von Wissen zwischen Wissensträger und Wissensnehmer zu fördern.

Der letzte Schritt im Wissenstransferprozess sind nach den begleitenden Reviews das *Abschlussgespräch und die Dokumentation*: Was ist noch offen? Wie wird der Prozess beurteilt?

Die den Auftrag gebende Führungskraft ist bei den begleitenden Reviews im Idealfall mit dabei; im letzten Review, dem Abschlussgespräch, wird auch ein Fragebogen zur Evaluation des Transferprozesses ausgeteilt. Ebenso verteilen wir das letzte Mal den Transferplan, in dem festgehalten ist, was erledigt und was noch offen ist. Der Wissensnehmer und der Wissensträger erhalten darüber hinaus fortlaufend in den Reviews unsere Gesprächsnotizen, die die Job Map ergänzen, und zwar mit der Bitte, diese zu ergänzen – die Notizen dienen als Nachschlagewerk für den

Wissensnehmer. Zu Beginn des Prozesses, in der Festlegung des Projekt-
auftrages, wird der Umfang der Dokumentation festgelegt. Der Wissensträger und der Wissensnehmer können die in Word oder Excel gehaltenen
Informationen ergänzen. Denn das Format der Job Map, die Mindmap, ist
schnell unübersichtlich und nicht geeignet für längere Sätze oder mehr
Informationen wie etwa auch Kontaktdaten und so weiter.

Wie ist die Resonanz der Wissensnehmer auf das Transferverfahren?
Die Resonanz der Wissensnehmer ist bislang sehr gut, allerdings machen
wir die Befragung direkt nach dem Abschlussgespräch. In Zukunft werden
wir noch mal ein Gespräch mit der Führungskraft und/oder dem Wissensnehmer nach einem halben oder einem Jahr führen, um nachzuhören, ob
der Wissenstransfer auch funktioniert hat. Wir gehen aber aufgrund der
bisherigen Rückmeldungen davon aus, dass auch die spätere Überprü-
fung des Transferprozesses positive Antworten bringen wird.

(Das Gespräch führte Christine Erlach am 28.08.2012, die auch das Ergebnisprotokoll erstellte.) freigegeben am 19.09.2012

Im Folgenden werden die auf Wissenstransfer spezialisierten Ansätze in alphabetischer
Reihenfolge mit kurzen Steckbriefen vorgestellt.

5.2.1 Expert Debriefing[10]

Dialoggestaltung: geschlossen-strukturiert			
Wissensformen:			
Personales Wissen		Öffentliches Wissen	
Handlungswissen	Bildliches Wissen	Begriffliches Wissen	Kollektives Wissen
		X	X
implizit			explizit
Aufwand und Ergebnistiefe: mittel			

WAS – Kurzbeschreibung
Strukturiertes Vorgehen in sechs Phasen, das im Kern auf der Erstellung einer Mindmap namens „Job Map" basiert. Entwickelt von Simon Dückert, Cogneon.

WER – Zielgruppe und Einsatzfelder
Fachexperten und Führungsexperten, die das Unternehmen verlassen oder ihre Position wechseln.

WIE – Vorgehen

- Den Auftakt der Methode macht ein *Vorgespräch* mit dem Ziel der Vertrauensbildung, dem Aufzeigen der Vorgehensweise und der Klärung der Zielerwartungen mit dem Vorgesetzten des Experten, ihm selbst und dem Nachfolger.

- Eine *Job Map* wird aufgebaut, also eine strukturierte, visuelle Übersicht im Form einer Mindmap, die einen Überblick über alles Wissen geben soll, das in Bezug auf eine bestimmte Fach- oder Führungsstelle relevant ist. Diese Job Map ist in die Bereiche Arbeitshistorie, Aufgaben (nach Rollen gruppiert) und Wissensgebiete (jenes Wissen, das man zur Ausführung dieser Aufgaben braucht) vorstrukturiert und enthält Leitfäden für den Moderator, welche Fragen zu welchen dieser Themen gestellt werden sollen.

- Aus diesen Ergebnissen wird ein *Lernplan* abgeleitet, der geeignete Maßnahmen für den Transfer und die Bewahrung des Wissens ermittelt, die vom Experten und Nachfolger priorisiert werden. Hier können vielfältige Methoden wie Wikis, Podcasts, Wissensworkshops, Wissenslandkarten etc. eingesetzt werden, die den Wissenstransfer unterstützen.

- Der Lernplan wird nun mit den Beteiligten besprochen, es wird ihr *Feedback* eingeholt, um die Akzeptanz für die geplanten Maßnahmen zu erhalten und dem Auftraggeber die Möglichkeit zu geben, eventuelle Änderungen einzufordern.

- Bei der Durchführung der Maßnahmen wird das *Lerntandem*, das aus dem Experten und dem Nachfolger besteht, von einem Moderator begleitet. Er überwacht den Zeitplan für die einzelnen im Lernplan festgelegten Maßnahmen und unterstützt das Lerntandem bei komplexeren Maßnahmen aus dem Lernplan.

- Nach der Durchführung der im Lernplan festgelegten Maßnahmen findet eine *Reflexion* statt, die den Prozess evaluiert, um für weitere Transferprojekte Verbesserungen zu erfahren. Außerdem wird reflektiert, warum die Organisation überhaupt dieses Expert Debriefing benötigt hat und welche Verbesserungspotenziale in der Organisation gehoben werden können.

Vorteile

Strukturierte Fragebögen machen die Erfassung schnell, nachvollziehbar und einigermaßen vergleichbar. Die Arbeit mit Wissenslandkarten macht den Einsatz des Beraters „sichtbar" und damit legitimierbar.

Nachteile

Vorgegebene Fragenfelder lassen eventuell wichtige Erfahrungen/Informationen, die außerhalb dieser angesprochenen Fragenfelder liegen, links liegen und unentdeckt.

5.2.2 Fach- und Führungskräftewechsel

Dialoggestaltung: geschlossen-strukturiert			
Wissensformen:			
Personales Wissen		Öffentliches Wissen	
Handlungswissen	Bildliches Wissen	Begriffliches Wissen	Kollektives Wissen
		X	X
implizit		explizit	
Aufwand und Ergebnistiefe: mittel			

WAS – Kurzbeschreibung

Die Herangehensweise ist stark prozessorientiert und zielt darauf ab, den Wissensverlust durch Erfassung und Transfer von Expertenwissen zu stoppen. Es handelt sich um ein Konzept von CK2, einer Beratungsgesellschaft für Wissensmanagement. Die Kernelemente der Methode sind:

- *Prozesssicht auf zwei Ebenen*
    - Ebene 1 = strategische Planung von Wissenstransfer; langfristige Perspektive;
    - Ebene 2 = operative Durchführung; kurzfristige Perspektive.
- *Wissenskategorien*, die bei der Auswahl relevanten Wissens sowie zur Strukturierung des erfassten Wissens helfen.

WER – Zielgruppe und Einsatzfelder

Fachexperten und Führungskräfte.

WIE – Vorgehen

Das Vorgehen sieht mehrere Phasen vor, die entweder eher strategischen langfristigen Zielsetzungen dienen (Phase 1 und 3) oder den operativen, kurzfristigen und konkreten Transfer eines Einzelfalles zum Ziel haben (Phase 2):

Phase 1 – Bedrohtes Wissen lokalisieren: Mittels Wissenslandkarten werden zentrale Wissensträger in kritischen Wissensbereichen lokalisiert und über die Ermittlung des „Verlustrisikos" priorisiert. Langfristig ist es Ziel, die relevanten Wissensgebiete für den Transfer zu identifizieren. Daraus entsteht eine erste Priorisierung, die aus dem Pool der Wissensträger die Kernwissensträger und von diesen diejenigen mit Fluktuationsrisiko auswählt.

Phase 2 – Ausgewähltes Wissen erfassen und transferieren: Die operative Transferphase ist in vier Schritte unterteilt (Vorbereitung – Erfassung – Transfer – Evaluation):

- **Vorbereitung**

    Auftaktgespräche mit den Beteiligten. Wichtige Voraussetzungen für gelungenen Transfer sind:

- die Vertrauensbildung zwischen den beteiligten Personen (Vorgesetzter/Nachfolger/ Wissensträger);
- die Klärung der Zielsetzungen und Erwartungen der Beteiligten.

- **Erfassung**

Zu Beginn werden je nach Einzelfall die Instrumente für den Transfer festgelegt. Neben Interviews eignet sich dafür das Mindmapping besonders gut. Dieses wird eingesetzt, um einen Überblick über das Wissensspektrum des Wissensträgers zu bekommen. Anschließend erfolgt eine Priorisierung der Wissenszweige, die unter den gegebenen Umständen (Zeit bis zum Ausscheiden, Budget, Verfügbarkeit des Nachfolgers) transferiert werden sollen. Auf Basis dieser Rahmenbedingungen wird nochmals eine Priorisierung des gesammelten Wissens vor Transferaktionen vorgenommen.

Die Autoren[11] führen sogenannte „Wissenskategorien" ein, das sind vordefinierte Themenfelder, in denen nach dem Expertenwissen gesucht wird. Sie sind wichtig als Strukturierungshilfe bei vor allem der Erfassung. Sie lauten:

- *Arbeitsorganisation:* Organisation und Abläufe, Selbstorganisation inklusive Aufgaben, Dokumentenablage, Kontaktdatenbank, Termine → Übergabe des Informationsbestandes (Dateien, Ordner, Kontakte). Hier handelt es sich also um rein explizites Wissen.
- *Projekte:* Projekthistorie und -dokumentation, „Lessons Learned", Projektteam, Termine, Status, To Dos, Dokumentation etc.; persönliche Kompetenzen. → Der Status quo pro Projekt inklusive konkreter Aufgaben („To Dos") wird in Projektsteckbriefen dokumentiert, da Projektwissen oft neues Wissen für das Unternehmen bedeutet, aber häufig nur implizit vorliegt.
- *Beziehungswissen/persönliches Netzwerk:* unternehmensinterne Beziehungen, Kunden, Lieferanten, Partner.
- *Fach-Know-how* (Fach- und Produktwissen): firmenspezifisches Erfahrungswissen (Produkte, Prozesse etc.), Methoden, Verfahren, Techniken; Informationsquellen (Welche Internetadressen, Literatur, Verbände, Institute, Seminaranbieter, Lehrgänge, Menschen sind hilfreich?).
- *Führung:* Zahlen, Daten, Fakten; führen und geführt werden; Aufgaben und Befugnisse.
- *Unternehmenskultur:* Werte, Regeln, Normen; Umgang mit Wissen; Verhalten.

- **Transfer**

Hier sollen Anlässe für einen Dialog geschaffen werden. Dies sind beispielsweise moderierte Übergabegespräche mit dem Nachfolger alleine oder mit dem gesamten Team, in denen der Vorgänger die Wissenszweige erläutert. Ein Maßnahmenkatalog für die ersten Wochen nach dem Weggang des Wissensträgers wird erarbeitet. Der Transfer wird auch durch Schulungen sowie mithilfe diverser Medien unterstützt.

- **Evaluation**

Der Transferprozess und die erreichten Ziele werden evaluiert, um Anregungen für Verbesserungen bei weiteren Transferprojekten zu erhalten.

Phase 3 – Regelprozesse und -aktivitäten implementieren: Der Umgang mit Erfahrungswissen im Unternehmen wird nachhaltig im Unternehmen verankert. So kann beispielsweise ein standardisiertes Vorgehen für Wissenserfassung und -transfer beim Personalwechsel in einem Handbuch erarbeitet werden.

Der Methodenpool bei Erfassung und Transfer beinhaltet Interviews der qualitativen Sozialforschung, Mindmapping, Steckbriefe (für Themen, Personen, Projekte), Wissenslandkarten, soziale Netzwerkanalyse, Audioaufnahmen, Videos, Simulationen etc.

Beim Führungswissen wird auf eine explizite Erfassung verzichtet, stattdessen findet ein moderierter Wissenstransfer zwischen Vorgänger und Nachfolger statt.

Vorteile
Die Methode folgt einer gut durchdachten Grundstruktur, bei der die unterschiedlichen Wissenskategorien berücksichtigt werden. Sie lässt Spielraum für eine auf den Einzelfall angepasste Wahl der Methoden. Die zwei eingebauten Priorisierungsschleifen sorgen für ein effizientes Vorgehen.

Nachteile
Der ganzheitliche Ansatz bedeutet einen gewissen Aufwand. Ob ein Handbuch langfristig die richtige Implementierungsmaßnahme ist, darf bezweifelt werden. Denn ein Handbuch ist kaum geeignet, die Werte und Verhaltensweisen der Organisationsmitglieder und somit auch die Unternehmenskultur zu verändern.

5.2.3 Die Interviewmethode

Dialoggestaltung: offen			
Wissensformen:			
Personales Wissen		Öffentliches Wissen	
Handlungswissen	Bildliches Wissen	Begriffliches Wissen	Kollektives Wissen
		X	X
implizit			explizit
Aufwand und Ergebnistiefe: sehr gering			

WAS – Kurzbeschreibung

In einem 20-minütigen Interview informieren Experten neue Mitarbeiter wöchentlich über spezielle Themenbereiche oder Projekterfahrungen. Die Aufzeichnung des Gesprächs stellt dabei sicher, dass keine relevanten Informationen verloren gehen. Zur Entlastung des Experten ist sowohl die schriftliche Aufbereitung des Gesprächs als auch das Einpflegen in die Wissensdatenbank allein Aufgabe des Interviewers. Die Mitschrift wird beim nächsten Interview besprochen.

WER – Zielgruppe und Einsatzfelder

Experten und neue Mitarbeiter im gesamten Unternehmen, Fach- und Führungskräfte.

WIE – Vorgehen

Im ersten Schritt werden die zu bearbeitenden Themen erfasst. Pro Interview wird nur ein Thema bearbeitet. Im zweiten Schritt werden die inhaltlichen und organisatorischen Rahmenbedingungen geschaffen, das heißt, es müssen Räume und ein Aufnahmegerät vorhanden sein. Der Interviewer muss sich auf das Gespräch vorbereiten, insbesondere um ein Abschweifen des Experten zu verhindern und ein optimales Ergebnis zu erzielen. Hierbei können vorbereitete Checklisten helfen.

Das Muster zur Durchführung der Interviews ist immer gleich. Die ersten fünf bis zehn Minuten sind ausschließlich dem Experten vorbehalten, die Länge seines Inputs richtet sich nach der Komplexität des Themas, und er kann entscheiden, welche Aspekte er besonders gewichtet. Die restliche Zeit dient dazu, dem Interviewer die Möglichkeit zu gezielten Nachfragen zu geben. Da das Gespräch aufgezeichnet wird, kann sich der Befrager ganz auf seine Rolle konzentrieren und muss keine Notizen machen.

In einem Zeitraum von maximal 24 Stunden nach dem Interview erfasst der Interviewer die inhaltlich relevanten Aussagen des Interviews. Je nach Komplexität des Themas wird die Auswertung vom Interviewten oder vom Experten freigegeben und zusammen mit dem Audiomitschnitt in den Wissenspool eingefügt.[12]

Vorteile
Wenig Zeitaufwand für den Experten.

Nachteile
Ergebnisse hängen sehr stark von der Fähigkeit des Interviewers (neuen Mitarbeiters) ab, das Gesagte zu transformieren. Der enge Zeitrahmen des einzelnen Interviews erlaubt es nicht, in die Tiefe zu gehen. ■

5.2.4 Leaving Expert Debriefing[13]

Dialoggestaltung: geschlossen-strukturiert

Wissensformen:

Personales Wissen		Öffentliches Wissen	
Handlungswissen	Bildliches Wissen	Begriffliches Wissen	Kollektives Wissen
		X	X
implizit			explizit

Aufwand und Ergebnistiefe: gering

WAS – Kurzbeschreibung

Der bei Siemens entwickelte Workshopansatz bringt den Experten und mehrere Wissensnehmer in einem intensiven Gespräch zusammen und setzt Visualisierungen wie Concept Maps und Beziehungsnetzkarten ein.

WER – Zielgruppe und Einsatzfelder

Fach- und Führungskräfte, die das Unternehmen verlassen oder ihre Position wechseln, aber auch ausscheidende Werkstudenten, wenn die Weiterführung ihrer Aufgaben spezifisches Wissen benötigt.

WIE – Vorgehen

Rund zwei Monate vor dem Weggang des Leaving Expert werden die Beteiligten eingeladen, an dem Debriefing-Workshop teilzunehmen. Im Vorgespräch mit dem Experten wird dessen Bereitschaft zur Teilung seines Wissens geklärt, und potenzielle Risiken, wie etwa persönliche Spannungen zwischen den Beteiligten, werden angesprochen.

Der circa fünf bis sechs Stunden dauernde Debriefing-Workshop konzentriert sich auf die Kernaufgaben des Experten und die wichtigsten Kontaktpersonen. Gegebenenfalls wird bei Leaving Experts mit einer sehr langen Verweildauer im Unternehmen nur das letzte Jahr näher betrachtet:

- *Beschreibung der Aufgaben und Tätigkeiten mithilfe einer Concept Map:* Die Fach- oder Führungskraft verbindet die einzelnen Aufgaben nach ihren wechselseitigen Abhängigkeiten und zeigt die Input-Ouput-Beziehungen zwischen den einzelnen Aufgaben. Ein Fragenkatalog unterstützt den Moderator, der in der Regel der Projektleiter oder der Vorgesetzte ist, die einzelnen Aufgaben zu vertiefen. Besonders wird nach expliziten Wissensanteilen, beispielsweise den Arbeitsmitteln, Informationskanälen, Ansprechpartnern und den nächsten geplanten Schritten, gefragt. Aber auch die wichtigsten Erfahrungen, Schwierigkeiten und mögliche Lösungsideen für potenzielle Probleme werden abgefragt. Schließlich wird der Experte gebeten, zu erzählen, was er anders machen oder verbessern würde, wenn er nochmals die gleiche Aufgabe zu lösen hätte.

- *Beschreibung des Kontaktnetzwerkes mithilfe einer Beziehungsnetzkarte:* In einem Brainstorming schreibt der Experte alle wichtigen Kontakte auf und wählt die fünf wichtigsten aus. Kreisförmig um seinen Namen in der Mitte trägt er nun auf einem Flipchart seine Kontakte auf und zeigt hierbei mittels Farben und Abstand die Art und das Klima der Beziehung sowie deren Bedeutung beziehungsweise die Intensität der Zusammenarbeit. Er berichtet auch über die Funktion und Erwartungen der Kontakte sowie über deren Abhängigkeiten untereinander.

- *Identifikation und Übergabe wichtiger Dokumente:* Der Leaving Expert scrollt durch seine Festplatte, Mailbox, ShareNet und andere Ablagesysteme, und die Gruppe klärt gemeinsam, wer diese Dokumente in Zukunft verwalten wird.

Alle offenen Punkte während des Debriefing-Workshops werden in eine To-do-Liste aufgenommen, die mit Zeitangaben und Verantwortlichen versehen wird.

Die Ergebnisse des Debriefing-Workshops werden vom Moderator und dem Leaving Expert gemeinsam zusammengefasst und im Dokumentenmanagementsystem abgelegt. Alle potenziellen Wissensnehmer (Mitarbeiter, Projektmitglieder, Communities) werden über jene Ergebnisse des Debriefing informiert, die für sie relevant sind.

Der „Leaving Expert Debriefing"-Prozess schließt mit einem Feedback zum Prozess ab, welches an den Prozessverantwortlichen zur Verbesserung der Methode weitergegeben wird.

Vorteile
Ein kurzes Verfahren, das wenig Zeit der Beteiligten bindet. Strukturiertes Vorgehen in sinnvollen Prozessschritten.

Nachteile
Es ist fraglich, inwieweit der Experte als Einzelner in einem Workshop mit mehreren Teilnehmern tatsächlich über die Wissensanteile jenseits des dokumentierbaren, fachlich und inhaltlich unangreifbaren expliziten Wissens sprechen wird. Insbesondere bleibt offen, ob er tatsächlich über Probleme, „Lessons Learned" und Einsichten, wie er es hätte besser machen können, sprechen will.

5.2.5 Nova.PE

Dialoggestaltung: strukturiert, anhand Metapher des Wissensbaumes

Wissensformen:

Personales Wissen		Öffentliches Wissen	
Handlungswissen	Bildliches Wissen	Begriffliches Wissen	Kollektives Wissen
	X	X	X
implizit		explizit	

Aufwand und Ergebnistiefe: hoch

WAS – Kurzbeschreibung

Der an der Universität Bochum entwickelte Ansatz „Nova.PE"[14] ist ein Prozess in sieben Schritten:

1. Screening der Kompetenzen bei über 55-jährigen Mitarbeitern,

2. Auswahl der Mitarbeiter für Transferprozesse,

3. Ansprache der Wissensgeber und Analyse transferrelevanter Kompetenzen,

4. Ansprache der Wissensnehmer,

5. Organisation von Transferprozessen,

6. Durchführung der Transferprozesse mit begleitender Transfersicherung,

7. Abschluss des Personalprozesses.

WER – Zielgruppe und Einsatzfelder

Experten aus Fach- und Führungslaufbahn und neue Mitarbeiter im gesamten Unternehmen.

WIE – Vorgehen

Die sieben genannten Schritte bedeuten im Einzelnen:

- *Zu 1 – Screening der Kompetenzen bei über 55-jährigen Mitarbeitern:* Aufgrund von tätigkeitsbezogenen Checklisten werden die Mitarbeiter jenseits der 55 hinsichtlich unverzichtbaren Know-hows eingeschätzt. Nova.PE setzt hier jeweils spezifizierte Checklisten bezogen auf die jeweiligen Unternehmensbereiche ein. Die zugrunde liegenden Items wurden mit den beteiligten Unternehmen im Rahmen von Workshops erarbeitet, die die zentralen Entwicklungen der letzten fünf bis zehn Jahre aufarbeiteten. Sie wurden ergänzt durch kompetenz- und tätigkeitsbeschreibende Vorlagen aus den Unternehmen, wie Beurteilungssysteme, Stellenbilder und andere. Die Einschätzung selbst erfolgt durch die direkte Führungskraft in einem kurzen Interview – immer mit der Maßgabe, sich vorzustellen, wobei der Mitarbeiter fehlen wird, wenn er in Rente gegangen ist.

- *Zu 2 – Auswahl der Mitarbeiter für Transferprozesse:* Aufgrund der vorliegenden Einschätzungen wird darüber befunden, ob und wann ein Transferprozess starten und wer der Nehmer des exklusiven Know-hows sein soll. Transferprozesse sollten zeitlich so angestoßen werden, dass sie circa zwei Monate vor dem Ausscheiden abgeschlossen werden können. Sie sollten gegebenenfalls auch schon als Lernprozesse begonnen werden, obgleich der Nehmer erst sehr viel später die entsprechenden Aufgaben übernehmen wird. Dies ist immer dann zu empfehlen, wenn bestimmte Aufgaben sehr unregelmäßig – wie zum Beispiel eine Inbetriebnahme – stattfinden, um anschauliches Lernen zu ermöglichen.

- *Zu 3 – Ansprache der Wissensgeber und Analyse transferrelevanter Kompetenzen:* Die vielleicht größte Herausforderung innerhalb des Transferprozesses ist es, dem Wissensträger die eigene Wichtigkeit bewusst zu machen und ihn zum Geber zu machen, ihn also dazu zu bewegen, sein „Lebenswerk" an einen jüngeren Kollegen zu übergeben. Das Gefühl, bald nicht mehr gebraucht zu werden, muss durch die Bereitschaft ersetzt werden, das Erreichte an neue Hände weiterzureichen. Diese Motivation unterstützt der Transfercoach mithilfe eines Wissensbaums, der dem Geber eindrucksvoll zeigt, welchen Umfang seine Kompetenz hat. Ein solcher Wissensbaum symbolisiert den gesamten beruflichen Werdegang des ausscheidenden Mitarbeiters. In den Früchten des Baums wird aus Sicht des Know-how-Trägers deutlich, welche Kompetenzen er hat, die es lohnt, weiterzugeben. Durch diese Systematik wird zudem sinnfällig, in welchem Verwendungszusammenhang und welchen Situationen der Geber von seinen Kompetenzen profitierte und immer noch profitiert. Damit ist das Tor zum Transfer aufgestoßen.

- *Zu 4 – Ansprache der Wissensnehmer:* Gleichzeitig muss der Nachfolger, also der Wissensnehmer, motiviert werden, die eigenen Kompetenzen zu hinterfragen und Lücken mithilfe des älteren Kollegen zu schließen, ohne die Arbeitsweise des Älteren zu kopieren. Die aus verschiedensten Quellen stammenden „Wissensbrocken" werden in die persönlichen Erfahrungen eingegliedert und fließen in die eigene Vorgehensweise ein.

- *Zu 5 – Organisation von Transferprozessen:* Damit die Wissensübergabe in effektiver Weise stattfinden kann, darf das Tagesgeschäft nicht gestört werden und kein Zeitdruck entstehen. Dabei hilft der Transferplan – ein verbindlich zu realisierender Zeit- und Lehrplan, der die Übergabe in den laufenden Arbeitsalltag integriert. Damit sich der Transferprozess problemlos in die normalen Unternehmensabläufe einfügt, unterliegt jeder Transfer einer festen Struktur. Die Form und das grundsätzliche Vorgehen sind bei allen Transferprozessen gleich – inhaltlich, methodisch und zeitlich unterscheiden sich verschiedene Prozesse jedoch erheblich. Diese Details regelt ein Transferplan, der sich eng auf die persönlichen und betrieblichen Vorgaben stützt. Der Transferplan bildet für die Beteiligten die Grundlage des Transferprozesses und dokumentiert

  - Transfer(teil)bereiche,

  - Transferinhalte,

  - Fortschritt und Erfolge,

  - Transfermethoden (zum Beispiel Wissensbaum, Interviews, offene Gespräche, Arbeitsplatzbegleitung) sowie die

  - zeitliche Feinplanung.

- *Zu 6 – Durchführung der Transferprozesse mit begleitender Transfersicherung:* Nach Erstellung des Transferplans durch den Transfercoach liegt die eigentliche Ausführung des Transfers dann bei den beteiligten Mitarbeitern. Anhand des detaillierten Plans übergeben die Wissensträger – integriert ins Tagesgeschäft – ihre Erfahrung an die Wissensnehmer. So wachsen die jüngeren Mitarbeiter nach und nach in die Aufgaben der Älteren, bis diese nur noch beratenden Charakter haben und schließlich ihren Aufgabenbereich guten Gewissens an den oder die Nachfolger übergeben können. Im Abschlussgespräch zeigt sich bei der Reflexion des Wissensnehmers noch einmal der Umfang des gesamten Transfers. Während des Prozesses werden die Zwischenergebnisse in einem Reflexionsgespräch kontrolliert, um das Erlernte zu hinterfragen und auf seine Richtigkeit zu prüfen.

- *Zu 7 – Abschluss des Personalprozesses:* Alle Entscheidungen für oder gegen Transferprozesse sollten ebenso dokumentiert werden wie Vorgehen und Ergebnis der angestoßenen Transferprozesse. Ein solcher Review gibt dem Unternehmen Gelegenheit, die Personalplanung der nächsten Jahre auszurichten und zukünftige Transferprozesse rechtzeitig zu planen.

Vorteile
Umfassendes strategisches Konzept zum Wissenstransfer, mit dem Kompetenzpiloten und dem Wissensbaum werden zwei methodische Vorgehensweisen eingeführt, die vor den eigentlichen Transfermethoden ansetzen.

Nachteile
Das Konzept ist sehr umfassend und aufwendig.

5.2.6 Transfer Stories

Dialoggestaltung: offen, mit narrativen und halbstrukturierten Interviews			
Wissensformen:			
Personales Wissen		Öffentliches Wissen	
Handlungswissen	Bildliches Wissen	Begriffliches Wissen	Kollektives Wissen
	X	X	X
implizit			explizit
Aufwand und Ergebnistiefe: hoch			

WAS – Kurzbeschreibung

Vom Beraternetzwerk NARRATA Consult entwickelter, auf dem Erzählen von Erfahrungsgeschichten[15] aufbauender Ansatz, der vier Kernelemente hat:

▪ Erfassung des Expertenwissens durch narrative und halbstrukturierte Interviews und den Einsatz von systemischen Fragetechniken und Visualisierungen,

▪ Analyse der zugrunde liegenden Wissensstrukturen mithilfe sozialwissenschaftlicher textanalytischer Methoden,

▪ Wissensweitergabe durch einen moderierten Dialog zwischen dem Leaving Expert und dem Nachfolger,

▪ kontextreiche Dokumentation in Form von Erfahrungsgeschichten und Wissensvisualisierungen.

WER – Zielgruppe und Einsatzfelder

Ausscheidende Fachexperten und Führungskräfte sowie am Ende von Projekten zur Erfassung des Projekterfahrungswissens.

WIE - Vorgehen

Die Methode ist in sechs Phasen untergliedert:[16]

▪ *Phase 1 - Planung: Skizzierung der Wissensbedarfe der Kollegen*

Die Planungsphase dient dazu, aus der Fülle von möglichen Themen, über die der Experte sprechen könnte, zu selektieren und bestimmte Schwerpunkte zu setzen. Dafür formulieren alle Personen im Umfeld des Experten, die für ein Gelingen des Wissenstransfers relevant sind, ihren Wissensbedarf - sie fixieren also schriftlich, was sie gerne von dem Experten wissen würden. Die hier befragten Personen sind in der Regel die Vorgesetzten, Teammitglieder aus der Abteilung des Experten und der direkte Nachfolger. In den Vorgesprächen wird auch die Bereitschaft aller Beteiligten, Wissen zu geben und anzunehmen, thematisiert und transparent gemacht, unter welchen Regeln und Bedingungen der Wissenstransfer stattfindet (beispielsweise werden alle Aussagen des Experten, die er nicht für Dritte zugänglich machen will, aus der abschließenden Dokumentation gelöscht).

▪ *Phase 2 - Narrative Interviews*

In zwei bis vier zweistündigen Gesprächen erzählt die Fach- oder Führungskraft frei ihre Eindrücke, Erinnerungen, ihre wichtigen Erlebnisse und Erfahrungen. Offen geführte (narrative) Interviews geben dem Experten den nötigen Erzählraum, um so frei über bestimmte Phasen seines Berufslebens zu erzählen. Der Wissensträger wird durch eine Visualisierungshilfe bei der Erzählung seiner Erfahrungen unterstützt: Er trägt auf einer Skala und einem Zeitstrahl die emotional relevanten Situationen aus einer bestimmten Zeitspanne auf, denn Erfahrungswissen entsteht in emotional besetzten Situationen (siehe Bild 5.3).

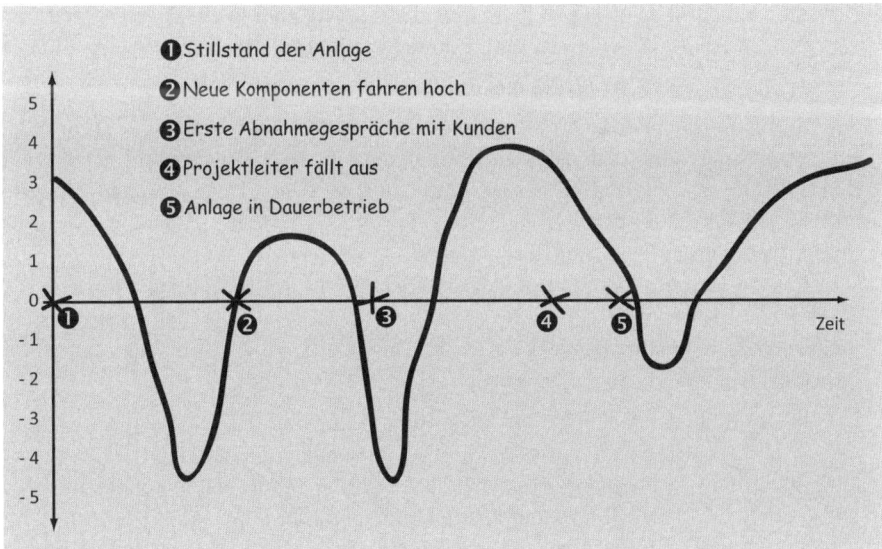

Bild 5.3 Die Ereigniskurve als Gesprächsleitfaden - in emotional besetzten Situationen sammeln Menschen ihr Erfahrungswissen

Die Ereigniskurven dienen als Leitfaden im Gespräch, in dem der Interviewer mithilfe von systemischen Fragetechniken und ressourcenorientierten Fragen nach den verborgenen Erfahrungen fragt und so dem Experten beim Formulieren seines Wissens hilft. Die Regie, was mit welcher Gewichtung erzählt wird, liegt beim Interviewten, nicht beim Interviewer.[17] Der Nachfolger, sofern er an den Gesprächen teilnimmt, kann an diesen konkret erzählten Situationen noch tiefer nachfragen. Der Interviewer moderiert das Gespräch der beiden und stellt „naive" Fragen, die den Experten wie den Nachfolger zum Erklären bringen – auf diese Weise wird einiges an Wissen expliziert, welches der Experte für selbstverständlich hielt, sich aber im Nachhinein oft genug als eine neue Information für den Nachfolger entpuppt.

- *Phase 3 – Analyse der zugrunde liegenden Wissensstrukturen*

Das Gespräch wird mithilfe sozialwissenschaftlicher Methoden[18] ausgewertet: Welche Wissensstrukturen und Wissenszusammenhänge zeichnen sich hinter den einzelnen Erfahrungsgeschichten ab? Wie lauten die Wissenshauptkategorien, nach denen alle Erzählungen geordnet werden können? Die Ergebnisse werden den Beteiligten zurückgespiegelt.

- *Phase 4 – Vertiefende Befragung*

In zwei bis vier weiteren Gesprächen wird nun mit halbstrukturierten Interviews ein konkreterer Blick auf die gefundenen Wissensstrukturen geworfen. Der Interviewer stellt konkrete Fragen zu den in der Auswertung identifizierten Wissensgebieten und zu den in der Vorbefragung der Nachfolger und Vorgesetzten genannten Themen. Der Nachfolger bringt weitere, aus dem bisherigen Prozess neu entstandene Fragen ein. Tabellen und Mindmaps werden angelegt, die unter anderem die Ansprechpartner des Experten, seine Aufgaben und die relevanten Dokumente erfassen. Hier konzentriert man sich im Gegensatz zu den offenen Gesprächsphasen auf das explizite Wissen, also auf Fakten, Fachwissen und weitere Detailinformationen.

- *Phase 5 – Dokumentation des Expertenwissens*

Das mithilfe der offenen Erzählungen und der vertiefenden Befragung erfasste Wissen muss nun in eine Form gebracht werden, die für den Nachfolger hilfreich ist und ihm und anderen Mitarbeitern als Nachschlagewerk dienen kann, wenn der Experte erst einmal das Haus verlassen hat. Für einen solchen Erfahrungsbericht sind sehr unterschiedliche Aufbereitungsformate nutzbar, die beiden Pole sind zum einen ein sehr strukturierter Aufbau mittels einer anklickbaren Überblicks-Map, die in tieferen Ebenen das Erfahrungs- und Kontextwissen mit dem jeweiligen Fachwissen zusammenbringt. Der sonst fehlende Kontext zum Faktenwissen wird durch die thematisch passend angefügten Erfahrungsgeschichten wiederhergestellt.

Das andere Ende der Möglichkeiten an Aufbereitung sind mit Comicfiguren visualisierte Kurzgeschichten, die einzelne Kernthemen aus den Erzählungen des Experten aufgreifen und in eine andere Welt übersetzen. Die im Unternehmen verbleibenden Mitarbeiter sowie neue Mitarbeiter können anhand dieser Storys über bewährte Strategien des Experten reflektieren, wie er sich etwa in schwierigen Verhandlungssituationen verhalten hat. Aber auch verborgene Schwachstellen im Unternehmen, die der Experte erlebte und die ihm in mancher Situation zu schaffen machten, wie etwa fehlende Transparenz oder hemmende Prozesse, können durch die Aufbereitung in einer Story kritisch reflektiert werden.

Meist wird in der Praxis eine Mischform dieser beiden Pole für die Aufbereitung des Expertenwissens in einen Erfahrungsbericht gewählt.

- *Phase 6 – Kommunikation des Expertenwissens an die Kollegen*

Ein Transferworkshop, an dem der Leaving Expert und alle direkten und möglichst viele potenzielle Wissensnehmer beteiligt sind, schließt den Wissenstransferansatz ab. Zwei Ziele stehen bei diesem Workshop im Vordergrund:

- Initiierung des Wissensaustausches durch moderierte Frage-und-Antwort-Runden, aufbauend auf dem Erfahrungsbericht. Der direkte Austausch zwischen dem Experten und den Wissensnehmern ist die beste Möglichkeit, auch implizites Wissen weiterzugeben.

- Entwicklung eines Wissensweitergabeprozesses: Für die verbleibende Zeit, die der Experte noch im Unternehmen und verfügbar ist, wird ein konkreter Plan für die Wissensweitergabe entwickelt. Er deckt relevante Wissensthemen, bei denen noch Klärungsbedarf für die Nachfolger besteht, und offene Aufgaben ab und fixiert diese in einem Zeitplan. Die einzelnen Mitarbeiter werden zu „Wissensbeauftragten" ernannt, die die Verantwortung übernehmen, in einer definierten Zeit die noch offenen Fragen mit dem Experten zu klären und relevante Dokumente dazu zu sichten und auszuwerten. Aus einer unsystematischen, ungerichteten Erwartungshaltung an den Leaving Expert, sein relevantes Wissen (welches?) weiterzugeben, wird ein strukturierter Wissensweitergabeprozess, der klar umrissene Wissensthemen und Arbeitspakete definiert.

Bild 5.4 zeigt den Prozess der Methode Transfer Stories beim in Kapitel 3 erwähnten Herrn Weiß, Experte für Hauptkühlmittelpumpen.

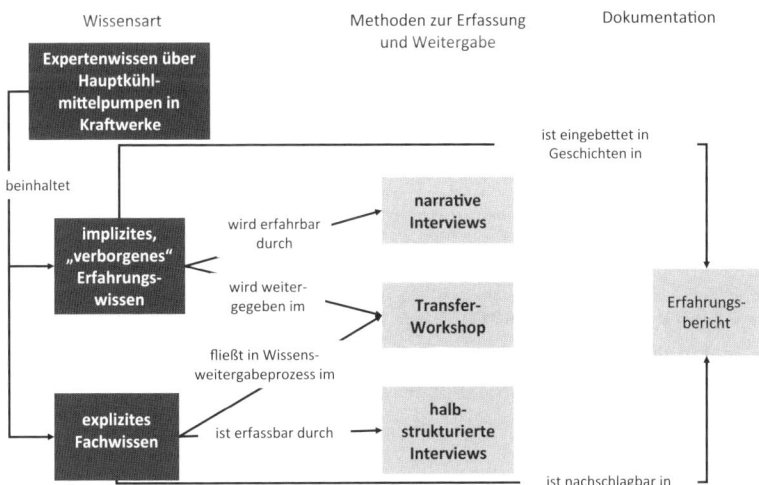

Bild 5.4 Der Storytelling-Prozess erzeugt „Transfer Stories" für den Einsatz bei Fach- und Führungs-kräftewechsel – Elemente und deren Zusammenspiel

Vorteile

Das Zusammenbringen des Kontext-/Erfahrungswissens aus den Erzählungen des Experten mit den Sachinformationen/dem Fachwissen aus den strukturierten Erhebungen bringt den Kontext zurück an die trockenen Fakten und damit „Leben" in diese Informationen. Die Methode liefert als einzige der offenen Methoden eine umfassende, narrativ und visuell aufbereitete Dokumentation des Erfahrungswissens.

Nachteile

Die Dokumentation muss den Bedürfnissen der Wissensnehmer stark angepasst werden, damit diese sie nutzen. Daher benötigt die Dokumentation einen recht hohen Aufwand.

5.2.7 Triadengespräche

Dialoggestaltung: offen, narrativ			
Wissensformen:			
Personales Wissen		Öffentliches Wissen	
Handlungswissen	Bildliches Wissen	Begriffliches Wissen	Kollektives Wissen
	X	X	X
implizit		explizit	
Aufwand und Ergebnistiefe: hoch			

WAS – Kurzbeschreibung

Triadengespräche sind zeitlich und räumlich begrenzte, methodisch unterstützte Gespräche, an denen drei Personen (Experte, Nachfolger, Moderator) freiwillig mit dem Ziel teilnehmen, Wissen zu einem beruflichen Thema weiterzugeben, um künftige Arbeits- und Managementaufgaben besser erledigen zu können.[19]

Die Methode wurde an den Universitäten Magdeburg und Hamburg-Harburg entwickelt und unter anderem bei Airbus eingesetzt.

WER – Zielgruppe und Einsatzfelder

Fach- und Führungskräfte sowie Nachfolger in bestimmten Umfeldern (beispielsweise Forschung und Entwicklung, Instandhaltung). Die Methode wurde aber auch schon in Zahnarztpraxen angewandt.

WIE – Vorgehen

Die drei beteiligten Personen nehmen folgende Rollen ein:

- Der Experte vertritt den Entstehungskontext, in den das Wissen eingebettet ist, und sichert so die Gültigkeit des zu transferierenden Wissens.

- Der Nachfolger gewährleistet den Anwendungskontext, für den das Wissen benötigt wird, und sorgt so für den Nutzen des zu transferierenden Wissens.
- Der Moderator als Laie hinterfragt das selbstverständlich gewordene, unsichtbare Wissen und sichert so die Verständlichkeit des zu transferierenden Wissens.

Das Vorgehen wird in sieben Schritte unterteilt:

1. *Erzählung (narrative Methode) in der Triade:* Der Experte erzählt zu einem bestimmten Thema.
2. *Transkription:* Das Gespräch wird aufgezeichnet und transkribiert.
3. *Redaktion:* Die Transkripte werden zusammengefasst in Kernthemen.
4. *Lessons Learned:* Lessons Learned werden aus den Aufzeichnungen extrahiert.
5. *Rückkopplung der Lessons Learned (Dialog):* In einem zweiten Gespräch werden diese Lessons Learned wieder an den Experten und den Nachfolger zurückgespiegelt.
6. *Einstellung der Lessons in elektronisches Medium:* Die durch den Dialog validierten Lessons Learned werden textuell in das Intranet gestellt.
7. *Detaillierte formale Auswertung der Erzählungen:* Die Erzählungen werden mithilfe sozialwissenschaftlicher Methoden nach den dahinterliegenden Kernaussagen ausgewertet.

Vorteile

Austausch von Wissen (implizites Erfahrungswissen) von älteren und jüngeren Mitarbeitern, Wertschätzung der älteren Mitarbeiter, Dialogform erlaubt direkte Rückfragen des Nachfolgers.

Nachteile

Relativ langwieriger Prozess; die Dokumentation im Intranet beschränkt sich auf die Extraktion von Lessons Learned und Best Practices. Diese verliert über die Jahre an Aussagekraft, wenn der Kontext, die Entstehungsgeschichte dieser Einsichten also, in Vergessenheit gerät. Dann kann der Wissensnehmer die extrahierten Erfahrungen nicht mehr richtig nachvollziehen.

5.2.8 Videoannotationen

Dialoggestaltung: strukturiert			
Wissensformen:			
Personales Wissen		Öffentliches Wissen	
Handlungswissen	Bildliches Wissen	Begriffliches Wissen	Kollektives Wissen
X	X	X	X
implizit		explizit	
Aufwand und Ergebnistiefe: hoch			

WAS – Kurzbeschreibung

Die Methode kann das Handlungswissen produktionsnaher Mitarbeiter schrittweise explizieren, also die Experten dabei unterstützen, es in Worte zu fassen. Die Experten betrachten ihre eigenen Handlungen auf Video und reichern das Video mit Kommentaren (Text und Sprache), Zeichnungen oder auch Metaphern an. Wissensnehmer können mithilfe dieser Dokumentation wiederum jenes Handlungswissen gut nachvollziehen, nachahmen und so selbst erlernen.

WER – Zielgruppe und Einsatzfelder

Produktionsnahe Fachkräfte mit hohen impliziten Anteilen in ihrem Erfahrungswissen.

WIE – Vorgehen

Videoannotation meint eine Anreicherung von Videomaterial mittels Text/Sprache, Zeichnungen oder auch Metaphern. Die Experten kommentieren also ihre eigenen Handlungen, die gefilmt wurden. Durch die auf Millisekunden genaue Möglichkeit, das Video zu stoppen und mit Zeitmarken zu versehen, können sie kritische Bewegungsabläufe verdeutlichen, diese mit Pfeilen hervorheben, durch Text oder Sprache erläutern oder auch Schlagworte, Links, eigene Zeichnungen oder visuelle Metaphern hinzufügen.

Diese Aufgabe, ein Video mit ergänzenden oder erläuternden Informationen anzureichern, macht es für den Experten notwendig, sein eigenes Handeln zu reflektieren und zu verbalisieren. Dieser kognitive Reflexionsprozess macht ihm sein eigenes Erfahrungswissen deutlich und es führt zu einer Explizierung dieses Wissens, das dann auch einem Betrachter des Videos zugänglich ist.

Die Wissensnehmer können so unabhängig von Ort und Zeit am Modell lernen, indem sie das Video betrachten und sich darüber in einem didaktischen Setting austauschen.

Videoannotationen eignen sich hervorragend für den Wissenstransfer von Handlungswissen. Allerdings ist dieser Ansatz (noch) nicht im Fach- und Führungskräftewechsel eingesetzt worden, sondern fand bislang in der Ausbildung von Trainern, etwa von Tischtennistrainern oder Fahrlehrern, Anwendung.[20]

 Vorteile

Durch die Videoannotationen wird eine Dokumentation von Bewegungshandeln und den darin angewendeten Kompetenzen und Wissen möglich. Dadurch kann der Nachfolger oder andere Wissensnehmer auch nach der eigentlichen Situation, in der der Experte die Handlung ausführte, nachvollziehen, auf was es ankommt, und so am Modell lernen.

Nachteile

Der Aufwand für die Erstellung von Videoannotationen ist hoch, wobei nicht nur die Zeit gemeint ist, die der Experte mit der Anreicherung des Videomaterials benötigt. Darüber hinaus ist der Aufwand hoch, weil die Videosequenzen sinnvollerweise in ein übergreifendes didaktisches Konzept eingebunden werden sollten, das Lernziele formuliert, Aufgaben an die Wissensnehmer stellt und durch Moderatoren deren Erfüllung rückmeldet sowie die Teilnehmenden mittels Web-2.0-Technologien in einen moderierten Dialog miteinander über die Lernsequenzen in den Videos bringt.

■

Exkurs: Praxisbeispiel Scrum

Der agile Projektmanagementansatz Scrum beim Automobil-zulieferer Johnson Controls

Scrum[21] ist ein Projektmanagementansatz, der ursprünglich in der Softwareentwicklung entstand. Er ermöglicht durch ein dichtes Netz an Dialogräumen (im Sinne von Kapitel 3) und Strukturierungshilfen eine hohe Effizienz und agiles Arbeiten von Projektteams. Scrum vereint also eine hohe Dichte an Dialog im Team mit sehr klarer Strukturierung des Prozesses. So trifft sich das Team jeden Tag vor dem Scrum-Board (einer Visualisierungshilfe, die die einzelnen Schritte und Aufgaben in maximal Zwei-Wochen-Intervallen aufzeigt), um die für den heutigen Tag geplanten To Dos gemeinsam zu diskutieren und zu verteilen. Die Gesamtplanung des Projekts wird auf maximal Zwei-Wochen-Intervalle heruntergebrochen, um eine hohe Flexibilität in der Planung zu behalten und überschaubare Teilziele und daraus konkrete Aufgaben ableiten zu können. Folgende Kernelemente verhelfen den Projektteams zu sehr hoher Flexibilität und Effizienz und fördern zudem noch eine hohe Motivation und ein gutes Teamklima:

• die kurzen „Sprints" bis zur nächsten Planungsphase,
• die täglichen Teamtreffen, in denen der Arbeitsfortschritt visualisiert wird, welche Aufgaben erledigt sind und wer was bis zum nächsten Treffen macht,
• festgelegte Arbeitspakete, die das Team vor anderen Aufgaben abschirmen, sowie
• ein Scrum-Coach zur Unterstützung des Prozesses.

Scrum vereint einige hochwirksame Ansätze aus dem Wissensmanagement und den Überlegungen zur lernenden Organisation, die Teams und das gesamte Unternehmen dabei unterstützen sollen, dass „Wissen fließen" kann, etwa:

- *Möglichkeit für kontinuierliches Lernen:* Die fest in den Scrum-Prozess eingebauten Reflexions- und Review-Elemente und der tägliche Austausch am Scrum-Board, je anhand konkreter Reflexionsfragen, ermöglichen ein hohes Maß an Reflexion, welches Verhalten warum erfolgreich war und welches nicht. Dadurch entsteht ein kontinuierlicher Lernprozess, der das Team weit effizienter macht als zum Beispiel die Lektüre von Lessons Learned im Intranet.

- *Direkter Austausch von Erfahrungswissen:* Die andernorts mit Jours fixes, Kaffee-Ecken oder Kaminabenden eingerichteten Möglichkeiten für den direkten Erfahrungsaustausch sind im Scrum-Ansatz in sehr hoher Dichte, nämlich täglich vor dem Scrum-Board, gegeben.

- *Hohe Motiviertheit:* Das Team ist in den Planungsprozess stark eingebunden: In einem ersten Schritt leiten alle zusammen aus den vom Product Owner vorgegebenen Zielen Definitionen ab und verständigen sich darauf, wann diese Ziele als erfüllt gelten. Im zweiten Schritt werden konkrete Aufgaben (Tasks) zur Zielerreichung definiert. Dieses hohe Maß an Selbstorganisation motiviert nicht nur weit mehr als zum Beispiel Zielvereinbarungsgespräche. Es schützt das Team auch vor Anforderungen von Dritten, die in der Summe durch ein Zuviel an Information und Arbeitsaufträgen zu einer schlechteren Arbeitsqualität und Ineffizienz führen.

Damit ist Scrum nicht nur eine Projektmanagementmethode, sondern zugleich eine Wissenstransfermethode, wie sie im Buche steht.

Heinz Erretkamps, Knowledge Manager und Scrum-Coach bei Johnson Controls, erläutert im Folgenden anhand eines Beispiels, inwieweit in diesem Projektmanagementtool auch ein großes Potenzial für Wissenstransfer von Expertenwissen steckt:

„Eine Abteilung bei uns ist für die Konstruktion von Sitzschienen zuständig. Diese Abteilung besteht aus vier Teams, davon applizieren drei Teams die Schiene in die Kundenprojekte, das vierte Team ist für die Core-Entwicklung zuständig. ‚Core-Produkte' sind solche, die alle Best Practices aus allen Kundenkonstruktionen zusammenführen, um so als Basis für neue Projektaufträge zu dienen. Diese vier Teams arbeiteten alle unter dem gleichen Abteilungsleiter. In allen vier Teams haben wir Scrum aufgesetzt. Für die gesamte Abteilung haben wir zudem ein ‚Scrum of Scrum' installiert, also eine Zusammenschau aller vier Scrum-Teams: Der Abteilungsleiter hatte hinter seinem Schreibtisch ein Scrum-Board hängen, auf dem alle zu liefernden Ergebnisse (deliverables) der einzelnen Teams standen. So war stets sichtbar, was die Teams in dieser und was sie in der nächsten Woche liefern sollen. Zweimal pro Woche haben sich die Teamleiter vor dem Board getroffen und sich zu allen Punkten ausgetauscht: Was wird geliefert, wo bestehen noch Probleme und welche Probleme sind dies? Die Topexperten aus verschiedenen Teams standen zusammen, und es entstand ein intensiver Wissensaustausch; die Experten haben ihr Wissen zusammengetragen und sind zu (neuen) Lösungsvorschlägen gekommen. Wenn diese besonders gut waren, wanderte die Idee zum Core-Team. Es ist also sowohl Wissen transferiert worden als auch neues Wissen entstanden, zugleich wurde es im Core-Produkt integriert und damit dokumentiert.

In diesen Treffen entstand auch Vertrauen; die Beteiligten betrachteten sich gegenseitig als Experten und hörten einander zu. Es kam zu einer Bildung einer Experten-Community über Teams hinweg. Durch den Einsatz von Scrum wurde eine offene Kommunikationskultur geschaffen, in der auch Probleme bei der Konstruktion der Sitzschiene transparent gemacht werden konnten. Die Dokumentation des Fortschritts im Drei-Tage-Rhythmus förderte einen mentalen Wandel: Ein Problem muss nicht verheimlicht werden, solange die Lösung nicht bekannt oder das Problem erfolgreich gelöst ist; sondern es kann im Team offen eingebracht und gemeinsam nach Lösungen gesucht werden. Das ist ein Stück lernende Organisation, die mit Scrum hier möglich gemacht und gelebt wird."

(Herzlichen Dank an Heinz Erretkamps für das Expertengespräch zur agilen Projektmanagementmethode Scrum. Das Gespräch führte Christine Erlach am 19.07.2012.) die Freigabe durch Herrn Erretkamps erfolgte am 05.10.2012

5.2.9 Wissen durch Erfahrungsgeschichten

Dialoggestaltung: offen, narrativ, feedbackorientiert

Wissensformen:

Personales Wissen		Öffentliches Wissen	
Handlungswissen	Bildliches Wissen	Begriffliches Wissen	Kollektives Wissen
	X	X	X
implizit			explizit

Aufwand und Ergebnistiefe: hoch

WAS – Kurzbeschreibung

Ein von Clemens Keindl und Brigitte Stieler-Lorenz entwickeltes Workshopkonzept mit

- einem Dialogbegleiter (Moderator),
- einem Erfahrungsgeber (Experte) und
- mehreren Erfahrungsnehmern.

In Abgrenzung zur Diskussion wird der feedbackorientierte Dialog[22] eingesetzt: Nach Wortmeldungen eines Teilnehmers folgt immer eine Verständigung darauf, wie das Gesagte von den anderen interpretiert beziehungsweise verstanden wurde. Dadurch geht es weniger um die Masse an einzelnen Beiträgen als um die Qualität der gemeinsamen Aushandlung und Herstellung des Common Ground.

WER – Zielgruppe und Einsatzfelder

Ausscheidende Führungskräfte oder Fachkräfte, die über Metawissen verfügen (weniger Fachkräfte mit hohen Anteilen an Routinearbeiten); Weitergabe des Erfahrungswissens an Nachfolger; Gewinnen für Veränderungsprozesse, Integration neuer Mitarbeiter.

WIE – Vorgehen

In mehreren Workshops, die jeweils etwa 100 Minuten nicht überschreiten, wird das Erfahrungswissen des Erfahrungsgebers erzählt und reflektiert, und es wird nach den dahinterliegenden Annahmen, Bewertungen und Emotionen gefragt. *„Durch das Erzählen der Erfahrungsgeschichte werden zuerst der Zusammenhang/Kontext der Wissensentstehung und die konkrete Erfahrung kommuniziert, die zur Entstehung dieses Wissens geführt haben.“*[23]

Das konkrete Vorgehen im Workshop baut einen „Wissensraum" auf, der einen Dialog der Beteiligten ermöglicht. Die Teilnehmer erfahren die Werte und Hintergrundannahmen und die situativen Merkmale der Ereignisse, die zur Entstehung des jeweiligen Wissens führten:

- Nach der Einführung wird vom Erfahrungsgeber eine spontane, authentische Erfahrungsgeschichte zu dem Wissen, welches er vermitteln will, erzählt; dabei geht es um Zusammenhänge und Hintergründe und um emotionale Bewertungen und das Ziel, welches der Erzähler mit der Erfahrungsgeschichte verfolgt. Die Erfahrungsnehmer hören hierbei zu.

- Die Erfahrungsnehmer reflektieren anschließend über die Erzählung, indem sie unter anderem auf „Emotionskarten" notieren, was sie beim Anhören der Erfahrungsgeschichte empfunden haben, oder auf „Erkenntniskarten" festhalten, welche Aha-Effekte sie hatten.

- Anhand dieser Karten, die durch den Dialogbegleiter gebündelt werden, beginnt der gemeinsame feedbackorientierte Dialog, in dem über die Karten gesprochen wird und dabei Verständnis, Zustimmung oder aber auch Dissens beim Einzelnen entsteht. Die Erkenntnisse aus diesem Dialog werden als Konsens oder Dissens auf Metaplan visualisiert.

- Der Output nach den einzelnen Workshops ist jeweils ein Vorgehensplan mit einzelnen To Dos, die sicherstellen sollen, dass der gegenseitige Erkenntnisgewinn aller Beteiligten auch in Handlungen übersetzt wird. Der Workshop endet mit einem Feedback aller Beteiligten.

Vorteile

Sehr hoher Common Ground, also gemeinsames Verständnis, durch die Fokussierung auf die tiefere Bedeutung der Beiträge; gute Weitergabe auch von Kontextinformationen, Zusammenhängen, emotionalen Bedingungen und Hintergrundannahmen zum jeweiligen Wissen. Hohe Wertschätzung.

Nachteile

Das Konzept bietet zwar einen Vorgehensplan für die Umsetzung der Erkenntnisse in konkrete Handlungen, kann aber keine Dokumentation der ausgetauschten Wissensinhalte oder deren Hintergründe und Zusammenhänge liefern. Die Erfahrungsnehmer müssen direkt anwesend sein.

5.2.10 Wissensstafette

Dialoggestaltung: geschlossen-strukturiert

Wissensformen:

Personales Wissen		Öffentliches Wissen	
Handlungswissen	Bildliches Wissen	Begriffliches Wissen	Kollektives Wissen
		X	X
implizit			explizit

Aufwand und Ergebnistiefe: mittel

WAS – Kurzbeschreibung

Die Wissensstafette ist eine Variante der Methode Expert Debriefing (Kapitel 5.2.1) und wurde bei VW Coaching entwickelt. Sie ist ein strukturierter und moderierter Wissensübergabeprozess, der in eine vorgelagerte Auftragsklärung und in vier anschließende Phasen aufgeteilt ist. Sie setzt unter anderem folgende Methoden ein: halbstrukturierte Interviews, Checklisten, Wissenslandkarten, moderierte Übergabegespräche, Transition-Workshop (Letzterer nur bei Wechsel von Führungskraft, nicht Fachkraft).

WER – Zielgruppe und Einsatzfelder

Verschiedene Varianten der Methode für verschiedene Zielgruppen: Führungskräfte mit Schwerpunkt Erfahrungswissen, Experten mit speziellem Fachwissen und bekanntem Nachfolger; Experten ohne bekannten Nachfolger.

WIE – Vorgehen

Die *Wissensstafette für den Führungswechsel* ist eine Methode zum Transfer des Erfahrungswissens bei ausscheidenden oder die Stelle wechselnden Führungskräften. Zu erfassende Themen sind: Hintergrundwissen, zum Beispiel zu Schlüsselpersonen, Aufgabenschwerpunkten, Netzwerken, kulturellen Themen etc. Die *Wissensstafette für den Expertenwechsel* konzentriert sich auf das Fachwissen bei Leaving Experts und ermittelt dem Nachfolger einen Überblick über die neuen, von ihm zu übernehmenden Fach- und Themengebiete. Zu erfassende Themen sind: Wissen über Prozesse, Schnittstellen und Netzwerke, Vorgehen zur Priorisierung, Entscheidungsfindung und Problemlösung, Bewertung von Informationen.[24]

Die konkrete Vorgehensweise startet mit Vorgesprächen zur Auftragsklärung:[25] Mit allen Beteiligten wird geklärt, inwieweit die Rahmenbedingungen für einen Wissenstransfer gegeben sind, etwa Freiwilligkeit der Teilnahme, ausreichende Zeitressourcen und Motivation des Experten, sein Wissen zu teilen.

Alle Gespräche werden in der Regel von zwei qualifizierten Moderatoren begleitet, von denen der eine die Aufgabe hat, den Prozess im Auge zu behalten und aus den vorgegebenen Fragenkatalogen die richtigen Fragen zu stellen. Der andere Begleiter ist für die Protokollierung des Gesagten verantwortlich:

- Die *Planungsgespräche* dienen dem Abgleich der Erwartungen der Beteiligten an die Wissensstafette und an die Rolle des Moderators. Sie identifizieren die Aufgaben und die Wissensgebiete des Experten, die in einer Mindmap festgehalten werden. In ein bis drei Gesprächen à eineinhalb bis zwei Stunden werden dabei auch die Wissensbedarfe des Nachfolgers mit in die Mindmap eingebaut oder auch in einer eigenen Mindmap festgehalten. Die gefundenen Themen werden in eine erste Priorisierung gebracht.

- Im ersten *Auftaktgespräch* ist der Vorgesetzte des Experten mit anwesend, in den weiteren Gesprächen nicht mehr. Er wird in die Priorisierung der zu übergebenden Themen und die Prüfung von deren Vollständigkeit eingebunden. Ein grober Aktionsplan für den Transferprozess wird definiert.

- In zwei bis drei *Übergabegesprächen* à eineinhalb Stunden antwortet der Experte auf die Fragen aus den Fragenkatalogen, um sein Erfahrungs- und Prozesswissen in einer strukturierten Art und Weise in Worte zu fassen. Der Einstieg ist dabei meist, sich einen Überblick über beide Wissenslandkarten (die des Experten und die des Nachfolgers) zu verschaffen (unter anderem Gemeinsamkeiten, Unterschiede, Struktur) und dann anhand der Priorisierung die einzelnen Themen mithilfe der Fragenkataloge durchzugehen.

- *Transition-Workshops:* Vier bis sechs Wochen nach dem vollzogenen Führungswechsel findet ein Transition-Workshop mit der neuen Führungskraft und deren Mitarbeitern statt. Diese erste Teambuilding-Maßnahme hat ein tieferes Kennenlernen der Beteiligten und ein gemeinsames Verständnis und grobe Planung der Zusammenarbeit als Ziel.

Vorteile
Die hohe Strukturiertheit und die vorgegebenen Fragenkataloge erleichtern es, die Methode Wissensstafette zu erlernen und anzuwenden.

Nachteile
Vorgegebene Fragenfelder lassen eventuell wichtige Erfahrungen / Informationen, die außerhalb dieser angesprochenen Fragenfelder unentdeckt.

5.2.11 Gemeinsamkeiten, Unterschiede und Grenzen der vorgestellten Ansätze

Der Hauptunterschied zwischen den einzelnen Methoden liegt in der Grundausrichtung: Auf der einen Seite stehen eine individualisierte Herangehensweise sowie eine
Ausrichtung auf den Dialog und auf Reflexionsprozesse bei der Erfassung und bei der
Weitergabe von Wissen, auf der anderen Seite stehen solche Ansätze, die ein standardisiertes, strukturiertes Vorgehen für Erfassung und Transfer heranziehen. Die einzelnen
Vorgehensweisen sind zuweilen auch ein Mix aus Methoden, die diesen beiden Polen
auf einem Kontinuum entsprechen. Doch die zugrunde liegende Grundausrichtung in
eine dieser beiden Ausprägungen ist deutlich zu sehen.

Die Gemeinsamkeiten der vorgestellten Methoden sind folgende:

Fast alle Ansätze starten mit der Identifikation der Wissensträger – wer hat im Unternehmen ein so relevantes, wettbewerbskritisches Wissen, dass sich ein eingehender
Wissenstransferprozess lohnt?

Ebenso beinhalten fast alle Ansätze einen Dialog zwischen Wissensträger und -nehmer.
Das überrascht nicht weiter, weil nur im persönlichen Dialog die Zwischentöne, das
verdeckte Erfahrungswissen und die Intuition des Experten zur Sprache kommen können. Allerdings gibt es große Unterschiede bezüglich der Gestaltung dieser Dialoge: Die
unternehmerische und Beraterpraxis kennt Ansätze, in denen Experten und ein oder
mehrere Wissensnehmer ohne jegliche weitere Unterstützung zusammenkommen und
ein oder mehrere Gespräche führen, deren Ablauf ihnen selbst überlassen bleibt (zum
Beispiel Interviewmethode). Einen Sonderfall stellen die Transfer Stories und die Triadengespräche dar, da sie zwar eine sehr offene Gesprächssituation zugrunde legen, aber
dennoch sowohl der Gesprächsverlauf als auch die Auswertung der Ergebnisse in ein
moderiertes Vorgehen eingebettet sind. Auf der anderen Seite der Dimension finden
sich Ansätze, die sehr detaillierte Checklisten und Fragebögen für den Dialog zwischen
Wissensträger und -nehmer einsetzen, meist in Form eines moderierten Gesprächs
(zum Beispiel Wissensstafette, Expert Debriefing).

Alle Ansätze geben Antworten, wie das erhobene Wissen dokumentiert und welche
Tools dafür eingesetzt werden sollen. Einige Ansätze beschränken sich auf so gut wie
keine Dokumentation, andere legen sehr ausführliche Dokumentationen zugrunde. Die
allermeisten Ansätze verlassen sich dabei auf das geschriebene Wort. Andere Formen

der Objektivierung in Zeichen, etwa die Kombination mit bildlichen Zeichen, Video- oder Audiodateien, sind eher eine Ausnahme (zum Beispiel Transfer Stories und Video- annotation).

Welche Grenzen haben die aufgeführten Ansätze? Betrachtet man alle Ansätze zusam- menfassend, fallen drei Punkte auf, bei denen in unseren Augen ein großes Potenzial für Weiterentwicklungen besteht:

- Zum einen muss sich jeder Ansatz kritisch der Frage stellen, welches Wissen eines Experten denn nun erfasst wurde und welche Wissensinhalte trotz aufwendiger Transfermaßnahmen im Verborgenen bleiben.

Blicken wir noch einmal zurück zum Verständnis von Erfahrungswissen (siehe Kapi- tel 3), das sich in verschiedenen Graden der Bewusstheit in den Köpfen der Leaving Experts befindet (personales Wissen) beziehungsweise in Zeichen objektiviert mehre- ren Personen zugänglich ist (öffentliches Wissen). In Bezug auf das personale Wissen liegen folgende Fragen auf der Hand:

- Wo sind die Grenzen der Ansätze aus der unternehmerischen und Beraterpraxis, wenn es um das enaktive, also nicht bewusst zugängliche Handlungswissen einer Person geht? Jenes Handlungswissen kann motorisch sichtbar werden, wenn ein Experte eine komplexe motorische Handlung (man denke etwa an Spitzensportler) ausführt, oder aber auch „unsichtbar" sein, wenn ein Entscheidungsträger in kom- plexen Problemlösesituationen kompetent handelt. Für die motorische Seite des Handlungswissens lautet die Antwort: Mit Ausnahme der Videoannotation kann bislang keiner der Ansätze jenes motorisch ausgeprägte Handlungswissen hand- haben. Dafür bräuchte es andere Erfassungsmethoden wie etwa Videoaufnahmen der konkreten Handlungen von Experten. Jene anderen Auswertungs- und Vermitt- lungsmethoden wären hier sinnvoll, wie etwa die aus der Sportausbildung oder auch im Rahmen von TQM-Ansätzen bekannten Sequenzanalysen der Videomit- schnitte und das schrittweise Heranführen der Nachfolger an die zu lernenden motorischen Handlungsabläufe. Für die „unsichtbare" Seite des Handlungswissens, das sich nur in der Art und Weise des Problemlösens eines Experten zeigt, gibt es vielversprechende Ansätze in jenen Methoden, die eine sehr offene Herangehens- weise an den Wissensträger wählen, also keine Checklisten und vordefinierten Leit- fäden einsetzen und zugleich viel mit Reflexion der eigenen Handlungen beim Experten arbeiten (zum Beispiel Triadengespräche, Wissen durch Erfahrungsge- schichten und Transfer Stories).

- Wie sieht es mit der Handhabung intuitiven Wissens aus, das bildhaft repräsentiert und damit theoretisch auch mithilfe von Visualisierungen ansprechbar ist? Hier sind jene Ansätze überlegen, die Visualisierungen oder aber auch Metaphern ein- setzen, um über den Umweg der visuellen und Metaphernwelt Worte für das verbor- gene Wissen zu finden.

- Was vermögen die Ansätze schließlich beim begrifflichen Wissen einer Person, das bewusstseinsfähig ist und somit explizit artikuliert werden kann? Hier sind alle Ansätze mehr oder wenige in der Lage, damit umzugehen, Unterschiede sind höchs- tens im Setting des Wissenstransfers zu sehen: Ein sehr strukturiertes Vorgehen anhand von Fragenkatalogen kann unter Umständen mehr explizites Wissen zu

Bereichen wie Fachwissen, Aufgaben, Kontaktpersonen und so weiter erfassen als die offenen Ansätze, da erstere anhand der vorgegebenen Struktur diese Bereiche systematisch abtasten, die zweiten aber tendenziell eher dem Experten überlassen, welche Themen er vertieft.

▪ Zum anderen fällt kritisch auf, dass sich fast keiner der Ansätze mit der Frage auseinandersetzt, wie die Motivationslage der Betroffenen bezüglich Wissensteilung und -transfer beschaffen ist, wie es um die Unternehmenskultur steht (belohnt oder bestraft sie Wissensteilung?), welche weiteren Störungen im Wissenstransferprozess auftauchen können und welche Gegenmaßnahmen und Gestaltungsideen man entgegenhalten müsste.

Ist der Experte überhaupt motiviert, sein Wissen zu teilen? Ist der Nachfolger willens, dieses Wissen anzunehmen? Oder fehlt es an ausreichender Wertschätzung für das „Lebenswerk" des Experten, an geeigneten strukturellen Rahmenbedingungen (wie etwa ausreichend Zeit, Freiwilligkeit der Teilnahme an Transferprozess, Entscheidungsfreiräume für den Nachfolger, auch andere Lösungswege zu gehen) oder an einer wissensteilungsfreundlichen Unternehmenskultur? Auf die Rolle der Unternehmenskultur bei der Unterstützung des Wissenstransfers geht das Kapitel 7 noch detaillierter ein.

▪ Kritisch ist weiterhin zu fragen, ob das vorherrschende Mittel in der Dokumentation des transferierten Wissens – die geschriebene Sprache – überhaupt die beste Darstellungsform ist, um Verstehen und Anwenden des Wissens beim Nachfolger zu sichern.

Bereits in Kapitel 3 wurde betont, dass es um die Herstellung eines möglichst großen Common Ground gehen muss, um sicherzustellen, dass alle Beteiligten auch wirklich das Gleiche unter dem geschriebenen Wort verstehen. Die Grundfrage lautet hier: Wie kann Wissen dokumentiert werden, sodass es nachvollziehbar ist? Nun, streng genommen gar nicht! Die in der wissenschaftlichen Literatur stattfindende Auseinandersetzung mit dem Wissensbegriff führt sogar so weit, dass darüber gestritten wird, inwieweit „*... explizit vorliegendes Wissen überhaupt noch als Wissen bezeichnet werden darf (weil es doch eigentlich Information ist), und ob man den Wissensbegriff nicht besser auf das schwer oder gar nicht artikulierbare implizite Wissen eingrenzen sollte.*"[26]

Auch die Erkenntnis, dass es eines möglichst großen Common Grounds für echte Verständigung bedarf, spricht gegen eine Dokumentation, wenn diese mit einer Abtrennung der Wissensinhalte von der Person des Wissensträgers verbunden ist. Dies würde uns wieder zurück zur „Haben"-Perspektive und dem Verständnis von Wissen als „Paket" zurückführen. Jedoch soll hier nicht der Schluss gezogen werden, dass jegliche Wissensdokumentation von vornherein unsinnig ist. Die Kernaussage zur Herstellung geeigneter Rahmenbedingungen für einen gelungenen Wissenstransfer lautet vielmehr, dass die Dokumentation von Expertenwissen in enger Abstimmung mit dem Experten selbst und dem Nachfolger erfolgen muss. Es muss also immer der Dialog als die eigentliche Bühne von Wissensaustausch und Wissensgenerierung bereitgestellt und in allen Phasen des Wissenstransferprozesses mitbedacht werden.

Ein weiterer wichtiger Punkt ist, dass zwar die Sprache das Transportmittel erster Wahl für Wissensinhalte ist, dass aber auch ganz andere, nonverbale Wege des Transfers begangen werden können, etwa bildhafte Visualisierungen von Wissen oder motorische Handlungen, die nachgeahmt werden. Hier würde die Sprache als zusätzliches Hilfsmittel zur Vergrößerung des Common Ground dienen.

Wie also kann die Wissensdokumentation durch andere Zeichen optimiert werden, um die Chancen für eindeutige, von allen geteilte Bedeutungszuschreibungen zu erhöhen? Hier gilt es, die Möglichkeiten der digitalen Medien genauer zu ergründen und insbesondere die Wissensvisualisierung, also die Übersetzung der Wissensinhalte in Bilder (mit Sprache/Text als weiteres Hilfsmittel, nicht aber als Hauptinhaltsträger) als vielversprechende Möglichkeit ins Auge zu fassen. Sie kann nicht nur bei der Dokumentation, sondern auch bei der Erfassung und Weitergabe des Expertenwissens viele Türen öffnen, wenn es um Wissensinhalte geht, die nicht ohne Weiteres sprachlich artikulierbar sind. Der Dokumentation von Expertenwissen mithilfe von Visualisierungen ist in Kapitel 3.6 ein eigener Schwerpunkt gewidmet.

Zusammenfassend lassen sich aus den genannten Grenzen der hier vorgestellten Methoden drei Fragenkomplexe ableiten:

- Wie sind der Umfang und die Art des transferierten Wissens bei den einzelnen Ansätzen beschaffen? Welche weiteren Methoden müssen hinzukommen, um auch das bisher im Verborgenen verbliebene Wissen handhabbar zu machen?

- Welche Störungen im Wissenstransferprozess können auftreten und welche Lösungen könnten Abhilfe schaffen?

- Welche Alternativen/Ergänzungen zur dominanten Dokumentationsform „Sprache/Text" sind denkbar, um einen hohen Common Ground und so eine möglichst einheitliche Bedeutungszuschreibung aller Beteiligten zu erreichen? Welche Rolle spielen hierbei die digitalen Medien und die Wissensvisualisierung?

Diese drei Fragenkomplexe sind Startpunkte für eine Weiterentwicklung der bestehenden Ansätze. Sie kann sich ergänzend auf eine ganze Reihe von Werkzeugen stützen, die in nachstehender Toolbox zum Wissenstransfer für Praktiker im Überblick vorgestellt werden.

■ 5.3 Toolbox für Praktiker

Für einen erfolgreichen Wissenstransfer braucht der Praktiker neben einem passenden Prozess und den dazugehörenden Methoden auch die richtigen Tools. Die trennscharfe Abgrenzung zwischen diesen drei Begriffen ist schwierig. Es kann also durchaus sein, dass wir hier etwas als Tool aufführen, was in einem anderen Zusammenhang eine Methode oder gar ein Prozess wäre. Ein Tool ist aus unserer Sicht ein Mittel zur Unterstützung des Vorgehens, das aber nicht unbedingt spezifisch nur für den Wissenstransfer einsetzbar ist und/oder das allein angewendet keinen umfassenden Wissenstransfer schafft. Wir erheben keinen Anspruch auf Vollständigkeit, da in diesem Bereich der Kreativität kaum Grenzen gesetzt sind.

5.3.1 Strukturierung durch Visualisierung

Beim Wissenstransfer wird unabhängig vom gewählten Prozess oder der gewählten Methode eine große Menge an Informationen/Wissen erhoben. Um diese zu handhaben und zu transferieren, ist es notwendig, eine Struktur zu schaffen. Im Folgenden stellen wir einige Tools vor, mit deren Hilfe sich Wissen und Information strukturiert darstellen lassen.

Mindmap

Die Mindmap ist eine Technik, die es erlaubt, ohne priorisierende hierarchische Strukturen Gedanken zu entwickeln und miteinander zu verknüpfen. Das eigentliche Thema steht dabei in einem Rechteck in der Mitte, Hauptthemen werden diesem Kreis abgehenden Stämmen zugeordnet, wobei Unterthemen wiederum Äste dieser Stämme bilden. Die Methode erlaubt es, das Thema zu wechseln (neuer Stamm) und dabei doch immer die vorherige Diskussion im Blick zu haben. Bild 5.5 zeigt ein Beispiel für eine Mindmap.

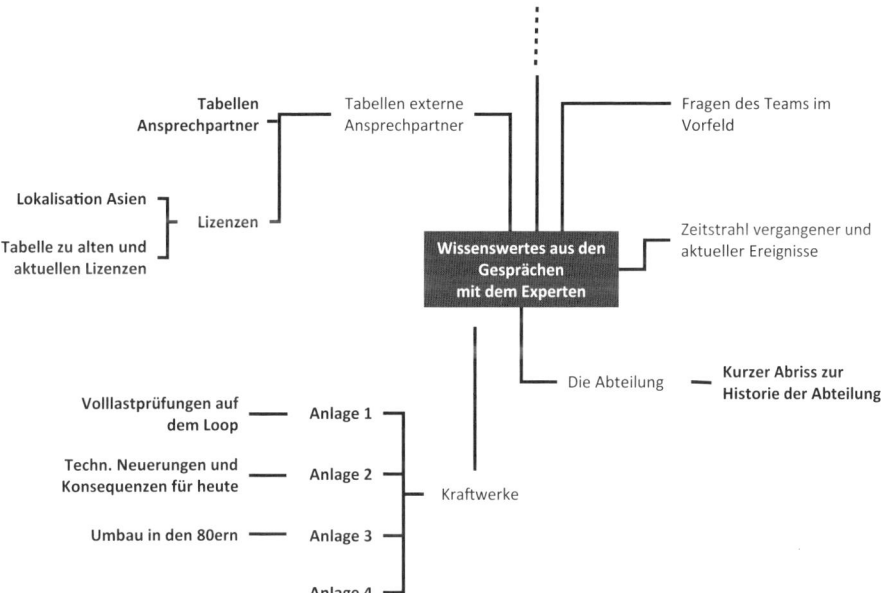

Bild 5.5 Die Mindmap mit den Wissensthemen beim in Kapitel 3 erwähnten Herrn Weiß, Experte für Hauptkühlmittelpumpen

Job Map

Die Job Map ist eine Abwandlung der Mindmap, bei der die Äste bereits vordefinierten Themenbereichen aus dem Aufgabenbereich des Experten zugeordnet sind (Anwendung beispielsweise bei Expert Debriefing, Kapitel 5.2.1).

Wissensbaum

Der Wissensbaum reduziert die Baumstruktur auf die Baummetapher, indem tatsächlich ein Baum dargestellt wird. Die Wurzeln des Baumes stehen dabei für die Wissensquellen des Experten, also die Ausbildung, Fortbildungen, besondere Qualifikationen. Der Stamm steht für die Kernkompetenzen und die Früchte für die Aufgaben. Der Baum wird zusammen mit dem Experten (oder zum Vergleich mit dem Nachfolger) aufgebaut. (Anwendung bei Nova.PE, Kapitel 5.2.5). Bild 5.6 zeigt ein Beispiel für einen Wissensbaum.

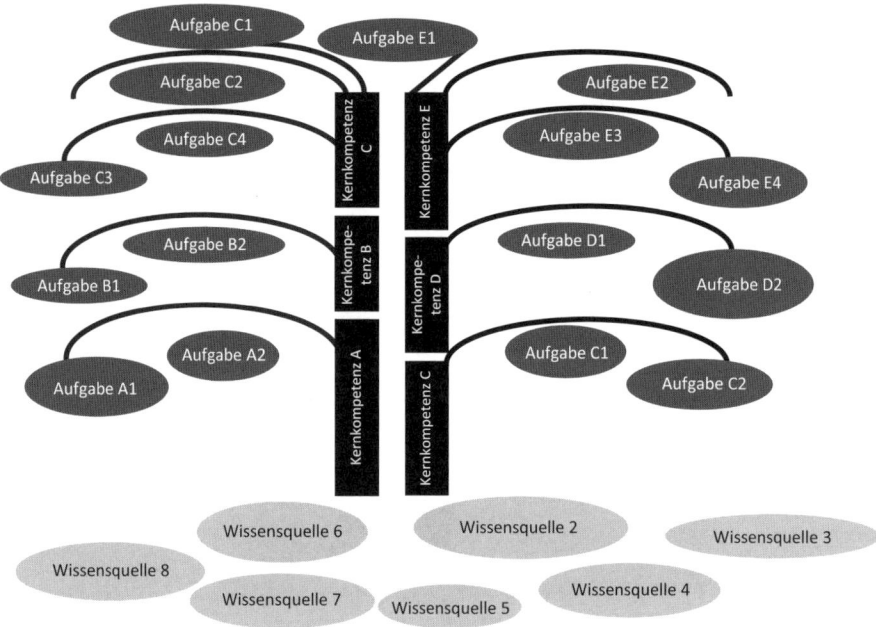

Bild 5.6 Wissensbaum

Beziehungsnetzkarten

Beziehungsnetzkarten stellen das Netzwerk des Experten dar. Er wird durch einen Kreis in der Mitte symbolisiert, seine Beziehungspartner mit Kreisen, die durch Größe die Wichtigkeit und durch Nähe die Intensität der Beziehung darstellen. Bei komplexeren Beziehungen können Linien zwischen den Kreisen weitere Informationen beinhalten. Bild 5.7 zeigt ein Beispiel für eine Beziehungsnetzkarte.

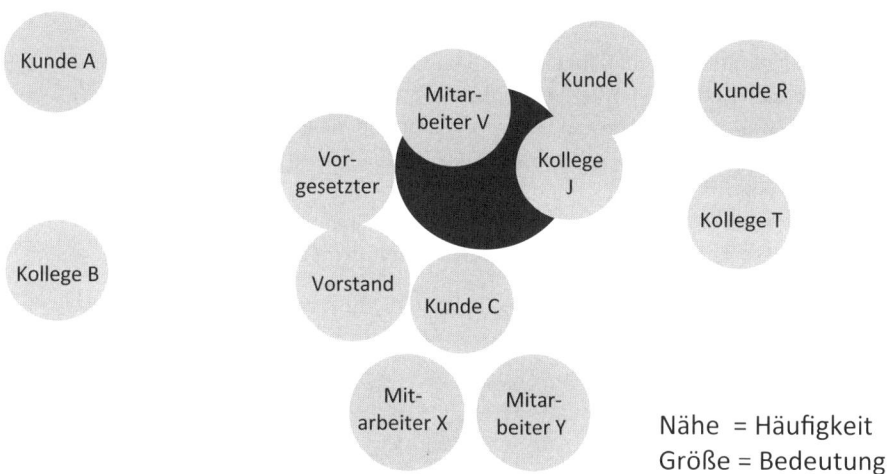

Nähe = Häufigkeit
Größe = Bedeutung

Bild 5.7 Beziehungsnetzkarte

Wissenslandkarte

Eine Wissenslandkarte ist eine Form, das Wissen, die Wissensträger und die Beziehungen grafisch darzustellen. Die Wissenslandkarte bietet nur den Verweis auf das Wissen, nicht die Wissensinhalte selbst.

Roadmap

Roadmaps nutzen die Metaphern rund um das Konzept „Straße" zum Auffinden und Abbilden von Erfahrungswissen. Im Gespräch mit dem Wissensträger entsteht eine „Reise" von A nach B, die durch verschiedene Landschaften (Berge, Klippen, Sümpfe versus Streuobstwiesen, fruchtbare Flussdeltas etc.) führt und so Höhepunkte, kritische Phasen, erfolgreiche Ereignisse und Entscheidungspunkte („Wegscheiden") visualisiert.

Citymap

Citymaps arbeiten mit der Metaphernwelt rum um das Konzept „Stadtraum". Sie lassen eine Stadt entstehen, die durch Anzahl und Beschaffenheit von Straßen, Häusern, öffentlichen Orten etc. die Kommunikationswege und das Netzwerkwissen der Fach- und Führungskräfte abbilden kann.

Metaplantechnik

Hierbei handelt es sich um eine Moderationstechnik, bei der die Teilnehmer ihre Ideen und Gedanken auf verschiedenfarbige Karten schreiben, die an eine Moderationstafel gepinnt und anschließend in Blöcken zusammengeführt („geclustert") werden.

Vier-Felder-Matrix

Mit der Vier-Felder-Matrix können Stärken und Schwächen dargestellt oder die Wichtigkeit einzelner Gebiete oder Personen für das Unternehmen aufgezeigt werden. Es wird dabei ein Zwei-Achsen-Diagramm aufgezeichnet und die Fläche zwischen den Achsen in vier Felder eingeteilt. Daraus ergibt sich, dass das Feld rechts oben nach beiden Achsenkriterien hoch und das links unten niedrig bewertet ist. Bild 5.8 zeigt ein Beispiel für eine Vier-Felder-Matrix. Bei dieser Matrix ist im Quadranten rechts oben sowohl das Gefährdungspotenzial wie die Eintrittswahrscheinlichkeit hoch, hier besteht also der größte Handlungsbedarf.

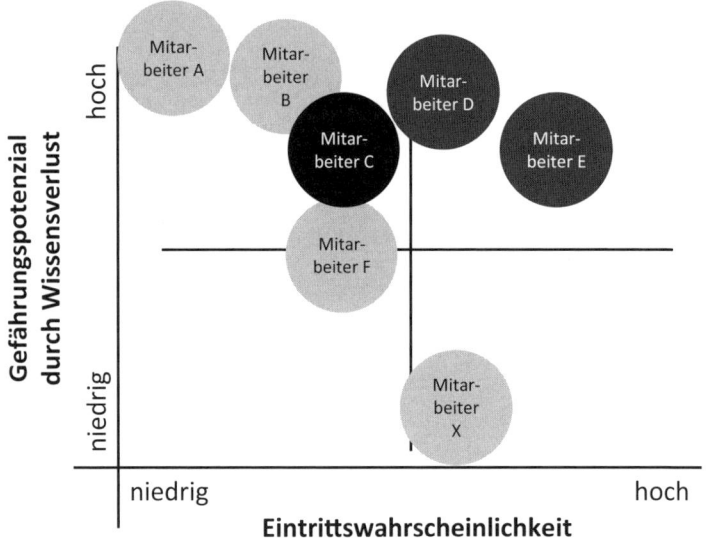

Bild 5.8 Vier-Felder-Matrix

5.3.2 Textbasierte und narrative Tools

Textbasierte und narrative Tools nutzen Sprache, um Wissen zu generieren oder sichtbar zu machen.

Mikroartikel

Mikroartikel eignen sich zur schnellen Dokumentation von Erfahrungen und Erkenntnissen. Sie haben eine klare Struktur und sind sehr knapp gehalten. Die Erzählform einer Geschichte vermittelt auch den Kontext des Problems. In der Regel besteht das Dokument aus vier Blöcken: Thema (Kurzcharakterisierung des Inhaltes), Geschichte (Hauptteil in narrativer Form für die Beschreibung des Sachverhalts), Folgerungen (aus den gemachten Erfahrungen) und Anschlussfragen (zum Weiterdenken anregende Fragen, die offengeblieben sind).[27]

Notizbuch/Ideenbuch

Ein einfaches Tool ist ein Notiz- oder Ideenbuch, das der Experte mit sich führt und darin alles notiert, was seiner Meinung nach für den Nachfolger wichtig ist. Zu festgelegten Zeitpunkten (einmal die Woche, einmal im Monat) wird das Tagebuch zusammen mit einem Dritten ausgewertet, und die Aufzeichnungen werden in eine transferierbare Form gebracht.

Logbuch/Tagebuch

Logbücher werden in der Seefahrt eingesetzt, um permanent alle Vorkommnisse zu notieren. In einem Wissenstransferprozess können Logbücher mit vorgefertigten Feldern und Räumen für freie Assoziationen eingesetzt werden, in die der Experte über einen festgelegten Zeitraum alles notiert, was er tut.

Wissens- und Projektdatenbanken (repositories)

Sie sind auf dem Intranet des Betriebs hinterlegt und beziehen Lotus Notes oder gängige MS-Office-Anwendungen wie MS Exchange ein. Bei den Wissensdatenbanken unterscheidet man folgende Formen und Inhalte:[28]

▪ „Best Practices"-Datenbanken zu bestimmten Funktionen, Methoden, Märkten (Regionen), Sektoren, Produkten: Dort kann man nachschlagen, welche Methoden/Projekte sich in unterschiedlichen betrieblichen Funktionen (Einkauf, Fertigung, Vertrieb), in unterschiedlichen Produktbereichen bewährt haben.

▪ „Lessons Learned"-Datenbanken zu Projekten, Produkt- und IT-/Informationsmanagement-Entwicklungsprozessen: Hier werden die Projekterfahrungen niedergelegt, meist in einer standardisierten Form.

▪ Datenbanken zu Marktentwicklungen, regionalen oder sektoralen Trends: Sie werden für Market Intelligence/Competitive Intelligence zum Zwecke der Strategieentwicklung und Planung genutzt.

▪ Expertendatenbanken mit Erfahrungsberichten: Hier legen Experten ihre spezifische Fach- und Methodenerfahrung in Stichworten nieder. Diese sind mit dem Namen des Experten verknüpft, sodass dieser von suchenden Kollegen direkt kontaktiert werden kann.

Solche Wissens- oder Projektdatenbanken können dem Neueinsteiger helfen, einen ersten Überblick zu einem bestimmten Thema zu bekommen. Günstig ist es, wenn zugleich Ansprechpartner genannt sind. Denn sie können bei Zusatzfragen Auskunft geben. So kann der Nachteil schriftlicher Niederlegung, also das Fehlen informeller Kontextinformationen, überwunden werden. Die Verknüpfung mit dem Namen des Experten erhöht zugleich die Bereitschaft der Erfahrungsträger, ihr Wissen in die entsprechenden Datenbanken einzugeben. Allerdings hängt diese Bereitschaft auch von der Nutzungsfrequenz und damit der empfundenen Sinnhaftigkeit ab. Zu oft werden Mitarbeiter aufgefordert, ihr Wissen in den verschiedensten Formaten abzuspeichern, ohne dass sie je erfahren, ob und von wem es genutzt wird. Im Gegenteil, oft entsteht durch Gespräche mit Kollegen der Eindruck, dass es sich um „totes", also ungenutztes Wissen handelt und dass die mit seiner Speicherung verbundene Mühe umsonst war. Daher steht und fällt die Akzeptanz solcher Systeme erstens mit der sinnvollen Verknüpfung mit bereits vorhandenen Informationen und zweitens mit einem Feedback an die Wissensgeber, das motiviert und zur Weiterentwicklung der nützlichsten Inhalte führt.

Expertendatenbanken werden sowohl in der Beratungsbranche als auch in der Industrie genutzt. So stellt Festo, ein Hersteller pneumatischer und elektrischer Antriebe aus Esslingen, mittels Expertendatenbanken die Verknüpfung mit dem internationalen Produktionsnetzwerk des Unternehmens her.[29]

Meist folgen Expertendatenbanken einem strengen Raster, das nur die betrieblichen Projekte kennt und außerbetriebliche Erfahrungen und persönliche Zusatzkenntnisse, beispielsweise Sprachen, Ländererfahrungen, private Weiterbildung oder Forschung, nicht berücksichtigt. Auch ist zu fragen, wer die Informationen in diese Systeme einpflegt. Geschieht dies zentral, etwa durch die Personalabteilung, so ist diese auf das explizit bekannte, also als solches identifizierte Wissen angewiesen. Pflegen die Mitarbeiter selbst ihre Daten, so kann es schwierig sein, Niveau und Spezifität des jeweiligen Wissens nachvollziehbar zu machen. Außerdem stehen die Mitarbeiter vor dem gleichen Problem wie die Personalabteilung: Sie wissen zum Beispiel nicht, dass ihre durch die Familie ihrer spanischen Ehepartner privat erworbenen Spanisch-Kenntnisse für das neue Projekt der Firma in Spanien einmal sehr wichtig wären.

Suchmaschinen und Dokumentenmanagementsysteme

Sie erlauben das Auffinden gesuchter Begriffe, Namen oder Themen inmitten der Vielzahl der vom Unternehmen genutzten Datenbanken.[30] Dabei werden Expertendatenbanken mit Projektdatenbanken, Wissenslandkarten und weiteren Informationen verknüpft.

Intranet als Lernplattform

Das Intranet ist das interne Rechnernetz eines Unternehmens. Es hält vielfältige Inhalte in digitalisierter Form bereit: Standortinformationen, ein Verzeichnis der Mitarbeiter, Organigramme, Führungsgrundsätze, Termine und Ankündigungen, Veranstaltungen, Stellenanzeigen, Nachrichten von Personalabteilung und Betriebsrat, Betriebssport und Gesundheitstipps, Blogs und Wikis. Im Gegensatz zum Internet ist das Intranet eines Unternehmens nicht öffentlich zugänglich.

Am häufigsten genutzt werden die E-Mail-Suche und die Personensuche auf dem Intranet. Wie hieß noch gleich der Kollege, der mit dem Kunden X so lange zusammengearbeitet hat? Er schickte doch kürzlich einen Bericht zum Thema Y. Also Y in den E-Mails suchen und bei ihm anrufen und nachfragen. Dabei ist das Telefon als Kontaktmedium geeignet, wenn sich beide Personen kennen. Ist dies nicht der Fall, dann ist auch ein Videotelefonat via Skype mit Kollegen an anderen Standorten gut. Das Intranet ist dabei mehr der Ermöglicher, also das elektronische Telefonbuch für die spätere Kontaktaufnahme.

Im Intranet findet sich Wissen in vielfältiger Form, das ein sehr wertvolles Hilfsmittel ist, um das Unternehmen und seine diversen Bereiche und Themen kennenzulernen. *„Als Medium zur Selbstbedienung offeriert es Informationen ohne hierarchische Barrieren,* *hebt Grenzen von Zeit und Raum auf und wartet geduldig auf seine aktiven Nutzer."*[31] Ergänzend werden Intranets von Unternehmen immer häufiger um soziale Medien erweitert.

Semiotisches Feld

Bei der Anwendung des semiotischen Feldes werden zu bestimmten Sachverhalten die passenden Adjektive aus einem großen Pool ausgesucht und dann von einem Fachmann in einem semiotischen Feld verortet. Auf diese Weise kann beispielsweise der Common Ground zwischen Experte und Nachfolger zu schwierigen Sachverhalten geschaffen werden. Bild 5.9 zeigt ein Beispiel für ein semiotisches Feld.

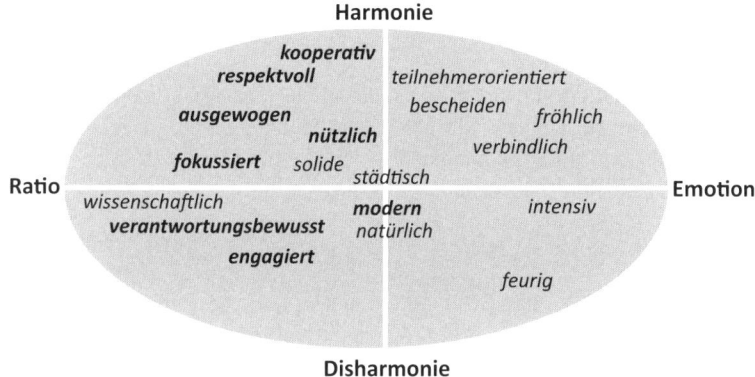

Bild 5.9 Das semiotische Feld: Die Kerneigenschaften

Storytelling

Storytelling ist mehr als ein Tool, es kann aber im Rahmen eines umfassenden Wissenstransferprozesses als Tool eingesetzt werden. Storytelling heißt, Geschichten gezielt, bewusst und gekonnt einzusetzen. Es handelt sich dabei um einen Prozess, der aus Erzählen und Zuhören besteht. Es ist eine Form der Kommunikation zum gemeinsamen Nachdenken über die Realität und Schaffung eines Common Ground, einer gemeinsamen Verständigungsbasis also.[32]

Transfer Comics

Transfer Comics sind mit Comicfiguren visualisierte Geschichten in einer fiktiven Welt, in denen das Wissen eines Wissensträgers oder einer Gruppe von Wissensträgern, zum Beispiel über ein bestimmtes Thema, ein Projekt, einen Prozess oder die Unternehmenskultur, „gespeichert" und aufbereitet ist, welches auf andere Personen, zum Beispiel Nachfolger, Projektgruppen in ähnlichen Situationen, Entscheider etc., übertragen werden soll.

Transfer Comics beinhalten meist auch didaktische Elemente, die helfen, das in den Geschichten verborgene Wissen in die Realität zu übertragen. Ziel von Transfer Comics sind daneben auch die Schaffung eines Common Ground unter den Lesern der Story und eine weiterführende Diskussion über die Inhalte. Die methodische Vorgehensweise der Transfer Comics kombiniert halbstrukturierte mit narrativen Interviews und interaktiven Workshopelementen für den Dialog und die Reflexion über die in den Transfer Comics gesammelten Wissensinhalte.[33]

5.3.3 Inszenierung

Bei der Inszenierung werden Situationen geschaffen, die der Realität nahe kommen oder die bestimmte Sachverhalte durch szenische Darstellung sichtbar und damit reflexionsfähig machen.

Aufstellung

Bei der Aufstellung geht es darum, den systemischen Gehalt von Beziehungen und Konstellationen sichtbar zu machen. Die beteiligten Personen werden gebeten, sich nach bestimmten Vorgaben im Raum aufzustellen. Für die Interpretation solcher Systemaufstellungen bedarf es allerdings Fachkenntnissen.

Rollenspiele

Bei Rollenspielen werden den Beteiligten unterschiedliche Rollen zugeordnet, nach deren Muster sie sich in einer vorgegebenen Situation verhalten sollen. Dieses Tool erlaubt es, eigene Verhaltensweisen zu reflektieren, sich in die Gedankenwelt anderer zu versetzen und stereotypisches Verhalten aufzudecken.

Unternehmenstheater

Beim Unternehmenstheater spielt eine Gruppe von Mitarbeitern, oft auch zusammen mit Laien- oder professionellen Schauspielern, Situationen aus dem Unternehmensalltag und überzeichnet dabei Charaktere und Verhaltensweisen. Das Theaterstück ist Anlass für eine Reflexion – sowohl bei den Mitarbeitern als auch bei Führungskräften, die auf diese Weise einen Spiegel vorgehalten bekommen. Humor als Vehikel kann so Kritik und neue Vorschläge auf unterhaltsame Weise bis in die obersten Führungsetagen tragen und Wandlungsprozesse unterstützen.[34]

5.3.4 Web 2.0

Die sozialen Medien, auch Social Media genannt, bieten eine Vielzahl von Einsatzmöglichkeiten im Wissenstransfer. Es handelt sich um elektronische Plattformen, die den schnellen und unkomplizierten Austausch von Ideen, Anregungen und kritischen Ansichten ermöglichen. Zugleich können mediale Inhalte einzeln oder in Gemeinschaft neu gestaltet und weiterentwickelt werden. In Zusammenarbeit mit Anderen (Kollaboration) entstehen so neue Text-, Ton-, Bild- oder Videodokumente und Plattformen, die im Normalfall allgemein zugänglich sind. Innerhalb von Unternehmen können ähnliche

Dienste auf dem Intranet für die Mitarbeiter eingerichtet werden. Sie können dabei analoge Tools ersetzen (beispielsweise das Logbuch) oder völlig neue Anwendungen erlauben. Dies bedeutet jedoch regelmäßig einen kompletten Wandel der Unternehmenskultur und auch der internen Kommunikation, da die Hauptinitiative bei der Auswahl der Themen, der inhaltlichen Gestaltung und Kommentierung bei den Mitarbeitern und nicht bei festgelegten Unternehmensgremien liegt.

Social Media werden als Instrumente der internen Unternehmenskommunikation noch nicht von vielen Unternehmen regelmäßig genutzt, könnten aber in Zukunft aufgrund der Popularität entsprechender Internetplattformen auch innerhalb der Firmen an Bedeutung gewinnen.[35] Für Experten könnten sie ein gutes ergänzendes Netzwerk- und Kontaktmedium darstellen, mit dessen Hilfe beispielsweise Fragen an einen Kreis befreundeter Fachkollegen im Unternehmen rasch beantwortet werden können. Da der Austausch im geschützten Raum des Intranets stattfindet, eignet er sich auch für unternehmensspezifische Themen. Für sensiblere strategische oder Forschungs- und Entwicklungsthemen können zudem geschlossene Plattformen eingerichtet werden, die nur einem bestimmten Kreis von Mitarbeitern zugänglich sind.

Social Sharing

Social Sharing bezeichnet die Bereitstellung und den Tausch von digitalen Inhalten. Was mit Plattformen wie Flickr, YouTube oder SlideShare bei jungen Menschen im Privaten alltäglich genutzt wird, kann auch im Unternehmensalltag und zum Wissenstransfer eingesetzt werden.

Social Networks

Unter „Social Networking" versteht man den Aufbau und die Pflege sozialer Netzwerke. Am bekanntesten sind Facebook, LinkedIn und Xing. Diese Form von Networking kann auch in Unternehmen sinnvoll sein, beispielsweise als Experten-Community, als „Gelbe Seiten" und so weiter. Businessanwendungen wie beispielsweise Microsoft SharePoint sind unter anderem darauf ausgelegt.

Wiki, Experten-Wiki

Ein Wiki ist eine Webseite, deren Inhalte von den Nutzern erstellt (= editiert), gelesen, und zugleich auch online geändert werden können. Die Daten liegen dabei in nicht strukturierter Form vor, die Ordnung der Inhalte wird komplett dem Nutzer übertragen. Die Inhalte werden durch Links miteinander verknüpft. Grundsätzlich ist die Vorgehensweise ergebnisorientiert, man sieht jeweils die neueste Fassung. So entstehen mit der Zeit durch die mehrfache Autorenschaft immer bessere Inhalte. Berühmtestes Beispiel ist die Online-Enzyklopädie Wikipedia. Innerhalb des Unternehmens gibt es als Enterprise-2.0-Anwendung auch Experten-Wikis auf dem Intranet.

Blogs auf dem Intranet

Ein Blog, auch Weblog genannt, ist ein digitales „Logbuch", also eine Online-Plattform, auf der die Mitarbeiter Fragen und Antworten zu bestimmten (Fach-)Themen austauschen und/oder für die gesamte Belegschaft zugänglich machen können. Die Beiträge anderer können kommentiert und bewertet werden. Damit werden Blogs zu persönlich gefärbten Journalen. Sie enthalten kurze Texte mit hoher Aktualität, die chronologisch in umgekehrter Reihenfolge dargestellt werden. Wegen des Zusammenwirkens mehrerer Beteiligter spricht man von einer kollaborativen Plattform beziehungsweise einem sozialen Medium.

5.3.5 Animation und Simulation

Bei diesen Tools geht es darum, Wissen in Bilder, Filme, Computersimulationen und interaktive Anwendungen umzusetzen. Bilder sprechen mehr die emotionale Seite an und können deshalb dazu dienen, implizites Wissen zu explizieren.

Assoziative Fotos

Bei diesem Tool soll es ähnlich wie beim semiotischen Feld, ein Common Ground zwischen Experten und Nachfolger geschaffen werden. In diesem Fall geht es darum, aus einer Vielzahl von Fotos, die Menschen, Tiere, Landschaften, Situationen, technische Anlagen und Ähnliches zeigen, die jeweils passenden Bilder zu einem Sachverhalt zu suchen und sich darauf zu einigen.

Filme

Der Einsatz von Filmen kann bestimmte Tätigkeiten einschließlich des ihnen innewohnenden Erfahrungswissens konserviert darstellen.

Lernprogramme

Lernprogramme ermöglichen es, den Ablauf eines Prozesses auf dem Computer zu sehen und ihn nicht nur verbal, sondern auch visuell erläutert zu bekommen. Didaktisch hochwertige Lernprogramme bauen auch Testfragen und Feedbackschleifen ein, sodass der Lernfortschritt für den Lernenden und gegebenenfalls auch für den Dozenten/Betreuer sichtbar wird.

Computeranimation

Die animierte Darstellung beispielsweise einer Maschine zeigt diese in Funktion und enthält an bestimmten Stellen Erklärungen. Diese können Texte, Bilder, Audiostücke oder Filme sein.

Computersimulationen

Computersimulationen erlauben es, komplexe Vorgänge in 3-D darzustellen und sämtliche Funktionen und ihre Auswirkungen zu simulieren. Dies geschieht beispielsweise bei Flugsimulatoren oder wird bei der Marine bei Einführung neuer Schiffstypen eingesetzt.

Fahrt- oder Flugsimulatoren in größerem Stile bauen weitere sinnlich wahrnehmbare Ereignisse wie etwa Strömungswiderstand, Neigung, Rütteln des Stuhles etc. ein, um ein möglichst reales Erleben zu ermöglichen.

■ 5.4 Zusammenfassung

Dieses Kapitel stellte anhand strukturierter Kurzbeschreibungen verschiedene Instrumente aus der unternehmerischen Praxis vor, die den Wissenstransfer unterstützen.

Zum einen finden sich einige personalpolitische Instrumente, die durch die Nähe zum tatsächlichen Arbeitsumfeld des Experten auch den Austausch von implizitem Expertenwissen und dessen Erfahrungen ermöglichen.

Zum anderen gibt es speziell für den Wissenstransfer beim Fach- und Führungskräftewechsel spezialisierte Ansätze, die entwickelt wurden, wenn Tandemlösungen zur Übergabe nicht möglich sind und so der Wissenstransfer außerhalb des klassischen Arbeitsumfelds stattfindet.

Diese spezialisierten Ansätze sind grob unterscheidbar in offene, dialogisch ausgerichtete und auf Reflexionsprozesse abzielende Verfahren auf der einen Seite und geschlossen-strukturierte, mit Fragenkatalogen arbeitende und auf Dokumentation abzielende Verfahren auf der anderen Seite. Viele Ansätze vereinen aber als Mischformen Elemente aus beiden dieser Grundausrichtungen.

Eine Toolbox für Praktiker führt diverse Tools auf, die den Wissenstransfer unterstützen.

■

Wie darauf aufbauend ein idealtypischer Wissenstransferprozess aussehen kann, stellt Kapitel 6 vor.

■ 5.5 Literatur

1 Zitate online, http://www.zitate-online.de/literaturzitate/allgemein/15577/wissen-ist-macht.html, Zugriff am 20.11.2012

2 Collins, Allan; Brown, John Seely; Newman, Susan: „Cognitive apprenticeship: Teaching the crafts of reading, writing, and mathematics", in: Resnick, Lauren B. (Ed.): *Knowing, learning, and instruction. Essays in honor of Robert Glaser*, Lawrence Erlbaum Associates, Hillsdale, NJ 1989, S. 453 – 494

3 Für ein gut beschriebenes Praxisbeispiel der Einführung von Lerntandems zur Einarbeitung (un)gelernter Mitarbeiter mit dem Ziel, besonders das implizite Wissen der älteren Mitarbeiter weiterzugeben, siehe die Bochumer Verein Verkehrstechnik GmbH, http://www.gpi-projekte-innovation.de/DOKUMENTE/InfosFuerUnternehmen/WissenstransferPraxisbeisp.pdf

4 Für einen Überblick siehe Gerstenmaier, Jochen; Mandl, Heinz: „Wissenserwerb unter konstruktivistischer Perspektive", in: *Zeitschrift für Pädagogik*, 41. Jg. 1995, Nr. 6, S. 867 – 888

5 Eine ausführlichere Beschreibung siehe Issing, Ludwig J.; Klimsa, Paul (Hrsg.): *Information und Lernen mit Multimedia und Internet. Lehrbuch für Studium und Praxis*, Psychologie Verlags Union, Weinheim 2002, S. 143 ff.

6 Möhwald, Holger: „Demografischer Wandel im Unternehmen: Zukunftsfähigkeit durch Lernpartnerschaften", in: Fraunhofer IAO (Hrsg.): *Professional Training Facts 2006*, Stuttgart 2007, http://www.moehwald-unternehmensberatung.de/demogr_wandel_lernpartnerschaften.pdf, Zugriff am 05.10.2012

7 Vgl. dazu z. B. auch Forum Mentoring/Bundesverband der Mentoring-Programme in der Wissenschaft: „Nachwuchsförderung mit Mentoring", http://forum-mentoring.de/der-verein, Zugriff am 12.11.2012

8 Zu den wesentlichen Mentoring-Formen vgl. z. B. Tillmann, Silvia unter Mitarbeit des WTT Wissenschafts-und Technologie-Transfer e. V. Zittau: „Mentoring erfolgreich gestalten – Leitfaden für Mentoren und Mentee", Zittau 2010, http://www.mentoringnetzwerk-lausitz.de/download/Leitfaden-130410.pdf, Zugriff am 12.11.2012

9 Vgl. Edelkraut, Frank; Graf, Nele: *Der Mentor – Rolle, Erwartungen, Realität*, Pabst Science Publishers, Lengerich 2011, sowie Stöger, Heidrun; Ziegler, Albert; Schimke, Diana (Hrsg.): *Mentoring: Theoretische Hintergründe, empirische Befunde und praktische Anwendungen*, Pabst Science Publishers, Lengerich 2009

10 Vgl. Mittelmann, Angelika: *Werkzeugkasten Wissensmanagement* (Gastbeitrag von Dückert, Simon: „Expert Debriefing"), Books on Demand, Norderstedt 2011, S. 95 – 103, sowie Nitschke, Marc; Dückert, Simon: „Keep Experience – Unternehmenswissen bewahren und verteilen. Wissensmanagement in Personalprozessen", 2008, http://www.cogneon.de/files/Cogneon-Paper_-_Metro-Keep-Experience_-_Knowtech-2008.pdf, Zugriff am 08.11.2012

11 Kastrup, Christian: „Wissenstransfer: Erfahrungswissen bei Mitarbeiterwechsel erhalten", GfWM-Newsletter, Ausgabe September/Oktober 2008, http://www.wissensmanagement-gesellschaft.de/files/2008-09_10GfWMNL.pdf, Zugriff am 08.11.2012, S. 5 – 7, sowie Produktbeschreibung Vollmar Wissen und Kommunikation http://www.wissen-kommunizieren.de/fach_fuehrungskraefte_wechsel.html, Zugriff am 08.11.2012, sowie Keller, Christian: „Wissensweitergabe bei Fach- und Führungskräftewechsel im Mittelstand", Vortrag vom 15.04.2008, Hannover http://www.ck2wissen.de/fileadmin/user_upload/dateien/LLL_Hannover_080415_V1.0.pdf, Zugriff am 09.11.2009

12 Liesch, Dirk: „Interviewmethode", 2005, http://www.community-of-knowledge.de/fileadmin/user_upload/attachments/c4u_wp_interviewmethode_20051118-1-.pdf, Zugriff am 08.08.2012

13 Krause, H.: „Was wir tun! Der 'Leaving Expert Debriefing-Prozess' (LEDP)", in: Reinmann, Gabi (Hrsg.): *Erfahrungswissen erzählbar machen. Narrative Ansätze für Wirtschaft und Schule*, Pabst Science Publishers, Lengerich 2005, S. 179 – 186

14 Lehrstuhl für Arbeitsorganisation und -gestaltung der Uni Bochum, bkp. Weitere Informationen: www.bkp-team.de, personet-Personalentwicklung, Nova.PE: „Erfahrungen retten, Wissen erhalten, Kompetenz sichern" (Broschüre herausgegeben von bkp Bochum), siehe auch Alms, Kerstin; Piorr, Rüdiger; Steinmann, Peter: „Wissenstransfer beim Ausscheiden von Mitarbeitern – Erhalt und Weitergabe bei der Wicke GmbH + Co. KG", in: *Zeitschrift Führung und Organisation zfo*, Heft 2/2007, S. 85 – 91

15 Für detailliertere Informationen zum Storytelling-Prozess siehe Thier, Karin: *Storytelling. Eine narrative Managementmethode*, Springer Medizin Verlag, Heidelberg 2006

16 Das am Beginn dieses Buches stehende Fallbeispiel des Herrn Weiß, eines Experten für Hauptkühlmittelpumpen, ist ausführlich beschrieben in Erlach, Christine; Thiel, Lutz: „Wissensweitergabe beim Fach- und Führungskräftewechsel mit narrativen Methoden", in: Clases, Christoph; Schulze, Hartmut (Hrsg.): *Kooperation konkret. 14. Fachtagung der Gesellschaft für Angewandte Wirtschaftspsychologie, 01./02. Februar 2008*, Pabst Science Publishers, Lengerich 2008, S. 97–108

17 Siehe auch Erlach, Christine: „Wissenstransfer mit Story Telling – das Potential narrativer Methoden bei Erfassung und Weitergabe von Erfahrungswissen", in: Reinhardt, Rüdiger (Hrsg.): *Wirtschaftspsychologie und Organisationserfolg*, Pabst Science Publishers, Lengerich 2012, S. 481–491

18 Qualitative Inhaltsanalyse: siehe Mayring, Philipp: *Einführung in die qualitative Sozialforschung*, Beltz Verlag, Weinheim/Basel 2002; sowie: Grounded Theorey: Strauss, Anselm L.; Corbin, Juliet: *Basics of qualitative research. Grounded theory procedures and techniques*, Sage Publications, Newbury Park 1990

19 Dick, Michael; Schrader, Katrin (2007): „Triadengespräche: Eine Methode zur Weitergabe erfahrungsbasierten Wissens in Organisationen", in: Klaus, Joachim; Vogt, Helmut (Hrsg.): *Wissensmanagement und wissenschaftliche Weiterbildung*. Dokumentation der DGWF-Jahrestagung vom 13. bis 15. 09. 2006 in Karlsruhe, DGWF e. V., Hamburg 2007, S. 259–270

20 Vohle, Frank; Schmidt, Martin: „Trainerausbildung neu denken!", in: *Trainerbrief* 2. 2010, http://www.vdtt.de/service/downloads.html?view=file&id=1514%3Atb-2010-02-woh.pdf, Zugriff am 12. 11. 2012, siehe auch Vohle, Frank; Reinmann, Gabi: „Förderung professioneller Unterrichtskompetenz mit digitalen Medien: Lehren lernen durch Videoannotation", 2011, http://ebookbrowse.com/jahrbuch-vohle-reinmann-pdf-d161536736, Zugriff im August 2012

21 Erretkamps, Heinz et al.: „Nano Scrum – physische Produkte schnell entwickeln", in: Korn, Hans-Peter; Berchez, Jean Pierre (Hrsg.): *Agiles IT-Management in großen Unternehmen*, Symposion Publishing, Düsseldorf 2013

22 Bohm, David: *Der Dialog. Das offene Gespräch am Ende der Diskussionen*, Klett-Cotta Verlag, Stuttgart 1999

23 Keindl, Clemens; Stieler-Lorenz, Brigitte: „Vom Erfahrungswissen zum Handeln: Die Kommunikationsmethode ‚Wissen durch Erfahrungsgeschichten'", in: Reinmann, Gabi (Hrsg.): *Erfahrungswissen erzählbar machen*, Narrative Ansätze für Wirtschaft und Schule, Pabst Science Publishers, Lengerich 2005, S. 90–107

24 Volkswagen Organisationsentwicklung: „Informationen zur Wissensstafette", Januar 2012, http://www.volkswagen-karriere.de/content/medialib/vwd4/de_vw_karriere/pdf/informatio nen_zurwissensstafette/_jcr_content/renditions/rendition_0.file/2012-01_informationen-zurwissensstafette.pdf, Zugriff am 08. 11. 2012

25 Vgl. Mittelmann, Angelika: *Werkzeugkasten Wissensmanagement*, Books on Demand, Norderstedt 2011, S. 99–102, sowie Vortrag auf dem Arbeitskreis Wissensmanagement, „Wissensmanagement bei EnBW", Herr Koch 2009, http://www.arbeitskreis-wissensmanagement.org/efiles/AK-Sitzungen/20090305_enbw_koch-wissenstransfer.pdf, Zugriff am 08. 11. 2012

26 Seiler, Thomas Bernhard; Reinmann, Gabi: „Der Wissensbegriff im Wissensmanagement. Eine strukturgenetische Sicht", in: Reinmann, Gabi; Mandl, Heinz (Hrsg.): *Psychologie des Wissensmanagements. Perspektiven, Theorien und Methoden*, Hogrefe Verlag, Göttingen 2004, S. 11

27 Vgl. Mittelmann, Angelika: *Werkzeugkasten Wissensmanagement*, Books on Demand, Norderstedt 2011, S. 50 f.

28 Nach Grover, Varun; Davenport, Thomas H.: „General Perspectives on Knowledge Management: Fostering a Research Agenda", in: *Journal of Management Information Systems*, Vol. 18, No 1, Summer 2001, S. 9, modifiziert und erweitert

29 Vgl. das Beispiel von Festo, siehe Bernas, Michael; Scheible, Simon: „Wissensmanagement in einem internationalen Produktionsnetzwerk", in: Gronau, Norbert; Eversheim, Walter: *Umgang mit Wissen im interkulturellen Vergleich*, acatech-Workshop, Potsdam, 20. Mai 2008, Fraunhofer IRB Verlag, Stuttgart 2008, S. 127 – 136, speziell S. 130 ff.

30 Zum suchbasierten Intranet vgl. Müller, Thomas: „Wissen optimal nutzen", in: Wolf, Frank (Hrsg.): *Social Intranet. Kommunikation fördern, Wissen teilen, effizient zusammenarbeiten*, Carl Hanser Verlag, München 2011, S. 180 – 203, speziell S. 194 ff.

31 Vgl. Mast, Claudia: *Unternehmenskommunikation*, UTB/UVK-Verlagsgesellschaft, Konstanz/München 2013, S. 239

32 Vgl. Thier, Karin: *Storytelling. Eine narrative Managementmethode*, Springer Medizin Verlag, Heidelberg 2010

33 Vgl. Hillmann, Mirco: *Unternehmenskommunikation kompakt. Das 1 x 1 für Profis*, Gabler Verlag, Wiesbaden 2011, S. 70 f.

34 Vgl. Reisach, Ulrike; Erlach, Christine: „Kritik mit Humor: Wie offene Kommunikation im Unternehmen gelingen kann", in: *Wissensmanagement. Das Magazin für Führungskräfte*, 06/2011, S. 17 – 19

35 Mehr zu Social Intranets als Medium der internen Unternehmenskommunikation vgl. Jursa, Jan; Sthamer, Ulf: „Informationsarchitektur für Social Intranets", in: Wolf, Frank (Hrsg.): *Social Intranet. Kommunikation fördern, Wissen teilen, effizient zusammenarbeiten*, Carl Hanser Verlag, München 201, S. 157 – 179

6

Prozessorientierter Wissenstransfer bei ausscheidenden Experten

Gibt es vor dem Hintergrund der in Kapitel 4 und 5 vorgestellten unterschiedlichen Ansätze zum Wissenstransfer ein Idealvorgehen? Die Antwort auf diese Frage ist banal: Ein schablonenhaftes Vorgehen kann es nicht geben. Zu unterschiedlich sind die Organisationen, die Rahmenbedingungen und die beteiligten Personen. Trotzdem können Punkte benannt werden, die ausschlaggebend dafür sind, ob ein Wissenstransfer gelingt oder nicht. In diesem Kapitel wird beschrieben, wie ein erfolgreicher Wissenstransfer-prozess aussehen kann. Es ist ein Idealprozess, ein Prozess, der bei null anfängt und bei 100 endet. Die konkreten Anforderungen in der Unternehmenspraxis liegen oft irgendwo dazwischen, zum einen gibt es zumeist schon Ansätze, die in den Prozess integriert werden können, und zum anderen muss nicht immer eine 100-Prozent-Abdeckung erreicht werden. Der Umfang des Prozesses dient als Maßstab für die Festlegung der Anforderungen im jeweiligen Unternehmen. Die Umsetzung wird an einem (fiktiven) Beispiel veranschaulicht.

In diesem Idealvorgehen wird zwischen der Strategie, dem Prozess, den Methoden und den Werkzeugen unterschieden. Unter Strategie wird die grundsätzliche Verankerung und Vorgehensweise des Wissenstransfers verstanden. Im Idealfall ist Wissenstransfer in eine umfassende Strategie eingebunden und somit eine permanente Aufgabe des Managements sowie der Personalentwicklung (Bild 6.1). Selbst ein überraschendes, kurzfristiges Ausscheiden eines Experten stellt damit kein Problem beim Wissenstransfer dar.

Der Wissenstransfer selbst ist ein Prozess auf mehreren Ebenen, der sich dadurch auszeichnet, dass er aus einem Portfolio unterschiedlicher Methoden schöpfen kann. Die Methoden richten sich nach den Anforderungen, die sich aus dem Zusammenspiel von Organisation, Rahmenbedingungen und beteiligten Personen ergeben. So macht beispielsweise eine narrative Methode zur Wissenserfassung wenig Sinn, wenn die beteiligten Personen es nicht gewohnt sind, sich verbal auszudrücken. Zur Unterstützung des Prozesses und der Methoden kommen Werkzeuge zum Einsatz. Dies können beispielsweise Wissenslandkarten, Videomitschnitte oder Ähnliches sein.

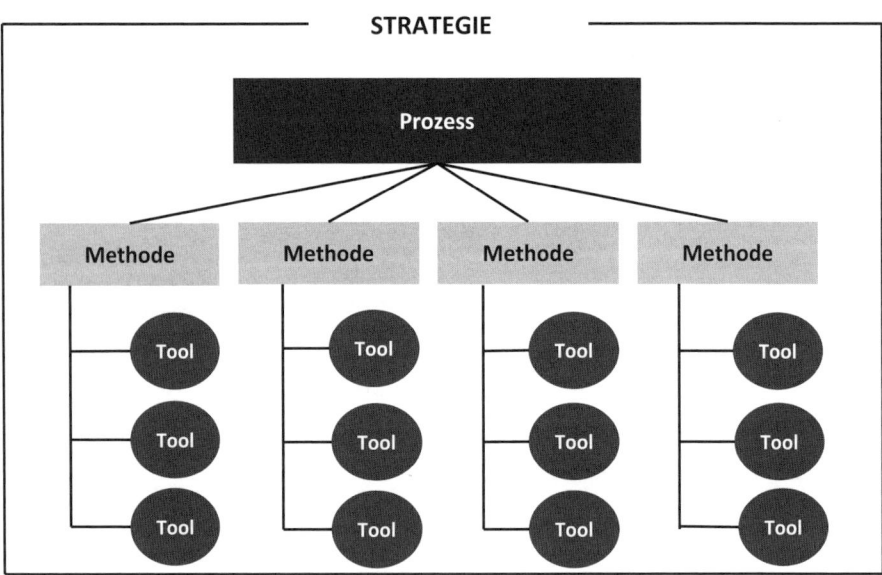

Bild 6.1 Schema für den Wissenstransfer von ausscheidenden Experten

Das Idealvorgehen ist in zwei Phasen unterteilt. Bei der ersten, der Strategiephase, geht es noch nicht um den Leaving Expert als Person, sondern um Fragen der Organisationsentwicklung. Welches Wissen benötigen wir, um unsere Ziele zu erreichen? Haben wir genügend davon und bleibt es uns über den Zeitraum einer mittelfristigen Planung erhalten? In der zweiten Phase geht es um die Personen und die Möglichkeiten, ihr Wissen langfristig für das Unternehmen zu erhalten. Wer verfügt über das erfolgskritische Wissen? Wie hoch ist die Wahrscheinlichkeit, dass er oder sie das Unternehmen in absehbarer Zeit verlässt? Was können wir tun, um sein oder ihr Wissen im Unternehmen zu halten? (Bild 6.2)

Bild 6.2 Phasen des idealen Vorgehens

Theoretische Überlegungen, so gut sie auch sein mögen, scheitern gelegentlich in der Praxis. Deshalb wurde das hier vorgestellte Idealvorgehen anhand eines Praxisbeispiels (Wissenstransfer in der Lyrics GmbH) durchgespielt. Manche Teile des Beispiels haben die Autoren in ihrer Berufspraxis erlebt, andere sind simuliert. Ein Unternehmen wie die Lyrics GmbH würde es in der Realität nicht geben. Denn es gibt hier eine große Aufgeschlossenheit für das Thema „Leaving Experts", aber ein vollständig unbestelltes Feld. Das muss so sein, damit alle Facetten des Idealvorgehens durchgespielt werden können. Im wirklichen Leben wird ein Unternehmen bereits eine Reihe (oder sogar Vielzahl) von Schritten des Prozesses ganz oder teilweise gegangen sein, sodass weit weniger Aufwand als bei der Lyrics GmbH getrieben werden muss. Vorhandenes wird in diesem Fall in den Prozess integriert oder angepasst.

■ 6.1 Phase 1: Die Strategie

Eine „Leaving-Expert-Strategie" ist Teil der Unternehmensstrategie und des Wissensmanagements. Sie hat das Ziel, die Zukunft des Unternehmens durch Sicherung von erfolgskritischem Wissen zu gewährleisten. Deshalb muss die Leaving-Expert-Strategie immer die mittelfristigen strategischen Ziele des Unternehmens als Ankerpunkte haben.

Sie unterscheidet sich von der „normalen Personalentwicklung" vor allem durch die Schwierigkeit, dass Expertenwissen einen großen Einfluss auf den Unternehmenserfolg hat, aber nicht einfach auf dem Markt eingekauft werden kann. Als weitere Schwierigkeit kommt hinzu, dass Experten nicht unbedingt auf hierarchisch herausgehobenen Positionen sitzen und deshalb auch häufig nicht im Fokus der Personalentwicklung bei der Nachfolgeplanung sind.

Im Idealfall ist der Wissenstransfer von Experten ein permanenter Prozess, der beim Ausscheiden des Experten einen Höhepunkt erreicht, aber keinesfalls erst dann beginnt. Innerhalb der Organisation sollte er deshalb eine feste Struktur haben. Operativ gehört diese Aufgabe in die Personalentwicklung und/oder in das Wissensmanagement, strategisch sollte sie auf der Geschäftsführungs- beziehungsweise Vorstandsebene angesiedelt sein.

Fiktives Beispiel: Situation in der Lyrics GmbH

Bei dem fiktiven Beispiel handelt es sich um den mittelständischen Automobilzulieferer Lyrics GmbH, der Dichtungen produziert. Das Unternehmen hat 700 Mitarbeiter, 450 davon arbeiten im Hauptwerk in Deutschland, 100 in einem Zweigwerk in den USA und die restlichen 150 in China. In Deutschland hat das Unternehmen in den 80er-Jahren ein rasantes Wachstum mit einem starken Personalaufbau erlebt, sodass in den kommenden fünf Jahren 40 Prozent der deutschen Belegschaft das Rentenalter erreichen werden. Wegen der hohen Fluktuation in den USA und China liegen der Personalabteilung in Deutschland nur ungenaue Daten über die Altersstruktur der dortigen Belegschaften vor. Da das Unternehmen eine hohe Ausbildungsquote hat und in einer strukturschwachen Gegend mit wenig Konkurrenz auf dem Arbeitsmarkt liegt, sieht niemand ein Problem in der Alterspyramide.

Erst die Chefin der Personalentwicklung, Frau Peters, macht darauf aufmerksam, dass unter den 40 Prozent ausscheidenden Mitarbeitern auch eine Reihe von Experten mit vielen Jahren Berufserfahrung ist. Diese Experten werden nicht so leicht zu ersetzen sein. Zwar konnte sie im Gespräch mit dem technischen Geschäftsführer sofort vier Mitarbeiter identifizieren, die dieser Gruppe zuzuordnen waren, aber bei beiden Gesprächspartnern blieb das Gefühl zurück, dass diese Liste nicht vollständig sein kann. Als Definition eines Experten verständigen sie sich auf folgende: Fachleute, die komplexe berufliche Anforderungen bewältigen, für die sie sowohl theoretisches (wissensbasiertes und akademisch vermitteltes) Wissen als auch praktische Erfahrungen erworben haben.

Nach einem Vortrag der Personalentwicklerin erkennt die Geschäftsführung die Brisanz des Themas und beschließt, nicht nur ein Projekt zur Lösung der absehbaren Probleme zu starten, sondern eine Leaving-Expert-Strategie zu entwickeln, die einen permanenten Wissenstransfer gewährleistet.

6.1.1 Organisationsmodell des Wissenstransfers von Experten

Wissenstransfer benötigt unabhängig davon, ob er zur Lösung eines konkreten Problems (beispielsweise der Pensionierung wichtiger Wissensträger) gestartet wurde oder als permanenter Prozess angelegt ist, eine Organisationsstruktur. Wie diese in der Hierarchie verankert ist, zeigt der Belegschaft, den Führungskräften und den direkt Beteiligten den Stellenwert des Wissenstransfers. Die Weichen für Erfolg oder Misserfolg eines Leaving-Expert-Prozesses können bereits an dieser Stelle gestellt werden. Nur wenn die Unternehmensleitung ohne Einschränkung hinter dem Wissenstransfer steht, ist die Unterstützung der Gesamtorganisation gewährleistet.

Im Idealfall besteht die organisatorische Struktur für den Wissenstransfer von Experten aus

- dem Steering Committee,
- dem operativen Team und
- externen Beratern.

Das *Steering Committee (SC)* wird von einem Geschäftsleitungsmitglied geleitet, um einerseits den Stellenwert des Wissenstransfers in der Organisation zu verdeutlichen, andererseits geht es aber auch um eine für das Unternehmen überlebenswichtige strategische Fragestellung. Weitere Mitglieder des SC sind der Leiter der Personalentwicklung und der Leiter Wissensmanagement. Aufgabe des SC ist es, die strategischen Leitplanken für den Prozess zu schaffen und diese immer wieder der Unternehmensrealität anzupassen.

Das *operative Team (OT)* wird vom Leiter Personalentwicklung geführt. Ihm gehören der Leiter Wissensmanagement und die Verantwortlichen der besonders vom „Leaving-Expert-Problem" betroffenen Bereiche an. Dies können sein: Leiter Produktion, Leiter Instandhaltung, Werkleiter, Vertriebsleiter, IT-Leitung, Leiter Strategieentwicklung. Außerdem gehören einer der Experten selbst sowie ein Vertreter eines weniger betroffenen Bereiches (beispielsweise Buchhaltung) diesem Team an. Aufgabe von Letzterem ist es, zu verhindern, dass das operative Team den Blick auf die Gesamtrealität des Unternehmens verliert. Das OT ist für die Umsetzung des Wissenstransfers zuständig.

Für die Hinzuziehung *externer Berater* sprechen die Komplexität des Prozesses, die notwendige Prozess- und Methodenkompetenz sowie der hilfreiche Blick von außen.

 Organisationsmodell der Lyrics GmbH

Bevor die Arbeit beginnt, beschließt die Geschäftsführung, ein bei anderen Projekten bewährtes Organisationsmodell zu nutzen. Es hat drei Ebenen (Bild 6.3):

- *Das Steering Committee*

  Es wird vom technischen Geschäftsführer geleitet, Mitglieder sind die Leiterin Personalentwicklung und der Leiter Wissensmanagement. Aufgabe des Steering Committee ist es, die Berater auszuwählen, die strategischen Leitplanken zu setzen und übergeordnete Entscheidungen (beispielsweise über das Gesamtbudget) zu treffen.

Als ersten Schritt engagiert das Steering Committee eine externe Beratungsfirma, die sowohl das Steering Committee in strategischen Fragen wie das operative Team bei der Umsetzung des Gesamtprojekts beraten soll. Sie wählen ein Unternehmen mit ausgewiesener Prozesskompetenz und Expertise in verschiedenen Methoden.

- *Das operative Team*

  Die Leiterin Personalentwicklung ist für das operative Team zuständig, in dem der Leiter Wissensmanagement, die Produktionsleiter der Werke in Deutschland, in den USA und in China, ein Meister aus dem deutschen Werk, der Vertriebsleiter, der Leiter Controlling und eine Mitarbeiterin aus der Unternehmenskommunikation Mitglied sind. Dass das Controlling einen Vertreter in das operative Team entsendet, war eine Anordnung des Vorsitzenden der Geschäftsführung, wohl um den Überblick über die Finanzen zu behalten. Die Mitarbeiterin aus der Unternehmenskommunikation sollte nicht nur die fachfremde Sicht einbringen, sondern, so hatte es sich die Personalentwicklerin überlegt, über das Projekt in den internen Medien berichten.

- *Lokale Teams in den USA und in China*

  In den beiden ausländischen Werken werden kleine operative Teams aus den Personalverantwortlichen und den Produktionsleitern eingesetzt, die vor Ort für die Umsetzung sorgen sollen.

Bild 6.3 Organisationsschema des Leaving-Expert-Projekts bei der Lyrics GmbH

6.1.2 Identifikation des erfolgskritischen Wissens im Unternehmen

Bevor ein Leaving-Expert-Prozess gestartet werden kann, müssen das erfolgskritische Wissen und die Wissensträger identifiziert werden. Was wie eine Selbstverständlichkeit klingt, ist keinesfalls gängige Praxis in den Unternehmen. Dies liegt unter anderem daran, dass ein Unternehmen im Rahmen seiner „normalen" Personalpolitik bestrebt ist, Positionen redundant zu besetzen oder zumindest eine umfassende Vertreterregelung zu finden, um sich nicht erpress- beziehungsweise verwundbar zu machen. Die dahinterstehende Maxime „niemand ist unersetzbar" gilt jedoch nur eingeschränkt für Menschen mit ausgesprochenem Expertenwissen.

Die Gefahr besteht allerdings nicht nur darin, wichtiges Wissen zu verlieren, sondern auch, durch die zu starke Beharrung auf tradiertes und vorhandenes Wissen Innovationskräfte zu behindern. Deswegen kann es bei Wissensmanagement nicht darum gehen, alles jemals im Unternehmen angesammelte Wissen (oder zumindest die zugrunde liegenden Informationen) zu sammeln, aufzubereiten und vorzuhalten. Die scheinbar unbegrenzten Speichermöglichkeiten elektronischer Systeme haben unter der Überschrift „Wissensmanagement" in den 90er-Jahren des vergangenen Jahrhunderts in vielen Unternehmen unbrauchbare und unüberschaubare Datenfriedhöfe generiert.

Vor diesem Hintergrund kommt der Identifikation des erfolgskritischen Wissens eine entscheidende Bedeutung zu. Sie kann in fünf Schritten erreicht werden:

- Klärung der Vision und der strategischen Ziele des Unternehmens,
- Identifikation von Geschäftsprozessen,
- Definition des erfolgskritischen Wissens,
- Wissensbewertung,
- operative Zuordnung des Wissens und Benennung der Wissensträger.

6.1.3 Klärung der Vision und der strategischen Ziele des Unternehmens

Vision und Strategie sind zentrale Werkzeuge der Unternehmensführung und werden in vielen anderen Prozessen eingesetzt. Deshalb ist die Wahrscheinlichkeit hoch, dass umfangreiche und aktuelle Unterlagen und Daten zu diesen beiden Punkten vorliegen. Diese Unterlagen werden mit dem Fokus auf Expertenwissen ausgewertet. Die zentrale Frage ist: Welches Wissen ist notwendig, um die strategischen Ziele zu erreichen?

6.1.4 Identifikation von Geschäftsprozessen

Die Definition und Analyse von Geschäftsprozessen sind ebenfalls Bestandteil von Managementsystemen (beispielsweise im Qualitätsmanagement). Die Prozesse, die einerseits für den Geschäftserfolg unabdingbar sind und andererseits Expertenwissen benötigen, werden identifiziert.

6.1.5 Definition des erfolgskritischen Wissens

Hilfreich ist die Unterscheidung in zwei Formen von Wissen:

- *Personales Wissen*, das an die Person des Mitarbeiters gebunden ist und gegebenenfalls mit ihm das Unternehmen verlässt. Hierbei handelt es sich um Fachkompetenz, Sozialkompetenz und Selbstkompetenz.

- *Organisationales Wissen*, das der Oberbegriff für Strukturen, Werte und Kultur des Unternehmens ist. Die Mitarbeiter bedienen sich des organisationalen Wissens, um in ihrer Gesamtheit die Geschäftsprozesse durchzuführen. Das Ergebnis dieses Schrittes zeigt, welche intellektuellen Ressourcen zur erfolgreichen Umsetzung der einzelnen Geschäftsprozesse notwendig sind.

Das organisationale Wissen bildet den Rahmen für das personale Wissen. Da es an das Unternehmen und nicht an die Person gebunden ist, funktioniert der Transfer nur zum geringeren Teil von Experten auf den Nachfolger. Auch hier ist zwischen explizitem Wissen (niedergeschriebenen Leitbildern und Werten, Code of Conduct, Compliance-Richtlinien, CSR-Verpflichtungen und Weiteres) und implizitem Wissen (ungeschriebene Regeln, Vorbildfunktion von Vorgesetzten oder Inhabern, Abstand zwischen niedergeschriebenen Werten und gefühlten Werten und Weiteres) zu unterscheiden. Bereits bei der Auswahl des Nachfolgers muss auf die Kompatibilität mit den Unternehmenswerten und der Unternehmenskultur geachtet werden. Der eigentliche Transfer findet „on the job" statt. Die Bedeutung organisationalen Wissens ist bei Führungskräften höher als bei Fachkräften (siehe hierzu auch Kapitel 7).

Das personale Wissen wird durch das organisationale Wissen beeinflusst. So ist beispielsweise ein Experte ungeeignet, der zwar viel Erfahrungswissen mitbringt, aber nicht mit der Unternehmenskultur zurechtkommt. Bei den Transfermaßnahmen liegt der Schwerpunkt auf dem personalen Wissen.

6.1.6 Wissensbewertung

Ist bekannt, welches Wissen zur Umsetzung der Unternehmensstrategie notwendig ist, verhindert zumeist die Begrenztheit der Ressourcen eine Umsetzung aller wünschenswerten Wissenstransfermaßnahmen. Um eine Priorisierung vornehmen zu können, muss eine Bewertung des Wissens vorgenommen werden. Hierzu können Methoden aus der Balanced Scorecard oder der „Wissensbilanz – Made in Germany" (siehe Seite 52) verwendet werden. Die „Wissensbilanz – Made in Germany" verwendet die sogenannte QQS-Bewertung. Jeder Einflussfaktor wird nach folgenden Kriterien bewertet:

- *Quantität:* Ist das Wissen in diesem Bereich in ausreichender Menge vorhanden (gibt es beispielsweise nur einen Wissensträger oder sind Positionen redundant besetzt)?

- *Qualität:* Ist die Qualität des vorhandenen Wissens ausreichend, um die strategischen Ziele zu erreichen?

- *Systematik:* Wird der Einflussfaktor systematisch gepflegt. Gibt es Instrumente, um den Einflussfaktor zu überwachen, Verschlechterungen zu erkennen und ihnen entgegenzuwirken?

Jedes Teammitglied gibt seine Bewertung für die einzelnen Einflussfaktoren nach Quantität, Qualität und Systematik ab. Es werden nicht einzelne Personen, sondern der Prozess bewertet. Tabelle 6.1 zeigt die entsprechende Bewertungsskala. Bei geringen Abweichungen geht das Mehrheitsvotum in die Bewertung ein. Bei großen Abweichungen wird in der Regel in der Diskussion eine gemeinsame Position erarbeitet.

Tabelle 6.1 Bewertungssystematik für personales Wissen

Bewertungsstufen	Bedeutung der Bewertung
0 %	Die Quantität/Qualität/Systematik ist nicht sinnvoll zu ermitteln oder (noch) nicht vorhanden.
30 %	Die Quantität/Qualität/Systematik ist teilweise ausreichend.
60 %	Die Quantität/Qualität/Systematik ist meist ausreichend.
90 %	Die Quantität/Qualität/Systematik ist (immer/absolut) ausreichend.
120 %	Die Quantität/Qualität/Systematik ist besser oder höher als erforderlich.

6.1.7 Operative Zuordnung des Wissens und Benennung der Wissensträger

In diesem Schritt wird das definierte und priorisierte Wissen konkreten Menschen zugeordnet. Damit sind die wichtigen Wissensträger identifiziert. Nun wird die Wahrscheinlichkeit ihres Ausscheidens ausgelotet und entsprechend die Reihenfolge der Maßnahmen zum Wissenstransfer festgelegt.

 Noch läuft alles nach Plan

Beim ersten Treffen des Steering Committee stellt der Geschäftsführer Technik eine grundsätzliche Frage: „Wissen wir überhaupt, welches Wissen für den Erfolg unseres Unternehmens unabdingbar ist?"

„Selbstverständlich", wollten die Leiterin Personalentwicklung und der Leiter Wissensmanagement sagen, stutzten dann aber doch. Es war kein Problem, notwendige Basisqualifikationen der Mitarbeiter zu benennen oder auf die großen Datenbestände im Wissensmanagementsystem zu verweisen. Aber war das nicht nur ein Kratzen an der Oberfläche?

Das Steering Committee beschloss, als ersten Schritt das erfolgskritische Wissen im Unternehmen zu identifizieren. Das operative Team machte sich mithilfe der externen Berater an die Arbeit und entschloss sich zu einem Vorgehen in fünf Schritten.

Klärung der Vision und der strategischen Ziele

Welches Wissen braucht die Lyrics GmbH, um ihre strategischen Ziele, die mittelfristige Planung und die Vision des Unternehmens erfolgreich umsetzen zu können? Um die Antwort auf diese Kernfrage zu finden, analysierten das operative Team und die Berater alle vorhandenen Unterlagen wie beispielsweise die Planung, den Geschäftsbericht, Unterlagen des Qualitätsmanagements und anderes.

Die Vision des Unternehmens lautet: „Die Lyrics GmbH will ihre führende Stellung auf dem Markt für Spezialdichtungen in Europa ausbauen und die Marktführerschaft in den USA und in China erreichen."

In Bezug auf die strategischen Ziele ergab die Analyse, dass die Lyrics GmbH

- ihre führende Stellung bei Spezialdichtungen ausbauen,
- den Marktanteil in den USA verdoppeln und den in China verdreifachen,
- ein neues Werk in Brasilien bauen,
- deutlich schneller als der Gesamtautomobilmarkt wachsen und
- neue Marktsegmente, insbesondere im Bereich Luft- und Raumfahrt, erschließen will.

Identifikation von Geschäftsprozessen

Die Auswertung der Qualitätsmanagementunterlagen und des Controllings brachte das Ergebnis, dass drei Geschäftsprozesse für 80 Prozent des Umsatzes verantwortlich sind. Das Steering Committee lud daraufhin die Geschäftsführung zu einem von den Beratern moderierten Workshop ein, um die Analyseergebnisse zu verifizieren und zu präzisieren. Dabei stellte sich heraus, dass das Werk in Brasilien zwar noch in der strategischen Planung stand, aber in den Überlegungen der Geschäftsführung längst zugunsten eines zweiten Werkes in China gestrichen worden war.

Bei den Geschäftsprozessen (GP) wurde insbesondere die Werkstoffkompetenz von Lyrics hervorgehoben und die Bedeutung des Rohmischwerks, in dem die Elastomermischungen für die Dichtungen hergestellt wurden. Als wichtigster Geschäftsprozess wurde die Herstellung einer Radialwellendichtung definiert, der die Bezeichnung GP 1 erhielt. Es wurde klar, dass das Produkt am Ende von GP 1 zentrale Bedeutung für das Unternehmen hat und auch in Zukunft haben würde. Vor diesem Hintergrund wurde das operative Team beauftragt, das notwendige Wissen für GP 1 zu definieren, zu bewerten und die Möglichkeit zum Erhalt des Wissens aufzuzeigen beziehungsweise umzusetzen. In einem Zwei-Stunden-Termin mit den Verantwortlichen für den Geschäftsprozess 1 erarbeitete das operative Team die Teilschritte für GP 1:

- Forschung und Entwicklung,
- Organisation des Produktionsprozesses,
- Bereitstellung der Rohstoffe und Vorprodukte,
- Herstellung des Metallrings,
- Mischung des Elastomers nach Kundenanforderung,
- Finishing,
- Marketing und Vertrieb.

Definition des erfolgskritischen Wissens

Welches Wissen und Können sind für die erfolgreiche Umsetzung des GP 1 beziehungsweise seiner Teilschritte notwendig und wer sind die jeweiligen Wissensträger? Um diese Frage zu beantworten, machte das operative Team die Unterscheidung in personales Wissen und in organisationales Wissen.

Das operative Team lud hierzu zu einem Workshop ein, an dem Vertreterinnen und Vertreter aller an dem Geschäftsprozess beteiligten Abteilungen teilnahmen. Es ging darum, Faktoren zu bestimmen und den einzelnen Bereichen beziehungsweise Prozessschritten zuzuordnen, die die erfolgreiche Umsetzung des jeweiligen Prozessschritts bestimmen. Ein Einflussfaktor wurde nur dann in die Liste aufgenommen, wenn Konsens in der Gruppe darüber bestand (Bild 6.4). Im nächsten Schritt ordneten die Teilnehmer des Workshops die Einflussfaktoren den Wissensarten zu (Tabelle 6.2).

Geschäftsprozess 1					
Entwicklung	Einkauf	Produktion Metallteile	Produktion Elastomer	Finishing	Marketing & Vertrieb
- Ingenieurwissen-schaftliches Fachwissen - Gute Kontakte zu Marketing - Gute Kontakte zu Kunden - Spezialwissen über Kundenprodukte - Chemisches Wissen - Kritikfähigkeit	- Verhandlungs-geschick - Marktkenntnis - Fähigkeit zur Selbstreflexion	- Kenntnisse in Presstechnik - Spezialkenntnisse im Umgang mit altem Maschinen-park - Kombination Metall – Elastomer - Führungskom-petenz	- Akadem. Wissen Chemie der Elastomere - Wissen um die komplexen Prozessabläufe, - Kenntnisse der kundenspezifi-schen Mischungen - Kenntnisse über Verbindungen Elastomere – Metall	- Vulkanisation - Präzisions-technik - Qualitätsma-nagement - Just-in-time-Fertigung	- Gute Marktkennt-nisse - Kennen der han-delnden Personen - Landeskennt-nisse - Produktkenntnisse des Kunden - Selbstreflexion - Kritikfähigkeit - Erkennen von eigenen Stärken und Schwächen

Bild 6.5 Notwendiges Wissen für die einzelnen Schritte des Geschäftsprozesses 1

Tabelle 6.2 Zuordnung der Einflussfaktoren zu den Einzelkompetenzen des personalen Wissens

	Fachkompetenz	Sozialkompetenz	Selbstkompetenz
Forschung und Entwicklung	Ingenieurwissenschaftliches Fachwissen Chemie-Fachwissen	Kontakte zu Marketing und Produktion Kundenkontakte Kenntnisse der Kundenanforderungen	Kritikfähigkeit
Organisation des Produktionsprozesses	Kenntnisse des Produktionssystems Ingenieurwissenschaftliches Wissen	Kontakt zum Vertrieb Kontakt zur Entwicklung Kontakt zum Einkauf Wissen über Stärken und Schwächen der einzelnen Teams Direkter Draht zu Produktionsleitung USA und China Enger Kontakt mit GF Technik Kurzer Draht zum Kunden Gute Kenntnisse der unterschiedlichen Lieferanten	Führungsqualität Organisationstalent
Bereitstellung der Rohstoffe und Vorprodukte	Verhandlungsgeschick Marktkenntnis Produktkenntnis	Kontakt zur Logistik Gute Beziehung zu Einkauf und Produktion Direkter Draht zu verschiedenen Lieferanten Kontakt zu Speditionen	Kritikfähigkeit Fähigkeit zur Selbstreflexion Organisationstalent
Herstellung des Metallrings	Kenntnisse Presstechnik Wissen im Umgang mit altem Maschinenpark Kombination von Metall und Elastomer	Draht zum Vertrieb Draht zur Entwicklung Gutes Verhältnis zur Instandhaltung Kontakt zu Metalllieferanten Enger Draht zu Maschinenherstellern	Führungskompetenz Teamfähigkeit

	Fach-kompetenz	Sozialkompetenz	Selbst-kompetenz
Mischung des Elasto-mers nach Kunden-anforderung	Akademisches Wissen über Chemie und Elastomere Wissen um komplexe Pro-zessabläufe Kenntnisse der Kundenan-forderungen Verbindung von Elastome-ren und Metall	Draht zur Entwicklung Enger Kontakt zum Vertrieb Enger Draht zu Metall-teileherstellern Direkter Draht zum Lehrstuhl für Elasto-merforschung Kontakte zu Kunden	Führungs-kompetenz Teamfähigkeit
Finishing	Vulkanisation Präzisions-technik Just-in-time-Produktion	Guter Draht zur Metall-fertigung Guter Draht zum Rohmischwerk	
Marketing und Vertrieb	Gute Markt-kenntnis Verhandlungs-geschick	Guter Draht zur Produktion Kenntnis der handeln-den Personen in den Absatzländern	Selbstreflexion Kritikfähigkeit Erkennen eigener Stärken und Schwächen

Wissensbewertung

Aber wie bewertet man jetzt das Wissen? Wohl wissend, dass sich an diesem Problem schon mancher die Zähne ausgebissen hat, griff das operative Team auf die „Wissensbilanz – Made in Germany" zurück.

Tabelle 6.3 und Tabelle 6.4 zeigen die Bewertung am Beispiel der Produktion Metallteile (Herstellung des Metallrings). Beim Bewertungsvorgang hat jeder Beteiligte Karten mit den einzelnen Bewertungsschritten (null bis 120 Prozent), die er zeigt, wenn der Einflussfaktor aufgerufen wird. Stark abweichende Voten werden diskutiert. Die Gesamtbewertung ist ein Durchschnittswert.

Tabelle 6.3 Zuordnung der Kompetenzen für die Herstellung des Metallrings

Fachkompetenz	Sozialkompetenz	Selbstkompetenz
▪ Kenntnisse in Presstechnik ▪ Wissen im Umgang mit altem Maschinenpark ▪ Kombination von Metall und Elastomer	▪ Direkter Draht zum Vertrieb ▪ Direkter Draht zur Entwicklung ▪ Gutes Verhältnis zur Instandhaltung, Kontakt zu Metalllieferanten ▪ Enger Draht zu Maschinenherstellern	▪ Führungskompetenz ▪ Teamfähigkeit

Tabelle 6.4 Beispielhafte Bewertung der Kompetenzen zur Herstellung des Metallrings nach QQS

	Quantität	Qualität	Systematik
Kenntnisse in Presstechnik	60 %	90 %	60 %
Wissen im Umgang mit dem alten Maschinenpark	30 %	90 %	60 %
Kombination von Metall und Elastomer	90 %	90 %	90 %
Direkter Draht zum Vertrieb	60 %	30 %	60 %
Direkter Draht zur Entwicklung	120 %	90 %	90 %
Gutes Verhältnis zur Instandhaltung	60 %	90 %	90 %
Guter Kontakt zu Metalllieferanten	30 %	60 %	60 %
Enger Draht zu Maschinenherstellern	90 %	90 %	90 %
Führungskompetenz	60 %	60 %	60 %
Teamfähigkeit	60 %	60 %	60 %

Die Bewertung zeigt Folgendes: Ernsthafte Probleme gibt es in den Bereichen „Wissen im Umgang mit dem alten Maschinenpark" und „Kontakt zu den Metalllieferanten". Hier stimmt jeweils die Quantität nicht, das heißt, es ist zu wenig Know-how in diesem Bereich vorhanden oder es gibt zu wenig Mitarbeiter mit dem notwendigen Know-how. In dem Bereich „direkter Draht zum Vertrieb" hapert es bei der Qualität, während der „direkte Draht zur Entwicklung" übersetzt ist.

Operative Zuordnung des Wissens und Benennung der Wissensträger
Die bisherigen Zuordnungen und Bewertungen bezogen sich auf die Prozesse beziehungsweise Abteilungsleistungen. Im nächsten Schritt werden das notwendige Wissen und die notwendigen Kenntnisse für die einzelnen Teile des Geschäftsprozesses Personen zugeordnet, indem das notwendige Wissen in den einzelnen Abteilungen verortet und mit den dort arbeitenden Menschen belegt wird (Bild 6.5).

		Geschäftsprozess 1			
Entwicklung	Einkauf	Produktion Metallteile	Produktion Elastomer	Finishing	Marketing & Vertrieb
4 Chemiker, 3 Chemie-Ingenieure, 6 Laboranten, 2 Handwerker, 5 Hilfskräfte Kernwissen liegt bei Leiterin und ihrem Stellvertreter, 45 und 42 Jahre alt	Abteilung von 6 Personen Leiter 59 Jahre alt, Industriekaufmann (hat sich hoch-gearbeitet), Stell-Vertreter, 34 Jahre, ein weiterer Potenzialträger	Produktionsleiter D, 62 Jahre, ein Stellverteter, 45 Jahre, Prod.-Leiter USA, 58 Jahre, Stellv., 38 Jahre, Prod.-Leiter China, 36 Jahre, derzeit keinen Stellv., Produktionsmeister D, 5 im Alter von 31, 45, 52, 58 und 60, 1 Instandhaltungs-meister, 64 Jahre, 2 Voarbeiter in USA (48 und 58 Jahre), 2 Voarbeiter in China (je 38 J.)	Leiter Rohmisch-werk, 59 Jahre, 2 Stellvertreter 35 und 48 Jahre, 2 Meister 28 und 48 Jahre	Leiter Finishing, 42 Jahre, Stellvertreter, 53 Jahre, 2 Meister, beide 50 Jahre	Leiterin Marketing, 38 Jahre, Stellvertreter, 52 Jahre, Leiter Vertrieb D, 49 Jahre, Leiter Vertrieb USA, 52 Jahre, Leiter Vertrieb China, 62 Jahre

Bild 6.5 Zuordnung der Personen zu den einzelnen Stufen des Geschäftsprozesses

Auf der Grundlage der Ergebnisse der vorhergehenden Schritte werden die Wissensträger nun in einer Vier-Felder-Matrix mit den Achsen „Gefährdungspotenzial durch Wissensverlust„ und „Eintrittswahrscheinlichkeit" (Alter, Fluktuationsneigung etc.) aufgetragen. Bild 6.6 zeigt das Gefährdungspotenzial und die Eintrittswahrscheinlichkeit durch Wissensverlust beim Verlassen der jetzigen Position. Im Quadranten rechts oben ist sowohl das Gefährdungspotenzial als auch die Eintrittswahrscheinlichkeit hoch.

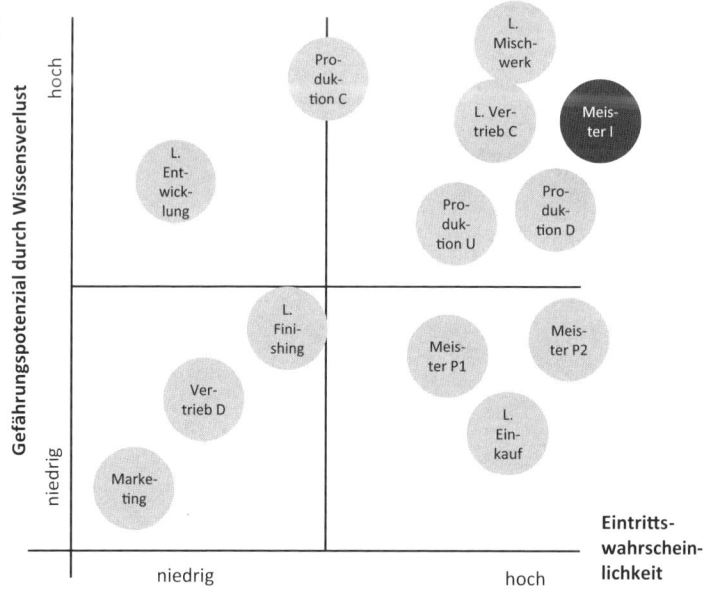

Bild 6.6 Gefährdungspotenzial durch Wissensverlust

Daraus ergibt sich folgendes Bild: Besonders hoher Handlungsbedarf besteht beim Leiter des Rohmischwerks und dem Vertriebsleiter China, die bereits nahe an der Pensionsgrenze sind. Das Gleiche gilt für die Produktionsleiter in Deutschland und den USA, auch wenn das Gefährdungspotenzial wegen der guten Stellvertreterregelung etwas geringer ist. Der Produktionsleiter China hat derzeit keinen Stellvertreter, und die Fluktuationsraten in China sind höher. Die Leiterin Entwicklung wäre ein großer Verlust, aber die Eintrittswahrscheinlichkeit eines Weggangs ist bei ihr niedriger. Eine Sonderstellung nimmt der Instandhaltungsmeister ein. Ihn hatte bisher niemand im Blick. Zwar ist bekannt, dass er in weniger als einem Jahr in Pension gehen wird, aber die Nachfolgeregelung wurde als nicht schwierig eingestuft. Durch die Wissensbewertung hat sich gezeigt, dass nur der Instandhaltungsmeister mit dem alten Maschinenpark umgehen kann. Eine Erneuerung der Maschinen ist in der mittelfristigen Investitionsplanung nicht vorgesehen, sodass das Knowhow im Umgang mit den alten Maschinen noch mindestens drei Jahre gebraucht wird.

Nach dieser Einordnung besteht also dringender Handlungsbedarf beim Leiter des Rohmischwerks, dem Leiter Vertrieb China und bei den Produktionsleitern in Deutschland und den USA und vor allem bei dem Instandhaltungsmeister. Der Produktionsleiter in China ist zwar noch weit vom Pensionsalter entfernt, aber die Gefahr, dass er das Unternehmen verlässt, ist hoch, und bis hin zu den Führungskräften ist es nicht unüblich, bei einem besseren Angebot von heute auf morgen zur Konkurrenz zu wechseln, ohne Rücksicht auf arbeitsvertraglich festgelegte Kündigungsfristen. Da die Stellvertreterposition derzeit nicht besetzt ist und es schwierig ist, einen qualifizierten Bewerber zu finden, wäre ein Weggang des Produktionsleiters ein massives Problem. Bei der Leiterin Entwicklung wäre ein Ausscheiden zwar leichter zu verschmerzen, da sie einen guten Stellvertreter hat, trotzdem ist es sinnvoll, ihr Wissen zu sichern.

Am Ende von Phase 1 kann das operative Team dem Steering Committee einen guten Überblick über die Stärken und Schwächen im Bereich des notwendigen Wissens und der Abdeckung durch Wissensträger präsentieren. Das Steering Committee entscheidet sich dazu, mit sieben Personen einen Leaving-Expert-Prozess zu starten.

■ 6.2 Phase 2: Der Prozess

Nachdem die strategischen Wissensgebiete und die Wissensträger gefunden sind, beginnt der Leaving-Expert-Prozess, der aus sechs Schritten besteht:

- Eingrenzung des Wissens des Leaving Expert,
- Feststellung des Wissensbedarfs des Nachfolgers,
- Identifizierung von Störungen und Methodenwahl,
- Organisation des Transfers,
- Wissenstransfer,
- Evaluation.

6.2.1 Eingrenzung des Wissens des Leaving Expert

Während vor Beginn des Prozesses das erfolgskritische Wissen aus Sicht des Unternehmens identifiziert wurde, geht es nun im ersten Prozessschritt darum, das zu transferierende Wissen des Leaving Expert einzugrenzen. Hierzu werden die Geschäftsprozesse und das dafür notwendige Wissen, welche in der ersten Phase definiert wurden, mit dem Wissen des Experten verglichen. Das Ziel dieses Prozessschrittes ist es, eine Übereinkunft der Beteiligten zu erzielen, welche Wissensbereiche mit welcher Intensität bearbeitet werden sollen. Es geht dabei nur um eine grobe Eingrenzung, um den Ressourceneinsatz sinnvoll gestalten zu können. Die Eingrenzung darf nicht zu eng erfolgen, da sonst die Gefahr besteht, relevantes Wissen aus dem Prozess auszugrenzen. Hierzu gibt es folgende Unterschritte:

- *Erstgespräch mit dem Leaving Expert* (externer Moderator und Vorgesetzter gegebenenfalls mit dem Nachfolger), um ihn für den Prozess zu gewinnen.
- *Grobe Sichtung des explizit vorhandenen Wissens,* um gegebenenfalls Schwerpunkte für den Transferprozess zu erkennen (Stellenbeschreibung, Beurteilungsbögen, Dokumentationen, Wikis, Akten etc.).
- *Wissenseingrenzung aus der Außensicht:* 360-Grad-Gespräche mit Mitarbeitern, Kollegen, Kunden und Vorgesetzten des Leaving Expert. Hierbei geht es darum, die besonderen Qualitäten des Experten aus der Perspektive der Menschen zu erkennen, mit denen er am häufigsten zu tun hat.
- *Wissenseingrenzung mit dem Leaving Expert:* Hier kommen verschiedene Tools wie Wissensbaum, Wissensorganigramm, Mindmap, Job Map oder Beziehungsnetzkarten zum Einsatz.
- *Definition der Wissensfelder,* zu denen das zu transferierende Wissen gehört.
- *Feedback des Leaving Expert.*

Bei der Lyrics GmbH geht es mit Elan weiter. Die sechs Punkte des Prozesses sollen abgearbeitet werden. Die Leiterin des operativen Teams, Frau Peters, beginnt mit der Eingrenzung des Wissens der Leaving Experts. Dabei geht es in erster Linie um implizites Wissen, Erfahrungswissen und Handlungswissen, also Wissen, das nicht schon dokumentiert vorliegt und das nicht an Universitäten zu lernen ist.

Erstgespräch mit dem Leaving Expert

Mit jedem Experten führt die Personalentwicklerin ein Erstgespräch zusammen mit dem Vorgesetzten, dem potenziellen Nachfolger (wenn vorhanden) und einem externen Moderator. Ziel dieses Gespräches ist es vor allem, die Experten für den Prozess zu gewinnen und mögliche Ängste zu zerstreuen.

Tatsächlich verlaufen die Gespräche schwieriger als gedacht. Der Leiter Rohmischwerk ist irritiert, dass man ihn mit 59 Jahren bereits zu einem solchen Prozess einlädt, und stellt sofort die Frage: „Wollen Sie mich durch einen Jüngeren ersetzen?" Mithilfe des externen Moderators gelingt es, ihn von der Nützlichkeit des Verfahrens zu überzeugen und ihn bei seiner Ehre zu packen: „Sie sind für dieses Unternehmen unersetzlich. Aber was ist, wenn Sie morgen einen Autounfall haben?"

Der Instandhaltungsmeister, Herr Ingelmann, dagegen ist sehr angetan, dass man seine Arbeit als so wichtig einschätzt und er Teil eines solchen Prozesses ist. In seinem Falle gibt es aber noch keinen Nachfolger und die Zeit ist knapp. (An seinem Beispiel werden die weiteren Prozessschritte gezeigt.)

Der Produktionsleiter USA lässt ausrichten, dass er seine Fabrik am Laufen halten müsse und keine Zeit für „Psychokram" habe. Erst ein Telefonat des Technischen Geschäftsführers bewegt ihn zu einer widerwilligen Mitarbeit.

Die Entwicklungsleiterin verweist darauf, dass sie die Ergebnisse ihrer Arbeit im Intranet dokumentiere, außerdem schon unmäßig viel Zeit für die Dokumentation beim Qualitätsmanagement aufwenden müsse. Sie kann schließlich auch von der Wichtigkeit des Prozesses überzeugt werden.

Der Vertriebsleiter China befürchtet, dass er mit der Preisgabe seines Wissens entbehrlich werde, sagt dies jedoch nicht offen, sondern schützt Terminprobleme vor („der Kunde geht immer vor"). Schließlich findet der Termin doch statt und er erklärt sich zur Mitarbeit bereit.

Grobe Sichtung des explizit vorhandenen Wissens

Als Nächstes macht sich das operative Team daran, alles, was an Wissen aus den Gebieten der Experten dokumentiert ist, zu sichten und mögliche Ansatzpunkte für die weiteren Schritte des Prozesses zu suchen. Angeschaut werden Stellenbeschreibungen, Beurteilungsbögen, Auditunterlagen, Eintragungen im Firmen-Wiki, Berichte in der Firmenzeitung, Berichte von Kundenbesuchen etc. Hierbei kann auf das bisherige Wissensmanagementsystem zurückgegriffen werden.

Wissenseingrenzung aus der Außensicht

Zur Wissenseingrenzung aus der Außensicht werden 360-Grad-Interviews mit Mitarbeitern, Kollegen, Kunden und Vorgesetzten des Leaving Expert durchgeführt. Im Falle des Instandhaltungsmeisters sind die Interviewpartner

- der Produktionsleiter Deutschland (Vorgesetzter),
- ein Produktionsmeister (Kollege),
- ein Mitarbeiter und
- ein Maschinenführer (Kunde).

Die Interviews können persönlich oder schriftlich mit einem Fragebogen geführt werden (Bild 6.7).

Seit wann kennen Sie Herrn Ingelmann?

_____

Seit wann arbeiten Sie mit Herrn Ingelmann zusammen?

_____

Wie oft hatten Sie Kontakt mit Herrn Ingelmann? (Zutreffendes bitte ankreuzen)

☐ täglich ☐ wöchentlich ☐ monatlich ☐ halbjährlich ☐ bei Bedarf

Wo liegt Ihrer Meinung nach die besondere Expertise von Herrn Ingelmann?

_____

_____

_____

Wenn Sie die oben genannte Expertise von Herrn Ingelmann auf einer Skala von 0 (nicht vorhanden) bis 10 (ausgezeichnet) bewerten müssten, welche Punktzahl würden Sie vergeben? ☐

In welchen Fällen konnte Ihnen Herr Ingelmann helfen?

_____

_____

_____

Bild 6.7 Fragebogen

Welches war ein besonders herausragendes Projekt, bei dem Ihnen Herr Ingelmann helfen konnte? (Bitte ausführlich schildern.)

_____

_____

_____

_____

Gab es ein Problem, zu dem Sie Herr Ingelmann angefragt hatten und er konnte Ihnen nicht helfen? (Bitte ausführlich schildern.)

_____

_____

_____

Wann hatten Sie das letzte Mal Kontakt zu Herrn Ingelmann?

_____

Was war das Thema bei diesem Kontakt?

_____

_____

_____

Wie hat Ihnen Herr Ingelmann geholfen?

_____

_____

_____

Stellen Sie sich vor, Sie wären Mitglied einer Personalauswahlkommission, die die Besetzung der heutigen Stelle von Herrn Ingelmann diskutiert. Sie möchten Ihre Kolleginnen und Kollegen davon überzeugen, dass Herr Ingelmann die beste Wahl für diese Stelle ist. Was würden Sie sagen?

_____

_____

_____

Bild 6.7 Fragebogen

Wissenseingrenzung mit dem Leaving Expert

Zusammen mit den jeweiligen Experten grenzen die Berater und Frau Peters dessen Wissensgebiet ein. Der Instandhaltungsmeister, Herr Ingelmann, spult dabei seine schon als schriftliche Dokumentation vorliegende Aufgabenbeschreibung herunter. Um weiteren Wissensanteilen auf die Spur zu kommen, setzen die Berater Kreativtechniken wie beispielsweise den Wissensbaum ein (Bild 6.8). Die Wurzeln des Baumes zeigen Ausbildung und Erfahrung von Herrn Ingelmann, der Stamm zeigt die notwendigen Kernkompetenzen und die Früchte zeigen die Tätigkeiten.

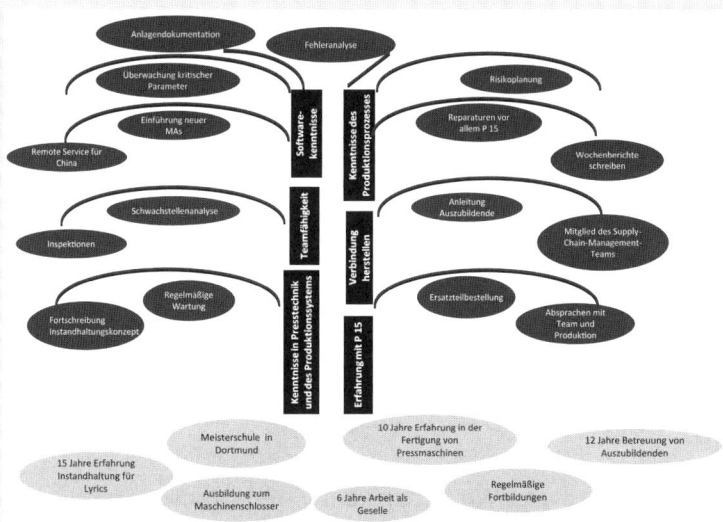

Bild 6.8 Darstellung des Wissens (der Kompetenzen) des Instandhaltungsmeisters in einem Wissensbaum (nach Nova.PE)

Um das Beziehungsnetzwerk zu veranschaulichen, wird eine abgewandelte Aufstellungstechnik angewandt. Herr Ingelmann hat einen roten und viele weiße Plastikbecher. Der rote Becher ist er selbst, die weißen werden mit dem jeweiligen Namen beschriftet und näher oder weiter weg vom roten platziert. Daraus ergibt sich eine Übersicht über die Häufigkeit und Bedeutung der Beziehungen von Herrn Ingelmann (Bild 6.9).

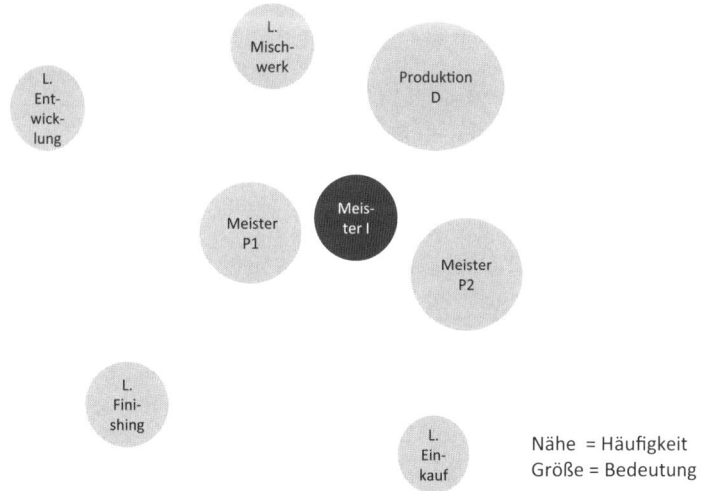

Bild 6.9 Beziehungsnetzwerk des Instandhaltungsmeisters

Definition der Wissensfelder

Aus den bisher gewonnenen Informationen entwickelt das operative Team nun eine Übersicht der Wissensfelder und der Wissensinhalte. Hier wird bereits eine erste Zuordnung in leicht zu transferierendes explizites Wissen und in implizites Wissen vorgenommen.

Feedback des Leaving Expert

In einem Workshop mit dem Herrn Ingelmann werden die Ergebnisse des ersten Prozessschrittes diskutiert und Feinjustierungen vorgenommen. Herr Ingelmann ist selbst überrascht, dass seine speziellen Kenntnisse der P 15 (alter Maschinenpark) eine so große Bedeutung für das Unternehmen haben.

6.2.2 Feststellung des Wissensbedarfs des Nachfolgers

Intensität und Inhalt des Wissenstransfers werden auch vom Wissensbedarf des Nachfolgers bestimmt. Die Bandbreite kann hier sehr groß sein. Ist der Nachfolger ein Hochschulabgänger, wird er fast ausschließlich über akademisches Wissen verfügen und praktisch nicht über Erfahrungswissen. Kommt er aus dem gleichen Unternehmen, aber einer anderen Abteilung, wird er bereits eine Menge an organisationalem Wissen vorweisen können, eventuell auch schon spezifisches Fachwissen, aber wenig Erfahrungswissen in dem speziellen Arbeitsgebiet. Kommt der Nachfolger aus gleicher Position von einem Konkurrenten, sind Fachwissen und allgemeines Erfahrungswissen vorhanden. Organisationales Wissen und Wissen um die Unternehmenskultur fehlen jedoch.

Grundsätzlich ist es sinnvoll, den Nachfolger von Beginn an in den Prozess einzubeziehen. Methoden wie das Tandem, das Triadengespräch oder die Interviewmethode (siehe Kapitel 5) sind explizit darauf ausgerichtet.

Schwieriger wird es, wenn der Nachfolger nicht zur gleichen Zeit verfügbar ist wie der Experte. Handelt es sich nur um räumliche und zeitliche Probleme, so kann der Prozess asynchron mit direkten oder vermittelten Rückmeldungsschleifen durchgeführt werden. In diesem Fall bietet es sich an, die Wissenseingrenzung auf die gleiche Art und Weise wie beim Experten vorzunehmen. So kann man beispielsweise zwei Wissensbäume miteinander vergleichen und Gemeinsamkeiten beziehungsweise Lücken identifizieren.

Kommt der Nachfolger erst längere Zeit nach dem Ausscheiden des Experten, ist er allein auf die in kodifizierter Form vorliegenden Wissensinhalte angewiesen und kann keine Nachfragen stellen. In diesem Fall muss bei der Wissensdokumentation sehr viel mehr auf unterschiedliche Formen (Texte, Audiospots, Videos, Visualisierungen etc.) geachtet werden.

Bei der Lyrics GmbH macht sich das operative Team darüber Gedanken, wie der Wissensbedarf der potenziellen Nachfolger definiert werden könnte. Die Projektleiterin schlägt vor, erst einmal eine Liste über den Status quo zu machen (Tabelle 6.5).

Tabelle 6.5 Status quo bei Lyrics

Experte	(Potenzieller) Nachfolger	Ausbildung Nachfolger	Maßnahme zur Feststellung des Wissensbedarfs
Leiter Rohmischwerk	2 Stellvertreter (externe Besetzung eher unwahrscheinlich)	Stellvertreter 1: Diplom-Chemiker (promoviert) Stellvertreter 2: Diplom-Chemieingenieur	Workshops mit den potenziellen Nachfolgern
Leiter Vertrieb China	Externe Besetzung notwendig		Umfangreiche Dokumentation des Wissens vom Experten
Produktionsleiter Deutschland	1 Stellvertreter, der Nachfolger werden soll	Diplom-Ingenieur Maschinenbau	Workshop mit Nachfolger
Produktionsleiter USA	1 Stellvertreter, Nachfolger soll jedoch eine junge Ingenieurin aus Deutschland werden	Diplom-Ingenieurin Verfahrenstechnik	Da die Nachfolgeregelung noch nicht kommuniziert ist, kein Workshop
Produktionsleiter China	Kein Stellvertreter		Umfangreiche Doku des Expertenwissens
Leiterin Entwicklung	1 Stellvertreter, der Nachfolger werden könnte	Diplom-Ingenieur Verfahrenstechnik	Regelmäßige Transferworkshops
Meister Instandhaltung	Kein Stellvertreter		Umfangreiche Doku des Expertenwissens

6.2.3 Identifizierung von Störungen und Methodenwahl

Das Scheitern eines Leaving-Expert-Prozesses kann viele Ursachen haben. Im Idealprozess werden in diesem Schritt mögliche Störungen identifiziert und beseitigt. Eine Störung ist nicht per se ein Hinderungsgrund für den optimalen Ablauf des Prozesses, sie bestimmt aber die Vorgehensweise und die Methodenwahl. Störungen können in drei Feldern auftreten:

- objektive Störungen,
- subjektive Störungen,
- latente Störungen.

Objektiven Störungen ist zumeist mit organisatorischen Maßnahmen (mehr Zeit, häufige Reisen bei räumlicher Distanz etc.) beziehungsweise der geeigneten Methode zu begegnen, subjektiven Störungen fast ausschließlich mit der geeigneten Transfermethode. Latente Störungen sind qua Definition nicht leicht zu erkennen und erfordern teilweise zusätzliche Reaktionen, die außerhalb des „normalen" Leaving-Expert-Prozesses liegen.

Objektive Störungen

Unter objektiven Störungen verstehen wir negative Einflüsse auf den Prozess, die sich aus den Rahmenbedingungen und nicht aus den Personen der Beteiligten ergeben. Häufig auftretende objektive Störungen sind:

- Zeitmangel,
- große räumliche Distanz zwischen Vorgänger und Nachfolger,
- Nachfolger steht für den Prozess noch nicht zur Verfügung,
- Vorgänger steht für den Prozess nicht zur Verfügung,
- die Stelle wird auf mehrere Nachfolger aufgeteilt.

Zeitmangel herrscht immer dann, wenn Wissenstransfer kein eingespielter Regelprozess ist und erst kurz bevor der Experte das Unternehmen verlässt, mit dem Transfer begonnen wird. Die Zeit ist dann zu kurz, um eine Tandemlösung oder eine Lernpartnerschaft zu installieren. Auch für Triadengespräche und Transfer Stories werden mindestens drei Monate benötigt, um die Vorteile der Methoden auszuschöpfen. Zum Einsatz unter Zeitmangel kommen können die Interviewmethode und moderierte Übergabegespräche.

Große räumliche Distanz zwischen Vorgänger und Nachfolger (der Nachfolger arbeitet beispielsweise noch in den USA) erfordert einen asymmetrischen Wissenstransfer. Methoden, die die persönliche Anwesenheit von Vorgänger und Nachfolger erfordern, wie das Triadengespräch, können nicht eingesetzt werden. Bis zu einem gewissen Grad können Videokonferenzen helfen, allerdings geht dabei ein großer Teil der nonverbalen Kommunikation verloren. Das Wissen vom Vorgänger muss also in einem ersten Schritt erfasst, aufbereitet und dokumentiert und in einem zweiten Schritt auf den Nachfolger transferiert werden. Das Gleiche gilt, wenn der Nachfolger für einen symmetrischen Prozess noch nicht greifbar ist.

Wenn der Vorgänger aufgrund von fristloser Kündigung, plötzlicher Freistellung, Unfall oder gar Tod nicht mehr zur Verfügung steht, ist es praktisch nicht möglich, sein Erfahrungswissen zu transferieren. Durch den Einsatz von 360-Grad-Interviews, Beziehungsanalysen und Dokumentenauswertung besteht jedoch die Möglichkeit, mehr als nur das in Dokumenten und elektronischen Files vorhandene Wissen dem Nachfolger zugänglich zu machen.

Bei der Aufteilung einer Aufgabenstellung auf mehrere Nachfolger sind auf jeden Fall Methoden zu präferieren, bei denen alle Beteiligten anwesend sind, da dabei nicht nur Wissen transferiert werden kann, sondern auch Abgrenzungsprobleme bearbeitet werden können.

Subjektive Störungen

Subjektive Störungen sind solche, die in der jeweiligen Person des Vorgängers, des Nachfolgers, des Vorgesetzten oder einer anderen beteiligten Person liegen. Häufig auftretende subjektive Störungen sind:

- Die Chemie zwischen Vorgänger und Nachfolger stimmt nicht.
- Einer oder mehrere Beteiligte unterstützen den Prozess nicht oder nur widerwillig.
- Der Vorgänger kann sich nicht ausreichend verbal ausdrücken.

Stimmt die Chemie zwischen Vorgänger und Nachfolger nicht, kann das Auswirkungen haben, die über den Wissenstransferprozess hinausgehen. Beispielsweise können sich Fronten unter den Kollegen oder Mitarbeitern bilden, ein späteres Nachfragen beim Vorgänger auch nach dessen Pensionierung wird erschwert, und es besteht die Gefahr einer willentlichen Zurückhaltung von Wissen. Deshalb sollte in diesem Falle erst einmal versucht werden, die Spannungen zwischen den Beteiligten auszuräumen. Hierzu eignen sich moderierte Gespräche oder Gruppencoaching. Ist es nicht möglich, die Probleme zu beheben, bleibt die Möglichkeit, asymmetrische Transfermethoden einzusetzen.

Wird der Prozess von einem oder mehreren Beteiligten nicht oder widerwillig unterstützt, führt dies so gut wie immer zu gravierenden Qualitätsmängeln beim Wissenstransfer. Deshalb sollte unbedingt ein Commitment hergestellt werden. Hier erweist sich die Anbindung des Prozesses auf Geschäftsleitungsebene als hilfreich. Unabhängig von direktiven Eingriffen sollte jedoch geklärt werden, was die Gründe für die mangelhafte Unterstützung sind, und diese sollten gegebenenfalls ausgeräumt werden.

Kann sich der Vorgänger nicht ausreichend verbal ausdrücken, treten die Methoden in den Hintergrund, die eine ausgeprägte verbale Ausdrucksfähigkeit des Experten verlangen. Stattdessen kommen visualisierende Methoden und Tools wie beispielsweise Wissensbaum, Job Map etc. verstärkt zum Einsatz.

Latente Störungen

Latente Störungen sind nicht sofort als solche zu erkennen. Sie zeigen sich in schwierigen Projektverläufen oder mangelndem Fortschritt. Deshalb ist die Identifizierung von Störungen eine Aufgabe für den gesamten Projektverlauf und nicht nur für diese Stufe. Latente Störungen können sein:

- Das Team lehnt den Nachfolger ab.

- Der Vorgänger will sein Wissen bewusst nicht teilen.
- Der Nachfolger erkennt für sich keinen Nutzen in dem „veralteten" Wissen seines Vorgängers.
- Andere Experten/Vorgesetzte sabotieren den Wissenstransfer, um ihre eigene Position zu stärken.
- Interkulturelle Unterschiede im Kommunikations- und Problemlösungsstil sorgen für Stirnrunzeln und Missverständnisse.

Dass das Team den Nachfolger ablehnt, findet sich häufig, wenn ein beliebter Leaving Expert nicht in einem geordneten Verfahren in Pension geht, sondern entlassen wird oder überraschend selbst geht. Die Wut über eine Ungerechtigkeit oder die kollektive Trauer über den Weggang eines geschätzten Kollegen oder Vorgesetzten kann sich dann in (auch unterbewusster) Aggression oder Ablehnung gegen den Nachfolger äußern. Selbst wenn die sonstigen Rahmenbedingungen für den Prozess gut sind, kann es sich negativ auswirken, dass die Teamsekretärin das Telefon des Neuen nicht abnimmt, bestimmte Post noch an den bereits ausgeschiedenen Vorgänger weiterleitet etc. In einem solchen Falle ist es sinnvoll, dem Leaving-Expert-Prozess ein Teambuilding vorzuschalten.

Plötzlich nicht mehr gefragt zu sein kann für einen Leaving Expert ein einschneidendes Erlebnis sein. Wenn sich der „Neue" wider Erwarten schnell einarbeitet und von den Kollegen angenommen wird, kann der scheidende Experte ein Gefühl von Wertverlust und Zurückweisung erleben, das ihn dazu bringt, wenigstens sein „geheimstes" Wissen für sich zu behalten, damit der Neue doch nur „second best" bleibt. Um diese Störung auszuschließen, ist es von hoher Wichtigkeit, dem Leaving Expert das Gefühl zu geben, dass er der zentrale Anker des gesamten Prozesses ist und dass durch die Weitergabe seines Wissens sein „Lebenswerk" im Unternehmen fortgeführt wird.

Dass Wissen veraltet, ist keine Frage. Allerdings passiert dies in den verschiedenen Wissensgebieten und bei den verschiedenen Wissensarten unterschiedlich schnell. Insbesondere bei Erfahrungswissen ist die Kurve umgekehrt. Es ist überhaupt nur durch Erfahrung zu erwerben. Sollte der Nachfolger den Wert von Erfahrung im Kontext seines Wissensgebietes nicht anerkennen, so bietet es sich an, ihn neben der rationalen Erklärung zum Erfahrungswissen anhand eines konkreten Beispiels den „Wissensvorsprung" seines Vorgängers erfahren zu lassen.

Besonders schwer sind intrigante Störungen zu erkennen, die sich in ihrer Intention gar nicht auf die Verhinderung oder Störung des Wissenstransfers beziehen, sondern ein ganz anderes Ziel verfolgen. Will beispielsweise der Leiter der Nachbarabteilung das Ausscheiden des Experten als Gunst der Stunde nutzen, um sein eigenes Verantwortungsgebiet um die Funktion des Experten zu erweitern, wird er eventuell hinter den Kulissen den Transferprozess stören, um sich dann als Problemlöser in seinem Interesse anzubieten. Störungen dieser Art werden zumeist von den Kollegen des Leaving Expert registriert, bevor sie ein Vorgesetzter oder ein externer Berater erkennen kann. Deshalb bieten sich in diesem Fall Workshops mit dem Team an, in denen die Probleme beim Projektfortschritt offen thematisiert werden und gemeinsam nach Lösungen gesucht wird. Dies geschieht auch bei interkulturellen Coachings, die gezielt interkulturelle Probleme des Wissenstransfers adressieren.

Die Wahl der Methoden, die beim Leaving-Expert-Prozess eingesetzt werden, hängt also entscheidend davon ab, welche tatsächlichen oder potenziellen Störungen in dieser Phase identifiziert wurden. Es gibt dabei keine Schablone, die bestimmten Störungen bestimmte Methoden zuweist. Vielmehr kommt es hier auf die Erfahrung und das Können der Mitglieder des operativen Teams beziehungsweise der Berater an. Entscheidend ist, dem Wissensgeber das Gefühl zu geben, dass er alles sagen kann, ohne Nachteile für ihn oder andere befürchten zu müssen.

Störungen haben Vorrang
Die Leiterin Personalentwicklung erinnert sich an ein Coachingseminar, das sie einmal besucht hat. Besonders ist ihr der Satz in Erinnerung geblieben: „Störungen haben Vorrang." Also schaut sie sich die Nachfolgekonstellationen an und versucht zusammen mit ihren Kolleginnen und Kollegen vom operativen Team, mögliche Störungen zu identifizieren. Tabelle 6.6 zeigt mögliche objektive Störungen. Unter Berücksichtigung der offensichtlichen, möglichen oder befürchteten Störungen beschließt das operative Team zusammen mit dem Berater, jeweils unterschiedliche Methoden einzusetzen, die in Tabelle 6.7 dargestellt werden.

Tabelle 6.6 Mögliche objektive Störungen

Experte	Objektive Störungen	Subjektive Störungen	Latente Störungen
Leiter Rohmischwerk	Keine ersichtlich	Mögliche Konkurrenzsituation der beiden Stellvertreter Skepsis beim Experten	Keine ersichtlich
Leiter Vertrieb China	Kein Nachfolger vorhanden	Experte spricht nur schlechtes Englisch	Experte ist „kauziger" Typ, der sein Wissen, insbesondere sein Netzwerk, als persönlichen Schatz hütet
Produktionsleiter Deutschland	Keine	Keine	Keine
Produktionsleiter USA	Nachfolgerin ist noch in Deutschland	Experte ist nur widerwillig zur Mitarbeit bereit	Nachfolgeregelung noch nicht kommuniziert, Experte wurde nicht einbezogen
Produktionsleiter China	Kein Nachfolger	Keine	Keine

Tabelle 6.6 Mögliche objektive Störungen *(Fortsetzung)*

Experte	Objektive Störungen	Subjektive Störungen	Latente Störungen
Leiterin Entwicklung	Hohe zeitliche Belastung der Expertin	„Chemie" zwischen Expertin und Nachfolger stimmt nicht	Keine
Meister Instandhaltung	Zeitmangel, da Pensionierung bevorsteht	Experte kann sich nicht gut verbal ausdrücken	Der jüngste der Produktionsmeister will schon seit Längerem seinen Verantwortungsbereich ausdehnen

Tabelle 6.7 Verwendete Methoden

Experte	Vorgehen und Methoden
Leiter Rohmischwerk	Entscheidung des Steering Committee für einen Nachfolger, Tandemlösung, Transferworkshops
Leiter Vertrieb China	Schnelle Suche nach einem Stellvertreter, Schaffung einer weltweiten Experten-Community der Vertriebler, Workshop(s) mit dem Experten
Produktionsleiter Deutschland	Triadengespräche
Produktionsleiter USA	Kommunikation der Nachfolgeregelung, Transfer Stories, zwei Transferworkshops
Produktionsleiter China	Schnelle Suche eines Stellvertreters (auch vor dem Hintergrund des geplanten zweiten Werkes), Experten-Community der Produktionsleiter, Transferworkshop mit allen Produktionsleitern
Leiterin Entwicklung	Coaching für Expertin und Stellvertreter zur Lösung der „Chemie"-Probleme, Tandem, zweimal jährlich Transferworkshop
Meister Instandhaltung	Einsatz visueller Methoden (Wissensbaum etc.), Videodokumentation wichtiger Tätigkeiten, Computersimulation zur Instandhaltung von P 15

6.2.4 Organisation des Transfers

In dieser Stufe des Prozesses werden die Voraussetzungen und Rahmenbedingungen für den Transferprozess festgelegt. Zuerst ist die Frage zu klären, welche Prozesse, Methoden und Werkzeuge zum Wissensmanagement im Unternehmen vorhanden sind, ob Wissens- beziehungsweise Informationsbestände daraus zu verwerten sind und wie weit sie Teil des Transferprozesses sein können. Zumeist lohnt es sich, auch links und rechts der klassischen Wissensmanagementsysteme zu schauen. Für im Unternehmen genutzte Managementsysteme wie beispielsweise Qualitätsmanagement (EFQM, DIN ISO 9001 etc.) werden umfangreiche Daten erhoben, auch zu den Mitarbeitern und den Wissensbeständen. Liegt für das Unternehmen eine Wissensbilanz vor, können daraus ebenfalls eine Menge Anleihen übernommen werden. Es geht dabei nicht darum, dass die Berater beziehungsweise das operative Team diese Unterlagen sichten, ihre Aufgabe ist es vielmehr, den Nachfolger (insbesondere wenn es sich um einen neuen Mitarbeiter handelt) auf diese Wissensbestände hinzuweisen.

Als Nächstes legen der externe Berater und der Vorgesetzte die Teilnehmer der unterschiedlichen Stufen des Transferprozesses fest. Dies hängt von den Rahmenbedingungen und den gewählten Methoden ab. Bei der Interviewmethode treffen beispielsweise Experte und Nachfolger im Wochenabstand für jeweils 20 Minuten aufeinander. Der Nachfolger schreibt ein Protokoll, das er mit dem Experten beim nächsten Treffen durchgeht, und spricht noch ungeklärte Sachverhalte an. Die Triadengespräche erfordern die Anwesenheit des Experten, seines Nachfolgers und eines Moderators. Sie können mehrere Stunden dauern und mehrfach stattfinden. Bei narrativen Interviews werden Experte und Nachfolger in ein offenes Gespräch über vergangene bedeutsame Ereignisse geführt, die Interviews werden vom Berater aufbereitet und als Dokument (auch mit Bildern, Podcasts oder Videos) zur Verfügung gestellt. Bei Videodokumentationen wiederum sind nur der Experte und der Moderator beteiligt. Die Entscheidung für die richtige Methode hängt insbesondere von den Störpotenzialen ab. Ist der Experte ein wenig eloquenter Mensch, bieten sich Videos oder Simulationen als Methode an. Sitzt der Nachfolger in den USA, kann ein Triadengespräch sicher nicht die erste Wahl sein.

Ist die Wahl der Methode gefallen, werden sie und das gesamte weitere Vorgehen in vertrauensbildenden Gesprächen mit den Beteiligten besprochen. Sie werden über Sinn und Zweck des Prozesses, die Vorgehensweise und ihre Rolle informiert.

Schließlich wird ein Transferplan erstellt. Dieser enthält auch die organisatorischen Rahmendaten, also Teilnehmer, Ort, Zeit, Dauer, notwendige Materialien und Medien. Die notwendigen Räume müssen gebucht werden, Reisen organisiert und so weiter.

 Organisation ist alles

Die Projektleiterin macht sich nun daran, Transferpläne für die jeweiligen Experten zu erstellen (Tabelle 6.8 und Tabelle 6.9). Für den Produktionsleiter Deutschland und seinen Nachfolger hat sie zusammen mit dem Berater Triadengespräche als Methode gewählt. Da für den Instandhaltungsmeister noch kein Nachfolger vorhanden ist und er außerdem wenig eloquent ist, wird hier die aufwendigere Methode der Videodokumentation und der Umsetzung in eine Computersimulation gewählt.

Tabelle 6.8 Transferplan für den Produktionsleiter Deutschland der Lyrics GmbH

Aktion	Erfassung	Auswertung	Rückkopplung	Transformation und Dokumentation	Vermittlung
Methode	Triadengespräche	Inhaltsanalyse	Präsentation, Feedback	Transfer Stories, gegebenenfalls Visualisierung	Transferworkshop
Material	Aufzeichnungsgerät, Flipchart, Stifte	–	Flipchart, Metaplanwände, Moderatorenkoffer, Beamer	–	Flipchart, Metaplanwände, Moderatorenkoffer, Beamer
Termin	3. 5., 15 bis 18 Uhr, und 18. 5., 10 bis 13 Uhr	19. 5. bis 30. 5.	10. 6., 14 bis 17 Uhr	11. 6. bis 20. 6.	5. 7., ganztägig
Ort	Hauptverwaltung, Besprechungszimmer 305	–	Hauptverwaltung, Besprechungszimmer 103	–	Hauptverwaltung, Besprechungszimmer 305
Beteiligte	Experte, Nachfolger, Moderator (Berater)	Berater	Experte, Berater	Berater	Experte, Nachfolger, Berater

Tabelle 6.9 Transferplan für den Meister Instandhaltung der Lyrics GmbH

Aktion	Erfassung	Auswertung	Rückkopplung	Transformation und Dokumentation	Vermittlung
Methode	Gespräch, Videodokumentation	Gesprächsprotokoll, Schnitt des Videos	Vorführung Video	Storyboard für Simulation (einschließlich Aufnahme von O-Tönen, Einbeziehen der Videos	Bereitstellung als Simulationsfile
Material	Aufzeichnungsgerät, Videokamera	–	Beamer	Videokamera, Beamer, Schnittcomputer	–

Tabelle 6.9 Transferplan für den Meister Instandhaltung der Lyrics GmbH *(Fortsetzung)*

Aktion	Erfassung	Auswertung	Rückkopplung	Transformation und Dokumentation	Vermittlung
Termin	4. 7., 15 bis 18 Uhr, 5. 7. und 8. 7. jeweils vormittags	9. 7. bis 30. 7.	2. 8. ganztägig	3. 8. und 4. 8. ganztägig	–
Ort	HV, Zimmer 305, Werkhallen	–	Hauptverwaltung, Besprechungszimmer 305	HV, Zimmer 103, Werkhallen	Intranet
Beteiligte	Experte, Moderator (Berater)	Berater	Experte, Berater	Berater	–

6.2.4 Wissenstransfer

Der eigentliche Wissenstransfer hat wiederum fünf Phasen:

- Wissenserfassung,
- Wissensauswertung,
- Rückkopplung mit dem Experten,
- Wissenstransformation und -dokumentation,
- Wissensvermittlung.

Die einzelnen Phasen sind nicht trennscharf voneinander abzugrenzen. Der Grad der Überlappung hängt von der gewählten Methode ab. So werden beispielsweise bei Erfassungsmethoden, bei denen sowohl der Experte wie sein Nachfolger involviert sind, immer auch Wissensinhalte vermittelt.

Wissenserfassung

Bei den vorhergehenden Stufen wurde bereits eine Menge Wissen identifiziert, allerdings ging es dabei fast ausschließlich um explizites Wissen, das in kodifizierter Form (zumeist verschriftet) vorlag. Erfahrungswissen kann auf diese Weise nicht zugänglich gemacht werden. Deshalb kommen in dieser Phase Methoden und Tools zum Einsatz, die dabei helfen, weitere Bereiche des impliziten Expertenwissens zu explizieren.

Welche Methoden und Tools dies im Einzelnen sind, hängt von den in Stufe 3 erhobenen (möglichen) Störungen ab. Grundsätzlich können mehrere Methoden oder Tools parallel zum Einsatz kommen (Tabelle 6.10).

Tabelle 6.10 Methoden und Tools zur Wissenserfassung

Methodenkategorie	Operationalisierung	Vor-/Nachteile
Strukturierung und Visualisierung	Mindmap, Job Map, Wissensbaum, Beziehungsnetzwerkkarten, Wissenslandkarten, Metaplantechnik, Vier-Felder-Matrix …	+ zeigt besonders gut Vernetzungen und Zusammenhänge von Wissensgebieten auf; ist auch bei weniger eloquenten Beteiligten einsetzbar – geht nicht so sehr in die Tiefe des impliziten Wissens
Textbasierte und narrative Tools/Methoden	Notizbuch/Ideenbuch, Logbücher/Tagebücher, semiotisches Feld, Storytelling	+ einige Methoden schaffen Zugang zu auch dem Experten nicht direkt zugänglichem Wissen – erfordert von den Beteiligten hohe sprachliche Kompetenz, verbale und schriftliche Ausdrucksmöglichkeit
Inszenierung	Rollenspiele, Aufstellung, Unternehmenstheater …	+ schafft die Möglichkeit, aus der Distanz einer Rolle auf sich selbst zu sehen – kann von Experten als „Kinderkram" abgelehnt werden
Web 2.0	Wikis, Blogs, Social Sharing, Social Networks	+ schafft neue Möglichkeiten der Zusammenarbeit unabhängig vom Ort, an dem sich die Beteiligten befinden – erfordert technische Geräte, hat Eintrittsbarrieren, kann zur unstrukturierten Ansammlung von Informationen verleiten
Animation und Simulation	Assoziative Fotos, Transfer Comics, Lernprogramm, Computersimulationen, Filme, Computeranimation	+ ist methodisch in der Denkwelt von technisch orientierten Experten – es besteht die Gefahr, dass die Methode die Inhalte überlagert

Wissensauswertung

Bei der Auswertungsphase geht es darum, alle im gesamten Prozess erhaltenen Informationen und Inhalte zu sichten, zu ordnen und methodenübergreifenden Auswertungskriterien zu unterwerfen. Die Auswertungskriterien ergeben sich aus der Sicht des Auftraggebers, aus der Sicht des Nachfolgers und aus der Sicht des Experten. Die Kernfragen sind:

- Was muss der Nachfolger wissen, um zur Erreichung der Ziele des Unternehmens beitragen zu können?
- Was muss ich, der Nachfolger, wissen, um meine Aufgabe als Nachfolger des Experten erfolgreich ausüben zu können?
- Was muss mein Nachfolger wissen, um meine Arbeit weiterführen zu können?
- Welche Punkte haben sich bei der Wissenserfassung ergeben, die zuvor keiner im Fokus hatte?

Mithilfe dieser Fragen werden Auswertungskategorien entwickelt, die mit dem operativen Team diskutiert und feinjustiert werden.

Vor dem Hintergrund der Kategorien werden alle erhobenen Wissensinhalte ausgewertet. Hierzu kommen Methoden wie die qualitative Inhaltsanalyse oder die paraphrasierende Sequenzanalyse zum Einsatz.

Rückkopplung mit dem Experten

Bevor die kategorisierten Wissensinhalte zur Vermittlung und Dokumentation transformiert werden, findet eine Rückkopplungsschleife mit dem Experten statt. Es geht dabei um das grundsätzliche Commitment, dass die richtigen Schlüsse bei der kategorisierten Auswertung gezogen und keine wichtigen Punkte vergessen wurden.

Wissenstransformation und -dokumentation

Um das Wissen transferieren und gegebenenfalls speichern zu können, muss es transformiert werden. Hierbei spielt eine Rolle, welche Methode angewandt wurde (narrative Interviews → Transfer Stories; Wissenslandkarte → Wissenslandkarte; Filmaufnahmen → Lernvideos etc.), welche Ziele erreicht werden sollen und ob das Wissen an mehrere Personen übertragen und/oder gespeichert werden soll (Tabelle 6.11).

Tabelle 6.11 Arten der Wissenstransformation

Face-to-Face	Lernpartnerschaften, Tandems, Übergabegespräche, Workshops, Experten-Communitys ...	Schlechte Dokumentierbarkeit, nur eingegrenzter Personenkreis, aber beste Möglichkeit, implizites Wissen zu transferieren
Verbal/textlich	Transfer Stories, Dokumentationen, Mikoartikel, Bücher, Audiofiles ...	Gute Dokumentierbarkeit, sowohl an Einzelne wie an Gruppen transferierbar
Visuell	Wissenslandkarten, Lernvideos, Comics ...	Gute Dokumentierbarkeit, sowohl an Einzelne wie an Gruppen transferierbar; benötigt eventuell zusätzlichen Text
Inszeniert	Coaching, Unternehmenstheater, Rollenspiele, Lernspiele, Aufstellung ...	Mittlere Dokumentierbarkeit, außer bei Coaching sind Gruppen notwendig
Web 2.0	Wikis, Blogs, Austauschplattformen	Sehr gute Dokumentierbarkeit, aber es besteht die Gefahr, dass sich die Beteiligten kontrolliert fühlen
Simuliert, animiert	Computersimulationen, E-Learning ...	Mittlere Dokumentierbarkeit

Wissensvermittlung

Die Wissensvermittlung kann aktiv oder passiv, synchron oder asynchron stattfinden. Ist der Nachfolger bereits verfügbar, ist die aktive, synchrone Variante vorzuziehen. In diesem Fall ist der Nachfolger Teil des Gesamtprozesses und in den meisten Stufen direkt beteiligt. Er kann ständig nachfragen und so den Common Ground mit dem Experten schaffen. Trotzdem sollte dokumentiert werden, um ein späteres Nachschauen zu ermöglichen.

Ist der Nachfolger noch nicht greifbar, bleibt nur die passive und asynchrone Variante. Da der Nachfolger nicht aktiv nachfragen kann, muss mehr Wert auf Erklärung und Unzweideutigkeit gelegt werden.

6.2.5 Evaluation

Um den Transferprozess permanent zu verbessern, werden die Ergebnisse evaluiert. Bei einem größeren Projekt ist zu prüfen, ob die Evaluation von einer dritten Partei durchgeführt werden sollte, um größtmögliche Objektivität zu gewährleisten. Die Evaluation sollte folgende Punkte umfassen:

▪ Evaluation von Zielen (Wurden die angestrebten Ziele erreicht?),

▪ Evaluation der Prozesse und Methoden (Waren die angewandten Prozesse und Methoden angemessen und zielführend?),

▪ Evaluation von Wirkungen (Wurde die angestrebte Wirkung, beispielsweise der reibungslose Übergang zwischen dem ausscheidenden Experten und seinem Nachfolger, erreicht?).

Bei der Evaluation wird eine Mischung aus quantitativen und qualitativen Methoden angewandt, die sich an den im Prozess zum Einsatz gekommenen Methoden orientieren.

 Ende gut, alles gut?

Bei der Lyrics GmbH dauerte der Gesamtprozess einschließlich Strategieteil etwas mehr als ein Jahr. Die Geschäftsleitung hatte mehr als einmal Zweifel daran, ob die Entscheidung für dieses Projekt richtig war. Am Ende konnte die Projektleiterin aber nachweisen, dass auch bei den als schwierig eingeschätzten Fällen ein erfolgreicher Wissenstransfer stattgefunden hat und die Produktion ohne signifikante Einbußen weiterlaufen konnte.

Die Geschäftsleitung dankte dem operativen Team und insbesondere der Projektleiterin. Nur der Kaufmännische Geschäftsführer blieb nachdenklich. Bei allem Erfolg, sagte er sich, müsste es doch möglich sein, auch bei einem solchen Projekt einen ROI zu rechnen.

■ 6.3 Return on Investment von Leaving-Expert-Projekten

„Tell me the same story in dollars"; soll Rockefeller zu einem Mitarbeiter gesagt haben, der ihm wort- und detailreich eine neue Geschäftsidee vorgetragen hatte. Nicht viel anders wird es einem Personalentwickler oder Wissensmanager gehen, der der Unternehmensleitung ein Leaving-Expert-Projekt präsentiert. Lohnt sich die Investition einer fünf- oder gar sechsstelligen Summe in den Transfer des Wissens ausscheidender Experten?

Während Rockefellers Mitarbeiter, zumindest sein Pendant in der heutigen Zeit, die Geschäftsidee mit einem Businessplan unterlegt hätte, der Investitionen, Return und Amortisationszeiten darlegt, haben es Personalentwickler und Wissensmanager deutlich schwerer, die wirtschaftliche Tragfähigkeit ihrer Idee zu belegen.

Denn Wissen ist ein immaterieller Vermögenswert, ein „intangible asset". Dieser zeichnet sich dadurch aus, dass er nicht in jedem Fall einfach in Zahlen zu fassen ist. Was nicht heißt, dass er nichts wert ist. Einige drastische Beispiele nennt David W. DeLong in seinem Buch *Lost Knowledge*, dessen erster Teil mit „The High Cost of Losing Intellectual Capital" überschrieben ist:

- *„Nachdem eine technische Mitarbeiterin an einer Radarfertigungsstraße von Texas Instruments vorzeitig in Ruhestand ging, hatten alle Teile der Fertigungsstraße Fehler. Ein Team teurer Berater konnte nur feststellen, dass die Teile entsprechend der Spezifikation gebaut wurden, aber trotzdem Mängel hatten. Entnervt holten die Manager die Mitarbeiterin zurück, die schnell einen Fehler in der Spezifikation diagnostizierte, den sie gefühlsmäßig erkannt und deshalb die Produktionsanweisungen nicht befolgt hatte. Der Schaden betrug 200 000 Euro.*

- *In einer wirtschaftlich schwierigen Situation bot Boeing 9000 älteren Mitarbeitern eine Vorruhestandsregelung an. Der Wissensverlust gekoppelt mit der Unerfahrenheit der verbleibenden jüngeren Mitarbeiter war einer der Hauptgründe, dass das Unternehmen die Produktionslinien für die 737 und die 747 für drei Wochen stilllegen musste. Der Verlust betrug 1,6 Milliarden Dollar."[1]*

- Eine Raffinerie in Westdeutschland setzte sogenannte Einheitsverdichter ein, um Gas, das während des Raffinerieprozesses anfällt, zu verdichten. Die Maschinen hatten Elektromotoren, waren dadurch annährend verschleißfrei und arbeiteten zum Teil seit mehr als 50 Jahren. Vor diesem Hintergrund merkte niemand, dass alle Techniker und Meister, die die Maschinen besser kannten, in Rente gegangen waren. Als nun nacheinander drei von fünf Maschinen ausfielen (Anschaffungswert einer neuen Maschine 20 Millionen Euro), gab es niemanden, der die notwendigen Reparaturen und Instandhaltungen hätte vornehmen können. Die Raffinerie musste sich ein knappes Jahr lang einen Ingenieur von einem Chemieunternehmen ausleihen, das zufälligerweise noch ähnlich alte Maschinen im Einsatz hatte. Die Gesamtkosten betrugen rund 300 000 Euro.

Summen wie diese belegen zwar den hohen Wert von Wissen, allerdings mit der Methode Trial and Error.

Der Glaube an die Dokumentierbarkeit von Expertenwissen und an Wissensmanagementsysteme – oder: eine Geschichte über Selbsttäuschungen

Oft ist das, was Unternehmen und deren Vertreter „offiziell" über das Wissensmanagement ihrer Firmen kundtun, positiv eingefärbt. Man berichtet einfach lieber über die eigenen Erfolge als über das, was weniger gut lief – besonders nach außen hin. Wer möchte schließlich eingestehen, dass er ein teures Wissensmanagementsystem gekauft hat, das den Erwartungen nicht entsprach? Wer möchte, insbesondere als börsennotiertes Unternehmen, schon gerne zugeben, dass er das Wissen seiner Mitarbeiter nicht so gut „im Griff" und vor allem nicht konserviert hat, wie das Ideal, das in den Anleitungen, Pressemitteilungen und Lehrbüchern zu finden ist?

Es handelt sich um keinen bösen Willen, wenn Unternehmen und deren Vertreter nach außen hin nur die „Schokoladenseite" darstellen – die meisten Menschen tun dies unbewusst, wenn sie über sich selbst reden, auch im privaten Bereich.[2] Daniel Kahneman, Psychologe und Wirtschaftsnobelpreisträger des Jahres 2002 hat diese (Selbst-)Täuschungs-effekte eingehend untersucht. Unser ganzes marktwirtschaftliches System basiert darauf:[3] Wir sind unverbesserliche Optimisten und geneigt, Erfolge auf das Wirken von Personen (am besten unserer selbst oder des CEO) zurückzuführen – nicht auf die Macht des Zufalls.[4] Wir über-schätzen uns selbst maßlos und glauben, unser überlegenes Wissen und Können habe die Erfolge herbeigeführt – nicht die günstige Zeit oder Wettbewerbskonstellation. Dies alles wird zu einer Lebens- und Wir-kungsgeschichte verdichtet, die die Protagonisten im besten Lichte zeigt.

Daher möchten wir einige nachdenkliche und zum Nachdenken anregen-de Aussagen und Erfahrungen wiedergeben, die uns Gesprächspartner außerhalb dieses Buches zum Thema Expertenwissen und Wissensma-nagement in ihren Unternehmen zur Kenntnis gegeben haben.

Einsichten in die Praxis des Wissensmanagements von Unternehmen – „off the records"

- *„Du willst mit unserem Wissensmanager reden? Kein Problem, den Kon-takt kann ich dir besorgen. Er wird dir wahrscheinlich sagen, wie toll unser Wissensmanagementsystem ist. Aber wenn du meine ehrliche Meinung hören willst: Da funktioniert gar nichts. Wir haben schon ein Problem, wenn ein Doktorand nach drei Jahren geht: Er hat in dieser Zeit so viel spezifisches Wissen in seinem Forschungsgebiet aufgebaut, dass er eine echte Lücke hinterlässt. Er nimmt alles mit zur Konkurrenz – weil wir hier keine Dauerstellen haben, sondern den nächsten Doktoranden einstellen."*

- *„Es wird immer so getan, als wären die Mitarbeiter, die das Unternehmen verlassen, kein echter Verlust – als würde die Übergabe an die Kollegen reibungslos klappen und als wären diejenigen, die bleiben, die echten Experten. Das stimmt aber nicht. Oft gehen genau die, die man eigentlich halten will – genau sie haben den höchsten Marktwert und sehen anderswo bessere Karrieremöglichkeiten. Ein herber Verlust für das Unternehmen, das auch zum Wegbrechen ganzer Wissenszweige und Kundengruppen führt."*

- *„Wir haben da ein neues Wissensmanagementsystem eingeführt. Es basiert nicht direkt auf Wissen, sondern auf sogenannten Anforderungen aller Abteilungen. Diese werden zur Optimierung sämtlicher Abläufe bei der Entwicklung neuer, komplexer Produkte im System aggregiert. Man hofft und glaubt, so die Prozessoptimierung und zugleich das Wissen aller Beteiligten im System zu integrieren. Aber ehrlich gesagt, ich glaube nicht daran. Hier wird ein großer datentechnischer Popanz aufgebaut, der toll ausschaut – aber ich habe noch keinen gesehen, der gerne damit arbeitet. Und ob das die Produktentwicklung beschleunigt oder nicht eher verlangsamt, steht in den Sternen."*

- *„Wir wollten ein Customer-Relationship-Modell einführen. Das sollte als Wissensbasis für hochrangige Kontakte zu Kunden und Behörden dienen, mit denen ein Großteil unseres Geschäfts läuft. Die Kollegen aller Länder sollten hier ihre Kontakte einpflegen und jeder sollte nachschauen können. Für die Asiaten war das ein Unding, fast ein Affront. Ihre Kontakte sind etwas hoch Persönliches, die geben sie nicht preis. Und selbst wenn sie es täten, der Kontakt zum alten Schulfreund nützt sowieso nur dem, der diesen Freund kennt. Die Neutralisierung ist eine Illusion – das Wissen reist in Asien nicht unabhängig von der Person. Wir sahen das ganz ähnlich, trauten uns nur nicht, das so offen zu sagen. Also pflegte jeder ein paar Daten ein, die man auch sonst hätte leicht recherchieren können, und tat so, als wäre das etwas Besonderes. Der Chef war glücklich, dass er sein CRM-System gefüllt sah, bloß gearbeitet hat mit dieser toten Datenbank nie einer wirklich – nur die Anfänger, die die Hintergründe nicht kannten und auch sonst nicht wussten, wen sie hätten fragen sollen."*

- *„Wir sollten unsere Dokumente nicht mehr per Mail an die Kollegen versenden, sondern SharePoint nutzen, damit jeder immer sehen konnte, was die Kollegen gerade an den verschiedenen Projekten und Dokumenten darüber arbeiteten. Doch das klappte überhaupt nicht, denn wir hatten einfach keine Zeit, neben unseren Aufgaben auch noch zu schauen, was unsere Kollegen so machten! Also schickten wir alles nach wie vor per E-Mail und haben SharePoint einfach nicht genutzt. Denn die E-Mails schaut jeder sowieso dauernd an, und zusätzlich haben wir telefoniert. Es macht einfach mehr Spaß, mit den Kollegen zu reden, da erfährt man auch mehr – selbst wenn man nur per Telefon oder Skype zusammenkommt."*

6.3.1 Probleme mit der Messbarkeit von Wissen

In der Wissensgesellschaft ist Wissen nicht nur Ressource, sondern auch Produktivkraft und Wettbewerbsvorteil. Letzterer rührt daher, dass ein Unternehmen über Wissen und Fähigkeiten verfügt, die die Konkurrenz nicht hat. Aus dieser alleinigen Verfügbarkeit ergibt sich der wirtschaftliche Wert des Wissens. *„Im gewinnorientierten Kontext ist Wissen vor allem Besitztum, das wie andere Güter produziert, erworben und gehandelt werden kann und vor Konkurrenz geschützt werden muss. Die Produktivkraft der wahren Wissenseigentümer, der Wissensarbeitenden, muss das Unternehmen deshalb in den Griff bekommen."*[5] Dies muss allerdings nicht unbedingt über den „Besitz" geregelt werden, sondern kann auch über die reine Verfügbarkeit geschehen. Bei der derzeit geführten Diskussion über das Urheberrecht werden auch neue Denkrichtungen eingeschlagen.

Geht man allein nach der Managementweisheit „Nur was man messen kann, kann man managen" ergibt sich eine zwingende Notwendigkeit, Wissen messbar zu machen. Dabei steht man aber vor einer Reihe von Problemen: Wissen und Fähigkeiten sind immateriell, sie gehören nicht dem Unternehmen (sondern dem Mitarbeiter) und sie nutzen sich durch Gebrauch nicht ab.[6] Deshalb ist es nur eingeschränkt möglich, Wissen in einer (finanziellen) Bilanz aufzuzeigen. Auch wenn mit dem Bilanzmodernisierungsgesetz in Deutschland einige Hürden bei der Bilanzierung von immateriellen Vermögenswerten aus dem Weg geräumt wurden, zeigt die Bilanz eines wissensintensiven Unternehmens oft nur einen geringen Teil des tatsächlichen Unternehmenswertes. Der Traum aller Controller ist es also, Wissen so zu messen, dass am Ende ein Geldbetrag steht, der mit anderen Bilanzkennzahlen verglichen beziehungsweise in Relation gesetzt werden kann.

Aus personalwirtschaftlicher Sicht geht es darum, den Wissenseinsatz steuerbar zu machen. Also werden Kennzahlen benötigt, die verglichen oder über einen Zeitverlauf beobachtet werden können. Diese Kennzahlen können nicht monetär sein.

Das grundsätzliche Problem liegt darin, dass ein Mangel an systematischen Identifikationsmöglichkeiten und an entsprechenden Kriterien herrscht, um die Wirksamkeit von Wissen und Fähigkeiten zu belegen.[7] Es gibt zwar eine ganze Reihe von Messmethoden, aber sie unterscheiden sich schon bei der Frage, was gemessen wird. In den meisten Fällen ist Wissen dabei nur ein Messobjekt in einem Konglomerat von mehreren und kann nicht separat ausgewiesen werden. Gemessen wird zumeist intellektuelles Kapital oder „Humankapital". Die Firma Skandia, eine Pionierin in der Messung von immateriellen Vermögenswerten, misst mit ihrem Skandia Navigator das intellektuelle Kapital. Dieses wird definiert als die Summe des Humankapitals (Wissen, Kompetenz und Expertise der Mitarbeiter) und des Strukturkapitals (Software, Kundenlisten, Marken und so weiter). Die Human Capital Scorecard der Deutschen Gesellschaft für Personalführung (DGFP) oder die Saarbrücker Formel des Instituts für Managementkompetenz in Saarbrücken messen das Humankapital. Die DGFP definiert dabei Humankapital wie folgt: *„Das Humankapital umfasst die Leistungen und Potenziale, die die Mitarbeiter für das Unternehmen einsetzen."*[8] Michael Kock weist darüber hinaus auf Folgendes hin: *„Humankapital ist das Eigentum der einzelnen Mitarbeiter und wird dem Unternehmen für* *die eigene Wertschöpfung zur Verfügung gestellt.*[9] Probst, Raub und Romhardt sehen für die (nicht monetäre) Wissensmessung zwei Phasen: In der ersten Phase wird Wissen gemessen, und zwar durch die Sichtbarmachung von Veränderungen in der organisatorischen Wissensbasis. In der zweiten Phase werden die Ergebnisse mithilfe von Wissenszielen interpretiert.[10]

6.3.2 Humankapitalrechnung

Die klassische Humankapitalrechnung arbeitet mit vorhandenen Daten aus der Rechnungslegung. Man unterscheidet zwischen input- und outputorientierten Ansätzen:

- Bei der Kostenwertmethode (inputorientiert) werden alle Kosten für Erwerb, Entwicklung und Erhaltung des Personals aktiviert und entsprechend ihrer Nutzungsdauer abgeschrieben. Bei der Bewertung des Humankapitals mithilfe der Wiederbeschaffungskosten werden diejenigen Kosten ermittelt, die bei der Wiederbesetzung einer Stelle entstehen.

- Bei der Firmenwertmethode (outputorientiert) wird mit dem Vermögen des Unternehmens und dem Jahresgewinn eine Rendite errechnet. Diese wird mit der branchenüblichen Rendite verglichen, wobei die Differenz zwischen beiden den Wert des Humanvermögens bilden soll. Eine andere Methode ermittelt die Differenz zwischen dem Buchwert des Unternehmens und dem Marktwert (Börsenkapitalisierung) und bezeichnet diese Differenz als Wert des Humankapitals. Dividiert durch die Zahl der Mitarbeiter ergibt sich ein Humankapitalwert pro Mitarbeiter.

Die Unzulänglichkeiten dieser Messmethoden liegen auf der Hand. Die Einflussfaktoren werden weniger von der Qualität des Wissens der Mitarbeiter bestimmt als vielmehr von externen Gegebenheiten. Wollte man einen Return on Investment (ROI) für einen ausscheidenden Experten nach der Wiederbeschaffungsmethode (Kostenwertmethode) berechnen, könnte dabei folgende Beispielrechnung herauskommen:

Suchkosten (Personalberatung)	50 000 €
Auswahlkosten (interne Kosten für Gespräche etc.)	10 000 €
Kosten beim Bewerber (Umzug, Altersversorgungsausgleich)	25 000 €
Gesamt	85 000 €

Diesen 85 000 Euro stehen wahrscheinliche Einsparungen beim Gehalt eines jüngeren Mitarbeiters gegenüber, sodass eine Amortisationszeit nach wenigen Jahren zu erzielen wäre. Über den möglichen Wertverlust an Wissen durch das Ausscheiden des Experten wird dadurch keine Aussage getroffen.

Ähnliche Probleme zeigen sich auch bei der Outputmethode. In der Zeitschrift *Weiterbildung* wird das Beispiel EM.TV im Jahr 2000 genannt. Der Sportrechtevermarkter und Eventveranstalter war ein Kind des ersten Internethypes. Subtrahierte man den Buchwert vom Marktwert und dividierte das Ergebnis durch die Anzahl der Mitarbeiter, kam man auf einen Humankapitalwert pro Mitarbeiter von rund 45 Millionen Euro. Kurze Zeit später, nach dem Platzen der Internetblase, war das Unternehmen praktisch nichts mehr wert. Entsprechend sank der nach dieser Methode berechnete Wert des Humankapitals ins Bodenlose.[11]

Nach Einschätzung der Deutschen Gesellschaft für Personalführung sind die wichtigsten Ansätze entweder überschussorientiert oder ertragswertorientiert. Wird die Bewertung von der Finanzseite her angestoßen, wird zumeist die Überschussvariante bevorzugt. Dabei werden die üblichen Bewertungsverfahren auf das Humankapital übertragen. Können bestimmte Größen des derzeitigen oder zukünftig abdiskontierten Cashflows nicht anderen Gewinnverursachungsfaktoren zugeordnet werden, werden sie dem Humankapital zugeschlagen. Bei diesen Methoden werden gängige Kennzahlen des Finanzcontrollings verwendet, was zu höherer Akzeptanz im Management führt. Verfahren dieser Art wenden vor allem große Unternehmensberatungen wie PricewaterhouseCoopers oder Boston Consulting an.

Bei Methoden, die der Ertragspotenziallogik folgen, wird errechnet, was die Mitarbeiter in der Lage wären, zu erwirtschaften, unabhängig vom derzeitigen Umsatzerfolg. Der Wert des Humankapitals wird unabhängig von der Marktentwicklung gesehen. Dadurch wird verhindert, dass es zu negativen Humankapitalwerten kommt, was bei den Überschussmethoden dann eintritt, wenn das Unternehmen Verluste macht.[12]

 Die Saarbrücker Formel

Eine der bekannteren Methoden zur ertragspotenzialorientierten Messung von Humankapital ist die im Jahr 2004 vorgestellte Saarbrücker Formel. Die Forscher des Instituts für Managementkompetenz der Universität Saarbrücken haben eine Formel erarbeitet, die aus vier Gruppen von Komponenten besteht:

- Der Wertbasis: Sie besteht aus der Mitarbeiterzahl als Mengenkomponente (FTE_i) und dem Marktgehalt als Preiskomponente (l_i).

- Dem Wertverlust: Er trifft eine Aussage über die Erosion an Wissenssubstanz im Unternehmen, bestimmt durch die Funktion aus Wissensrelevanzzeit (w_i) und Betriebszugehörigkeit (b_i).

- Der Wertkompensation: Sie ist der Ausgleich des Wertverlustes durch Personalentwicklung. Die Kosten hierfür kommen als PE_i zum Ansatz.

- Der Wertänderung: Eine Vermehrung oder Verminderung des Humankapitalwertes realisiert sich durch die Mitarbeitermotivation (M_i), wozu auch das Wertrisiko durch die Abwanderungsneigung der Mitarbeiter gehört.

Mathematisch sieht die Saarbrücker Formel folgendermaßen aus:

$$HC = \sum_{i=1}^{g} \left[\overset{2}{FTE_i} \bullet \overset{3}{l_i} \bullet \overset{4}{f_i} (\overset{5}{w_i}, b_i) + \overset{6\,7}{PE_i} \right) \bullet \overset{8\,9\,10}{M_i} \right]$$

HC = Human Capital

i = Beschäftigtengruppe

FTE = Full Time Equivalents

l = marktübliches Gehalt für diese Beschäftigtengruppe

f = Wertverlust

w = Wissensrelevanzzeit

b = Betriebszugehörigkeit

PE = Personalentwicklungsmaßnahmen

M = Mitarbeitermotivation

Das Humankapital (HC) für eine bestimmte Beschäftigtengruppe (i) ist die Summe ($\sum$) aus dem Full Time Equivalent (FTE) (alle Teilzeitstellen werden auf Vollzeitstellen umgerechnet) mal den marktüblichen Gehältern mal dem Wertverlust (f) als Funktion aus der Wissensrelevanzzeit durch Betriebszugehörigkeit ausgeglichen durch die Addition von Personalentwicklungsmaßnahmen (PE). Das Ganze wird multipliziert mit der Mitarbeitermotivation (M).

Um die Vergleichbarkeit der Rechenergebnisse zu gewährleisten, sind die einzelnen Komponenten standardisiert. Das wertschöpfungsrelevante Wissen von Mitarbeitern basiert beispielsweise auf Kernfachwissen, das durch Ausbildung oder Studium erworben wurde, und auf Erfahrungswissen. Beide Wissenskategorien lassen sich pro Beschäftigungsgruppe (die aus einzelnen Mitarbeitern mit individuellen Wissensausprägungen besteht) aggregieren. Auf 100 Prozent normiert ergibt sich eine Wissensverlaufskurve, aus der sich der verfügbare Wissensstand ablesen lässt. Diese Kurve zeigt, dass einmal erworbenes Wissen eines Mitarbeiters oder einer Beschäftigtengruppe nicht linear verloren geht, sondern dass es sich in einem komplexeren Muster im Zeitverlauf verändert.[13] Jede einzelne Komponente der Formel ist entsprechend standardisiert.

∎

Ohne die Leistung der Saarbrücker Wissenschaftler schmälern zu wollen, zeigt sich doch, dass den Schwierigkeiten bei der mathematischen Erfassung von Wissen durch teilweise fragwürdige Standardisierungen begegnet wurde. Deshalb wird auch in absehbarer Zukunft die Messung von Wissen im nicht monetären Bereich verbleiben.

6.3.3 Wissensbewertung mit nicht monetären Methoden

Da die verschiedenen Ansätze der Humankapitalrechnung letztendlich keine befriedigenden Ergebnisse brachten, ging es bereits früh darum, vor dem Hintergrund der steigenden Bedeutung von Wissen andere Methoden zu entwickeln.

Um Wissen zu managen, ist es notwendig, Mess- und Steuergrößen zu haben, die aber nicht zwangsläufig monetär sein müssen. In den 90er-Jahren haben Robert S. Kaplan und David P. Norton an der Harvard University die sogenannte Balanced Scorecard entwickelt, die die Aussagefähigkeit traditioneller finanzieller Kennzahlen steigern sollte. Die Grundidee war dabei, der rückwärtsgewandten Rechnungslegung ein zukunftsorientiertes Konzept an die Seite zu stellen, das die Umsetzung der Unternehmensstrategie wirksam unterstützen kann. Vor dem Hintergrund von Vision und Strategie wird dabei das Unternehmen aus verschiedenen Perspektiven (Finanzperspektive, interne Prozessperspektive, Lern- und Entwicklungsperspektive, Kundenperspektive) und Erfolgsfaktoren definiert. Innerhalb der Erfolgsfaktoren werden Ziele formuliert betrachtet, diese mittels Indikatoren messbar gemacht und in Maßnahmen umgesetzt.[14] Nun kann man anhand von Veränderungen dieser sogenannten „Key Performance Indicators" das Unternehmen steuern.

Die meisten Methoden der nicht monetären Wissensbewertung arbeiten mit dieser Methode. Es werden Ziele festgelegt, Indikatoren definiert und diese in einem Zeitverlauf gemessen. Auf die entsprechenden Veränderungen wird reagiert, um die Ziele erreichen zu können.

Eines der ersten Unternehmen, das eine Messmethode für intellektuelles Kapital eingeführt hat, war der schwedische Finanzdienstleister Skandia. Der sogenannte Skandia Navigator gilt noch heute als Musterbeispiel.

Skandia Navigator

Das Unternehmen Skandia war in den 90er-Jahren des vergangenen Jahrhunderts sehr schnell gewachsen und wollte die „Erklärungslücke" zwischen dem Marktwert und dem Buchwert schließen, die intellektuelles Kapital (Intellectual Capital, IC) genannt wurde. Es wurden fünf Indikatorenklassen (finanzieller Fokus, Kundenfokus, Prozessfokus, Erneuerungs- und Entwicklungsfokus sowie der menschliche Fokus) eingeführt, aus denen das Unternehmen betrachtet wurde. In diesen Klassen gibt es insgesamt 112 Indikatoren. Im finanziellen Fokus finden sich die Daten der traditionellen Buchhaltung, im Kundenfokus sind es die Anzahl der Kunden, Indizes für die Kundenzufriedenheit, die Kundenfreundlichkeit oder die telefonische Erreichbarkeit. Zum Prozessfokus gehören vor allem die Infrastruktur und die Anwendungsfähigkeit der IT. Den Erneuerungsfokus versucht Skandia über Durchschnittsalter und Ausbildungsstand der Mitarbeiter, Anzahl der Produktinnovationen und deren Profitabilitätsbeitrag zu messen. In den Humanfokus fließen Dinge wie Ausbildungsstand und Fortbildungen der Mitarbeiter, aber auch Größen wie Frauenanteil im Management und ein Motivationsindex ein. Mit dieser *Skandia Navigator* genannten Methode erstellt das Unternehmen einen halbjährlichen „Balanced Report on Intellectual Capital", der inzwischen zum Vorbild für eine ganze Reihe weiterer Unternehmen geworden ist. Allerdings muss jedes Unternehmen die für sich brauchbaren Indikatoren selbst entwickeln. Als Messinstrument für Wissen ist der *Skandia Navigator* nur eingeschränkt zu nutzen, da das definierte Intellectual Capital mehr als nur Wissen umfasst. Kritisiert wird auch, dass die Ergebnisse nicht in monetäre Größen umrechenbar sind.[15]

Wissensbilanz – Made in Germany

Anhand eines neueren Ansatzes soll hier die Vorgehensweise bei der Aufstellung einer Wissensbilanz aufgezeigt werden. Im Auftrag des Bundesministeriums für Wirtschaft hat das Fraunhofer-Institut für Produktionsanlagen und Konstruktionstechnik (IPK) mit der *Wissensbilanz – Made in Germany* einen Leitfaden für kleine und mittelständische Unternehmen zur Aufstellung einer Wissensbilanz entwickelt. Grundlage ist das in Bild 6.10 dargestellte Wissensbilanzmodell.

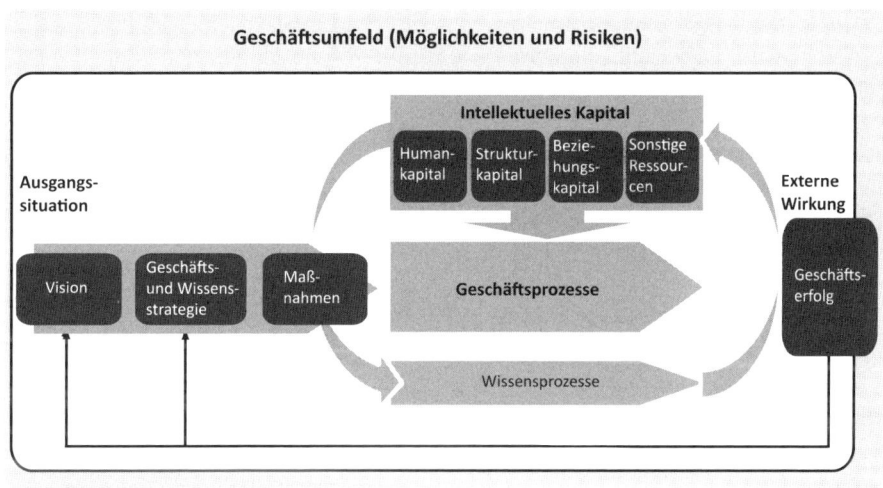

Bild 6.10 Wissensbilanzmodell

Es geht dabei darum, dass vor dem Hintergrund einer Vision und einer Strategie Maßnahmen ergriffen werden, um erfolgreich zu sein. Zur Umsetzung der Maßnahmen stehen Humankapital, Strukturkapital und Beziehungskapital[16] sowie sonstige Ressourcen (finanzielles und materielles Kapital) zur Verfügung:

- *Humankapital* ist der Oberbegriff für Kompetenz, Fertigkeiten und Verhaltensweisen der einzelnen Mitarbeiter. Das Humankapital einer Organisation umfasst alle Eigenschaften und Fähigkeiten, die die einzelnen Mitarbeiter in die Organisation einbringen. Es ist im Besitz des Mitarbeiters und verlässt mit ihm die Organisation.

- *Strukturkapital* ist der Oberbegriff für alle Strukturen, die die Mitarbeiter einsetzen, um in ihrer Gesamtheit die Geschäftstätigkeit durchzuführen, also um produktiv und innovativ zu sein. Das Strukturkapital ist im Besitz der Organisation und bleibt auch beim Verlassen einzelner Mitarbeiter weitgehend bestehen.

- *Beziehungskapital* ist der Oberbegriff für alle Beziehungen zu organisationsexternen Gruppen und Personen, die in der Geschäftstätigkeit genutzt werden (können).

Die Wissensbilanz wird in acht Schritten aufgestellt:

- Geschäftsmodell beschreiben,
- intellektuelles Kapital definieren,
- intellektuelles Kapital bewerten,
- intellektuelles Kapital messen,
- Wirkungszusammenhänge erfassen,
- Auswertung und Interpretation der Analyseergebnisse,
- Maßnahmen ableiten,
- Zusammenstellung der Wissensbilanz und zielgruppengerechte Aufbereitung.

Vor den Hintergrund der Aufgabenstellung, den ROI eines Leaving-Expert-Projekts zu messen, sollen die Schritte drei, vier und fünf näher betrachtet werden. Zur „Wissensbewertung" wird ein Stärken-Schwächen-Profil mit den Dimensionen Quantität, Qualität und Systematik aufgestellt. Die Bewertung wird in Prozent in folgenden Stufen vorgenommen:

0 %	Die Quantität/Qualität/Systematik (Q/Q/S) ist nicht sinnvoll ermittelbar oder (noch) nicht vorhanden.
30 %	Die Q/Q/S ist teilweise ausreichend.
60 %	Die Q/Q/S ist meist ausreichend.
90 %	Die Q/Q/S ist (immer/absolut) ausreichend.
120 %	Die Q/Q/S ist besser oder höher als erforderlich.

Mit dieser Systematik werden nun die in den vorherigen Schritten festgelegten Einflussfaktoren (zum Beispiel Fachkompetenz, Führungskompetenz, Kooperation und Wissenstransfer, Produktinnovation, Kundenbeziehungen, Lieferantenbeziehungen) bewertet.

Beim Schritt „Wissensmessung" werden die Einflussfaktoren mit Indikatoren, das heißt zusätzlichen Zahlen und Fakten belegt. Diese können eine Zahl, eine Summe, ein Eurobetrag oder ein Prozentsatz sein. So wird beispielsweise der Einflussfaktor „Fachkompetenz" mit den Indikatoren „Qualifikation", gemessen beispielsweise durch „Mitarbeiter mit Hochschulausbildung, Mitarbeiter mit Berufsausbildung etc." (Summe zu einem Stichtag), oder „Erfahrung", gemessen mit „Durchschnittsalter", „durchschnittliche Betriebszugehörigkeit" (Jahre), „Verteilung in den Altersgruppen" (in Prozent), belegt.

Als Nächstes werden die Wirkungszusammenhänge zwischen den Einflussfaktoren ermittelt. Hierzu wird eine Skala mit vier Stufen angewandt:

0	keine Wirkung
1	schwache Wirkung
2	mittlere Wirkung
3	starke Wirkung

Die Wirkungszusammenhänge werden in einer Matrix aufgetragen, die die Wirkung eines jeden Einflussfaktors auf den jeweils anderen zeigt.

Nach der Gesamtauswertung erhält man umfangreiche Aussagen zu den Einflussfaktoren und ihren Auswirkungen auf den Geschäftserfolg. Daraus können Maßnahmen abgeleitet werden, um Defizite auszugleichen.[17]

Wird die Wissensbilanz ähnlich wie die finanzielle Bilanz regelmäßig wiederholt, lassen sich Fort- oder Rückschritte erkennen. Die Hoffnung, monetäre Zahlen zu erhalten, kann allerdings auch diese Methode nicht erfüllen.

■ 6.4 Zusammenfassung

- Der Idealfall des Wissenstransfers von Experten beginnt nicht erst bei deren Ausscheiden, sondern ist ein permanentes Vorgehen.

- Dieses Vorgehen ist in zwei Phasen geteilt: die Strategiephase und die Prozessphase. In der Strategiephase geht es darum, ein dauerhaftes Organisationsmodell aufzusetzen und das für das Unternehmen erfolgskritische Wissen zu identifizieren. Die fünf Schritte der Prozessphase sind:
    - Identifikation des Wissens des ausscheidenden Experten,
    - Störungen und Methodenwahl,
    - Organisation des Transfers,
    - Wissenstransfer,
    - Evaluation.

- Obwohl es eine Vielzahl von Ansätzen zur (monetären) Messung von Wissen gibt, ist es nach wie vor nicht möglich, einen Return on Investment für Wissenstransfermaßnahmen zu berechnen. Allerdings gibt es vielversprechende Ansätze wie den *Skandia Navigator* oder die *Wissensbilanz – Made in Germany*, die Wissen mit nicht monetären Indikatoren messen und damit steuerbar machen.

■ 6.5 Literatur

1 Vgl. DeLong, David W.: *Lost Knowledge. Confronting the Threat of an Aging Workforce*, Oxford University Press, New York 2004, S. 18 f.

2 Vgl. Kahneman, Daniel: *Thinking, fast and slow*, Allen Lane, London 2011, S. 386

3 Vgl. ebd., S. 255

4 Vgl. ebd., S. 199 unter Bezugnahme auf Taleb, Nassim Nicholas: *The Black Swan. The Impact of the Highly Improbable*, Random House, London 2007, S. 62

5 Hasler Roumois, Ursula: *Studienbuch Wissensmanagement*, Orell Füssli Verlag, Zürich 2007, S. 56

6 Liman, Burkhard: *Bewertung des irregulären Verlustes von Know-how. Schäden durch Wirtschaftsspionage und Fluktuation*, Wirtschaftsverlag Bachem 1999, S. 208 f.

7 Ebd., S. 210

8 Deutsche Gesellschaft für Personalführung (Hrsg.): *Human Capital messen und steuern. Annäherung an ein herausforderndes Thema*, C. Bertelsmann Verlag, Bielefeld 2007, S. 17

9 Kock, Michael: *Human Capital Management*, Rainer Hampp Verlag, München/Mering 2010, S. 14

10 Probst, Gilbert J. B.; Raub, Steffen; Romhardt, Kai: *Wissen managen. Wie Unternehmen ihre wertvollste Ressource optimal nutzen*, Gabler Verlag, Wiesbaden 2010, S. 213

11 Scholz, Christian; Stein, Volker; Müller, Stefanie: „Den Wert des Mitarbeiters kennen", in: *Weiterbildung* 2/2007

12 Deutsche Gesellschaft für Personalführung (Hrsg.): *Human Capital messen und steuern, Annäherung an ein herausforderndes Thema*, C. Bertelsmann Verlag, Bielefeld 2007, S. 73 ff.

13 Scholz, Christian; Stein, Volker; Müller, Stefanie: „Den Wert des Mitarbeiters kennen", in: *Weiterbildung* 2/2007

14 Probst, Hans-Jürgen: *Balanced Scorecard leicht gemacht*, Wirtschaftsverlag Ueberreuter, Wien/Frankfurt am Main 2001, S. 65

15 Bontis, Nick: „Assessing knowledge assets: a review of the models used to measure intellectual capital", in: *International Journal of Management Reviews*, Vol. 3, March 2001

16 Definitionen nach Bundesministerium für Wirtschaft und Technologie: *Wissensbilanz – Made in Germany*, Berlin 2008, S. 18 f.

17 Quelle: Bundesministerium für Wirtschaft und Technologie: *Wissensbilanz – Made in Germany*, Berlin 2008

7 Wissenstransfer als Teil der Unternehmenskultur

Die Grundlagen
Kapitel 1: Einführung

Die Herausforderungen
Kapitel 2: Herausforderungen der Wissensweitergabe

Die wissenschaftliche Basis
Kapitel 3: Leaving Expert, Expertenwissen, Erfahrungen, Werte

Die personalpolitische Sicht
Kapitel 4: Personalmanagement und Wissenstransfer

Die Praxis
Kapitel 5: Lösungswege in der heutigen Praxis

Der Idealfall
Kapitel 6: Prozessorientierter Wissenstransfer bei ausscheidenden Experten

Der Blick in die Zukunft
Kapitel 7: Wissenstransfer als Teil der Unternehmenskultur

Der Blick in die Zukunft
Kapitel 7: Wissenstransfer als Teil der Unternehmenskultur

▶ Wie hängen Wissenstransfer und organisationales Lernen zusammen?
▶ Wie hängen Wissenstransfer und Unternehmenskultur zusammen?
▶ Welche Rolle spielen Identität und Werte?
▶ Wie wirkt sich die Virtualisierung auf die Unternehmenskultur aus?
▶ Was bedeutet Vertrauen für den Wissenstransfer?
▶ Blick in die Zukunft

■ 7.1 Wissenstransfer und organisationales Lernen

„Wenn man jung ist, lernt man fürs Leben, später lernt man, sich in Geduld zu üben, und manche lernen es nie", das sagt der Volksmund – aber wie lernt ein Unternehmen? Wissen ist doch an Personen gebunden, wurde auf den vorangegangenen Seiten ausführlich erläutert. Der Soziologe Niklas Luhmann hat die Grundannahme postuliert, dass es sich bei sozialem Geschehen um selbstreferenzielle Systeme handelt. Vorbild sind lebende Systeme, wie wir sie unter dem Begriff Autopoiese in der Biologie vorfinden. Diese funktionieren nicht nach dem einfachen Ursache-Wirkungs-Prinzip. Sie sind vielmehr geschlossene Einheiten, die zwar mit ihrer Umwelt in Verbindung stehen, aber ein völlig selbstorganisierendes, selbststeuerndes und vor allem selbsterneuerndes System bilden. In Bezug auf soziale Systeme beschreibt Luhmann, dass bei ihnen Kommunikation durch Kommunikation erzeugt wird, die immer wieder eine Folgekommunikation nach sich zieht.[1] Aus diesen aufeinanderfolgenden Kommunikationen können sich Lernprozesse ergeben, deren Ergebnisse nicht an Personen, sondern an die Organisation gekoppelt sind. Sie manifestieren sich insbesondere in (informellen) Strukturen, Werten und Vorgehensweisen.

Bei Unternehmen kann man etwas abgewandelt davon ausgehen, dass Kommunikationen Entscheidungen produzieren, die neue Kommunikationen auslösen, woraus wieder Entscheidungen werden. *„Ein Unternehmen lernt durch seine Mitglieder. Das individuelle Lernen bildet die Grundlage für das Lernen der Organisation. Das Lernen der Organisation beruht darauf, dass die Denkmuster der einzelnen Mitglieder in das Unternehmen als gemeinsames Denkmuster eingebettet werden und Entscheidungen und Handlungen des Unternehmens bestimmen."*[2]

Unternehmen müssen heute und in Zukunft noch viel mehr in der Lage sein, rasch und flexibel auf die Veränderungen des Marktes zu reagieren, um ihre Wettbewerbsvorteile zu sichern. Diese Fähigkeit wird Agilität genannt.[3] Agilität braucht eine ausgeprägte Lernkultur: Eine Organisation praktiziert die Integration von Führungs- und Lernprozess und hat die permanente Fähigkeit zur Erneuerung. Das effektive Management des intellektuellen Kapitals,[4] also die Gewinnung, Bewahrung und Weitergabe von Wissen, ist Kennzeichen dieser Lernkultur.

Ausdruck findet sie im Managementkonzept des *lernenden Unternehmens*. Herkömmliche Organisationsformen, die sich in hierarchischen Organigrammen widerspiegeln, sind für ein Lernunternehmen nicht geeignet. Es geht zwar nicht darum, Hierarchien gänzlich abzuschaffen, sie sollen aber auf das Notwendige begrenzt und durch Projektgruppen, „Taskforces" und Integrationsteams verstärkt werden. Wo es möglich ist, werden autonome Einheiten in Form von Profitcentern geschaffen, die als Teile in das Ganze integriert werden. Dabei kommt es darauf an, dass alle Einheiten ein gleiches Bild von der Außenwelt haben. Dieses entsteht durch gemeinsame Reflexionen und Diskussionen.

Wichtiger Bestandteil der Unternehmenskultur im *lernenden Unternehmen* ist die regelmäßige Anwendung der Selbstreflexion, das heißt, sich selbst und sein Tun zu hinterfragen. Es muss jederzeit und für jeden Mitarbeiter möglich sein, auf die Metaebene zu gehen. Gespräche und Diskussionen werden also nicht nur zu bestimmten Inhalten geführt, sondern es wird auch über das Gespräch selbst, den Umgang miteinander, die Abläufe und den Zustand des Unternehmens gesprochen. Gefragt wird also auch: Wie ist die Diskussion gelaufen, wie fühlen wir uns, warum sind wir nicht weitergekommen? Häufig stellt sich dabei heraus, dass gerade die unausgesprochenen Themen die wirklich wichtigen sind.

Eine Kultur des „lonely rider", der allein gegen den Rest der Welt kämpft, ist im Lernunternehmen nicht möglich. Da jedes Teilsystem zum Ganzen gehört, ist es nur dann erfolgreich, wenn auch die anderen Teilsysteme erfolgreich sind. „Anderen geeignete Umwelt sein" ist eine entscheidende Norm.[5]

Ein Lernunternehmen benötigt eine geistige Welt, eine gemeinsame Philosophie und Vision, die das Verbindende der Subsysteme sind und das Abgleiten in die Beliebigkeit verhindern. Der kritische Rationalismus, der Konstruktivismus und die Philosophie der Postmoderne unterstützen die Idee des Lernunternehmens.

Der kritische Rationalismus von Karl Popper geht davon aus, dass es eine allgemeingültige Wahrheit nicht gibt. Sie ist vielmehr etwas unabhängig von uns Existierendes. Ein Blick auf die Geschichte zeigt, dass das meiste von dem, was für Wahrheit gehalten wurde, sich als falsch erwiesen hat. Popper schlägt deshalb vor, nicht zu prüfen, ob eine These wahr ist, sondern ob sie nicht falsch ist.

Der Konstruktivismus geht davon aus, dass das Gehirn ein geschlossenes System ist, das keinen direkten Kontakt zu seiner Umwelt hat. Schnittstellen sind die Sinnesorgane, die Signale an das Gehirn senden, die dort mit Bedeutung versehen werden. Welche Bedeutung bestimmten Sinneseindrücken zugewiesen wird, wird innerhalb bestimmter Gruppen ausgehandelt. So entwickelt sich ein Common Ground, ein gemeinsames Verständnis, das aus Kommunikation erwächst und Kommunikation ermöglicht.

Die Philosophie der Postmoderne ist eine Geisteshaltung, die jede Form von Ideologie, ganzheitlichen Entwürfen und umfassenden Konzepten ablehnt. Sie tritt in offensiver Form für Pluralität ein: für die Pluralität des Wissens, der Lebensformen und der kulturellen Orientierungen.[6]

Beispiele von Kernsätzen zum lernenden Unternehmen der Rütgers AG, Essen

- Niemand ist im Besitz der Wahrheit, man kann sich ihr nur annähern, indem man sich ständigen Widerlegungsversuchen unterwirft. Das heißt, wenn wir etwas gefunden haben, von dem wir glauben, dass es wahr ist, geht es nicht darum, Beweise für die Richtigkeit zu suchen. Vielmehr müssen wir ständig versuchen, unsere eigene These als falsch zu entlarven. Nur solange dies nicht gelingt, hat die These Bestand.

- Das Umfeld muss Fehler zulassen und akzeptieren, um aus ihnen lernen zu können.

- Es geht nicht darum, wer recht hat, sondern um die gemeinsame Suche nach der besseren Lösung.

- Die Wirklichkeit liegt immer jenseits unserer Sätze, da uns unsere Sinne keinen direkten Zugang zur Wirklichkeit ermöglichen. Unsere Augen zeigen uns nicht den Tisch vor uns, unsere Ohren lassen uns nicht das Heulen des Sturmes hören, sondern sie schicken nur Signale zu unserem Hirn, die dort erst zu dem Bild eines Tisches oder dem Sturmgeheul gedeutet werden. Deshalb leben und handeln wir in einer sprachlichen Wirklichkeit, bei der es darauf ankommt, dass wir dasselbe unter Tisch oder Sturmgeheul verstehen.

- Wir sind nicht durch äußere Fakten festgelegt, sondern es bietet sich uns eine nahezu grenzenlose Vielfalt an Handlungsmöglichkeiten. Deshalb gibt es immer noch andere Möglichkeiten und andere Wege. Sprüche wie „Das haben wir schon immer so gemacht", „Das geht doch gar nicht" oder „Die Sachzwänge lassen keine andere Möglichkeit zu" stehen erfolgreichem Handeln im Weg.

- Wir tragen für unser Handeln die Verantwortung und können uns nicht mit dem Verweis auf Tatsachen rechtfertigen, denn es gibt immer mehr als eine Wahrheit. Deshalb müssen wir immer neue Möglichkeiten und Perspektiven suchen und dürfen uns durch Fakten keine Grenzen setzen lassen.

- Wir müssen den anderen in einer radikalen Gegenseitigkeit bejahen. Niemand und nichts darf den Anspruch auf absolute Geltung erheben.

- Wir verfügen über eine ungeahnte Freiheit im Denken und werden zum ständigen Weiterlernen angeregt.[7]

Allerdings kann die Organisation als solche nicht denken, sie braucht Menschen, die das Lernen als gemeinsames Denkmodell hervorbringen, das dann von vielen geteilt wird. Lernende Menschen sind daran zu erkennen, dass sie zu kritischer Selbstreflexion fähig sind. Sie vereinbaren widersprüchliche Elemente in sich, sie sind diszipliniert und spielerisch, sie vereinen Klugheit und Naivität, sie sind bescheiden und doch anspruchsvoll. Und sie sind bereit, ihr Wissen zu teilen.

Der Kultur des *lernenden Unternehmens* ist also die Bereitschaft zum Wissenstransfer immanent. Allerdings geht es auch darum, das organisationale Wissen des Unternehmens zu transferieren. Obwohl es auch hier explizite Anteile gibt, ist der weitaus größere Teil des organisationalen Wissens implizit. Man kann sich dem Organisationswissen nur annähern und Bedingungen schaffen, unter denen es entsteht.

Dabei sind Kommunikation und Organisation entscheidende Faktoren. Will sich ein Unternehmen auch mit Blick auf den Wissenstransfer zum *lernenden Unternehmen* entwickeln, so müssen sich die Aktivitäten vor allem „unter die Wasserlinie" (Bild 7.1) erstrecken und langfristig Denken und Handeln verändern.

Ein *lernendes Unternehmen* ist jedoch auch an vielen, offensichtlichen Dingen zu erkennen. Die Architektur muss Transparenz und Kommunikationsmöglichkeiten schaffen, lange dunkle Flure mit abgehenden, geschlossenen Türen gibt es dort nicht. Wände aus

Glas, große Kommunikationsflächen, offene Türen, kurze Wege zeichnen ein *lernendes Unternehmen* aus. Ist etwas schiefgegangen, wird nicht als erste Reaktion ein Schuldiger gesucht. Fehler werden vielmehr als Chance begriffen, um daraus zu lernen. Wer mit einer neuen Idee in ein Meeting geht, muss sich nicht ausgiebig darauf vorbereiten, alle Einwände zu entkräften. Er wird vielmehr selbst nach Gegenargumenten und mit seinen Kollegen gemeinsam nach der besten Lösung suchen. Grundsätzlich gibt es im *lernenden Unternehmen* keine Idee, die von vornherein abgelehnt wird.

 Fiktives Beispiel: Das Akquisitionsprojekt

Der fast normale Wahnsinn: Dienstagmorgen, die nächste Besprechung beginnt in zehn Minuten, zwei Kunden warten auf Rückrufe, das Investitionsprojekt muss bis zwölf Uhr zur Genehmigung vorgelegt werden, der Betriebsrat bittet um einen kurzfristigen Termin, die Quartalszahlen müssen korrigiert werden, der Werkleiter meldet eine Produktionsstörung ... Da kommt aus Übersee die Nachricht, dass das Akquisitionsprojekt gescheitert sei. Die Konkurrenz habe den Zuschlag erhalten. Eine offizielle Begründung dafür gäbe es zwar noch nicht, informell hieße es jedoch, dem Verkäufer seien die offenen Fragen nicht zufriedenstellend beantwortet worden, insbesondere der präsentierte Integrationsprozess entspreche nicht seinen Vorstellungen.

In diesem Moment klingelt das Telefon auf Peter Meiers Schreibtisch. Er leitet die Unternehmenskommunikation und war maßgeblich an der Ausarbeitung des Integrationsprozesses beteiligt. Der Vorstandsvorsitzende selbst ist am Apparat. „Kommen Sie mal schnell runter", sagt er ohne eine bestimmte Betonung in der Stimme. Auf dem Weg zum Vorstandsbüro muss Meier durch die zweite Etage. Vorbei an den Glaswänden der Büros, quer über die großen Kommunikationsflächen. An einem runden Tisch auf einer großen Freifläche vor dem gläsernen Büro des Vorstandsvorsitzenden sitzen bereits die anderen Projektbeteiligten, außerdem eine Sekretärin aus dem Einkauf und ein Auszubildender. Die Stimmung ist gedrückt. „Was hätten wir besser machen können?", eröffnet der Vorstandsvorsitzende das Gespräch. Die Frage nach dem Schuldigen stellt niemand. Nach einer knappen Stunde ist ein eilig herbeigeholtes Flipchart vollgeschrieben. Auch der Auszubildende und die Sekretärin beteiligen sich intensiv an der Diskussion, obwohl sie an dem Projekt nicht beteiligt sind und auf den ersten Blick keine besondere Expertise für diesen Fall mitbringen. Die Stimmung in der Gruppe hellt sich merklich auf, der Leiter M & A bringt ein, dass es noch ein vergleichbares Unternehmen in Mexiko gäbe, vielleicht könne man dieses kaufen.

Zurück an seinem Schreibtisch zieht Meier den Integrationsplan aus der Schublade. Er würde ihn überarbeiten müssen. Er überlegt, ob er den Auszubildenden in die Projektgruppe einbinden sollte.

■ 7.2 Der Zusammenhang von Unternehmens-kultur und Wissenstransfer

Kultur, abgeleitet aus dem lateinischen Wort „colere" (Felder bewirtschaften, die Götter verehren, Acker pflegen), bezeichnet kollektiv geteilte, implizite oder explizite Verhaltensnormen, die von den Mitgliedern einer sozialen Gruppe erlernt und mittels Symbolen weitergegeben werden. Unternehmenskultur wird definiert als ein System grundlegender Überzeugungen und der damit verbundenen Werte und Normen, die das Verhalten der Beschäftigten in einem Unternehmen bestimmen.[8] Eine gelebte Unternehmenskultur hilft bei der Bewältigung zweier fundamentaler Probleme: dem Problem der Anpassung der Organisation an sich wandelnde externe Umweltbedingungen und dem Problem der organisationsinternen Integration von Mitarbeitern.

Die Kernelemente der Unternehmenskultur[9] sind somit ein kollektives Orientierungsmuster sowie selbstverständliche, meist unbewusste Handlungsgrundlagen und Steuerungsgrößen. Sie werden ergänzt durch einen Erfahrungsspeicher (Wissen der Organisation), ein gemeinsames Weltbild, das durch die Sozialisation der Mitarbeiter im Betrieb erworben wird. Will man ein Unternehmen ändern, reicht es nicht, die offensichtlichen Punkte wie die Organisationsstruktur oder das Kontrollsystem zu ändern, also „oberhalb der Wasserlinie" (Bild 7.1) anzupacken. Entscheidend sind die Punkte unterhalb der Wasserlinie.

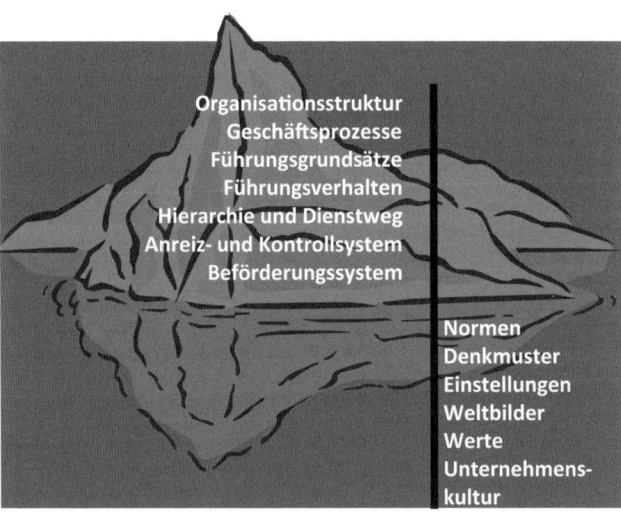

Bild 7.1 Eisbergmodell: sichtbare und unsichtbare Elemente der Unternehmenskultur

Personalpolitik und Mitarbeiterführung spielen eine entscheidende Rolle bei der Schaffung einer Unternehmenskultur, die den Wissenstransfer fördert. Die Unternehmenskultur beeinflusst die Gunst oder Ungunst des sozialen Umfeldes, die Motivation der Beteiligten für einen Wissenstransfer. Will der Experte überhaupt sein Wissen vermitteln? Und wie sieht es mit dem Nachfolger aus, hat dieser überhaupt Interesse an diesem Wissen?

Eine stark kompetitive Kultur, in der Mitarbeiter als Konkurrenten um Aufstiegspositionen gegeneinander aufgestellt werden, erschwert das Teilen von Wissen deutlich. In einigen Firmen sind die Worte „jeder ist ersetzbar" sogar eine Art Credo, das kommuniziert wird, damit sich keiner zu wichtig nimmt. Das Unternehmen sei das Bleibende, die Person austauschbar. In einem solchen Umfeld ist es schwer vorstellbar, dass Experten gerne ihr gesammeltes Wissen an denjenigen weitergeben, der sie überflüssig macht. Im Gegensatz dazu setzt eine kooperative Unternehmenskultur auf die Zusammenarbeit der Mitarbeiter und Abteilungen und honoriert die gegenseitige Hilfestellung. Das fällt in betrieblichen Wachstumsphasen deutlich leichter, denn da wird jeder Einzelne gebraucht und niemand muss um seine Position fürchten. Doch starker externer Wettbewerbsdruck schlägt sich auch im Inneren des Unternehmens nieder. Hier werden Appelle und der gute Wille leicht durch die Wahrscheinlichkeit eines drohenden Personalabbaus konterkariert.

Doch auch in einem kompetitiven Umfeld kann die Wissensweitergabe durch eine doppelte Erfolgszurechnung erleichtert werden (vgl. Da-Cruz, Patrick: Experteninterview aus der Beratungsbranche, in Kapitel 4). Sie trägt der Tatsache Rechnung, dass der Erfolg oft mehrere Väter hat und alle aufeinander angewiesen sind. In der Konsequenz heißt dies aber auch, dass insgesamt mehr Geld für Prämien bereitstehen muss und dass die Anteile am Erfolg – also 50 zu 50 oder 30 zu 70 – immer noch Anlass für Diskussionen und Verhandlungsprozesse sind.

Zugleich müssen die Führungspersonen einen sinnvollen Umgang mit Wissen fördern und vorleben, damit entsprechende Appelle Gehör finden und die vorhandenen Instrumente auch tatsächlich genutzt werden. Hiermit ist die Rolle der Führungskraft als Ermöglicher (enabler) und Vermittler angesprochen. So können beispielsweise Dialogforen wie Teambesprechungen genutzt werden, um die erfolgskritischen Wissenselemente und die Träger des Wissens zu identifizieren. So können auch Verhandlungsprozesse über die Beiträge der einzelnen Beteiligten initiiert werden – und keiner muss Sorge haben, die Führungskraft würde nicht mitbekommen, von wem der jeweilige Wissens-Input stammt. Dabei ist es hilfreich, dass sich im direkten Gespräch die wenigsten Menschen einer Hilfestellung für Kollegen verweigern. Wenn die entsprechende Vereinbarung dann auch protokolliert und der Vollzug verifiziert wird, ist allen klar, dass das Unternehmen erwartet, dass den kollegialen Worten auch Taten folgen. Entscheidend ist zugleich das eigene Verhalten der Führungskräfte. Wenn diese zeitnah und umfassend informieren, sowohl innerhalb der Abteilung als auch mit Nachbarressorts, und nicht Wissen als Monopol und Machtinstrument nutzen, werden Mitarbeiter dem guten Vorbild leichter folgen.

In der Häufigkeit und Ausgestaltung der Dialogforen zeigt sich die Kommunikationskultur des Unternehmens. Doch gerade die interne Kommunikation wird in manchen Unternehmen zugunsten der externen Kommunikation vernachlässigt. Man nimmt an, es würde quasi „automatisch" miteinander gesprochen und Führungskräfte beherrschten die Kunst der Führung und Moderation von Gesprächsrunden perfekt. Die in Umfragen immer wieder deutlich werdende Unzufriedenheit der Mitarbeiter mit der Kommunikationspolitik ihrer Führungskräfte zeigt, dass hier noch Entwicklungspotenzial besteht. Dieses sollten die Personalverantwortlichen gemeinsam mit den Kommunikationsverantwortlichen des Unternehmens zum Anlass nehmen, Schulungen für alle Betei-

ligten einzuführen und die Kommunikation als festen Bestandteil der Führungskräfte-
beurteilung zu verankern.

Um die Bereitschaft des Experten und seines Nachfolgers, Wissen weiterzugeben und
Wissen anzunehmen, zu steigern, sind unterschiedliche persönliche und organisationale Lernarten zu berücksichtigen. So können unterschiedliche Kommunikations- und
Lernstile ermittelt und durch ein Coaching beider Seiten überbrückt werden. Auch ist es
in verschiedenen Fällen möglich und notwendig, das in einer bestimmten Form artiku-
lierte Wissen in eine andere Form zu transferieren, um es dem Nachfolger zugänglich
zu machen. So zeichnen die Umweltbehörden des australischen Bundesstaates Queens-
land Aussagen von zur Pensionierung anstehenden Experten zu Umweltmodellen (beispielsweise für das Great Barrier Reef) per digitaler Tonaufnahme auf, weil die Experten
so mehr erzählerisch berichten können. Dann werden die Tonaufzeichnungen in Schrift-
form gebracht, um die Inhalte in Wissensmanagementsystemen auffindbar zu machen.

Um die Bereitschaft zur Aufnahme des vermeintlich „alten" Wissens bei Nachfolgern zu
steigern, sollte das Expertenwissen des „Alten" als Angebot wahrgenommen werden,
nicht als Verpflichtung oder Vorgabe. Denn Menschen bevorzugen Handlungsspielräume
und wollen nicht gerne dirigiert werden. Dazu ist es erforderlich, dem Nachfolger die
Chance zu geben, seine eigenen Erfahrungen zu machen sowie neue und andere Lösungen für Problemlösesituationen zu entwickeln. Die entsprechenden Spielräume müssen
von den begleitenden Führungskräften gewährt und auch vom scheidenden Experten als
notwendig und zielführend erkannt werden. Um dem Experten und seinem Nachfolger
bei diesem Vermittlungsprozess zu helfen, ist eine externe Begleitung von Experte und
Nachfolger hilfreich. Sie sollte dem scheidenden Experten deutlich machen, dass nicht
jeder notwendigerweise exakt die gleichen Wege gehen muss wie er selbst und für andere
Personen durchaus auch andere Herangehensweisen sinnvoll sein können. Schließlich
handelt es sich bei den Nachfolgern um erwachsene Menschen mit solidem fachlichem
Hintergrund. Sie wollen nicht von der älteren Generation „geschulmeistert" werden und
in exakt deren Fußstapfen treten, sondern auch Eigenes ausprobieren und eigene Spuren
hinterlassen. Daher sind Aussagen wie „Sie sollen es genauso wie Herr X machen" oder
der ständige Vergleich des Neuen mit dem alten Meister zu vermeiden. Lob und Anerkennung für den scheidenden Experten sind in Ordnung, ein überschwängliches Hochjubeln
ist vor den Augen und Ohren des Nachfolgers jedoch kontraproduktiv. Er sollte im Gegenteil das Gefühl bekommen, als Person und würdiger Nachfolger wertgeschätzt zu werden.
Der Rat und das Wissen des scheidenden Experten sind dann willkommene Hilfestellun-
gen, bevor der Neue seine eigenen Methoden entwickelt.

Eine Lern- und Einarbeitungsphase ist jedem Nachfolger zuzugestehen. Wenn kleinere
Fehler passieren, sollte dies nicht dramatisiert werden. Eine Kultur der Fehlertoleranz
kann vielmehr helfen, allen Seiten Sicherheit zu geben. Sie nimmt den Zwang zur Perfektion und erlaubt Versuch und Irrtum und damit auch Spielräume für Innovationen.

Eine wesentliche Rolle bei der Herausbildung einer den Wissenstransfer unterstützenden Kultur spielen Identität und Werte des Unternehmens. Diesen Themenbereichen
nähern sich verschiedene Disziplinen an. So ist beispielsweise der marketinggetriebene
Ansatz, dem Unternehmen eine Identität zu geben, als Versuch zu sehen, das organisationale Sein und Werden in ein an die menschliche Identität angelehntes System zu
bringen. Dieses besteht je nach Herangehensweise aus verschiedenen Teilen. Gemein-

sam ist ihnen jedoch immer der Versuch, verbindliche Werte, eine Vision und eine Mission zu entwickeln. Im Marketing oder der Unternehmenskommunikation wird die so geschaffene oder gefundene Identität genutzt, um daraus ein Image zu formen, das dann nach außen und innen kommuniziert werden kann. Dabei geht es darum, eine möglichst große Deckungsgleichheit zwischen Identität und Image zu erzeugen. Es wird also ein Common Ground für Kommunikation geschaffen, und Kommunikation ist wiederum der Kern des organisationalen Wissens.

Ein anderer Ansatz ist das Wertemanagement. Werte sind ein grundsätzlicher Handlungsrahmen in einer Gesellschaft, die einerseits ausdrücken, was wertgeschätzt wird, und andererseits einen Rahmen für Entscheidungen und Handeln bilden. Der Druck, ein Wertemanagement einzuführen, ist sowohl formeller Natur in Form von Gesetzen oder überstaatlichen Regelungen (KonTraG – Gesetz zur Kontrolle und Transparenz von Aktiengesellschaften, Sarbanes-Oxley Act, Allgemeines Gleichstellungsgesetz, Menschenrechte, Kernarbeitsnormen der ILO [International Labour Organization] und Ähnliches) wie informeller Natur, also durch NGOs (Non-Governmental Organizations = Nichtregierungsorganisationen), Gewerkschaften oder auch die Kunden erzeugt. So verlangen die meisten Automobilproduzenten von ihren Zulieferern umfangreiche Nachweise, dass diese beispielsweise auch in ihren indischen Werken keine Kinder beschäftigen. Im Innenverhältnis sind Werte in hohem Maße identitätsstiftend und bilden die Basis für Compliance.

Die Notwendigkeit eines Wertemanagements hat mit der Globalisierung zugenommen. Zum einen geht es darum, die formalen und informellen Regeln unterschiedlicher Länder und Kulturkreise zu berücksichtigen. Wenn es beispielsweise in einem Land nicht möglich ist, ein Grundstück zu kaufen oder eine Lizenz zur Aufnahme der Geschäftstätigkeit zu erhalten, ohne Schmiergeld zu zahlen, das Unternehmen aber einen Code of Conduct (Verhaltenskodex) hat, der Korruption ausschließt, wird dann in jedem Fall auf die Geschäftschance verzichtet? Wie geht das Unternehmen damit um, wenn weibliche Führungskräfte in islamischen Ländern nicht ernst genommen werden? Hinzu kommt, dass die unterschiedlichen kulturellen und moralischen Werte der Mitarbeiter durch übergreifende Unternehmenswerte kanalisiert werden.

Die Unternehmenswerte liegen zumeist in Form von Leitlinien, Code of Conducts oder Identitätsplattformen vor. Probleme ergeben sich daraus, dass selbst im besten Unternehmen eine vollständige Kongruenz zwischen den schriftlich vorliegenden und den tatsächlich gelebten Werten nicht zu erreichen ist. Häufig klaffen Anspruch und Wirklichkeit sehr weit auseinander. Wenn beispielsweise im Leitbild unter der Überschrift „Mitarbeiter" zu lesen ist: „Wir fühlen uns dem Wohl unserer Mitarbeiter und ihrer persönlichen Entwicklung verpflichtet", tatsächlich aber eine nur mäßig verbrämte Vetternwirtschaft herrscht, wird dies eine weit negativere Auswirkung haben, als wenn eine entsprechende Aussage gar nicht gemacht wurde. Die Herausforderung liegt darin, die Öffnung der Schere zwischen Anspruch und Wirklichkeit so gering wie möglich zu halten. In weniger guten Unternehmen findet man nicht selten neben den offiziellen Werten informelle Werte, die eine weitaus höhere Wirkmacht haben.

Für den Wissenstransfer bei ausscheidenden Fach- und Führungskräften ist die Berücksichtigung der Unternehmenswerte von hoher Bedeutung. Führungskräfte und noch mehr Firmengründer sind die Garanten und Protagonisten der Werte. Deshalb wird bei ihrem Ausscheiden eine Verunsicherung der Mitarbeiter, aber auch anderer Stakeholder eintreten. Häufig wird gerade bei Familienunternehmen eine hohe Werteorientierung postuliert, die zumeist im Gründer personalisiert ist. Dadurch ergibt sich eine besondere Herausforderung bei der Nachfolge in Familienunternehmen. Sie ist riskant: *„Im Sinne der Existenzsicherung, für den Wertekanon von Unternehmen und Unternehmerfamilie ... Unternehmensnachfolgen zählen in Familienunternehmen zu den Schlüsselprozessen im Lebenszyklus des Unternehmens.“*[10]

Wird der Nachfolger dieselbe Werteorientierung mitbringen oder wird er alles anders machen? Für den Transfer von Werten eignen sich vor allem Methoden, die den persönlichen Kontakt zwischen ausscheidender Führungskraft und dem Nachfolger in Dialogräumen ermöglichen.

Aber auch beim Wissenstransfer von Experten gehören die Unternehmenswerte als organisationales Wissen dazu. Häufig sind Entscheidungen in bestimmten Situationen nur im Wertekontext zu verstehen.

Was für die Werte gilt, betrifft auch andere Ausprägungen der Unternehmenskultur: Papier ist geduldig, und das in Hochglanzbroschüren publizierte Leitbild ist oft eher ein Wunschleitbild als ein Spiegel der betrieblichen Realität.[11] Die Unternehmenskultur kann nicht vorgegeben werden, sie ist nicht identisch mit Vision, Leitbild oder Führungsgrundsätzen des Unternehmens. Sie ist gelebte Praxis der Kundenorientierung, der Führung, der Zusammenarbeit und des Verantwortungsbewusstseins füreinander und für die Zukunft des Unternehmens und der Gesellschaft. Sie zeigt sich in der Art und Weise, wie die Menschen im Unternehmen miteinander und mit Geschäftspartnern umgehen und kommunizieren. Sie gibt den Mitarbeitern Orientierung und beschleunigt die Entscheidungsfindung und Umsetzung, reduziert den Kontrollaufwand und sorgt für Kontinuität. Im günstigen Fall hat sie auch eine positive Wirkung auf die Unternehmensreputation sowie auf Motivation, Teamgeist und Wissenstransfer der Mitarbeiter. Bild 7.2 zeigt die Indikatoren der Unternehmenskultur.

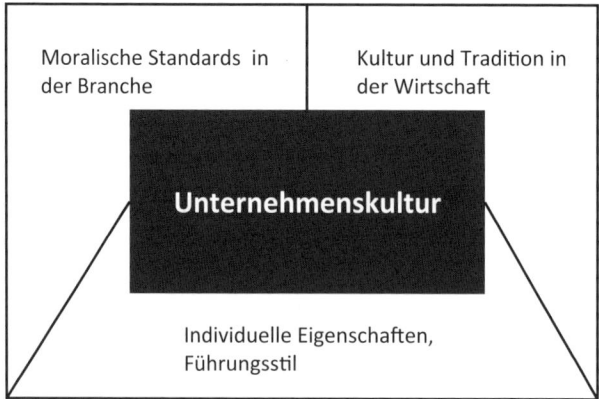

Bild 7.2 Indikatoren der Unternehmenskultur[12]

Die Kultur eines Unternehmens ist zudem nicht statisch, sondern das vorläufige Ergebnis eines Lernprozesses. Die Unternehmenskultur entwickelt sich mit neuen Führungspersönlichkeiten und deren Vorbild, mit neuen Strukturen, Produkten und Märkten, mit neuen Projekten und Instrumenten jedes Mal ein Stück weiter.

■ 7.3 Auswirkungen der Virtualisierung auf die Unternehmenskultur

Neue Technologien der Zusammenarbeit wirken sich auch auf die Unternehmenskultur aus. Besonders deutlich wird dies bei der Einführung neuer Kommunikationstechnologien, wie beispielsweise eines Social Intranet, das Blogs, Wikis und andere Diskussionsplattformen für Mitarbeiter eröffnet. Die sozialen Medien verändern den Umgang mit Wissen und Information grundlegend. Die Nutzung von Wissen als Machtinstrument wird wesentlich erschwert, was nicht selten an den Führungsprinzipien manches Vorgesetzten nagt. Dass sich der Kommunikationschef von Kollegen des mittleren Managements Vorhaltungen anhören muss, die Mitarbeiter wären über einen wichtigen Sachverhalt vor ihnen informiert gewesen, ist so selten nicht. Als Antwort hilft zumeist nur der Hinweis, regelmäßig die News im Intranet zu lesen. Wer sich für die Einführung sozialer Medien im Unternehmen entscheidet, gibt damit gleichzeitig die (vermeintliche) Hoheit über Informationsweitergabe und Wissensverteilung auf. Dadurch verliert auf den ersten Blick das Francis-Bacon-Postulat *„Wissen ist Macht"* an Gültigkeit. Informationen verteilen sich mit hoher Geschwindigkeit durch das Netz und sind dadurch schwer zu kontrollieren. Allerdings bietet die elektronische Übertragung neue Möglichkeiten der Kontrolle, wie beispielsweise alle Bewegungen im Netz zu protokollieren und auszuwerten.

Welche Auswirkungen das hat, schildert Carsten Wendland: *„In der Virtualität werden Defizite der realen Welt auf besonders leichte Weise erkennbar. So wird im sozial vernetzten Intranet nicht nur sichtbar, wer mit wem vernetzt ist, wer seine Profile pflegt, wer sich an Diskussionen beteiligt oder kommentiert und welche Gruppen sich bilden. Sichtbar wird auch, wer all dies eben nicht tut, nicht beteiligt ist und eben nicht jene Qualität vorhält oder einspeist, die man aus der Funktion oder Kompetenz heraus erwarten können müsste."* [13]

Es gibt aber auch noch die Welt jenseits des Inter- und Intranets. So mancher Manager ist ein guter Strippenzieher hinter den Kulissen und beispielsweise mit Strategiethemen befasst, die sich besser im persönlichen Gespräch als auf Intranetplattformen erörtern lassen. Denn alles, was im Unternehmen in größerer Runde gesprochen oder eben in einem firmeninternen Blog niedergelegt wird, ist quasi öffentlich. Daher ist bei kritischen Themen Vorsicht geboten.

Ganz wichtig ist die Mitwirkungsbereitschaft der Menschen – das soziale Netzwerk darf diese also nicht überholen. Denn allzu oft hoffen Unternehmen, durch die Einführung von Intranetkommunikationstools eine Zukunft zu simulieren oder vorwegzunehmen, die von den Nutzern nicht angenommen wird. [14] Entweder die Mitarbeiter sind am gleichen Standort und bevorzugen die persönliche Kommunikation, oder sie trauen den Systemen nicht. Aus welchen Gründen auch immer die Zielgruppe die Begeisterung der Entwickler nicht teilt, jedes Werkzeug muss seine Nützlichkeit direkt beim Nutzer unter Beweis stellen.

Ob nun die Unternehmenskultur den Wissenstransfer beeinflusst oder umgekehrt, ist somit ein Henne-Ei-Problem. Beide Momente stehen in enger Wechselbeziehung, wie Bild 7.3 veranschaulicht.

Bild 7.3 Wissensmanagement und Unternehmenskultur

Mithilfe welcher Verfahren Mitarbeiter in der Lage und bereit sind, Wissen zu kreieren, zu teilen und zu nutzen, wird in starkem Maße durch die herrschende Unternehmenskultur beeinflusst. Schon Grover und Davenport stellten die Frage, welche Rahmenbedingungen und Lernprozesse ein entsprechendes Verhalten von Führungskräften und Mitarbeitern unterstützen: *„Wissensmanagement kann umschrieben werden als das Problem, einen effektiven und effizienten Wissensmarktplatz in der Organisation zu schaffen.“*[15]

Wenn es gelingt, die sozialen Medien innerhalb des Unternehmens, also die Instrumente des Social Intranet, als effektive und effiziente Wissensmarktplätze in der Organisation zu etablieren, kann sich das Unternehmen mit den Menschen, die es prägen, und mit den technischen und wirtschaftlichen Rahmenbedingungen zugleich auch weiterentwickeln. Dennoch bedarf gerade die große Transparenz sozialer Netzwerke einer Vertrauenskultur, um sich gedeihlich entwickeln zu können. So ist es zwar technisch möglich, Auswertungen über die Aktivitäten einzelner Personen auf den Netzwerken mit hohem Detaillierungsgrad zu erstellen. Es bleibt jedoch die Frage, ob dies vor dem Hintergrund der Unternehmenskultur und -ethik (und der gesetzlichen Rahmenbedingungen) angebracht (und erlaubt) ist. So kämpft beispielsweise Facebook, das größte soziale Netzwerk der Welt, mit dem Ruf, eine „Datenkrake“ zu sein, die Nutzerinformationen in großer Zahl sammelt und verkauft. Welche Informationen genau gesammelt werden und was mit diesen geschieht, wurde nur auf Druck von Datenschützern, europäischen Regierungen und auf dem Klageweg spät und unvollständig veröffentlicht, was zu einem großen Vertrauensverlust führte.

Hier sollten Unternehmen von Anfang an darauf achten, bei ihren internen Wissenstransferprozessen und sozialen Netzwerken nicht die gleichen oder ähnliche Fehler zu machen. Denn da das Unternehmen auf die Mitwirkung seiner Fach- und Führungskräfte angewiesen ist, könnte deren Misstrauen sich weitaus negativer auswirken als das der externen Nutzer von Facebook. Grundsätze für den Wissenstransfer und die Nutzung von Werkzeugen des Social Intranet sollten in internen Richtlinien, wie beispielsweise in einer Social Media Policy, festgehalten werden.

 Regeln für den Wissensaustausch

Der Wissensaustausch bedarf einer Führung („governance") und präziser Regeln, um sich frei entfalten zu können. Denn diese Regeln schaffen Orientierung für alle Beteiligten sowie Grundsätze und Plattformen zur Lösung möglicher Konflikte. Sie entsprechen somit dem, was Milton Friedman in vergleichbarer Weise für den freien Markt postulierte: *„Die Existenz eines freien Marktes ersetzt natürlich nicht die Notwendigkeit einer Regierung. Im Gegenteil: Die Regierung ist einmal wichtig als das Forum, das die ‚Spielregeln' bestimmt, zum anderen als der Schiedsrichter, der über die Regeln wacht und sagt, ob sie auch richtig ausgelegt wurden."*[16] Mit Blick auf den Wissenstransfer sollten folgende Prinzipien Bestandteil der gelebten Vertrauenskultur sein:

- *Achtung der Privatsphäre der Mitarbeiter/Experten*

  Auch wenn Kontaktdaten vom Experten auf den Nachfolger oder eine unternehmensinterne Datenbank übertragen werden, sind private Informationen zu schützen. Dies gilt für personenbezogene Daten des Experten genauso wie für Daten von Kunden, Mitarbeitern und Geschäftspartnern. So muss sichergestellt sein, dass nur Befugte Zugriff zu den E-Mails des Experten haben. Das Gleiche gilt bei der Aufzeichnung von Gesprächen, die im Regelfall nur mit Einverständnis und gegebenenfalls Einbeziehung des Datenschutzbeauftragten mitgeschnitten oder abgehört werden können. Hier sind klare Spielregeln für alle Beteiligten im Unternehmen zu schaffen.

- *Selbstbestimmung der Experten über die von ihnen bereitgestellten Wissensinhalte*

  Auch betriebliche Postfächer unterliegen dem Datenschutz und können nicht ohne Weiteres Dritten, wie Kollegen oder Nachfolgern, zugänglich gemacht werden. Letztlich kann nur der Experte selbst entscheiden, welche Information er weitergeben kann und will. Zugleich muss anerkannt werden, dass nur der Wissensträger selbst die zugrunde liegenden Erfahrungen gemacht hat und richtig interpretieren kann. Eine objektive Wahrheit kann es bei von subjektiven Eindrücken geprägten Wissensinhalten nicht geben.

- *Schutz vor Manipulation von Wissensinhalten und -dokumentationen*

  Weitergegebenes Wissen, sei es in Form von Daten, Worten, Bildern oder Filmen, sollte sachgerecht interpretiert und genutzt werden. Fakten sind von Interpretation oder Kommentierungen klar zu trennen. Aus dem Zusammenhang gerissene Textbruchstücke in Wort oder Schrift, Bild- oder Videosequenzen können den Sachverhalt verfälschen oder einzelne Personen in ein schlechtes Licht rücken. Daher sind entsprechende Vorabinformationen und Feedbackschleifen einzubauen, damit der Experte weiß, was mit dem von ihm bereitgestellten Material geschieht.

- *Social Media Policy*

  Werden soziale Medien zur Wissensweitergabe genutzt, müssen die Regeln und Verantwortlichkeiten klar festlegt sein. Dabei gilt es, offene Diskussionsforen und geschlossene Foren für spezielle Projektgruppen zu unterscheiden. Ein verbindlicher Stil im Umgang miteinander sollte dabei stets eingehalten werden, auch wenn man die Meinung der anderen nicht teilt. Daher bedarf es bei jedem Blog auch eines Administrators, der nicht regelkonforme, also beispielsweise diskriminierende oder im Tonfall unpassende Kommentare löscht. Er kann auch als Social-Media-Manager agieren, eigene Fragen und Beiträge einstellen, und durch gezielte Aufforderung an Experten, sich zu beteiligen, dazu beitragen, die Qualitätsstandards hochzuhalten. Ob und inwieweit er Beiträge auswählt und/oder redigiert beziehungsweise zensiert, ist eine Frage der Unternehmenskultur und der im Unternehmen getroffenen Vereinbarungen. Diese und die damit verbundenen Abläufe sollten gegenüber allen Mitarbeitern klar kommuniziert werden, sodass jeder weiß, wie das Unternehmen mit den im Rahmen der Tätigkeit verfassten Beiträgen umgeht. Eventuelle Auswertungen der Beiträge und Nutzung kollaborativer Plattformen müssen den Beteiligten angekündigt werden sowie in Zielsetzung und Methode mit dem Betriebsrat abgestimmt und nachvollziehbar sein. Die Beteiligten müssen auch eine Möglichkeit haben, die sie persönlich betreffenden Auswertungen einsehen zu können. Die Mitwirkung der Mitarbeiter in sozialen Medien sollte freiwilligen Charakter haben, kann jedoch durch Anreize wie Wettbewerbe oder Bewertungen der Teilnehmer (Bonuspunkte oder „like its") gefördert werden.

- *Auswahl einer personen-, sach- und situationsgerechten Wissenstransfermethode*

  Da das Lernen der Organisation in, von und mit den Mitarbeitern stattfindet, sind beide untrennbar verbunden. Daher muss die Auswahl und Gestaltung von Wissenstransfermethoden immer auch die beteiligten Personen berücksichtigen und von diesen je nach Situation angepasst werden.

- *Wissenstransfer als Dialog*
  Der Wissenstransfer kann sich nicht auf den technischen Austausch von Informationen beschränken, sondern muss immer ein Dialog zwischen Personen bleiben. Denn letztlich werden die wichtigsten Zusammenhänge über informelle Kommunikationsprozesse, Zwischentöne, vermeintlich nebensächliche Kommentare, Mimik und Gestik sowie das Vorbild des eigenen Handelns übermittelt. Grundlage für den Transfer dieser wichtigen Details ist das Vertrauen der beteiligten Personen, das erst über das Gespräch und eine intensive Zeit der Zusammenarbeit entsteht.

■ 7.4 Vertrauen als Basis des Wissenstransfers

Wichtig ist, wer beim Prozess des Wissenstransfers im Vordergrund steht: die Menschen, um die es geht, also der Experte und sein Nachfolger sowie Kollegen, oder die IT-Lösungen, die das Unternehmen dafür besitzt oder erwerben möchte. Der jeweilige Stellenwert sagt viel über die Unternehmenskultur und die Wertschätzung des einzelnen Mitarbeiters als Person und zugleich als Wissensträger aus. Denn letztlich bedeutet der Versuch, das Wissen in ausgeklügelter Form auf Datenträger zu bannen, auch den Wunsch, das Erfahrungswissen von der Person des Erfahrungsträgers zu isolieren und unabhängig von der Person zu machen. Instinktiv erkennen die meisten Experten, dass dies ein Versuch ist, sie ersetzbar zu machen. Zwar lebt eine Organisation davon, dass sie den Weggang einzelner Personen verkraftet und somit auch das Wissen in gewisser Weise konserviert und weiterreicht. Dennoch aber bleibt ein ungutes Gefühl bei der Vorstellung, Menschen als bloßes Wissensgefäß zu sehen und austauschbar zu machen.

Dieses Gefühl ist tief in der europäischen Kulturtradition verankert. So formulierte der Philosoph Immanuel Kant im zweiten Teil seines kategorischen Imperativs: *„Handle so, dass du die Menschheit sowohl in deiner Person, als in der Person eines jeden anderen jederzeit zugleich als Zweck, niemals bloß als Mittel brauchst."*[17]

Jeder Mensch ist demnach immer Selbstzweck und nicht bloßes Mittel für die Zwecke anderer, also beispielsweise von Vorgesetzten in einem Unternehmen. Die Einzigartigkeit des Menschen als Person ist ein wichtiges Anliegen der katholischen Soziallehre, die auch der sozialen Marktwirtschaft Deutschlands zugrunde liegt.[18] Daher ist es nicht nur ein Gebot der Vernunft, die Person des Experten nicht völlig auszuklammern, um die Akzeptanz von IT-Lösungen zu steigern. Es ist vielmehr auch eine Frage der Unternehmenskultur, ob und wie das Unternehmen seinen Unternehmenszweck definiert. Häufig wird hier stark verkürzt das Gewinnziel genannt, das aber nicht die alleinige Daseinsberechtigung sein kann. So stellte der Automobilpionier Henry Ford treffend fest: *„A business that makes nothing but money is a poor business."*[19]

Es muss also um mehr gehen, beispielsweise um die Herstellung erstklassiger Autos oder um die Versorgung der Kunden mit maßgeschneiderten Dienstleistungen. Dies ist der eigentliche Zweck des Unternehmens, dem die anderen finanziellen, mitarbeiterbezogenen, prozessbezogenen und entwicklungsbezogenen Ziele untergeordnet sind. Der Unternehmenszweck ist in aller Regel identitätsstiftend für die Mitarbeiter, er sollte die Unternehmenskultur prägen, und nicht ein einzelnes momentan aktuelles, weil drängendes monetäres Sub-Ziel.

Basis für die Erreichung von Unternehmenszweck und Unternehmenszielen ist eine Vertrauenskultur. Sie bestimmt den Umgang der im Unternehmen handelnden Personen miteinander, sorgt für eine hohe Motivation und spart zugleich Kontroll- und Abstimmungskosten.[20] Optimal für den Wissenstransfer ist also eine personenzentrierte und wertschätzende Unternehmenskultur. Sie sollte Wissen als Konstrukt auffassen, das immer an die handelnden Personen gebunden ist und ihnen die notwendigen Instrumente, Spielräume und Vorbilder für den Wissenstransfer gibt.

■ 7.5 Blick in die Zukunft

Trotz aller technischen Entwicklungen ist das (gegebenenfalls moderierte) Gespräch der Königsweg des Wissenstransfers: Die Beteiligten müssen für einen gelungenen Wissenstransfer im Konstrukt des Dialograums bleiben. Nur zwischen Menschen ist es möglich, alle Facetten von übertragbarem Wissen zu transferieren. Jegliche Form von medialer oder technischer Übertragung wird immer mit Einschränkungen beim Umfang des zu übertragenden Wissens erkauft werden müssen.

Elektronische Tools wie Social Intranets eröffnen jedoch auch neue Möglichkeiten der Wissensgenerierung und des Wissenstransfers. Sie machen bisherige Barrieren wie Zeit und Raum zu vernachlässigbaren Größen und ermöglichen Schwarmintelligenz oder Crowdsourcing bei der Wissensgenerierung. Inwieweit neue bildgebende Verfahren wie dreidimensionales Videoconferencing die physische persönliche Begegnung in naher Zukunft ersetzen können, wird sich zeigen.

Es kann jedoch als gesichert gelten, dass die Bedeutung von Wissenstransfer (insbesondere bei Experten) weiter wachsen wird und dass die Unternehmen, die sich zur lernenden Organisation entwickeln und dabei den Wissenstransfer als konstituierenden Teil ihrer Unternehmenskultur sehen, einen signifikanten Wettbewerbsvorteil haben werden.

■ 7.6 Literatur

1 Vgl. Kneer, Georg: *Niklas Luhmanns Theorie sozialer Systeme*, Wilhelm Fink Verlag, München 1997, S. 69

2 Geiselhart, Helmut: *Wie Unternehmen sich selbst erneuern. Konzepte für die Umsetzung*, Gabler Verlag, Wiesbaden 1995, S. 46

3 Vgl. Baskerville, Richard; Mathiassen, Lars; Pries-Heje, Jan: „Agility in Fours: IT Diffusion, IT Infrastructure, IT Development, and Business", in: Baskerville, Richard et al. (Eds.): *Business Agility and Information Technology Diffusion*, Springer-Verlag, New York 2005, S. 1 – 10,

4 Vgl. Grover, Varun; Davenport, Thomas H.: „General Perspectives on Knowledge Management: Fostering a Research Agenda", in: *Journal of Management Information Systems*, Vol. 18, No 1, Summer 2001, S. 5

5 Vgl. Orians, Wolfgang: „Von den roten in die schwarzen Zahlen – wie sich interne Kommunikation auszahlt", in: Mast, Claudia: *Effektive Kommunikation für Manager. Informieren, diskutieren, überzeugen*, Verlag Moderne Industrie, Landsberg am Lech 2000, S. 269

6 Vgl. Geiselhart, Helmut: *Philosophie und Führung. Fragen und erkennen, planen und handeln, hoffen und Mensch sein*, Springer Gabler, Wiesbaden 2012, S. 35 ff.

7 Vgl. Orians, Wolfgang: „Das lernende Unternehmen", *Forum – Das Mitarbeitermagazin des Rütgers-Konzerns*, Essen, 2/99, und Geiselhart, Helmut: *Das lernende Unternehmen*, Transfer, Essen 2000

8 Vgl. Schein, Edgar H.: *Organizational Culture and Leadership. A Dynamic View*, Jossey-Bass, San Francisco 2010, Figure 9

9 Vgl. Schreyögg, Georg; Koch, Jochen: *Management. Grundlagen der Unternehmensführung. Basiswissen für Studium und Praxis*, Gabler Verlag, Wiesbaden 2010, S. 335 ff.

10 Schlippe, Arist von; Nischak, Almute; El Hachimi, Mohammed (Hrsg.): *Familienunternehmen verstehen. Gründer, Gesellschafter und Generationen*, Vandenhoeck & Ruprecht, Göttingen 2008, S. 125

11 Vgl. dazu auch Reisach, Ulrike: *Bankunternehmensleitbilder und Führungsgrundsätze. Anspruch und Wirklichkeit*, Deutscher Sparkassen-Verlag, Stuttgart 1994

12 In Anlehnung an Wieland, Josef: „Wozu Wertemanagement", in: Wieland, Josef (Hrsg.): *Handbuch Wertemanagement*, Murmann Verlag, Hamburg 2004, S. 18

13 Wendland, Karsten: „Kultur- und Technikgestaltung in Social-Intranet-Projekten", in: Wolf, Frank (Hrsg.): *Social Intranet. Kommunikation fördern, Wissen teilen, effizient zusammenarbeiten*, Carl Hanser Verlag, München 2011, S. 124

14 Vgl. ebd., S. 126

15 Vgl. Grover, Varun; Davenport, Thomas H.: „General Perspectives on Knowledge Management: Fostering a Research Agenda", in: *Journal of Management Information Systems*, Vol. 18, No. 1, Summer 2001, S. 13 – 15

16 Friedman, Milton: *Kapitalismus und Freiheit*, Eichborn Verlag, Frankfurt am Main 2002, S. 38. Original: *Capitalism and Freedom*, Chicago 1962

17 Vgl. Kant, Immanuel: *Kritik der reinen Vernunft* (1. Aufl. 1781), Prolegomena, Grundlegung zur Metaphysik der Sitten, Metaphysische Anfangsgründe der Naturwissenschaft, BA 66; Königlich Preußische Akademie der Wissenschaften, Berlin 1911, S. 429, Zeilen 10 – 13. (online-Ausgabe: URL http://www.korpora.org/Kant/aa04/429.html, Zugriff vom 09.12.2012)

18 Vgl. deren Vordenker Romano Guardini und Oswald von Nell-Breuning, mehr dazu in: Reisach, Ulrike: „Unternehmerischer und gesellschaftlicher Erfolg – ein Gegensatz?", in: *Betriebswirt* 03/2012, S. 15 – 19

19 Zitiert nach: Jim Vella, President, „Ford Motor Company Fund and Community Services", in: Ford Motor Company Fund & Community Services: Message from Ford Motor Company Fund and Community Services President Jim Vella (URL: http://corporate.ford.com/our-company/ community/ford-fund/presidents-message-401p?releaseId=1244754314736, Zugriff vom 09.12.2012)

20 Vgl. dazu auch Bergmann, Gustav; Daub, Jürgen: *Systemisches Innovations- und Kompetenz-management. Grundlagen, Prozesse, Perspektiven*, Gabler Verlag, Wiesbaden 2008, S. 290

8 Kommentiertes Literaturverzeichnis

Akerlof, George A.; Shiller, Robert J.: *Animal Spirits. How Human Psychology Drives the Economy and Why it Matters for Global Capitalism*, Princeton University Press, Princeton 2009. Deutsche Ausgabe: *Animal Spirits. Wie Wirtschaft wirklich funktioniert*, Campus Verlag, Frankfurt am Main/New York 2009

Wirtschaftsnobelpreisträger Akerlof und Yale-Professor Shiller thematisieren nicht rationale Aspekte ökonomischen Handelns wie Vertrauen und Fairness und verschaffen so ungewohnte Einblicke. Gut lesbares Buch, das im zweiten Teil stark auf die Finanzmarktkrise eingeht.

Bundesministerium für Wirtschaft und Technologie: „Wissensmanagement in kleinen und mittleren Unternehmen und öffentlicher Verwaltung". Ein Leitfaden, http://www.bmwi.de/BMWi/Redaktion/PDF/Publikationen/wissenmanagen-leitfaden,property=pdf ,bereich=bmwi2012,sprache=de,rwb=true.pdf, Zugriff am 18.10.2012

Übersichtlich gestaltete Einführung in grundlegende Begriffe, Fragestellungen und Methoden; gutes Phasenmodell (S. 41), starker IT-Fokus; im umfangreichen Anhang werden Initiativen des Bundesministeriums für Wirtschaft und Technologie – „WissensMedia" und „FIT für den Wissenswettbewerb" – dargestellt.

Bergmann, Gustav; Daub, Jürgen: *Systemisches Innovations- und Kompetenzmanagement. Grundlagen, Prozesse, Perspektiven*, Gabler Verlag, Wiesbaden 2008

Lehrbuch mit speziellem Innovationsbezug. Darin auch gute Beiträge zur Kompetenzentwicklung, zu reflektierendem Lernen im Marktinterventionsmodell, Kreativität und ethischen Grundlagen.

Breuer, Franz: *Vorgänger und Nachfolger. Weitergabe in institutionellen und persönlichen Bezügen*, Vandenhoeck & Ruprecht, Göttingen 2009

Aus soziologischer Sicht geschriebenes wissenschaftliches Werk, sehr anspruchsvolle Sprache und komplexe Darstellung. Auf KMU fokussierend.

Bundesverband Informationswirtschaft, Telekommunikation und neue Medien e.V. (BITKOM), Projektgruppe „WM-Strategie und -Organisation" im Arbeitskreis Knowledge Engineering & Management: *Leitfaden „WM-Prozess-Systematik". Prozesse, Vorgehensweisen und Aktivitäten des Wissensmanagements*, Berlin 2007, online bei www.bitkom.org

Praxisorientierte Darstellung des gesamten WM-Prozesses, kein spezifischer Fokus auf Wissensweitergabe und Erfahrungswissen.

DeLong, David W.: *Lost Knowledge. Confronting the Threat of an Aging Workforce*, Oxford University Press, New York 2004

DeLong hat sich schon sehr früh mit der Frage ausscheidender Experten befasst. Sein Buch ist in drei Teile gegliedert: Im ersten Teil geht es um die Kosten, die der Verlust von intellektuellem Kapital verursacht, im zweiten um Möglichkeiten, Wissen im Unternehmen zu halten, und im dritten um die notwendigen Strategien. Das Buch ist nur in englischer Sprache verfügbar.

Deutsche Gesellschaft für Personalführung (Hrsg.): *Human Capital messen und steuern. Annäherung an ein herausforderndes Thema*, C. Bertelsmann Verlag, Bielefeld 2007

Das Buch befasst sich mit der Messbarkeit von „Human Capital", dabei spielt Wissen eine Rolle, aber nicht die alleinige. Es werden auch Methoden der monetären Messung vorgestellt (ohne das Grundproblem der Messbarkeit von intangible assets zu lösen).

Dueck, Gunter: *Abschied vom Homo Oeconomicus. Warum wir eine neue ökonomische Vernunft brauchen*, Eichborn Verlag, Frankfurt am Main 2008

IBM-Cheftechnologe Dueck (genannt „wild duck") entlarvt auf unterhaltsame Weise Managementfehler und gibt Hinweise auf Veränderungspotenzial hin zu Leadership-Vertrauen und kooperativen Infrastrukturen.

Faix, Werner G.; Auer, Michael (Hrsg.): *Kompetenz. Persönlichkeit. Bildung. Band 3*, Steinbeis-Edition, Stuttgart 2011

Sammelband mit einschlägigen Beiträgen und Ergebnisse empirischer Studien zum Thema Kompetenz, Persönlichkeit und Innovationskultur. Für Personalfachleute ebenso lesenswert wie für Wissenschaftler.

Fuchs, Manfred: *Sozialkapital, Vertrauen und Wissenstransfer in Unternehmen*, Deutscher Universitäts-Verlag, Berlin/Wiesbaden 2006

Wissenschaftliche Heranführung mit der Kernaussage, dass soziales Kapital zum Austausch impliziter Erfahrungen in Unternehmen von erheblicher Bedeutung ist. Theoretische Betrachtung ohne Anwendungsbezug.

Geiselhart, Helmut: *Philosophie und Führung. Fragen und erkennen, planen und handeln, hoffen und Mensch sein*, Springer Gabler, Wiesbaden 2012

Geiselhart begründet, warum es sich für Führungskräfte lohnt, sich mit Philosophie zu befassen, und dass sie praktische Handlungsanleitungen liefern kann. Er bezieht seine Aussagen auf das Konzept des lernenden Unternehmens.

Gigerenzer, Gerd: *Bauchentscheidungen. Die Intelligenz des Unbewussten und die Macht der Intuition*, C. Bertelsmann Verlag, München 2007

Als Wissenschaftsbuch 2007 ausgezeichnet; erklärt anhand anschaulicher Beispiele, wie stark die Intuition Entscheidungen in Alltag und Beruf prägt. Hervorragend zu lesen.

Gronau, Norbert; Eversheim, Walter: „Umgang mit Wissen im interkulturellen Vergleich. Beiträge aus Forschung und Unternehmenspraxis", acatech-Workshop, Potsdam, 20. Mai 2008, Fraunhofer IRB Verlag, Stuttgart 2008, http://www.acatech.de/fileadmin/user_upload/Baumstruktur_nach_Website/Acatech/root/de/Publikationen/acatech_diskutiert/acatech_Umgang_mit_Wissen_im_interkulturellen_Vergleich_Innentei_WEB.pdf

Tagungsband zum gleichnamigen acatech-Workshop, mit lerntheoretischem Hintergrund, Länderbeispielen Deutschland, USA, China, Indien sowie Firmenbeispielen von Siemens (Ulrike Reisach), Bombardier, Festo, GTZ und BASF.

Grover, Varun; Davenport, Thomas H.: „General Perspectives on Knowledge Management: Fostering a Research Agenda", in: *Journal of Management Information Systems*, Vol. 18, No 1, Summer 2001

Komprimierte Kurzeinführung in die wesentlichen Fragestellungen und Forschungsrichtungen des Wissensmanagements.

Gruber, Hans: *Erfahrung als Grundlage kompetenten Handelns*, Verlag Hans Huber, Bern 1999

Hans Gruber ist einer der führenden Köpfe unter den Psychologen, die sich der Expertiseforschung widmen. Sein Buch ist ein fundiertes Grundlagenwerk zum Wesen von Erfahrung als „Erfahrung machen" im Handeln und zu dessen wichtiger Funktion für kompetentes Handeln.

Hasler Roumois, Ursula: *Studienbuch Wissensmanagement*, Orell Füssli Verlag, Zürich 2007

Hasler Roumois, Professorin an der Zürcher Hochschule für angewandte Wissenschaften, legt mit ihrem Studienbuch eine umfassende Einführung in das Wissensmanagement vor. Sie geht nicht nur auf Wissensmanagement in Unternehmen, sondern auch in Nichtregierungsorganisationen und Verwaltungen ein. Sehr empfehlenswert.

Holz, Melanie; Da-Cruz, Patrick (Hrsg.): *Demografischer Wandel in Unternehmen*, Gabler Verlag, Wiesbaden 2007

Im Mittelpunkt dieser Sammlung von Beiträgen von Verantwortlichen in Unternehmen stehen personalpolitische Fragestellungen des demografischen Wandels.

Kade, Sylvia: *Alternde Institutionen. Wissenstransfer im Generationenwechsel*, Klinkhardt Verlag, Bad Heilbrunn/Recklinghausen 2004

Umfangreiches Werk zum Wissenstransfer in Institutionen. Zugrunde liegt ein Projekt am Deutschen Institut für Erwachsenenbildung.

Kahneman, Daniel: *Thinking, fast and slow*, Allen Lane, London 2011

Nobelpreisträger Kahneman erklärt anschaulich die Vor- und Nachteile von rationalem und intuitivem Entscheiden und Verhalten.

Kepke, Markus; Schulte, Felix: *Probleme des Wissenstransfers bei Personalfluktuation. Theoretische Überlegungen und empirische Betrachtung*, GRIN Verlag für akademische Texte, München 2006

Bei diesem Text handelt es sich um eine Diplomarbeit an der Freien Universität Berlin. Interessant sind die Aussagen aus den qualitativen Interviews im empirischen Teil.

Kock, Michael: *Human Capital Management*, Rainer Hampp Verlag, München/Mering 2010

Kock setzt sich mit der Saarbrücker Formel auseinander, die versucht, „Humankapital" messbar zu machen. Bei der Saarbrücker Formel wird auch das Wissen der Mitarbeiter berücksichtigt, allerdings sind die Annahmen diskussionswürdig.

Landwehr, Norbert: *Neue Wege der Wissensvermittlung*, Sauerländer Verlag, Aarau 2001

Interessante Unterscheidung von „teaching knowledge" und „teaching insights", bei der die Einsichtsvermittlung als flexiblere und bevorzugte Methode dargestellt wird.

Lehner, Franz: *Wissensmanagement. Grundlagen, Methoden und technische Unterstützung*, Carl Hanser Verlag, München 2012

Grundlagen des Wissensmanagements für Studenten der Wirtschaftsinformatik, Betriebswirtschaftslehre und Informatik.

Leonard-Barton, Dorothy; Swap, Walter C.: *Deep Smarts. How to Cultivate and Transfer Enduring Business Wisdom*, Harvard Business Review Press, Boston 2005

Fokussiert auf „tacit know-how" auf Erfahrungswissen, speziell im Technologiesektor. Enthält zahlreiche anschauliche Fallbeispiele, wie und warum der Weggang einzelner „Superstars" Unternehmen der Internetbranche sowie der Weggang von Fachexperten Organisationen wie der NASA und dem Militär schadete. Gutes Argumentarium für den Wert des Erfahrungswissens und seinen Transfer durch „guided experience". Spannend auch das Kapitel über „social influences", das Wissensfilter und massenpsychologische Faktoren (Gruppendruck und Herdentrieb) sowie nicht übertragbare Rollenmodelle als Störfaktoren für den Wissenstransfer zwischen verschiedenen US-Start-up-Unternehmen thematisiert. Hier wird deutlich, dass die Autoren ihre Erkenntnisse aus der Zeit der Internetblase und ihrem Scheitern gezogen haben.

Mast, Claudia: *Effektive Kommunikation für Manager. Informieren, diskutieren, überzeugen*, Verlag Moderne Industrie, Landsberg am Lech 2000

Das Buch beschreibt interne Kommunikation als Teil des Change Management und zeigt ihren Beitrag zum Unternehmenserfolg auf. Obwohl das Buch aus dem Jahr 2000 ist, enthält es einige nach wie vor interessante Ansätze.

Mast, Claudia: *Unternehmenskommunikation*, UTB/UVK-Verlagsgesellschaft, Konstanz/München 2013

Das in seiner neuen, 5. Auflage erschienene Buch bezieht erstmals auch Storytelling als Instrument der Unternehmenskommunikation ein, ist aber generell mehr auf die externe Unternehmenskommunikation fokussiert.

Mieg, Harald A.: *The Social Psychology of Expertise. Case Studies in Research, Professional Domains and Expert Roles*, Lawrence Erlbaum Assoc. Inc., USA 2001

Fokussiert auf Sozialpsychologie des Expertenwissens und naturwissenschaftliche Experten. Theoretischer Fokus, wenig wirtschafts-/praxisbezogen.

Milton, Nicholas Ross: *Knowledge Acquisition in Practice. A Step-by-step Guide (Decision Engineering)*, Springer-Verlag, London 2007

Fokussiert auf Wissenserwerb; Wissensweitergabe nur als Randthema, nur auf Englisch verfügbar, Stand 2007.

Mittelmann, Angelika: *Werkzeugkasten Wissensmanagement*, Books on Demand Verlag, Norderstedt 2011

Das Buch stellt auf sehr anschauliche und nachvollziehbare Weise über 60 Methoden des Wissensmanagements vor und reichert die Beschreibung der Methoden um viele Fallbei-

spiele an. Die von der Autorin eingeführte Systematik zur Einordnung der Methoden gibt eine hervorragende Orientierung, welche Wissensmanagement-Methode welche Zwecke am besten erfüllt.

Nakhosteen, C. Benjamin: *Technisches Erfahrungswissen in industriellen Produktionsprozessen*, Shaker Verlag, Aachen 2009

Thematisiert Erfahrungswissen als wesentliche Determinante der beruflichen Handlungskompetenz und stellt eine Studie vor, die bei ThyssenKrupp Steel Europe durchgeführt wurde und das implizite Wissen und Erfahrungswissen der Facharbeiter untersuchte. Das Ergebnis der auf der Grounded-Theory-Methodologie beruhenden Studie ist ein Strukturmodell des technischen Erfahrungswissens von Facharbeitern an Steuerständen und eine solide IT-gestützte Dokumentation dieser Wissensinhalte im Intranet.

North, Klaus; Reinhardt, Kai: *Kompetenzmanagement in der Praxis. Mitarbeiterkompetenzen systematisch identifizieren, nutzen und entwickeln. Mit vielen Fallbeispielen*, Gabler Verlag, Wiesbaden 2005

Mit vielen Praxisbeispielen ein guter Einstieg in das Kompetenzmanagement. Das Konzept Kompetenzen und dessen Unterformen werden beschrieben, und auf strukturierte Art wird gezeigt, mit welchen Tools man die Kompetenzen der Mitarbeiter identifizieren, nutzen und erweitern kann.

Odebrecht, Dirk: *Prozess der Weitergabe von Wissen bei der Übergabe von Dokumentationsprojekten. Methoden und Anwendungen von Wissensmanagement bei Dienstleistern der Technischen Dokumentation*, Master-Arbeit, GRIN Verlag für akademische Texte, München 2011

Inhaltlich gute Recherche zu den verschiedenen Wissensarten, dem Problem der Transferierbarkeit von Wissen und zu Wissensmanagementaufgaben. Der empirische Teil beschränkt sich auf einen Empfehlungskatalog.

Pircher, Richard (Hrsg.): *Wissensmanagement, Wissenstransfer und Wissensnetzwerke. Konzepte, Methoden, Erfahrungen*, Publicis Publishing, Erlangen 2010

Herausgeberband mit Fallbeispielen aus einigen KMU. Großes Themenspektrum im Bereich Wissensmanagement, nur einige Artikel streifen das Thema Wissenstransfer und die Erfassung von Erfahrungswissen.

Polanyi, Michael: *Implizites Wissen*, Suhrkamp Verlag, Frankfurt am Main 1985

Der Philosoph entwirft eine Wissenschaftskritik, die darauf beruht, dass Wissen stets in Teilen „blinde Flecke" hat und niemals vollends transparent und objektiv sein kann. In diesem Buch prägte er als Urvater des Begriffs „tacit knowledge" (deutsch: implizites Wissen) das Konzept, dass wir mehr wissen, als wir zu sagen wissen.

Probst, Gilbert J. B.; Raub, Steffen; Romhardt, Kai: *Wissen managen. Wie Unternehmen ihre wertvollste Ressource optimal nutzen*, Gabler Verlag, Wiesbaden 2010

Grundlagenbuch zu Wissensmanagement in Unternehmen. Bemüht sich, alle Facetten abzudecken, darunter leidet manchmal die Tiefe der Argumentation.

Reinmann, Gabi: „Studientext Wissensmanagement", Universität Augsburg, Augsburg 2009, http://gabi-reinmann.de/wp-content/uploads/2009/07/WM_Studientext09.pdf, Zugriff im August 2012

Ein gut lesbarer, klar strukturierter Leitfaden durch das Themengebiet Wissensmanagement als Disziplinen übergreifender Rahmen. Sehr empfehlenswert, um einen fundierten Überblick über die verschiedenen Ausprägungen und Kernthemen des Wissensmanagements zu bekommen.

Reinmann, Gabi (Hrsg.): *Erfahrungswissen erzählbar machen. Narrative Ansätze für Wirtschaft und Schule*, Pabst Science Publishers, Lengerich 2005

Ein lesenswerter Herausgeberband, der die narrativen Ansätze im Wissensmanagement in schulischen und unternehmerischen Kontexten vorstellt. Narrative Ansätze zeichnen sich durch ihre Konzentration auf das in Erzählungen verborgene Wissen aus und durch die Wahl von Methoden, die Erzählen lassen, Zuhören und Reflektieren ermöglichen.

Reinmann, Gabi; Mandl, Heinz (Hrsg.): *Psychologie des Wissensmanagements. Perspektiven, Theorien und Methoden*, Hogrefe Verlag, Göttingen 2004

Hervorragender Sammelband zur psychologischen Seite des Wissensmanagements, der die verschiedenen psychologischen Perspektiven auf das Wissensmanagement herausstellt und anhand von Praxisbeispielen zeigt, wie Wissensmanagement auch in der betrieblichen Praxis von der psychologischen Sichtweise profitieren kann. Nach einem Grundlagenteil, der einige relevante psychologische Konzepte wie etwa Motivation, Kognition, Emotion und Kooperation im Zusammenhang mit Wissensmanagement beleuchtet, folgt ein Methodenteil, der verschiedene Herangehensweisen an das psychologisch orientierte Wissensmanagement praktisch beschreibt.

Runde, Alfons; Da-Cruz, Patrick; Schwegel, Philipp: *Talentmanagement. Innovative Strategien für das Personalmanagement von Gesundheitseinrichtungen*, medhochzwei Verlag, Heidelberg 2012

Auf Personalmanagement von Krankenhäusern spezialisiert, stellt Modelle zur Verbesserung von Arbeitgeberattraktivität, Personalakquise und Personalentwicklung vor.

Schlippe, Arist von; Nischak, Almute; El Hachimi, Mohammed (Hrsg.): *Familienunternehmen verstehen. Gründer, Gesellschafter und Generationen*, Vandenhoeck & Ruprecht, Göttingen 2008

Das Buch geht davon aus, dass bei Familienunternehmen eigene Dynamiken am Werk sind, da sich das System der Familie und das der Firma überschneiden. Es beinhaltet Praxisberichte und Fallbeispiele auch zum Thema Werte.

Schick, Siegfried: *Interne Unternehmenskommunikation. Strategien entwickeln, Strukturen schaffen, Prozesse steuern*, Schäffer-Poeschl Verlag, Stuttgart 2007

Strukturierte Einführung in die Unternehmenskommunikation als Geschäftsprozess. Erläutert die Organisation der Unternehmenskommunikation und Instrumente wie Leitbildprozess, Mitarbeiterzeitschrift, informelle Kommunikation und Gerüchte, Intranet. Das Wissensmanagement wird nur relativ knapp (fünf Seiten) als neue Aufgabe für die interne Unternehmenskommunikation dargestellt.

Schreyögg, Georg; Koch, Jochen (Hrsg.): *Knowledge Management and Narratives. Organizational Effectiveness through Storytelling*, Erich Schmidt Verlag, Berlin 2005

Der Konferenzband stellt sehr interessante theoretische Überlegungen zur Struktur von Narrationen und deren Potenzial für die impliziten Wissensanteile an. Die Autoren beschrei-

ben narrative Ansätze aus verschiedenen Kontexten, unter anderem auch im Zusammenhang mit Wissenstransfer.

Simon, Fritz B.: *Einführung in die systemische Organisationstheorie*, Carl-Auer Verlag, Heidelberg 2007

Kurz gefasste Einführung zum Verständnis von Organisationen aus systemischer Sicht.

Solms, Mark; Turnbull, Oliver: *Das Gehirn und die innere Welt. Neurowissenschaft und Psychoanalyse*, aus dem Englischen übertragen von Elisabeth Vorspohl, Walter Verlag, Mannheim 2010. Englisches Original: *The Brain and the Inner World. An introduction to neuroscience and subjective experience*, Karnac Books, London 2002

Im Stile eines Lehrbuches geschrieben, fachlich führend und umfassend. Zum Thema Wissensmanagement insbesondere relevant: die Kapitel zu Bewusstsein und dem Unbewussten, Emotion, Motivation und Gedächtnis.

Spitzer, Manfred: *Digitale Demenz. Wie wir uns und unsere Kinder um den Verstand bringen*, Droemer Verlag, München 2012

Ein engagiertes Plädoyer des bekannten Gehirnforschers für Augenmaß bei der Nutzung digitaler Medien zur Unterstützung des Lernens.

Stary, Christian; Maroscher, Monika; Stary, Edith: *Wissensmanagement in der Praxis. Methoden, Werkzeuge, Beispiele*, Carl Hanser Verlag, München 2012

Methoden des Wissensmanagements, besonders solche mit Fokus auf Lernen und individuellen Wissenserwerb, werden ausführlich und praxisnah im Stile eines „how to" erläutert. Die Autoren gehen dabei auf einzelne Schritte der Vorbereitung und Durchführung, zum Beispiel Umfeldbedingungen und Requisiten, ein. Nützlich besonders für Dozenten und Seminarveranstalter.

Strauch, Barbara: *Da geht noch was. Die überraschenden Fähigkeiten des erwachsenen Gehirns*, Bloomsbury Verlag, Berlin 2011. Englisches Original: *The Secret Life of the Grown-up Brain. The Surprising Talents of the Middle-Aged Mind*, Viking, New York 2010

Wissenschaftliche Forschungsergebnisse zu den Leistungen des menschlichen Gehirns im Alter von 40 bis 70 Jahren werden leicht verständlich und anschaulich an vielen Beispielen dargestellt. Für das Thema Erfahrungswissen ist besonders Teil I, Kapitel 1 bis 4, relevant.

Su, Guangya: „Exploring Requirements of Agility for Knowledge Management", in: Maier, Ronald (Ed.): *6th Conference on Professional Knowledge Management: From Knowledge to Action*, February 21 – 23, in Innsbruck, Austria 2011, S. 371 – 380

Fokussiert auf das Thema Agilität von Mitarbeitern und Unternehmen und stellt dabei auch den Ansatz der Diversity Scorecard von Siemens vor.

Thiel, Michael: *Wissenstransfer in komplexen Organisationen. Effizienz durch Wiederverwendung von Wissen und Best Practices*, Deutscher Universitäts-Verlag, Wiesbaden 2002

Fundierter Ansatz aufgrund eines Forschungsprojekts des Instituts für Information, Organisation und Management, Lehrstuhl Prof. Dr. Dres. h. c. A. Picot an der LMU München. Fokussiert auf eine Modellentwicklung mit Gestaltungsvorschlägen, vergleicht aber nicht verschiedene existierende Ansätze für den Wissenstransfer. Stand 2002.

Thier, Karin: *Storytelling. Eine narrative Managementmethode*, Springer Medizin Verlag, Heidelberg 2006

Ein Praxisleitfaden mit vielen anschaulichen Beispielen zum Einsatz von narrativen Methoden in Unternehmen.

Wichter, Sigurd et al. (Hrsg.): *Wissenstransfer zwischen Experten und Laien. Umriss einer Transferwissenschaft*, Peter Lang Verlag, Frankfurt am Main 2001

Linguistischer Herausgeberband mit interessanten theoretischen Überlegungen zu Transferhindernissen. Allerdings relativ anwendungsfern und Stand 2001.

Ward, Victoria:

- „Voice: Storytelling is knowledge management", Academic Paper, London 2001, http://www.sparknow.net/publications/Voice.pdf, Zugriff am 02.10.2012

- „Telling tales: oral storytelling as an effective way to capitalise knowledge assets", Academic Paper, London 2003/2004, http://www.sparknow.net/publications/Telling_Tales.pdf, Zugriff am 15.10.2012

- „Mapping Meta Knowledge: A cartographic approach to finding knowledge about knowledge", in *Knowledge Management Review* Issue 5, November/December 1998, http://www.sparknow.net/publications/Mapping_Meta_Knowledge.pdf, Zugriff am 15.10.2012

Hervorragende und gut lesbare Einführungen in die Vorteile und Methoden des Storytellings der britischen Pionierin der Methode, online frei verfügbar.

Wieland, Josef (Hrsg.): *Handbuch Wertemanagement*, Murmann Verlag, Hamburg 2004

Umfangreiches Kompendium zu allen Facetten des Wertemanagements.

Wilke, Helmut: *Einführung in das systemische Wissensmanagement*, Carl-Auer Verlag, Heidelberg 2007

Das Buch stellt Wissensmanagement in den theoretischen Kontext der Systemtheorie, geht aber auch auf praktische Aspekte ein.

Wolf, Frank (Hrsg.): *Social Intranet. Kommunikation fördern, Wissen teilen, effizient zusammenarbeiten*, Carl Hanser Verlag, München 2011

Strukturierte, praxisorientierte Einführung mit anschaulichen Übersichten und ausführlichen Firmenbeiträgen von ING-DiBa, Deutsche Telekom, Bayer AG und SAP.

Zelewski, Stephan et al. (Hrsg.): *Wissensmanagement in Dienstleistungsnetzwerken. Wissenstransfer fördern mit der Relationship Management Balanced Scorecard (Information – Organisation – Produktion)*, Gabler Verlag, Wiesbaden 2005

Wissenschaftliches Sammelwerk, das die Ergebnisse des vom Bundesministerium für Bildung und Forschung (BMBF) geförderten Projekts „Motivationseffizienz in wissensintensiven Dienstleistungsnetzwerken" (MOTIWIDI) vorstellt: eine Relationship Management Balanced Scorecard (RMBSC) als zentrales Instrument eines integrierten Beziehungs- und Wissensmanagements. Beschreibt nur diese eine Methode.

9 Glossar

Auditive Medien

Medien, die den Sinneskanal „Hören" ansprechen, zum Beispiel Tonaufnahmen von Sprache, Musik oder Geräuschen im Radio, auf Tonträgern oder im Intranet/Internet als Audio-Podcasts.

Autopoiese

Der Begriff stammt aus der Biologie und bezeichnet ein dynamisches System, das aus einem Netzwerk seiner Komponenten besteht, das sich selbst erneuert. Der Soziologe Niklas Luhmann hat dieses Modell auf seine Wissenschaft übertragen. Er geht davon aus, dass soziale Systeme aus Kommunikationen bestehen, die immer wieder neue Kommunikationen hervorbringen und sich so selbst erneuern. Diese Systemtheorie ist die Grundlage des Konzepts des lernenden Unternehmens.

Biofeedback

Ein Verfahren, bei dem die sonst unmerklichen Reaktionen des Körpers gemessen und sichtbar gemacht werden. Ziel dieser Methode ist es, die körperlichen Prozesse gezielt wahrzunehmen und damit auch beeinflussen zu können. (Quelle und weitere Informationen: Deutsche Gesellschaft für Biofeedback e. V., http://www.dgbfb.de/index.php/de/, Zugriff am 05.04.2012.)

Blended Learning

Kombination von Präsenzlernen und E-Learning, also Lernen mithilfe einer E-Learning-Plattform.

Blog, Weblog

Ein digitales „Logbuch", also eine Online-Plattform, auf der eine Person oder ein Mitarbeiter einer Organisation Informationen, Fragen und Antworten zu bestimmten (Fach-)Themen austauschen und/oder für eine offene Leserschaft zugänglich machen kann. Die Beiträge anderer können kommentiert und bewertet werden. Wegen des Zusammenwirkens mehrerer Beteiligter spricht man von einer kollaborativen Plattform beziehungsweise einem sozialen Medium.

Common Ground

Gemeinsamer Bezugsrahmen, also die Schnittmenge der kognitiven Bezugsrahmen zweier Personen. Die Schnittmenge muss groß genug sein, damit das jeweilige Ziel der Kommunikation, also zum Beispiel eine informierte Entscheidung, erreicht werden kann. Der individuelle kognitive Bezugsrahmen wird unter anderem vom Vorwissen, den Einstellungen und der Wahrnehmung der aktuellen Situation beeinflusst.

Demografie

Wissenschaftsdisziplin, die die Zusammensetzung der Bevölkerung eines oder mehrerer Länder untersucht und mithilfe von Statistiken beschreibt sowie grafisch darstellt. Sie analysiert insbesondere die Altersstruktur der Bevölkerung und sucht nach Erklärungen für längerfristige Veränderungen.

Dialograum

Der dialogische Ansatz basiert auf der Grundannahme, dass Wissen stets in Interaktion mit der sozialen und kulturellen Umwelt entsteht. Es ist demnach niemals vom Wissensträger abkoppelbar und benötigt ein breites gemeinsames Grundverständnis für einen gelungenen Wissenstransfer. Daher ist es folgerichtig, in allen Prozessen und Ebenen des Unternehmens den direkten oder auch virtuell unterstützten Dialog als den Königsweg für Wissenstransfer zu betrachten und Dialogräume zu gestalten, die den Dialog der Mitarbeiter ermöglichen und fördern. Die Gestaltung von Dialogräumen umfasst dabei weit mehr als das Entwickeln und den Einsatz einer isolierten Wissenstransfermethode, die Wissensträger und -nehmer in einen Dialog miteinander bringt. Der dialogische Ansatz materialisiert sich ebenso in der Unternehmenskultur, in der Personalführung, in Mitarbeitergesprächen oder in Entlohnungssystemen und in der Einarbeitung neuer Mitarbeiter.

Direktinvestitionen

Begriff aus der Außenwirtschaft: Direktinvestitionen bezeichnen Investitionen in Sachanlagevermögen, also in Unternehmen oder Grundstücke, den Bau von Fabriken und so weiter. Direktinvestitionen sind zu unterscheiden von Finanzinvestitionen, bei denen lediglich monetäre Finanzanlagen des Ziellandes, also zum Beispiel Staatsanleihen, erworben werden.

E-Learning-Plattform

Elektronisches Learning Management System, auf dem Lehr- und Lerninhalte als Text-, Präsentations-, Bild-, Ton- oder Videodateien für die Teilnehmer zugänglich gemacht werden. Bei entsprechender Berechtigung durch den Kursleiter können auch Teilnehmer Dateien, beispielsweise Lösungen zu Aufgaben oder eigene Ausarbeitungen, hochladen und/oder die Beiträge anderer Kursteilnehmer kommentieren oder an Umfragen teilnehmen.

Emotionale Intelligenz

Der Begriff wurde von Daniel Goleman in seinem gleichnamigen Buch geprägt. Emotionale Intelligenz beschreibt eine Kombination aus Selbstbewusstheit, Selbstmotivation, Selbststeuerung, Empathie und sozialer Kompetenz.

Erfahrungswissen

Ein Experte verfügt über einen großen Schatz an Erfahrungswissen aus seiner Berufspraxis, aber auch Projektteams sammeln wichtiges Erfahrungswissen in einem Projekt, wenn sie Probleme zu lösen und Krisen zu meistern haben. Erfahrungswissen ist sehr stark an die Person gekoppelt, durch persönlich erlebte, bedeutsame Erlebnisse entstanden, im Handeln manifestiert und daher schwer zu verbalisieren sowie dementsprechend schwer zu erfassen und weiterzugeben.

Erwerbspersonen

Personen, die zwischen 15 und 74 Jahre alt sind und ihren Wohnsitz im Bundesgebiet haben (Inländerkonzept), die eine unmittelbar oder mittelbar auf Erwerb gerichtete Tätigkeit ausüben oder suchen (Abhängige, Selbständige, mithelfende Familienangehörige), unabhängig von der Bedeutung des Ertrags dieser Tätigkeit für ihren Lebensunterhalt und ohne Rücksicht auf die von ihnen tatsächlich geleistete oder vertragsmäßig zu leistende Arbeitszeit (Erwerbskonzept). Die Erwerbspersonen setzen sich zusammen aus den Erwerbstätigen und den Erwerbslosen. (Quelle: *Gabler Wirtschaftslexikon*, http://wirtschaftslexikon.gabler.de/Archiv/1835/erwerbspersonen-v9.html, Zugriff am 03.11.2012.)

Exit-Management

Die Regelung aller Prozesse, die beim Ausscheiden eines Mitarbeiters relevant werden, wie etwa die Organisation des Wissenstransfers, aber auch die personalpolitische Seite mit Vertragsgestaltung, Abwicklung der Räume und Arbeitsgeräte und so weiter.

Experte

Ein Experte ist sehr erfahren in seinem Fachgebiet und handelt durchgehend kompetent und in herausragender Qualität, auch in für ihn neuen Situationen. Experten haben ihr Expertenwissen durch das Handeln in vielen Problemlösesituationen, in denen sie Erfahrungen gesammelt haben, erworben. Da der Expertenstatus von anderen beurteilt wird, kommt es mitunter vor, dass ein „schweigender Kenner" zugunsten einer ranghöheren Person mit ähnlichen Kompetenzen, aber weniger ausgeprägter Expertise, übersehen wird.

Expertenwissen

Expertenwissen ist weit mehr als Fachwissen. Es nutzt alle Sinne, zeigt sich im souveränen, oftmals intuitiven Handeln und benötigt hohe Kompetenzen beim Experten. Es beinhaltet tiefes, im Handeln und Erleben erworbenes Erfahrungswissen und wird von

Werten, Normen und Einstellungen mitgeprägt. Viele Anteile des Expertenwissens sind implizit, entziehen sich also einer einfachen Artikulation in Sprache, Bild oder Schrift.

Explizites Wissen

Jene Wissensanteile, die leicht artikulierbar sind, die man also mithilfe von Sprache und Schrift ohne Weiteres beschreiben kann. Das explizite Wissen kann man bis zu einem gewissen Grad von der Person abkoppeln. Fachwissen und Faktenwissen sind Beispiele für explizites Wissen. Im Gegensatz dazu steht das → implizite Wissen.

Fluktuation

Fluktuation aus personalwirtschaftlicher Sicht bezeichnet die Veränderungsrate innerhalb einer Belegschaft durch Zu- und Abgänge.

Halbwertszeit des Wissens

Angelehnt an die Physik, in der Halbwertszeit die Zeitspanne ausdrückt, die ein Element wie etwa Plutonium benötigt, um zur Hälfte zu verfallen. Im Kontext Wissen steht die Halbwertszeit für die Gültigkeit des Wissens, ab wann es also nicht mehr aktuell ist und veraltet. Beispiel: Programmierkenntnisse von manchen Computersprachen haben eine kurze Halbwertszeit.

Hyperlink

Direkte Verknüpfung (Verlinkung) zu einer Internetseite.

Implizites Wissen

Jene Wissensanteile, die nicht bewusst vorliegen und die man nicht oder nur schwer artikulieren kann. Daher kann implizites Wissen auch nicht ohne Weiteres dokumentiert werden und ist nicht von der Person abkoppelbar. Der Begriff bezeichnet Erfahrungswissen, das im Handeln erworben wurde, aber auch Werte, Einstellungen und Normen sowie ehemals explizites Wissen, das vom Experten so oft genutzt wurde, dass es ihm nicht mehr bewusst ist und er es also „automatisch" anwendet.

Intranet

Das interne Rechnernetz eines Unternehmens, das vielfältige Inhalte in digitalisierter Form bereithält: Standortinformationen, Ansprechpartnerverzeichnis der Mitarbeiter, Organigramme, Führungsgrundsätze, Termine und Ankündigungen, Veranstaltungen, Stellenanzeigen, Nachrichten von Personalabteilung und Betriebsrat, Betriebssport und Gesundheitstipps, Blogs und Wikis. Im Gegensatz zum Internet ist das Intranet eines Unternehmens nicht öffentlich zugänglich.

Kodifizierung

Die Niederlegung von Wissensinhalten in Zeichen, also in Sprache, Text oder Bilder. Die Kodifizierung ist die Grundbedingung, um Wissen von der Person abzukoppeln und es zu explizitem Wissen zu machen. Ohne Kodifizierung kann Wissen nicht dokumentiert werden. Allerdings herrscht oft das Missverständnis vor, dass kodifiziertes Wissen bereits einen gelungenen Wissenstransfer darstellt. Dies ist eine Fehlannahme, da immer die Frage bleibt, welche Interpretationen die Beteiligten in die Codes legen, ob sie also auch das verstehen, was gemeint war.

Kohäsionsfunktion

Führung durch Stärkung des Zusammenhalts einer Gruppe, die an der Lösung einer Aufgabe arbeitet. Führung durch Einbinden der Mitarbeiter und Stärkung der eigenen Problemlösungskompetenz der Mitwirkenden, die sich mit dem Team und der Aufgabe identifizieren. Der Begriff wurde geprägt vom US-Organisationsforscher Henry Mintzberg, der die Hauptaufgabe eines Managers darin sieht, mittels Kohäsionseffekt die unterschiedlichen Interessen von Spezialisten in einer Organisation so unter einen Hut zu bringen, dass sie zusammen mehr bewirken als jeder alleine.

Kollaborative Plattform

Software, die es Nutzern ermöglicht, gemeinsam zu arbeiten, in Zusammenarbeit, also kollaborativ, Inhalte zu erstellen und zu verwalten.

Kompetenz

Der Kompetenzbegriff umfasst neben Wissen und Fertigkeiten auch Bereitschaften und Persönlichkeitseigenschaften. Kompetenz beschreibt die Fähigkeit, Entscheidungen zu treffen und kreativ und selbst organisiert zu handeln. Diese Fähigkeiten können nicht angelesen werden wie etwa Fachwissen, weil sie das Können und Handeln in sich tragen und so immer auch Handlungskompetenzen sind. Handlungskompetenz wiederum ist grundlegend für gelungenes Problemlösen.

Learning Management System

Siehe E-Learning-Plattform.

Leaving Expert

Führungskräfte und Fachkräfte, die den Expertenstatus in einem Unternehmen haben (→ Experte) und die entweder ihre Position innerhalb des Unternehmens verändern oder aber das Unternehmen ganz verlassen. In der Praxis sind die meisten Leaving Experts aufgrund des demografischen Wandels erfahrene ältere Mitarbeiter, die das Unternehmen verlassen und in Rente gehen.

Lebensarbeitszeit

Die Zeit in Jahren, die eine Person in ihrem gesamten Leben vom Berufseinstieg bis zur Beendigung des letzten Arbeitsverhältnisses (Pensionierung) arbeitet.

Lernendes Unternehmen

Managementkonzept, das das Unternehmen als soziales System sieht, das durch Lernen und Kommunikation Entscheidungen hervorbringt, die wiederum zu Lernen und Kommunikation führen. Auf diese Art und Weise kann sich das Unternehmen selbst erneuern und ständig an seine Umwelt anpassen.

Lokomotionsfunktion

Führung durch Anweisung, Aufforderung und „Anschieben", also direkte Motivation der Mitarbeiter durch positive Anreize oder Androhung von Sanktionen.

Machtdistanz

Die Machtdistanz drückt die gefühlte Distanz mächtigerer, also hierarchisch höhergestellter Personen von ihren Untergebenen aus. Sie definiert „das Ausmaß, bis zu welchem die weniger mächtigen Mitglieder von Institutionen beziehungsweise Organisationen eines Landes erwarten und akzeptieren, dass Macht ungleich verteilt ist". Der Begriff stammt vom interkulturellen Forscher Geert Hofstede, der im Umgang mit Macht einen der wesentlichen Unterschiede zwischen unterschiedlichen Kulturen sah.

Mentor

Ratgeber beispielsweise für junge oder neu eingestellte Mitarbeiter.

Mentoring

Begleitung und Hilfestellung von erfahrenen Mitarbeitern für jüngere oder neu eingestellte Kollegen.

Narrative Ansätze im Wissenstransfer

Narrative Ansätze setzen als ersten Zugang offene, narrative Interviews ein, um den Experten in das Erzählen und Schildern von seinen Erfahrungen zu bringen. Im weiteren Gesprächsverlauf kommen halbstrukturierte Interviews, die vorab definierte Fragenthemen zulassen, und systemische Fragetechniken zum Einsatz, die den Experten beim „Tieferschürfen" in seinem Wissen und seinen Erinnerungen unterstützen. Die so gewonnenen Erzählungen werden mithilfe sozialwissenschaftlicher Methoden analysiert und so verborgene, implizite Wissensanteile identifiziert.

Narratives Interview

Das von Fritz Schütze (1977) entwickelte narrative Interview ist eine Spezialform des qualitativen Interviews, in der der Experte frei zum Gesprächsgegenstand erzählen kann. Hauptcharakteristikum ist die offene Gesprächsatmosphäre, in der der Erzählfluss von möglichst wenigen Fragen vonseiten des Interviewers unterbrochen werden soll.

Öffentliches Wissen

Wissen, das jedem zugänglich ist, also nicht personengebunden „in den Köpfen" der Wissensträger liegt, sondern in Schriftzeichen, Zahlen, Bildern oder Filmen objektiviert ist. Es hat somit eine „Existenz in der materiellen Welt", die auch mit anderen geteilt werden kann. Unterformen sind zum einen das kollektive Wissen, welches den Informationen gleicht und von vielen Personen mit gleicher Bedeutung belegt wird, sodass es eine Allgemeingültigkeit erreicht. Die zweite Unterform, das formalisierte Wissen, entspricht den Daten: Information wird hier nach festgelegten Kriterien in Daten umgewandelt, die ohne Steuerung und Kontrolle denkender Individuen in formalen Prozeduren weiterverarbeitet werden.

Open Innovation

Offene Innovation, bei der Aufgabenstellungen oder Probleme sowie Ideen und (Lösungs-)Vorschläge im Internet publiziert, diskutiert und bewertet werden. Unternehmen können so Nutzer in aller Welt in ihre Innovationsprozesse einbeziehen und von deren Ideenvielfalt profitieren. Umgekehrt können Erfinder und Kreative ihre Ideen und Lösungsvorschlägen von einer Vielzahl Interessierter bewerten lassen.

Organisationales Wissen

Nicht an Personen gebundenes Wissen einer Organisation, das sich in anonymisierten Regelsystemen zeigt. Es definiert die Funktionsweise des Regelsystems. Organisationales Wissen zeigt sich in Standardverfahren, Leitlinien, Traditionen, Geschichten und der (Unternehmens-)Kultur.

Personales Wissen

Wissen, das an die Person gebunden ist und nur ihr in verschiedenen Bewusstseinsgraden vorliegt. Es kann nur zum Teil artikuliert, also in Worte, Text oder Bilder überführt werden. Unterformen sind das Handlungswissen, das unbewusst vorliegt und so nicht artikuliert werden kann, und das intuitive Wissen, welches bildhaft vorliegt und nur mit Umwegen, etwa Metaphern, in Worte überführt werden kann. Die dritte Unterform, das begriffliche Wissen, ist bewusst vorliegend und daher leicht artikulierbar.

Sabbatical

Auszeit oder Freistellung eines Mitarbeiters für mehrere Monate. Während dieser Zeit erhält der Mitarbeiter in der Regel kein Gehalt, kann jedoch eigene Projekte (Familie, Weiterbildung, Hobbys) verfolgen.

Seniorexperten

Experten, die sich eigentlich bereits im Ruhestand befinden, aber aufgrund ihrer Expertise vom alten Arbeitgeber oder einer anderen Organisation für Einzelprojekte angeworben werden. Der Senior Experten Service (SES) ist die Stiftung der Deutschen Wirtschaft für internationale Zusammenarbeit GmbH und eine gemeinnützige Gesellschaft. Er bietet interessierten Menschen im Ruhestand die Möglichkeit, ihre Kenntnisse und ihr Wissen an andere im Ausland und in Deutschland weiterzugeben. Als ehrenamtlich tätige Seniorexperten fördern sie die Aus- und Weiterbildung von Fach- und Führungskräften.

Soziale Medien, Social Media

Digitale Medien, die es Nutzern ermöglichen, sich untereinander auszutauschen und mediale Inhalte einzeln oder in Gemeinschaft zu gestalten. In Zusammenarbeit mit anderen (Kollaboration) entstehen so neue Text-, Ton-, Bild- oder Videodokumente und Plattformen, die im Normalfall allgemein zugänglich sind. Beispiele sind Blogs, Kurznachrichtendienste wie Twitter, Dialogplattformen wie Facebook, LinkedIn oder Xing, Filesharing-Angebote wie SlideShare, Flickr oder YouTube. Innerhalb von Unternehmen können ähnliche Dienste für die Mitarbeiter auf dem Intranet eingerichtet werden. Die Hauptinitiative bei der Auswahl, inhaltlichen Gestaltung und Kommentierung liegt dann bei den Mitarbeitern.

Strukturgenetische Perspektive

Ein entwicklungspsychologischer Ansatz, der die Aneignung von Wissen über unsere Entwicklung vom Kind zum Erwachsenen betrachtet. Die strukturgenetische Perspektive sieht Wissen als Produkt von Interaktionen zwischen verschiedenen Individuen. Anders als andere Wissensmodelle ermöglicht die strukturgenetische Perspektive, einen sehr breiten Wissensbegriff anzulegen, der jede Wissensform, von Daten über Information bis hin zum Handlungswissen, unter einem Dach vereinen kann. Die Wissensformen werden in die zwei großen Gruppen personales Wissen (siehe dort) und öffentliches Wissen (siehe dort) unterschieden.

Systemische Fragetechniken

Systemische Fragetechniken sind ein wichtiges Handwerkszeug bei den narrativen Ansätzen im Wissenstransfer. Sie unterstützen den Erzählenden, seine Wirklichkeitskonstruktionen aus einer linearen Ursache-Wirkungs-Kette zu befreien, und öffnen so neue Denkräume. Hypothetische Fragen, zirkuläre Fragen, lösungsorientierte Fragen, Skalierungs- und Prozentfragen, Wunderfragen, Fragen nach Ausnahmen, Fragen zu Verhaltensalternativen und andere mehr helfen im Verlauf narrativer Gespräche, bisher nicht in Worte Gefasstes zu verbalisieren. Dies erweitert die in Worte fassbare, also verbalisierbare beziehungsweise explizite Wissensbasis und schafft Transparenz zum Beispiel über verborgene unternehmenskulturelle Normen.

Systemtheorie

Ein wissenschaftstheoretisches Erkenntnismodell, das die Verbundenheit und Wechselwirkungen eines Systemelements mit anderen Elementen im System betrachtet. In verschiedenen Schulen und Disziplinen angewendet, gehen die moderneren Systemtheorien von geschlossenen Systemen aus, die sich selbst erhalten und nur in geringem Maße in Interaktion mit der Umwelt außerhalb des Systems stehen.

Transaktionskosten

Kosten zur Reduzierung von Unsicherheit und Komplexität, bestehend aus erstens Anbahnungskosten (Kosten der Informationsbeschaffung), zweitens Vereinbarungskosten (Kosten der Vertragsgestaltung) und drittens Anpassungs- und Kontrollkosten (zur Regelung von im Vorfeld nicht absehbaren Kosten).

Video-Tutorial

Eine Art visuelle Anleitung für den Betrachter mithilfe von Videos. Durch die visuelle Veranschaulichung können manche komplexe Sachverhalte und Abläufe viel besser verdeutlicht werden, als wenn man den gleichen Sachverhalt nur in Worten erläutern würde.

Visuelle Medien

Medien, die den Sinneskanal „Sehen" ansprechen, wie etwa Fotos und Filme (Videos).

Webanalyse

Die Auswertung des Verhaltens der Besucher auf einer bestimmten Webseite (beispielsweise Anzahl der Klicks, Downloads und Verweildauer).

Wiki, Experten-Wiki

Webseiten, deren Inhalte von den Benutzern gelesen und zugleich auch online geändert werden können. So entstehen mit der Zeit durch die mehrfache Autorenschaft immer bessere Inhalte. Berühmtestes Beispiel ist die Online-Enzyklopädie Wikipedia. Innerhalb des Unternehmens gibt es als Enterprise-2.0-Anwendung auch Experten-Wikis auf dem Intranet.

Work-Life-Balance

Englische Bezeichnung für die Balance zwischen Beruf und Familie/Privatleben.

10 Die Autoren

Christine Erlach, Diplom-Psychologin, beschäftigt sich seit 1998 mit narrativem Wissensmanagement und der Entwicklung und dem Einsatz narrativer Methoden in der Erfassung und Weitergabe von implizitem Erfahrungswissen und Expertenwissen. Aus der pädagogischen Psychologie kommend ist sie Expertin für die psychologischen Aspekte des Wissenstransfers. Zugleich bringt sie 15 Jahre Erfahrung aus der Konzeption und Beratung beim Wissenstransfer in Form von project debriefings sowie beim Ausscheiden von Experten aus Unternehmen ein.

Kontakt und mehr Infos: http://www.narrata.de/ueber-uns/christine-erlach/

Wolfgang Orians, Diplom-Journalist und Diplom-Sozialpädagoge, war knapp 20 Jahre lang in verantwortlicher Position in Organisationen und Industrieunternehmen für Kommunikations- und Wissensmanagement zuständig. So war er Abteilungsleiter Presse bei der Ruhrgas AG, Leiter Kommunikation bei der Rütgers AG und Leiter Konzernkommunikation & IT bei Freudenberg & Co. Seine Expertise in der Konzeption und im Aufbau von Wissensmanagementsystemen sowie im Bereich Innovationsmanagement fließt ebenso in das Buch ein wie seine Erfahrung aus der Beratungstätigkeit in den Bereichen Menschen, Wissen, Werte, Wandel.

Kontakt und mehr Infos: http://www.amwind.info/wer-wir-sind/die-menschen-hinter-amwind/wolfgang-orians.html

Ulrike Reisach, promovierte Wirtschaftswissenschaftlerin und Professorin für Betriebswirtschaftslehre und Unternehmenskommunikation an der Hochschule Neu-Ulm, verfügt über 20 Jahre Berufserfahrung in Fach- und Führungspositionen der Kreditwirtschaft und Industrie, zuletzt als Director Market Intelligence sowie Director Corporate Communications and Government Affairs der Siemens AG. Im Buch fließt ihre Erfahrung aus den Bereichen Personalentwicklung, internationale und interkulturelle Zusammenarbeit, Unternehmensentwicklung und Strategie sowie Unternehmenskultur ein. Ulrike Reisach hat Fachbücher zu Unternehmenskommunikation, Personalmanagement und internationaler Unternehmens- beziehungsweise Managementkultur veröffentlicht und ist Leitungsmitglied des Kompetenzzentrums Corporate Communications der Fakultät Informationsmanagement der Hochschule.

Kontakt und mehr Infos: www.ulrike-reisach.de sowie www.hs-neu-ulm.de/ulrike-reisach

Index

A

Animation   79, 85, 190
Anreiz   98
Arbeitsumfeld   96
Artikulierbarkeit   63
Auditive Medien   34, 267
Aufstellung   188
Aufstieg   98
Auslandseinsatz   97
Authentizität   138
Automatismus   55
Autopoiese   242, 267

B

Balanced Scorecard   202, 236
Belegschaft, alternde   22
Beobachten   59
Berater, externer   199
Bevölkerungsrückgang   20
Bewegungshandeln   170
Bewusstheit   41, 63 ff., 87
Beziehungsnetzkarte   160, 182
Bezugsrahmen   68, 89
Bild   60 f., 79 ff., 86 f.
Biofeedback   102, 267
Blended Learning   127, 267
Blog, Weblog   29 f., 118, 186, 189 f., 226, 251, 254, 267
Brainstorming   160
BRIC-Staaten   23

C

Checkliste   82
Citymap   183
Coach   121
Coaching, virtuelles   127
Code   4, 80 f.
Code of Conduct   249
Cognitive Apprenticeship   137 f.

Common Ground   9, 15, 68 f., 77 f., 88, 174, 179, 187, 228, 243, 249, 268
Computeranimation   190
Computersimulation   190
Concept Map   160
Crowdsourcing   33

D

Daten   41, 48, 50, 61 f., 72, 83 f.
Daumenregel   54
Debriefing-Workshop   160
Demografie   19, 268
Denkstruktur   25
Diagramm   74, 84
Dialog   47, 71 ff., 88 f., 134, 137 f., 145 f., 152, 157, 164, 169, 171, 174, 177, 179
Dialoggestaltung, offene   134
Dialograum   71 f., 74, 77 f., 250, 256, 268
Digital Native   69
Dimension, globale   23
Direktinvestitionen   23, 268
Diskurs   68
Dokumentation   77, 79 f., 82 f., 85 f., 146 f., 153 f., 157, 164 ff., 168 f., 175, 177, 179 f., 184
Dokumentenmanagementsystem   186

E

E-Learning-Plattform   127, 268
Emotionale Intelligenz   92, 269
Entlohnung   119
Entscheidungskompetenz   6
Entscheidungsträger   43
Ereigniskurve   165
Erfahrung   39 f., 42, 45, 47 ff., 52, 55, 57, 66, 70, 73 ff., 80 f., 86 ff.
Erfahrungsgeschichte   84, 86, 147, 164, 166, 173, 178
erfahrungswissen   164
Erfahrungswissen   5 f., 16, 30, 35, 40, 49 ff., 53, 57, 64, 66, 73, 75, 77 ff., 80, 86 ff., 103 f., 106, 111, 121 ff.,

128, 134 f., 138, 140, 145 f., 151, 164, 177, 202, 212, 216, 220, 235, 255, 269
Erleben   57, 60, 80, 87
Erlebnis   52, 75
Erwerbsperson   8, 20 f., 35, 269
Erwerbspersonen   21
Erzählung   59
Evaluation   228
Exit-Management   34, 100, 125, 269
Expert Debriefing   137, 147, 150, 154 f., 175, 177, 181
Experte   42 f., 45, 111, 269
Experten-Community   134
Expertendatenbank   30, 185 f.
Experten-Wiki   28, 30, 69, 99, 107, 155, 186, 189, 211, 227, 245, 251, 275
Expertenwissen   6, 39, 41, 43 ff., 48 ff., 56 f. 64, 69, 72, 74 f., 77, 87 f., 269
- sensorisches   53
Expertise   5
Explizites Wissen   4, 8, 46 f., 49, 157, 179, 216, 225, 270

F

Fach-/Führungskraft   253
Fachwissen   40, 42, 45, 49, 52, 56 f., 65, 81, 87 f.
Faktenwissen   29
Feld, semiotisches   187
Film   190
Flexibilisierung der Arbeitsverhältnisse   17
Fluktuation   8, 14, 18, 35, 123, 143, 156, 198, 209, 270
Flussdiagramm   82, 83
Fotografie   60, 84, 85
- assoziative   190
Fragenkatalog   160
Führungsgrundsätze   117
Führungskompetenz   57
Führungsstil   99
Führungswissen   57

G

Globalisierung   18, 23
Grundannahmen   63, 64

H

Haben-Perspektive   48
Halbwertszeit des Wissens   16, 270
Handeln
- kompetentes   45, 49, 52, 55
- werteorientiertes   48
Handlungskompetenz   6, 45, 55 f.
Handlungswissen   49, 52 f., 57, 63, 65, 68, 79, 135, 147, 170, 178

Heuristik   54
Humankapitalrechnung   233, 236
Hyperlink   127, 270

I

Idealprozess   195, 218
Ideenbuch   185
Identität   128, 248
Immersionsmethode   59
Implizites Wissen   4, 47, 49, 87, 134, 137, 140, 167, 190, 212, 216, 227, 270
Information   5, 45, 48, 54, 57, 62, 75, 83
Informationssuche   29
Inhaltswissen   49, 52, 64 f.
Inszenierung   188
Interaktion   68 f., 71 ff., 77, 89
- soziale   61
Internationalität   24
Internet   28
Interview   158, 177
- halbstrukturiertes   166
- narratives   165
Interviewmethode   216, 218, 223
Intranet   30, 72, 107, 113, 169, 185 f., 189, 251, 256, 270
Intuition   54
IT-Lösung   255

J

Job Map   181

K

Kodifizierung   6, 65, 74 f., 77, 80 f., 87, 270
Kohäsionsfunktion   99, 271
Kollaboration   188
Kollaborative Plattform   34, 271
Kommunikation   102
- indirekt   6
- nonverbale   67
- visuelle   60 f.
Kompetenz   43, 48, 56 f., 271
- fachlich-methodische   56
- personale   56
- sozial-kommunikative   56 f.
Kompetenzbegriff   56
Konstruktion, soziale   138
Konstruktivismus   243
Kurzbeschreibung, strukturierte   134 f.

L

Learning Management System   7, 127, 271
Leaving Expert   41, 196, 211 f., 214 , 220, 271

Leaving Expert Debriefing   *147, 159, 161*
Leaving-Expert-Strategie   *197 f.*
Lebensarbeitszeit   *20, 271*
Lebenserfahrung   *50, 52 f.*
Lernen   *59, 68, 71, 75 f., 87*
– am Modell   *59*
– situiertes   *138*
Lernendes Unternehmen   *244 f., 272*
Lernpartnerschaft   *139 ff., 218*
Lernprogramm   *190*
Lernzyklus   *76 f.*
Lessons Learned   *161*
Logbuch   *185, 189*
Lokomotionsfunktion   *99, 272*

M

Machtdistanz   *26, 44, 272*
Media-Richness-Theorie   *69*
Medien
– digitale   *99, 274*
– soziale   *29, 99, 123, 187 f., 251, 254, 274*
– visuelle   *275*
Meister und Lehrling   *2*
Mentor   *120, 272*
Mentoring   *72, 142 f., 272*
Metapher   *79, 88, 135, 147, 170, 183*
Metaplantechnik   *183*
Methodenkompetenz   *199*
Mikroartikel   *184*
Mindmap   *154, 181*
Motivation   *18*
– intrinsische   *99*
Motivator   *96*

N

Nachahmen   *59, 61, 74*
Nachfolger   *40 f., 57, 65 f., 69 ff., 73 ff., 77, 88 f.*
Nachwuchsmangel   *120*
Narrative Ansätze   *263 f., 272*
Narrative Interviews   *134, 165, 227, 272*
Netzwerk   *127*
Netzwerkwissen   *52, 57, 71, 73, 88*
Nichtwissen   *16*
Notizbuch   *185*
Nova.PE   *147, 161, 177*

O

Öffentliches Wissen   *62, 64, 79, 178, 273*
on the job   *137, 146*
Open Innovation   *32, 273*
Organisationales Wissen   *8, 15, 202, 205, 216, 250, 273*

P

Paketmetapher   *48*
Personalbeurteilung   *116*
Personalentwicklung   *118, 136, 140 f., 148*
Personales Wissen   *62, 64, 79, 178, 202, 205, 273*
Personalführung   *98*
Personalpolitik, Instrumente der   *136*
Persönlichkeitseigenschaften   *56*
Perspektive
– multiple   *138*
– strukturgenetische   *61, 134, 274*
Plattform, kollaborative   *34, 99*
Problemlösefähigkeit   *52*
Problemlösen   *54, 56 f.*
Projektdatenbank   *185*
Projektmitarbeit   *119*
Projektteam   *31*
Prozesskompetenz   *199*

Q

Qualitätsmanagement   *201, 212, 223*

R

Rationalismus, kritischer   *243*
Reflexionsprozess   *134, 146, 177*
Retention Management   *96*
Roadmap   *183*
Rollenspiel   *188*
Rolle, soziale   *43*

S

Saarbrücker Formel   *232, 234 f.*
Sabbatical   *96, 124, 273*
Scrum   *171*
Seins-Perspektive   *49*
Selbstreflexion   *244*
Seminar   *126*
Seniorexperte   *34, 129, 273*
Sensibilität, interkulturelle   *25*
Simulation   *81, 85, 190*
Sinneseindrücke   *34, 64*
Skandia Navigator   *232, 236*
Social Media. Siehe Medien, soziale
Social Network   *189*
Social Sharing   *189*
Sprache   *45, 58 ff., 64, 66 f., 74, 78, 88*
Steering Committee   *199 f., 203 f., 210*
Störung   *211, 218 ff., 225, 239*
Storytelling   *167, 187*
Strategie   *196 f., 201, 236 f.*
Strukturgenetische Perspektive   *61, 274*

Suchmaschine   *186*
Systemische Fragetechniken   *164, 166, 272, 274*
Systemtheorie   *15, 266, 274*

T

Tacit Knowledge   *47, 50*
Tagebuch   *185*
Tandem   *72, 133, 137 ff., 142, 218, 222*
Team, operatives   *199, 221, 228*
Telearbeit   *17*
Text   *60 f., 69 ff., 78 f., 81, 84, 86, 88*
Textverständlichkeit   *78*
Tool
– narratives   *184*
Toolbox   *180*
Training   *30, 126*
– interkulturelles   *128*
– verhaltensorientiertes   *128*
Transaktionskosten   *32, 275*
Transfer   *29*
Transfer Comic   *187*
Transferplan   *153, 163, 223, 225*
Transfer Stories   *147, 164, 167, 177 f., 218, 222, 227*
Transferworkshop   *167*
Transition-Workshop   *175 f.*
Triadengespräch   *147, 168, 177, 218, 222 ff.*

U

Übergabegespräch   *144, 218, 227*
Unternehmen, lernendes   *242*
Unternehmensberatung   *122*
Unternehmensgedächtnis   *77, f.*
Unternehmenskultur   *49, 52, 60, 68, 71 f., 117, 246*
Unternehmenstheater   *188*

V

Vertrauensbasis   *70 f.*
Video   *60, 79, 81, 85, 87*
Videoannotation   *147, 169, 178*
Video-Tutorial   *30, 34, 275*
Vier-Felder-Matrix   *184*
Vision   *201, 204, 236 f.*
Visualisierung   *135, 147, 160, 164, 178 ff.*
Visuelle Medien   *275*
Vorwissen   *51, 67 f., 70, 75 f., 89*

W

Web 2.0   *188*
Webanalyse   *34, 275*
Weiterbildung   *98*

Werte   *39, 43, 57, 59, 63, 65, 73 f., 248*
Wertemanagement   *249*
Werteorientierung   *250*
Wertesystem   *52*
Wertschätzung   *98*
Wettbewerbsvorteil   *256*
Wiki   *28, 30, 69, 99, 107, 155, 186, 189, 211, 227, 245, 251, 275*
Wissen   *5, 41*
– begriffliches   *64, 79, 135*
– deklaratives   *49, 52, 64*
– enaktives   *63*
– explizites   *46 f., 49, 61, 64*
– formalisiertes   *62, 64, 79*
– implizites   *2, 4, 46 f., 49 f., 61, 63 ff., 87*
– intuitives   *64, 79, 88, 135*
– kollektives   *62, 64, 79*
– öffentliches   *62, 77, 79, 134*
– organisationales   *202, 244*
– personales   *62 f., 134, 178, 202 f., 205*
– prozedurales   *49*
– ziel- und wertebezogenes   *52*
Wissensarten   *46, 58, 65, 79, 81, 134*
Wissensauswertung   *225 f.*
Wissensbaum   *162 ff., 182*
Wissensbedarf   *165, 176*
Wissensbegriff   *48 f., 51, 58, 61, 64 f., 87*
Wissensbewertung   *201 f., 207, 210, 236, 238*
Wissensbilanz – Made in Germany   *202, 207, 237, 239*
Wissensdatenbank   *68, 185*
Wissenserfassung   *196, 225 f.*
Wissensfeld   *211, 216*
Wissensgesellschaft   *14*
Wissenslandkarte   *155 f., 158, 175 f., 183, 186*
Wissensmanagement   *2, 6, 46 ff., 66, 81*
Wissensmanagementsystem   *4*
Wissensmarktplatz   *252*
Wissensstafette   *175 ff.*
Wissensstruktur   *64*
Wissensträger   *199 ff., 205, 208 ff.*
Wissenstransfer   *246*
Wissenstransferansatz, spezialisierter   *134*
Wissenstransformation   *225, 227*
Wissenstreppe   *48*
Wissensvermittlung   *225, 228*
Wissensvisualisierung   *180*
Wissensweitergabe   *1, 247*
Work-Life-Balance   *96, 124, 275*
Workplace Shadowing   *139*

Z

Zeitsouveränität   *97*

Testimonials

„Den Autoren gebührt das Verdienst, die Bedeutung der Kommunikation für den Wissenstransfer herausgearbeitet zu haben."
Prof. Dr. Klaus Kocks, Kommunikationsberater und ehemaliger Vorstand bei Volkswagen

„Wenn ausgewiesene ExpertInnen des narrativen Wissenstransfers und der Lernpsychologie ein Buch über Wissenstransfer schreiben, wen wundert es, dass dieses gut strukturiert und angenehm zu lesen ist? Neben den eingängigen Fallbeispielen sorgt der beschriebene Idealfall dafür, dass Praktiker nicht nur das theoretischen Fundament sondern auch jede Menge praktische Tipps und Instrumente für die Übertragung in ihren Arbeitsalltag vorfinden. Also ein Buch, das jede/r Wissensmanager/in auf seinem Schreibtisch haben sollte."
Dr. Angelika Mittelmann, Fachverantwortliche für Wissensmanagement der voestalpine Stahl GmbH

„Um den Wissens- und Erfahrungsvorsprung der wissensintensiven Solar-Branche am Standort Deutschland halten zu können, ist eine kontinuierliche Weiterentwicklung und Weitergabe unseres generierten Wissens entscheidend. Neben dem theoretischen Hintergrundwissen liefert das Buch gezielte Argumentationsgrundlagen, warum Wissenstransfer von Expertenwissen so wichtig und wettbewerbsrelevant ist. Besonders wertvoll und praxisrelevant ist der tiefe Einblick in Methoden zum Wissenstransfer. Das Buch trifft somit den Puls der Zeit."
Julia Endt M. A., Wissensmanagerin, SMA Solar Technology AG

„Dieses Buch macht deutlich, dass dauerhafter Erfolg dort entsteht, wo Wissen und Handlungskompetenz eine enge Symbiose eingehen."
Dr. Oliver Prause, Senior Vice President Continental Business System & Internal Consulting sowie Vorsitzender des Vorstands des Institut für Produktionserhaltung.

„Unsere Mitarbeiter sind zu einem überwiegenden Teil ausgewiesene und langjährig erfahrene Experten in ihrem Aufgabengebiet. Ihr Know-how ist die Voraussetzung für eine erfolgreiche Vertriebsarbeit bei unseren „Engineered Products" und legt die Basis für die anschließende Auftragsabwicklung. Wenn jene Mitarbeiter in den Ruhestand gehen, ist ein Transfer ihrer Erfahrungen und ihres spezifischen Wissens über Mitarbeitergenerationen hinweg von großer Bedeutung. Das Buch gibt dazu für die Praxis sehr wertvolle Einblicke in die Methoden des Wissenstransfers bei Experten."
Dr. Sven Baumgarten, Leiter Vertrieb, Projekte & Anwendungen Energieumwandlung, KSB Aktiengesellschaft

„Die Umsetzung der Geschäftsstrategie eines globalen Infrastrukturunternehmens wie Alstom hängt fundamental davon ab, einsatzfähige Produktionsanlagen den Marktentwicklungen entsprechend neu aufzubauen und zu betreiben. Ohne zeitgenauen Wissenstransfer zwischen bestehenden und neuen Fabriken können festgelegte Geschäftsziele nicht erreicht werden. Mit dem vorliegenden Buch liegt nun eine umfassende Handlungsanleitung vor, wie das Thema Wissenstransfer erfolgreich gemeistert werden kann."
Sabine Busse, Vice President Strategic Planning, Alstom Power

„Der Deutsche Maschinen- und Anlagenbau produziert besonders langlebige Produkte. Die global führende Stellung dieser Branche „made in Germany" basiert auf dem Ingenieurswissen der erfahrenen Experten in den vorwiegend mittelständischen Unternehmen. Das über viele Jahre erzeugte Wissen steckt größtenteils in den Köpfen der hochqualifizierten Mitarbeiter. Dieses Wissen der Erfahrenen an nachfolgende junge Ingenieure weiterzugeben, ist eine der wichtigsten Aufgaben in naher Zukunft. Das Buch bietet neben einer umfassenden Einführung zum Thema einen kompletten Werkzeugkasten garniert mit vielen Beispielen, um das Wissen im Unternehmen zu erfassen und nachhaltig zu konservieren. Eine hervorragendes Rüstzeug, um dem demografischen Wandel erfolgreich entgegen zu treten."

Thomas Riegler, Referent im Fachverband Software, VDMA – Verband der Deutschen Maschinen- und Anlagenbauer e.V.

„Die Weitergabe des Wissens von Wissensträgern an deren Nachfolger spielt auch im Mittelstand eine entscheidende Rolle. Je mehr sich Unternehmen, wie z.B. im Anlagen- und Maschinenbau, durch kundenspezifische Dienstleistungen anstatt durch Produkteigenschaften differenzieren, desto wichtiger wird die Weitergabe von Handlungs- und Anwendungswissen für den Unternehmenserfolg. Doch dieser Wissenstransfer wird sehr oft dem Zufall und der Eigeninitiative der Beteiligten überlassen. Dabei benötigen gerade die Praktiker im Mittelstand konkrete Methoden, die sie in diesem Prozess unterstützen. In diesem Zusammenhang liefert der pragmatische Ansatz des Buchs wertvolle, praktische Hilfestellung, um den Wissenstransfer erfolgreich zu gestalten."

Jörg Klein, Projektleiter Wissensmanagement, BEKO Technologies GmbH